普通高等教育人工智能与机器人工程专业系列教材

机器人基础与数字孪生系统

褚 明 编 著

机 械 工 业 出 版 社

本书是作者结合多年的教学和科研实践经验，本着教改创新的精神，参考国内外机器人与数字孪生技术的相关书籍编写而成的。

编写本书的主要思路是：理论与实际相结合，完整论述机器人系统的基础理论，在 Matlab 和 Adams 软件平台下展示各类典型应用实例的实现方法；将机器人技术与数字孪生技术紧密结合，演示孪生系统的开发方法和实施案例。全书共分 9 章，包括：绪论、机器人机构、机器人运动学、机器人动力学、机器人系统的传感与控制、数字孪生系统架构及引擎、人机共融的数字孪生系统、数字孪生系统的故障诊断和数字孪生系统的生命周期管理。各章内容循序渐进，涵盖了机器人的经典理论及其应用和新兴数字孪生技术，具有一定的学科交叉特色。

本书可作为普通高校机器人工程、自动化、智能制造工程、机械工程等专业本科生的教材（学时为 32~64 学时），也可作为研究生的教材和工程技术人员的参考用书。

图书在版编目（CIP）数据

机器人基础与数字孪生系统 / 褚明编著. -- 北京 : 机械工业出版社, 2024. 6. -- (普通高等教育人工智能与机器人工程专业系列教材). -- ISBN 978-7-111-76405-2

Ⅰ. TP242

中国国家版本馆CIP数据核字第2024VS8557号

机械工业出版社（北京市百万庄大街22号　邮政编码100037）

策划编辑：吉　玲　　责任编辑：吉　玲　戴　琳

责任校对：张爱妮　陈　越　　封面设计：张　静

责任印制：郜　敏

北京富资园科技发展有限公司印刷

2024年10月第1版第1次印刷

184mm×260mm・19印张・482千字

标准书号：ISBN 978-7-111-76405-2

定价：65.00 元

电话服务

客服电话：010-88361066

010-88379833

010-68326294

网络服务

机　工　官　网：www.cmpbook.com

机　工　官　博：weibo.com/cmp1952

金　书　网：www.golden-book.com

机工教育服务网：www.cmpedu.com

前　言

科技是国家强盛之根，创新是民族进步之魂，科技创新铸就国之重器。《中国制造2025》是我国实施制造强国战略第一个十年的行动纲领，在该纲领倡导的“大力发展先进制造业”“坚持把人才作为建设制造强国的根本”基本方针指引下，工业机器人、特种机器人、CNC机床等一大批智能装备的创新研发成为国家战略优先发展的重点领域，而“制造业数字化、网络化和智能化”是创新驱动的重中之重。数字孪生技术作为实现制造业数字化、网络化和智能化的核心技术之一，因融合了装备物理实体、数字CAD模型、传感与交互技术、计算机软件开发、自动控制技术、虚拟现实等一系列学科前沿交叉创新技术，将在新工科人才培养的各个环节中发挥重要作用。

机器人学历经数十年的扎实发展和深刻积淀，已将多个学科的专业知识融合得更加紧密，特别是近年来人工智能技术的蓬勃发展，更加推动了机器人学在新学科领域的知识延展和技术的纵深发展，机器人学在科学研究和人才培养方面均表现出强大的生命力。“工业4.0”和“工业5.0”等新工业体系战略的相继提出，更是将人、机器人、数字孪生等生产要素高度统一，智能制造将以全新的面貌完成一场工业界的革命。面向高等院校新工科人才培养的基本任务，本书将机器人和数字孪生技术有机融合，基础理论内容深入浅出且通俗易懂，注重图文并茂且语言文字精练严谨，应用案例结合工程实际且完整翔实。本书作为教材，适用于机器人工程、自动化、智能制造工程、机械工程等各高等院校相关专业的教学工作。

作者在机器人技术领域已从事教学和科研工作十余年，主持和承担六项国家级及省部级自然科学基金项目，且在国家留学基金委资助下，作为公派访问学者受邀至德国顶尖高校卡尔斯鲁厄理工学院（KIT），在“工业4.0国家实验室”开展数字孪生领域的学术交流与合作。作者依托自身多年的教学和科研成果编著本书，以期帮助读者更加系统完整地理解和掌握机器人智能装备及数字化的知识体系。

徐升、陈宇、杜品品、范小宇、张萌、黄海沂、王宇、侯浩宇、甘格娜等博士生和硕士生共同承担了本书的资料归纳、仿真计算、文稿校对等任务，付出了大量的时间和精力，对他们的辛苦工作表示由衷感谢。

因作者水平有限，疏漏在所难免，恳请广大读者指正。

作者
2022年12月
于北京邮电大学

目　录

前言

第1章 绪论

面对能源紧缺、环境污染和生态失衡等严峻形势，全球正在积极推动新一轮工业变革，以满足人类社会可持续发展的需要。2015年5月，我国实施《中国制造2025》强国战略，把实现制造业数字化、网络化和智能化作为基本方针。2020年9月，欧盟率先提出了工业5.0的六项使能技术：个性化人机交互、生物仿生技术与智能材料、数字孪生与仿真、数据传输/储存/分析技术、人工智能、可再生能源与自主技术。可见，融合新一代信息技术以实现工业智能化和自主化，是未来工业发展的新使命。

机器人是实现智能化和自主化的重要装备，与之对应的机器人学是一门跨越多个领域的前沿学科，受到各行各业的关注且发展迅速，取得了令人瞩目的成就。数字孪生作为近年来的新兴技术，因兼具数字化和信息化特色而引起了学术界和产业界的重视，正深入应用至多种场景及领域中。为助力智能制造领域的人才培养，本书将这两项关键技术进行统一融合，讲述相关理论与应用实例。

1.1 关于机器人学

1.1.1 机器人的起源

在我国古代西周年间（公元前1066—公元前771年），传说中的巧匠偃师曾进献给周穆王一个歌舞机器人。公元前400—公元前350年间，第一批自动化动物之一的能够飞行的木鸟被制造出来。公元前3世纪，希腊神话中，发明家戴达罗斯建造了一个青铜卫士塔罗斯，用它来保护克里特岛的安全。公元前2世纪出现的书籍中记载了一个机械剧院，该剧院使用一些机器人演员为王室贵族表演。我国东汉时期（公元25—220年），张衡发明的指南车是世界上最早的机器人雏形。公元618—907年间，四川匠人杨行廉制作的能行走的“木僧”和江苏马待封制作的“酒山”是具有特定功能的机器人。三国时期，相传诸葛亮曾制作出一种被称为“木牛流马”的移动机器人用于运送粮草。

近代以来，人类期望发明各种动力机械装置以摆脱繁重的体力劳动。18世纪，蒸汽机的诞生标志着第一次工业革命的到来，人类社会开始步入全新时代。各种先进自动化设备和动力装置的出现，使机器人这一概念逐渐从幻想转为现实。

1768—1774年间，瑞士德罗斯家族三位杰出的钟表工匠制造了三个真人大小的机器人——写字偶人、绘图偶人和弹风琴偶人，至今仍作为珍贵文化遗产被珍藏在瑞士纳沙泰尔市艺术和历史博物院内。此外，德国人梅林制造了泥塑偶人“巨龙哥雷姆”，日本物理学家细川半藏设计出各种自动机械图形，加拿大摩尔设计了一台以蒸汽为动力的能行走的机器人“安德罗丁”。

20 世纪初期，随着机器人在工业领域的推广应用，人们既期待它给经济增长带来的贡献，又畏惧它给人类社会造成的冲击。1920 年，捷克斯洛伐克剧作家卡雷尔·恰佩克（Karel Capek）在他的科幻情节剧《罗萨姆的万能机器人》（*Rossum's Universal Robots*）中，第一次提出了“机器人”这个名词，被认为是机器人一词的起源。在该剧中，恰佩克把捷克斯洛伐克语“Robota”写成了“Robòt”，“Robota”是奴隶或劳役的意思。恰佩克在剧中描述了自己对机器人安全、智能和自繁殖等问题的看法，他认为机器人技术的发展很可能引发人类不希望出现的后果。此后，几乎所有国家都将机器人由捷克斯洛伐克语“robota”音译为“罗伯特”（如英语 robot，日语ロボット，俄语 работа，德语 robot 等），中文将其译为“机器人”。

美国著名科幻小说家艾萨克·阿西莫夫认识到人们对机器人产生的不安情绪，于 1950 年在他的小说《我，机器人》中，提出了著名的“机器人三守则”：

1）机器人必须不危害人类，也不允许它眼看人将受害而袖手旁观。

2）机器人必须绝对服从于人类，除非这种服从有害于人类。

3）机器人必须保护自身不受伤害，除非为了保护人类或者是人类命令它做出牺牲。

这三条守则不仅为机器人赋予了新的伦理价值观，也让机器人的概念变得更加通俗和更易被人们接受。至今，它仍在为机器人研究者、制造商和消费者提供有意义的指导。

1954 年，美国发明家乔治·德沃尔研制出第一台电子可编程的工业机器人，并于 1961 年申请了该项专利。1962 年，美国万能自动化公司的首台机器人 Unimate 投入使用，标志着第一代机器人的诞生。随着近几十年来的科技进步，机器人已经开始走进人们的日常生活。可以预见，人类智慧将不断开创机器人时代的新纪元。

1.1.2 机器人学的发展

机器人学在国际和国内的发展进度和取得的成果均存在不同程度的差异。

1. 国际机器人学的发展

20 世纪 60—70 年代初期，工业机器人问世后的 10 年内，其技术发展较为缓慢，很多研发单位和企业都没有取得实质的技术进步。这 10 年间的成果主要有 1968 年美国斯坦福国际研究院研发的可移动机器人夏凯、1973 年辛辛那提·米拉克龙公司推出的第一款能够应用在商业领域的机器人 T3 等。

自 20 世纪 70 年代起，人工智能学界开始关注机器人领域，认为其研究成果将会给人类社会的发展带来新的生机。20 世纪 70 时代中期，随着自动控制理论、电子计算机技术及航空航天技术的迅速发展，机器人技术进入了一个新的发展阶段。到 20 世纪 80 年代中期，机器人制造业逐渐成为获利最高和发展最快的经济行业之一。20 世纪 80 年代后期，传统机器人应用已趋饱和，机器人市场供大于求，许多机器人制造商面临着破产的风险，机器人技术的研究也受到了影响。20 世纪 90 年代初，机器人行业开始复苏，但几年后再次跌至新的低谷。1980 年至 20 世纪末，机器人市场发展呈波浪式，出现过三次马鞍形曲线。1995 年后，世界机器人数量逐年增加，增长率也较高，机器人学以较好的发展势头进入 21 世纪。

进入 21 世纪，全球工业机器人产业发展速度明显加快，年均增长率约 30%，而亚洲的增长率达到 43%。据国际机器人联合会和联合国欧洲经济委员会统计，1960—2006 年，全球工业机器人安装总数为 175 万余台，而 2007—2011 年，短短五年内即新增 55 万余台，可见工业机器人的市场发展潜力巨大。2022 年 10 月 13 日，国际机器人联合会在法兰克福发布新的全球机器人报告显示，2021 年全球新增 51.7 万台工业机器人，同比增长 31%，堪称巅峰之年。同时，全球运行中的工业机器人存量约为 350 万台，创下历史新高。

过去 50 年来，机器人学与其相关技术取得了显著进步，表现在：①全球机器人行业蓬勃发展；②广泛应用于军事、医疗和工业等行业；③开创出一门新学科——机器人学；④机器人走上智能化之路；⑤服务型机器人崭露头角。

随着机器人数量的快速增加和相关技术的进步，市场上亟需具备更多功能的机器人以满足消费者的需求，尤其是能完成自主行为的高智能机器人和适应各种复杂环境的特种机器人。一部分智能机器人拥有类人行走机构，能够轻松行走于各种复杂路面；另一部分则拥有灵敏的感知系统，如视觉、触觉系统，还拥有独立工作、精确加工和质量检测功能；还有一部分则拥有自我调节与决策能力。这些智能机器人综合应用了人工智能、虚拟现实、多智能体、仿生、多传感器集成和微纳米材料等各类先进技术。

机器人学与人工智能密不可分。智能机器人的发展离不开人工智能的支持，人工智能也在不断地为机器人学提供新的思想和技术。机器人学需要借助各种人工智能技术继续发展，而人工智能的发展也需要借助机器人的崛起创造新的机会和空间。可见，智能机器人是应用人工智能技术的一种新型设备，而人工智能旨在通过知识表示、问题求解、搜索规划、机器学习、环境感知和智能系统等理论的进一步发展来实现机器模拟人类的智能行为。移动机器人是一类具有人工智能特征的机器人，可利用传感器探测周围环境，并根据环境的变化自主调整运动方向，以到达目的地并执行各种任务。移动机器人不仅是当今机器人技术发展的前沿，也是未来发展的重要方向。“移动”的特性使得移动机器人在日常生活和工业应用中发挥着重要作用，不仅可以帮助我们更好地理解和控制复杂的智能行为，还可以帮助我们更深入地探索人类的思维模式。

2. 国内机器人学的发展

1972 年，我国首次尝试研制工业机器人，尽管起步时间比许多国家晚，但发展却非常迅速，且在工业机器人、特种机器人和智能机器人等领域都取得了突出成绩，为我国机器人产业的发展奠定了坚实的基础。

1）工业机器人。我国工业机器人的发展历经四个阶段：20 世纪 70 年代萌芽期、80 年代开发期、90 年代至 21 世纪初的初步应用期和 21 世纪初的井喷式发展及应用期。

“七五”期间，我国开展了机器人技术领域的基础研究工作，包括：研制基础元器件和关键零部件，开发专用、通用机器人控制系统和应用，研制点焊、喷涂、搬运、弧焊等工业机器人整机，开发示教再现式工业机器人成套技术。这些研究都取得了成功，我国形成了小批量生产能力。

20 世纪 90 年代中期，我国着力探索并应用焊接机器人的最新技术，以提高工业机器人生产率。21 世纪初，我国的国产机器人成功投入市场，工业机器人投入实际生产车间，这为机器人产业链的形成打下了良好基础。

1972—2000 年，我国工业机器人的产量及装机台数一直处于较低水平，但随着 21 世纪的开启，我国工业机器人的发展步伐加快。2014 年，全球新安装的工业机器人数量达 16.67 万台，而我国工业机器人年装机量超过日本，达到 5.6 万台，成为世界上最大的工业机器人市场。2020 年，我国工业机器人出货量约为 17 万台，与 2019 年相比增长 20%，创单个国家有史以来的最高值。2021 年，我国工厂运行的工业机器人数量达到创纪录的 94.3 万台，同比增长 21%，新机器人的销量增长势头强劲。

2）智能机器人计划。1986 年 3 月，我国启动实施了国家高技术研究发展计划（863 计划）。按照 863 计划智能机器人主题的总体战略目标，智能机器人研究开发工作的实施分为型号及应用工程、基础技术开发、实用技术开发和成果推广共四个层次，通过各层次的联合工作实现总体战略目标。我国的智能机器人项目涉及除尘机器人、玩具机器人、保安机器人、教育机器人、智能轮椅机器人、智能穿戴机器人等。

国家自然科学基金也资助了智能机器人领域的重大课题研究，包括智能机器人仿生技术、移动机器人视觉和听觉运算、深海自主机器人、智能服务机器人和医疗机器人等。

3）特种机器人。20 世纪 90 年代，在 863 计划的支持下，我国不仅发展了传统的工业机器人技术，还深入探索了特种机器人技术，尤其是复杂非制造环境下的机器人，包括管道机器人、爬壁机器人、水下机器人、自动导引车和排险机器人等。例如：2012 年，我国首次尝试下潜“蛟龙号”潜水器，成功下潜至海平面以下 7062m；2020 年，我国研制的“奋斗者号”更是实现了载人深海下潜万米级深度，标志着我国水下潜航器的技术水平进入国际先进行列；2013 年，图 1-1 所示的“玉兔号”探月机器人成功降落在月球表面，并围绕“嫦娥三号”拍照，这意味着我国探月进展取得了重大突破；2021 年，“天问一号”火星探测器首次探索火星即完成着陆任务，是我国航天工程取得的又一个里程碑式的胜利。

图 1-1 “玉兔号”探月机器人

（http://www.cnsa.gov.cn/）

自 20 世纪 70 年代以来，我国的机器人学经历了从无到有、从弱渐强的发展过程。如今，我国已成为世界最大的机器人市场，机器人正在为我国经济的可持续发展和人民生活的改善提供强有力的支撑。

1.1.3 机器人的定义

要给机器人确立一个能被大众普遍接受的定义是十分困难的。为了制定统一的技术标准、开发机器人新的工作能力以及比较不同国家和企业的研究成果，需要对机器人这一术语形成某些共同的认知和理解。迄今为止，尚未形成对机器人的统一定义，各国都在尝试着定义这个术语，但这些定义之间差别较大。

关于机器人的定义，国际上主要有如下几种：

1）英国简明牛津字典的定义。机器人是“貌似人的自动机，是具有智力的和顺从于人的但不具人格的机器”。

这一定义偏理想化，目前尚不存在真正与人类相似的机器人。

2）美国机器人协会（Robotics Industries Association，RIA）的定义。机器人是“一种用于移动各种材料、零件、工具或专用装置的，通过可编程序动作来执行种种任务的，并具有编程能力的多功能机械手（manipulator）”。

这一定义欠全面，其提到的机器人更多是指工业机器人。

3）日本工业机器人协会（Japan Robot Association，JARA）的定义。工业机器人是“一种装备有记忆装置和末端执行器（end effecter）的，能够转动并通过自动完成各种移动来代替人类劳动的通用机器”。

或者分为两种情况来定义：①工业机器人是“一种能够执行与人的上肢类似动作的多功能机器”；②智能机器人是“一种具有感觉和识别能力，并能够控制自身行为的机器”。这一定义将工业机器人和智能机器人进行了区分。

4）美国国家标准和技术研究所（National Institute of Standards and Technology，NIST）的定义。机器人是“一种能够进行编程并在自动控制下执行某些操作和移动作业任务的机械装置”。

这也是一种比较广义的工业机器人定义。

5）国际标准组织（International Organization for Standardization，ISO）的定义。机器人是“一种自动的、位置可控的、具有编程能力的多功能机械手，这种机械手具有几个轴，能够借助于可编程序操作来处理各种材料、零件、工具和专用装置，以执行种种任务”。

很明显，这个定义与美国机器人协会的定义非常相似。

6）我国机器人的定义。随着机器人技术的发展，我国也面临讨论和制定关于机器人技术的各项标准问题，其中包括对机器人的定义。可以参考各国的定义，结合我国情况，对机器人做出统一的定义。

《中国大百科全书》对机器人的定义为：能灵活地完成特定的操作和运动任务，并可再编程序的多功能操作器。而对机械手的定义为：一种模拟人手操作的自动机械，它可按固定程序抓取、搬运物件或操持工具完成某些特定操作。

我国科学家对机器人的定义为：机器人是一种自动化的机器，具备一些与人或生物相似的智能能力，如感知能力、规划能力、动作能力和协同能力，是一种具有高度灵活性的自动化机器。

上述定义的共同点为：①机器人是由人类创造的装置；②机器人均具有一定程度的智能或感知检测能力；③机器人拥有类似人的上肢或下肢，并能模仿人类的行为。这些定义在多数情况下是准确的。

还有一种机器人系统的定义：机器人系统是一种可重新编程的、计算机控制的机械系统，当它以一定程度的自主权执行被分配的任务时，可能会感知周围环境并对其做出反应。该定义指出，机器人不必具有仿人机器人的形式，也不一定具有多功能机械手的形式，强调了机器人系统具有一定程度的自治性。它们在不同程度上独立于人为干预而运作。它们具有摄像头、激光测距传感器、声接近传感器或力传感器等，可通过测量来感知环境并做出相应反应。例如：地面、空中、海上或太空飞行器为避免障碍物而自主改变航向；机械手根据力传感器的测量值自动改变工具的夹紧压力；机械手利用摄像机测量值自主地将工具放置在工作空间中。该定义还明确表明，机器人是一种由互连的组件构建成的机械系统。

1.2 典型机器人

1.2.1 操作型机器人

操作型机器人通常是指机械手或机械臂。早期的工业应用中，操作型机器人通常被安装在一个固定的底座上，机器人的每一个关节都可以运动但整体不能移动，能完成多种复杂的任务，如焊接、喷涂、拾取、放置、钻孔、切割和抬升等。

在机械臂的末端，由抓取装置（gripping device）组成的末端执行器是几乎所有机器人系统不可缺少的一部分，一般用于接触被操作对象，它们充当系统的手部，其动力通过电动、气动或液压方式提供。

机械手工作空间（manipulator workspace）是指末端执行器可以到达的空间范围。末端执行器在所有可能的方向或姿态下都可以到达的每个点组成灵巧工作空间（dexterous workspace）；末端执行器在至少一个方向或姿态下可以到达的每个点组成可达工作空间（reachable workspace）。值得注意的是，大多数工业级串联机械手的前三个连杆要比其余连杆更长，因为前三个长连杆组成了手臂，主要用于控制末端执行器的位置，而其余的短连杆则组成了腕部，通常用于控制末端执行器的姿态。按照工作空间的几何形状，可将机械手划分为笛卡儿、圆柱坐标型、球形和关节型机械手。

以下介绍一些最常见的典型机械手。这些机械手均由一些通过移动关节（prismatic joint）或转动关节（revolute joint）连接的连杆组成。这些关节可以是驱动型，也可以是被动型。驱动关节（driven joint）是执行器直接产生运动的一种关节，可以是移动关节，也可以是转动关节。在驱动关节中，线性或旋转电动机连接到受关节约束的每个连杆上。如果关节不是由执行器驱动的，则称为被动关节（passive joint）。

通常，机械手由诸如 PPP 或 RPP 之类的序列指定，这些序列指示组成机器人的移动（P）和转动（R）关节的类型和顺序。例如，一个 PPP 机械手是由三个移动关节构成的，而一个 RPP 机械手是由一个转动关节和两个连续的移动关节构成的。

1. 笛卡儿机械手

笛卡儿机械手（cartesian robot）是由三个相互正交的移动关节定义的 PPP 机械手。图 1-2 所示为 Sepro 集团的笛卡儿机械手。PPP 手臂是最简单的机械手之一。根据使用环境的不同，有时将这种类型的多功能机械臂称为龙门式起重机或导线臂。龙门式起重机通常是笛卡儿机械手的悬挂版本，用于定位大型工业负载。导线臂通常用于定位光学实验或手术工具。PPP 机械手由于其简单的几何形状而具有多个优点。PPP 机械手的模型以及用于定位和移动这些机械手的控制律都易于推导。PPP 机械手最简单的模型具有沿三个相互垂直方向的平移运动方程，系统趋向于刚性。它们可以承受和传递大负载，并实现高精度的定位。这种机械手的缺点是：需要大面积的操作空间，并且工作空间小于机械手本身；用于移动关节的导向装置必须密封，以防异物进入，这会使维护变得困难。

图 1-2　Sepro 集团的笛卡儿机械手（http://www.sepro-group.com）

2. 圆柱坐标型机械手

假设笛卡儿机械手中的第一个移动关节被转动关节代替，通过适当选择旋转轴的方向，PPP 机械手就会变为 RPP 机械手。图 1-3 所示为 ST Robotics 公司的圆柱坐标型 RPP 机械手（cylindrical robot）。可见，圆柱坐标型机械手中水平臂末端的位置可以用柱坐标表示，其工作空间为空心圆柱体的形式，这便是该机械手名字的来源。尽管圆柱坐标型机械手的运动学和动力学模型比笛卡儿机械手复杂，但仍然容易推导，控制律也容易确定。RPP 机械手的拓扑结构使其非常适合进入具有型腔或其他类似复杂几何形状的工件。它也可以用于流水线上的拾取和放置操作，能达到很高的精度。该类型机械手的缺点是：在某些构形中，机械手的背面可能伸入工作空间，会干扰工作空间并使路径规划和控制变得复杂；导向装置表面必须清洁且无碎屑，这样会使维护和保养更加困难。

3. 球形机械手

RRP 球形机械手（spherical robotic manipulator）由两个垂直转动关节和一个移动关节组成，因机械臂末端的运动轨迹可以用球坐标表示，故该机械手命名为球形机械手。图 1-4 所示的 Unimate 机械手就是球形机械手的代表。

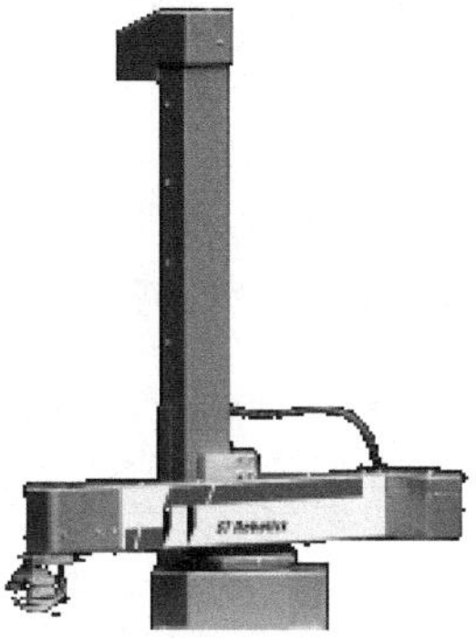

图 1-3 ST Robotics 公司的圆柱坐标型机械手

（http://www.strobotics.com/index.htm）

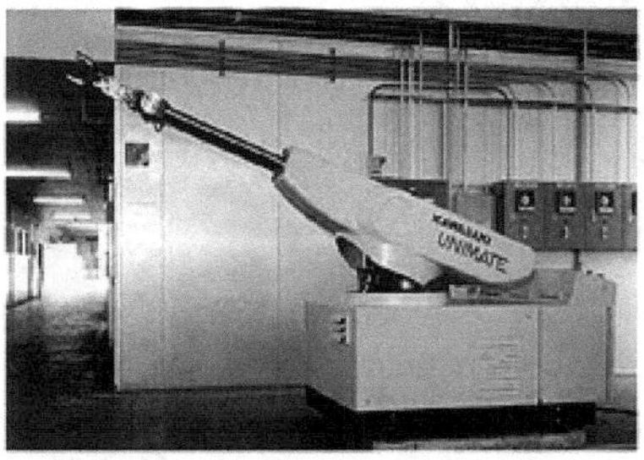

图 1-4 Unimate 机械手

（http://www.kawasaki.com.cn）

球形机械手结构的主要优点是适用于复杂几何空间中的操作任务，与一般机械手相比，该机械手的球形工作空间更大。球形机械手的运动学和动力学模型比笛卡儿或圆柱坐标型机械手更为复杂，这导致其控制律也更加复杂。引入额外的垂直旋转轴后，球形机械手的刚性要比笛卡儿机械手差，定位精度也会降低。通常，球形机械手更适合完成焊接或喷漆类的任务，这些任务所需的精度比拾取和放置操作要低一些。

4. SCARA 机械手

SCARA（selective compliance articulated robot arm）机械手采用具有两个平行转动关节的 RRP 构型方案，是在高刚性机械手（如笛卡儿机械手）和可访问复杂几何空间机械手（如球形机械手）之间的折中方案。图 1-5 所示为 Epson T3 SCARA 机械手。由于 SCARA 机械手的两个转动关节是平行轴，因此该机械手在水平面内的运动相对柔顺，而在垂直于水平面内的运动刚度较大。这两种运动模式之间的柔顺性差异便是该机械手名字的由来。SCARA 机械手的工作空间是高度结构化的，故适用于精确的拾取和放置操作。

5. PUMA 机械手

历史上，装配线上使用最广泛的机械手之一是 PUMA（programmable universal machine for assembly）RRR 机械手。图 1-6 所示为 PUMA 机械手。该机械手的第一个转动关节绕竖直轴转动，接下来的两个平行转动关节轴线均垂直于竖直轴。PUMA 机械手的广泛使用可归因于其丰富的运动学特性和较大的半球形工作空间。然而，由于沿两个垂直方向引入三个旋转轴，PUMA 机械手的刚性不如笛卡儿机械手，它适用于大型且可配置程度高的工作空间。

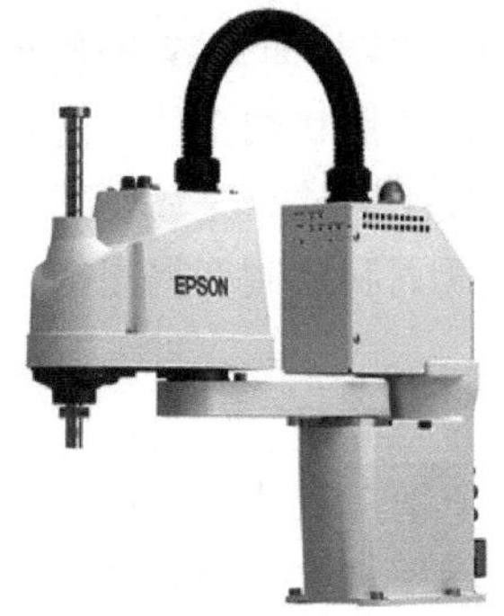

图 1-5　Epson T3 SCARA 机械手

（http://www.epsonrobots.com）

图 1-6　PUMA 机械手

（https://cs.stanford.edu/）

6. 关节型机械手

球形手腕（spherical wrist）是一个 RRR 机械手组件，通常作为复杂机械手的子系统。图 1-7 所示为球形手腕，它由三个转动关节构成，所有旋转轴线在一个公共点（腕部中心）相交。

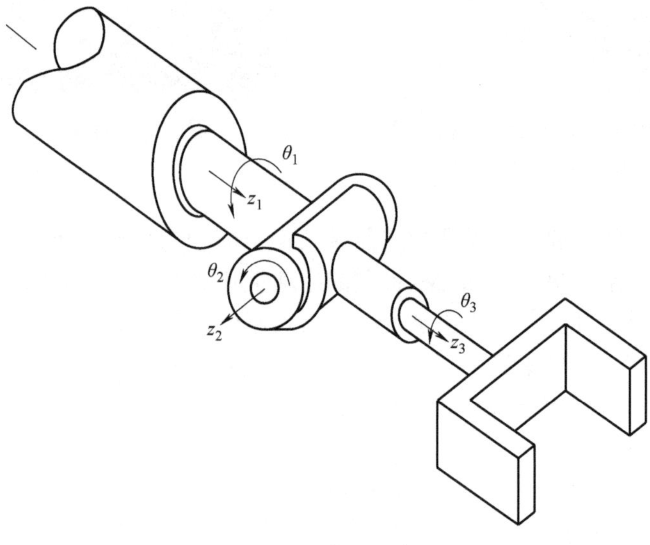

图 1-7　球形手腕

关节型机械手（articulated robot arm）或仿人机械臂（anthropomorphic robot arm）是一种能够实现类似人手臂动作的机械手。所有仿人机械臂至少具有三个转动关节，通常有五个、六个或更多。图 1-8 所示的 KUKA 关节型机械手是一个球形手腕连接到 RRR 机械臂的典型结构。前三个自由度的空间结构类似于 PUMA 机械手，第一个垂直转动关节称为腰关节，接下来的两个关节分别称为肩关节和肘关节。关节型机械手具有较大的工作空间，且可以将位于其末端的工具以任意方向摆放，因此，在装配线上的焊接和喷涂工序中得到了广泛应用。与其他机械手相比，关节型机械手具有几何形状更复杂的工作空间，描述此机械手的运动学和动力学方程形式也相对繁琐，从这些模型得出的控制律也相应复杂。

1.2.2 移动机器人

前一节介绍了几种最常见的多功能机械手，它们在形式、操作和应用方面均存在明显差异。本节阐述机器人的另一个子集——移动机器人。移动机器人，指整体可沿某个方向或任意方向移动的机器人，具体类型包括：仿人机器人、自主地面车辆、无人飞行器、自主海洋航行器。

1. 仿人机器人

拟人或仿人机械臂在工业机器人领域已趋于成熟，它们已普遍存在于世界各地的工厂中。相比之下，对仿人机器人系统的开发仍然处于研究阶段。机器人研发伊始，设计师就梦想着创造出外观和功能都与人类相似的机器人。早期的工匠、艺术家和发明家，都试图创建能够模仿人类行为的机械系统，其中包括著名艺术家列奥纳多·达·芬奇（Leonardo Da Vinci），但由于缺乏相应的技术和基础条件，早期的研究并未取得实质成果。

如今，仿人机器人已经能够执行非常复杂的任务，著名的 RoboCup 机器人足球世界杯就是典型案例。自从 2002 年成立仿人机器人联盟以来，世界各地制作仿人机器人的团队都积极参加这个年度赛事。图 1-9 所示即为参加 RoboCup 比赛的某仿人机器人。在比赛过程中，每个机器人选手必须能够奔跑、行走、踢球和阻止对方射门，能够实现基于图像的环境感知和特征识别，还必须具有机载处理硬件和软件，以使它们能够以团队战略协调的方式预测比赛并对其做出反应。2022 年在泰国曼谷举行的 RoboCup 大赛上，来自德国波恩大学的 NimbRo 团队赢得了类人组中的成人组冠军和最佳人形奖。

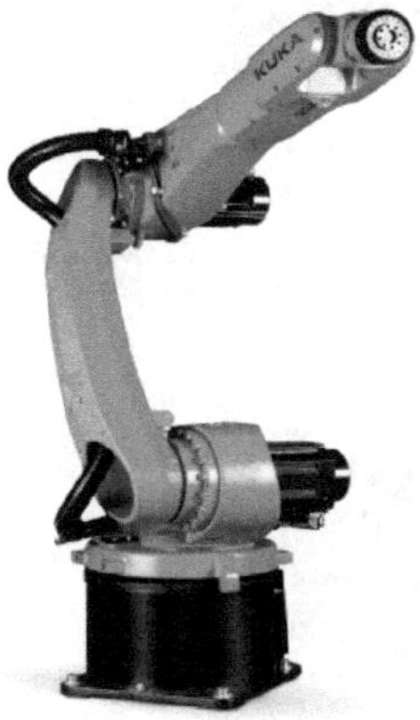

图 1-8 KUKA 关节型机械手

（http://www.kuka-robotics.com）

图 1-9 参加 RoboCup 比赛的仿人机器人

（https://humanoid.robocup.org/）

世界各地的研究人员目前也在开发全尺寸仿人机器人，其潜在的应用领域广阔。图 1-10 所示为 Atlas 机器人，它由波士顿动力公司研发，经过多年的改进已经能够完成跑酷动作。

2. 自主地面车辆

自主地面车辆（autonomous ground vehicle，AGV）的设计、分析和制造已经进行了多年。近年来，AGV 机器人技术已经接近成熟，并出现了一些可靠的、高性能的商用和军事 AGV 机器人。为了向行业参与者提供无人驾驶公司市场优势和劣势的客观评估，美国市场研究机构 Guidehouse 在其 2020 年的报告中考察了全球领先的 AGV 公司的商业策略和执行情况，并在其 2021 年的报告中考察了供应商对轻型和中型 AGV 系统的研发现状。根据这两份报告的显示结果，谷歌 Waymo 和百度位于全球无人驾驶领域的第一梯队。图 1-11 所示为 Waymo 公司在旧金山的道路上测试全自动驾驶车辆 Jaguar I-PACE。

图 1-10　波士顿动力公司的 Atlas 机器人（https://www. bostondynamics. com/atlas）

图 1-11　Waymo 公司的全自动驾驶车辆 Jaguar I-PACE（https://waymo. com/）

图 1-12 所示为百度第六代量产无人车 Apollo RT6。该车辆研发耗资仅 25 万元，设计理念为可量产的面向复杂城市道路的无人自动驾驶。

图 1-12　百度第六代量产无人车 Apollo RT6（https://www. apollo. auto/）

3. 无人飞行器

近年来，无人飞行器（autonomous aerial vehicle，AAV）在各类媒体报道中出现的频次越来越高。尽管目前的无人飞行器是需要远程操控且不能独立做出决定的，但它们在一定程度上可以表现出自主性。虽然无人飞行器表现出的自主性正在逐年提高，但按照惯例，其通常被归类为不包含飞行员且表现出一定自主性的飞行器。

由于无人飞行器存在相对较高的技术门槛，因而限制了其常规使用范围。尽管花费很大，但无人飞行器的军事应用价值和商用价值仍在不断提高。除军事领域外，无人飞行器已被提议用于农业、救灾、警察监视和边境安全等领域。2022 年 11 月，我国的 DJI 大疆农业公司推出了两款先进的农业无人飞行器产品，分别是 T50、T25 无人机和 Mavic3 多光谱版无人飞行器。这两款产品功能强大，为果树喷洒、大田喷洒、施肥等多种农业活动提供了更便利的方案。图 1-13 所示为大疆 T50 农业无人飞行器正在执行农田喷洒任务。

针对无人飞行器的研究规模还在持续增长，特别是其翼展从几英寸到几英尺长的小型固定翼无人飞行器。图 1-14 所示为弗吉尼亚理工大学的 Craig Woolsey 教授科研团队使用的 SPAARO 无人飞行器，它主要侧重于农业自动化、气载病原体遥感和自主无人机梯队协调控制等方面的研究。

图 1-13 大疆 T50 农业无人飞行器

(https://www.dji.com/)

图 1-14 SPAARO 无人飞行器

(https://www.vt.edu/)

4. 自主海洋航行器

海洋交通设备在运行过程中必须考虑比陆地交通更多的突发因素，如故障设备无法及时维修、船舶可能没有足够的电力来避免恶劣天气、船员的安全可能受到威胁、船舶可能遭受结构损坏等，这些情况都可能造成巨大的经济损失。随着电子信息技术的进步，研发海洋航行器的自主控制技术，使船舶具备对环境信息的独立采集、航线设计和航线规划能力，实现海洋航行器的无人化和智能化，已成为移动机器人技术领域的一个重要分支。

图 1-15 美国 Sea Hawk 无人反潜舰艇

自主海洋航行器的典型代表有自主水面船舶（autonomous surface vehicle，ASV）和自主水下机器人（autonomous underwater vehicle，AUV），它们能在人类无法到达的海洋区域执行任务。图 1-15 所示为美国于 2016 年试航的一艘名为 Sea Hawk 的 ASV 无人反潜舰艇。图 1-16 所示为我国浙江大学研制的“海豚一号”小型 AUV，其搭载了合成孔径声呐以实现对水下目标的探测。

图 1-16 “海豚一号”小型 AUV

1.3 数字孪生系统

1.3.1 数字孪生的发展历程

2003 年，美国密歇根大学的 Michael Grieves 教授提出了数字孪生的概念，他以物理实体为研究对象，通过建立虚拟模型的方式来反映物理实体的特征。数字孪生技术需要对物理实体的数据进行采集，从而建立起物理对象和虚拟模型之间的桥梁，通过该桥梁可将虚拟模型与物理实体的整个生命周期进行绑定，以反映物理实体全生命周期的变化过程。当时提出的产品生命周期管理概念模型涵盖了当今数字孪生技术的所有核心元素，包括真实空间、虚拟空间以及真实空间与虚拟空间之间的数据/信息流交换，如图 1-17 所示。

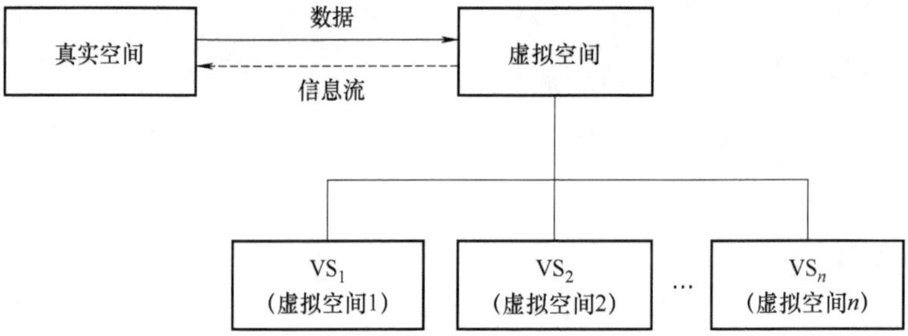

图 1-17 Michael Grieves 教授提出的产品生命周期管理（PLM）的概念模型

美国航空航天局（NASA）于 1969 年实施阿波罗计划时，就开始利用镜像系统来管理航空航天设备，那时还不存在数字孪生概念，该镜像系统相当于今天提出的数字孪生系统。在数字孪生概念诞生后，NASA 构建了空间飞行器的数字孪生系统，成功获取了空间飞行器的实时飞行状态。此外，NASA 还继续开发了数字孪生系统的预测仿真功能，用来预测物理实体的健康状态，对未来可能出现的状况提前进行决策和应对。2011 年，美国空军研究室（air force research laboratory，AFRL）开始运用数字孪生技术进行航空构件的生命周期预估，并逐渐扩展至机身状态的评估研究。通过建立一种超现实和全生命周期的计算机模型，将材料、制造规格、控制、建造过程以及维护等相关信息全部纳入，结合历史飞行监测数据来实施虚拟飞行，从而更好地掌握飞行器的运行情况，能够准确地识别并控制所需的最大负荷，从而有效地降低成本，提高飞行的安全性。此外，AFRL 还公布了许多技术难题，激发了一些学者的研究兴趣，比如范德堡大学面向机翼健康预测问题构建了一个动态贝叶斯网络，以准确地估计机翼的损伤程度。

2012年，美国标准技术研究院提出不再以单个物理实体为研究对象，而是利用数字孪生技术对整个工厂进行孪生，包括工厂内部流水线、设备、产品等，旨在通过构建数字孪生车间来模拟真实产品的生产，从而管理和优化生产线和生产工序，提高产品质量，降低生产成本。随着数字孪生技术日臻成熟，各大企业开始纷纷利用数字孪生技术完善其自动化和智能化制造体系，力图解决设备故障率高、设备状态感知手段少和设备全生命周期管理等一系列问题，通过建立物理世界与虚拟世界之间的实时数据通道，发现物理实体的发展和演变规律。

随着虚实融合技术的完善，数字孪生技术在各个领域的应用日渐深入，特别是在工业制造领域得以迅速发展。美国通用电气公司（general electric，GE）基于Predix平台构建资产、系统和集群等不同规模的数字孪生体系，生产商和运营商利用数字孪生模型来表征资产的全生命周期，以更好地预测和优化资产性能。德国西门子公司致力于帮助制造型企业在信息空间构建制造流程的生产系统模型，实现从产品设计到制造加工的全程数字化。ANSYS公司利用ANSYS Twin Builder软件创建数字孪生模型并快速连接至工业物联网（industrial internet of things，IIoT）平台，帮助用户进行故障诊断和确定维护计划，降低由于非计划停机带来的经济损失。此外，还可以优化每项资产的性能并生成有效数据，用来改进其下一代产品。表1-1所列为当前部分国外工业界数字孪生平台。

表1-1 国外工业界数字孪生平台

公司	数字孪生平台	功能	优势
GE	Predix	物理机械和分析技术结合，利用虚实互联，构建飞机发动机数字孪生	使维修过程变得更加细致、透明
ANSYS	Twin Builder	构建真实世界系统的完整虚拟模型，实现设备的调度维护，对响应进行反馈	实现对产品和资产的全生命周期管理，防止计划外停机，降低成本
Siemens	Teamcenter X	部署产品、生产和性能数字孪生，构建多域和材料集成的数字孪生	减少物理原型的需求、缩短开发时间、提高质量
PTC	ThingWorx	可视化物联网收集的重要信息，并与ANSYS连接	可布置于云端和本地，可视化方式更加灵活
	Vuforia Engine Area Targets	实现完全数字化沉浸式互动，进行机械虚拟操作	提高效率，具有强大的扩增环境能力和灵活性
SAP	SAP Leonardo	实现网络化部署数字孪生，进行数据快速计算	采用边云协同方式，实现数据快速传输和反馈
Microsoft	Azure Digital Twins	实现物理世界业务流程的构建，辅助更好的优化产品和管理	采用物联网，打破连接孤岛，建立于可信的企业级平台
Dassault	3D EXPERIENCE	快速实现设计与制造之间的无缝衔接，并提供对应的标准件	优化设计与制造间的协同，确保产品的可追溯性
Autodesk	InfraWorks和Tandem	面向工程建筑等，提供更好的决策和前瞻性洞察	创建最新的易于访问的数据，提供更智能的决策
IBM	Digital Twin Exchange	智能评估管理、监测、预测维护，确保安全性和可靠性	可下载3D CAD文件、工程手册等，建立信息模型，更灵活

由表 1-1 可见，国外大型企业对数字孪生技术深入研发，采用不同的手段探索其理论和应用场景，并利用数字孪生的多维可解释性，实现在物理空间无法完成的功能，使其产品生成更加灵活、稳定、便捷和智能化。现状表明，数字孪生技术拥有巨大的发展潜力和广阔的应用前景，特别是在当今快节奏的数字化、网络化和智能化时代，对数字孪生的基础理论和应用技术进行深入研究显得尤为重要。数字孪生技术的国外发展进程如图 1-18 所示。

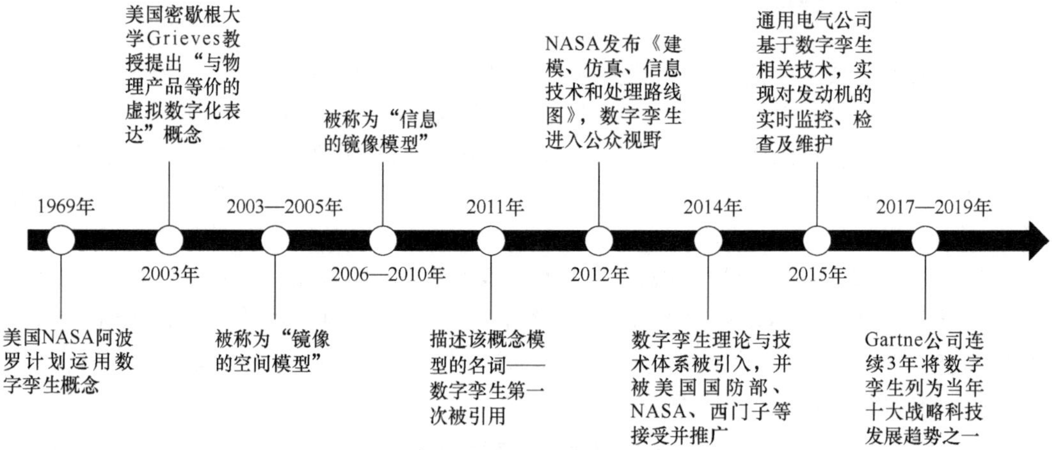

图 1-18　数字孪生技术的国外发展进程

我国也有许多学者致力于数字孪生技术的研究、推广和应用。北京航空航天大学的陶飞教授于 2019 年提出数字孪生五维架构体系，描述了在计算机技术、显示技术、通信技术等大力发展的今天，数字孪生技术应该具有的新功能，并详细分析了数字孪生技术在未来可能的应用领域与应用模式。同济大学的屈国强等人提出了数字孪生车间概念，着眼于产品工艺流程的孪生体创建，旨在改善产品的工艺工序流程，利用数字孪生技术将产品数字化，以降低成本和提高效率。庄存波教授提出了一种全新的数字孪生体系架构，并详细分析了数字孪生的可能应用领域与发展前景。陈振把数字孪生技术应用于飞机零部件的装配工作，并研究了如何基于数字孪生技术高效管理工业生产。自数字孪生的概念诞生以来，研发机构和学者们相继提出多种架构和关键技术，以数字孪生为主题的论文数量逐年上升，表明数字孪生技术领域的研究已进入成长期，其研究发展趋势如图 1-19 所示。

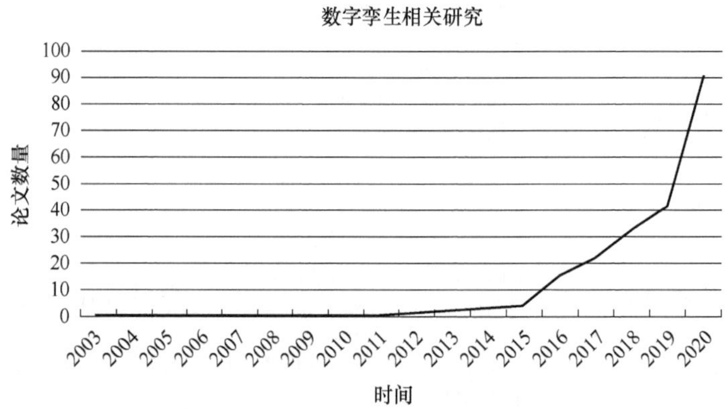

图 1-19　数字孪生研究发展趋势

1.3.2　数字孪生的定义

数字孪生，也有很多学者和机构称之为数字镜像、数字映射、数字双胞胎、数字双生、数字孪生体等。数字孪生不局限于构建的数字化模型，不是物理实体的静态、单向映射，也不应该过度强调物理实体的完全复制或镜像，虚实两者也不是完全相等。数字孪生不能割离实体，也并非物理实体与虚拟模型的简单加和，两者不一定是简单的一一对应关系，还可能出现一对多、多对一、多对多等情况。数字孪生不等同于传统意义上的仿真或虚拟验证，也并非只是系统大数据的集合。目前，对于数字孪生没有统一共识的定义，不同的学者、企业、研究机构等对数字孪生的理解也存在着不同的认识。

Michael Grieves 教授认为数字孪生是一组从微观到宏观的虚拟信息结构，它全面描述了可能或真实存在的产品，在理想情况下，任何能从真实产品中获得的信息都能从其数字孪生体中获得。NASA 定义数字孪生是一个集成了多物理属性、多尺度和概率仿真的数字系统，可通过逼真的物理模型、实时传感器和服役历史等数据来反映真实飞行器的实际状况。微软公司定义数字孪生是一个过程、产品、生产、资产或服务的虚拟模型。当机器或设备配备传感器并与物联网连接后，即可查看设备的实时状态；当与二维和三维设计信息结合时，数字孪生体可以在数字世界实现物理世界的可视化，并提供一种仿真技术来模拟电子、机械及其组合系统在相互作用后产生的结果。GE 公司定义数字孪生是驱动商业成果的动态模型。西门子公司定义数字孪生是物理产品或过程的虚拟表示，用于理解和预测物理产品的性能特征。德国 SAP 公司定义数字孪生是物理对象或系统的虚拟表达，但不仅仅是高科技的外观。众多数字孪生体使用数据、机器学习和物联网来帮助企业优化、创新和提供新服务。美国 PTC 公司定义数字孪生是由物（产生数据的设备和产品）、连接（网络）、数据管理（云计算、存储和分析）和应用构成的功能体，因此，它将深度参与物联网平台的定义与构建。国际标准化组织（ISO）认为数字孪生是现实事物（或过程）具有特定目的的数字化表达，并通过适当频率的同步使物理实体与数字模型之间趋于一致。英国剑桥大学建筑数字中心认为数字孪生是物理事物的真实数字表示。美国空军研究室认为数字孪生是系统在整个生命周期中的虚拟表达，是实际运行的单个系统集成数据、模型和分析工具后得到的系统。国际商业机器公司认为数字孪生是物理对象或系统在其整个生命周期中的虚拟体现，使用实时数据来实现理解、学习和分析。

尽管目前对数字孪生存在多种不同的认知和理解，短时间内尚无法形成广泛且统一的定义，但可以确定的是，物理实体、数字模型、数据、实时连接、数据双向流动和服务是数字孪生不可缺少的核心要素。图 1-20 所示为应用数字孪生技术的卫星实例，通过将遥感数据

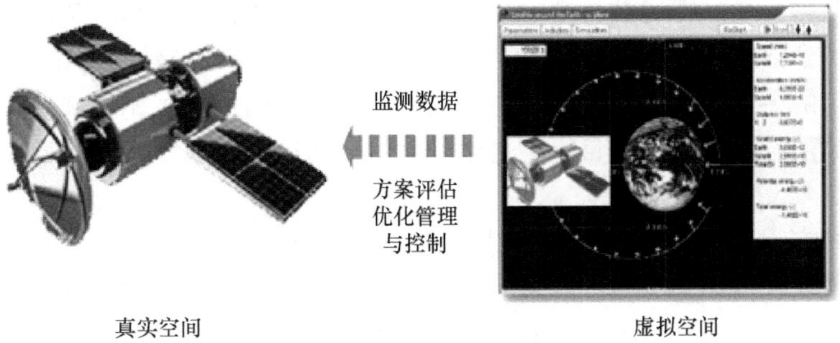

图 1-20　应用数字孪生技术的卫星实例

进行深度融合，并利用系统动态实时建模和评估技术，建成卫星的数字孪生体。通过对卫星状态的全面分析和计算，提供一个完整且精确的监测接口，让使用者能够更加清晰地了解卫星的当前状况。这个实例展示了如何使用数字孪生技术进行检测和调控，其中最重要的一环就是将物理实体与其虚拟对象进行准确匹配。数字孪生技术已经逐渐成熟，并开始在各行各业得到广泛应用，不仅推动了传统行业的数字化转型，也促进了各个行业的智能化，并给各行业的发展注入了新的活力。

1.4　数字孪生关键技术

数字孪生技术涵盖了数据处理、模型制作、状态监测等一系列关键技术，具体包括：

1）数据采集和存储技术。以工业机器人为例，对机器人关节转角、转速、驱动电机电流、振动等数据的采集主要通过内置或外置的各类传感器来获取。在数据存储方面，考虑到数据的多源特性，可采用面向对象的思想，即按照机器人实体各部件对应的类来进行数据存储，如电机部件通常包含电机电流、电压、温度、转速等数据，可将这些数据按照电机类统一存储至 MySQL 数据库中。MySQL 数据库在数据库表的设计中遵循了面向对象的原则，适合于数字孪生系统数据的存储。同时，该数据库还提供了标准的数据库操作语言——SQL 语句，利用该语句可以方便地操作数据库。MySQL 数据库提供了容灾机制、事务机制、索引机制等，在最大程度上保证了系统数据的安全与快速访问。

2）三维建模及轻量化、数据/模型融合技术。在三维建模方面，虚拟模型的建立要以物理实体为基础，对物理实体的各部分特征尽量复现，不仅要考虑虚实之间外形尺寸的一致性，还要对模型添加材质和纹理，从而保证虚实之间的高度一致性。在模型轻量化方面，模型太大会导致实时渲染速度过慢，因此，对虚拟模型需要进行轻量化处理。当数字孪生系统保持虚实动作一致性时，是依靠三维建模软件对虚拟场景的实时渲染来实现的，而数字动画通常达到 30 帧/s 的刷新率即可满足人眼观测的要求。在满足模型细节不失真和使用功能不受限的条件下，利用模型简化手段，实现三维模型在几何、大小等方面的精简，即是模型轻量化的核心技术。在数据与模型融合方面，仍然以工业机器人为例进行说明。为了使三维模型复现机器人运动学，且实时呈现机器人实体的位姿，需要先按照物理实体各自由度定义模型父子关系，再按自由度划分模型，给各自由度单独编写脚本，通过脚本接收机器人各关节变量的输入数据，从而实现对各自由度的实时映射。

3）数据通信技术。数据通信依赖数据传输协议，而高效的数据传输是系统低延迟和高性能的重要保障。在数据通信技术方面，主要有串口通信技术和 TCP/IP 通信。串口通信按位发送和接收数据，通过特定波特率、数据位和停止位等传输和获取数据，它是一种异步通信方式，可以保证数据传输的快速性和灵活性，还能实现较长距离的数据传输。TCP/IP 是计算机网络通信的一种协议簇，满足该协议簇的计算机之间可以互相连接和通信，通常需要在报文首部中添加源主机地址和目标主机地址然后发送给通信线路，待双方成功连接后即可进行数据通信。

4）数据可视化技术、健康状态评估技术和虚拟现实技术。在数据可视化方面，利用饼形图、心电折线图、仪表盘等图表对实时数据进行呈现，用户通过图表可以直观看到数据历史和走向，从而更快地分析数据。在健康状态评估技术方面，由于设备的状态不是由某一个参数决定，而是受多个参数综合影响，会涉及多维度和多模态数据。在虚拟现实技术方面，为了给系统使用者提供更真实、更全面和更方便的交互体验，通常利用虚拟现实技术制作 VR 交互场景，提供身临其境的观感及交互体验。

1.5 本书主要内容

作为本书的开篇，本章回顾了机器人学和数字孪生技术的发展历史，并探讨了机器人系统和数字孪生的定义。按照机器人的运动性能，本章还将机器人分为操作型机器人和移动机器人，通过相关实例详细介绍了每一类机器人的特点和应用场景。最后，简要分析了数字孪生的各项核心技术。

第 2 章阐述机器人机构的相关知识，涉及运动副、机器人机构模型、机器人自由度和机器人关节减速器等内容。该章将深入探讨机器人机构的基础知识，并对各种机构模型的总体结构进行系统的分析，包括布局、类型、传动方式及驱动方式等，以期为机器人的研究提供有效的参考。

第 3 章分析了机器人运动学，介绍了用于机器人系统中连杆刚性运动的齐次变换。除了机器人运动学中的一般问题，还讨论了具有运动链形式的机器人系统的两种常用方法，即 DH 约定和递归。在 DH 约定部分，介绍了标准 DH 约定和改进 DH（MDH）约定，推导出了与运动链结构相关的齐次变换的清晰结构，确定了求解串联式结构运动学的连杆参数的一般步骤。与 DH 建模方法相比，正向运动学问题的递归公式的优势在于计算的高效性。此公式指出了运动链中连续结构体之间运动学关系的高度结构化性质，并利用此结构性质推导出了运动学递归算法。该章还举例介绍了逆向运动学的相关问题，并在最后探讨了关节空间和笛卡儿空间的运动规划问题。

第 4 章研究机器人动力学的相关内容，涉及机器人动力学方程、动力学参数辨识和虚拟样机仿真。建立完整的机器人动力学方程是研究机器人动力学的基础。该章首先分析了机器人动力学方程的三种建模方法，即拉格朗日方程、牛顿-欧拉方程和凯恩方程。为了实现机器人动力学的建模，获得机器人的惯性参数是必要的。该章讨论了如何利用最小惯性参数来识别机器人的惯性参数，并通过计算获取机器人实现特定运动所需的力矩，从而实现动力学模型的建立。此外，还阐述了在 Adams/Matlab 软件环境下开展虚拟样机联合动力学仿真的方法。

第 5 章研究机器人系统的传感与控制问题。实现机器人运动系统的正常运行离不开执行器和传感器的工作。该章首先举例介绍了一些常见的执行器和传感器，阐述了它们的特点和应用场景，紧接着研究了控制系统的反馈、状态空间和稳定性理论，并着重分析了机器人的控制算法。阐述了三种经典的操作臂位置控制算法（PD 控制、计算力矩控制、滑模控制）；实现了基于阻抗控制的操作臂力-位控制；使用典型的神经网络模型，即 BP 网络和 RBF 网络，完成了动力学非线性控制的模拟仿真。

第 6 章论述了数字孪生系统的一般架构，分析了数字孪生的技术体系，讲解了数字孪生引擎系统，并设计了可视化应用教程。该章设计了一个面向状态监测的协作臂数字孪生系统架构实例，表述了系统的设计目标、设计原则以及系统的框架设计和关键技术，构建了数字孪生引擎的数据层。

第 7 章构建人机共融的数字孪生系统，分别讨论了结构化环境建模和非结构化环境的视觉重建，研究了安全距离检测等人机安全交互关键技术。结构化环境通常是指机器人工作环境附近的布局固定且可知，非结构化环境则相反。该章研究了结构化环境的建模方法，并讨论了如何利用视觉重建方法实现非结构化环境的重建和仿真。

第 8 章讨论数字孪生的故障诊断问题。针对轴承故障数据难采集且故障类别分布不均衡这一问题提出故障特征生成模型，有效改善传统特征生成模型不可控性、单一性和收敛速度慢等问题。设计构建性能退化特征提取模型和性能退化评估模型。最后，设计一种融合工业云和虚拟现实的数字孪生故障诊断系统。

第 9 章实现数字孪生系统的生命周期管理。以轴承部件的生命周期管理为例，首先完成对时间序列数据基于算法模型输入输出的初步构建，提出一种振动信号时域特征与卷积压缩特征相结合的注意力编码解码算法，采用一种基于变分推断的贝叶斯推理方法实现模型的不确定性度量。最后，对分析结果进行可视化展示。

习题

1-1　简述“机器人”一词的由来。

1-2　区分下列机械手，描述它们的特征，并找出每种机械手在商用机器人中的实例。

笛卡儿机械手，圆柱坐标型机械手，球形机械手，SCARA 机械手，PUMA 机械手，仿人机械臂

1-3　结合 1~2 个实例，谈谈你对数字孪生的理解。

1-4　选取数字孪生的一项技术，查阅相关资料对其进行简要介绍。

参考文献

[1] 庄存波，刘检华，张雷. 工业 5.0 的内涵、体系架构和使能技术［J］. 机械工程学报，2022，58（18）：75-87.

[2] 蔡自兴，谢斌. 机器人学［M］. 4 版. 北京：清华大学出版社，2022.

[3] 熊有伦. 机器人学［M］. 北京：机械工业出版社，1993.

[4] 库迪拉，本-茨维. 机器人动力学与系统控制［M］. 曹其新，译. 北京：机械工业出版社，2022.

[5] 王宁. 面向状态监测的协作臂数字孪生系统关键技术研究［D］. 北京：北京邮电大学，2022.

[6] 刘大同，郭凯，王本宽，等. 数字孪生技术综述与展望［J］. 仪器仪表学报，2018，39（11）：1-10.

[7] 白响恩，李博翰，徐笑锋，等. 无人船研究现状及内部构造展望［J］. 船舶与海洋工程学报（英文版），2022，21（2）：47-58.

[8] 张淏酥，王涛，苗建明，等. 水下无人航行器的研究现状与展望［J］. 计算机测量与控制，2023，31（2）：1-7；40.

[9] 郭沙. 数字孪生：数字经济的基础支撑［M］. 北京：中国财富出版社有限公司，2021.

[10] 宋学官，来孝楠，何西旺，等. 重大装备形性一体化数字孪生关键技术［J］. 机械工程学报，2022，58（10）：298-325.

[11] 陈根. 数字孪生［M］. 北京：电子工业出版社，2020.

[12] 陆剑峰，张浩，赵荣泳. 数字孪生技术与工程实践：模型+数据驱动的智能系统［M］. 北京：机械工业出版社，2022.

[13] 李祯. 轴承故障诊断技术及其在数字孪生中的应用［D］. 北京：北京邮电大学，2022.

[14] 张歆悦. 基于时序信号的轴承寿命预测关键技术研究［D］. 北京：北京邮电大学，2022.

第 2 章

机器人机构

机器人系统通常由多个部件组成，如手臂、手腕、手爪、腿部、足部等，这些部件之间的协同配合能使机器人实现复杂的运动，从而完成特定的操作任务。不同的机械结构、布局、传动方式和驱动方式将对机器人的运动性能产生重要影响。以工业机器人操作臂为例，其通常由一系列连杆和铰链组成，它们是机器人实现各种运动的基础。多个连杆通过运动副连接成首尾不封闭的机构，称为串联机构；多个连杆通过运动副连接成首尾封闭的机构，称为并联机构。本章将重点介绍运动副、串联机构、并联机构和机器人关节减速器等基本概念。

2.1 运动副

运动副又称关节或铰链（joint），是两构件直接接触并能产生相对运动的活动连接，它决定了两相邻连杆之间的连接关系。通常把运动副分为低副和高副两大类。低副是指通过面接触构成的运动副，高副是指通过点或线接触构成的运动副。典型的低副包括 6 种类型：旋转副（revolute joint）、移动副（prismatic joint）、螺旋副（helical joint）、圆柱副（cylindrical joint）、平面副（planar joint）、球面副（spherical joint）。旋转副、移动副和螺旋副均具有 1 个自由度，分别如图 2-1a、b、c 所示；圆柱副具有 2 个自由度，如图 2-1d 所示；平面副和球面副都具有 3 个自由度，分别如图 2-1e、f 所示。

刚体在三维空间内具有 3 个直线和 3 个旋转共计 6 个方向的运动自由度，而运动副的作用则是对刚体的运动自由度进行约束。对机器人的关节运动往往选用低副进行约束，其中，最常见的低副类型是旋转副和移动副。

旋转副（符号 R）连接两个连杆，允许两个连杆绕公共轴线做相对转动。它约束了连杆的 5 个自由度，因而仅具有 1 个转动自由度，并使得两个连杆在同一平面内运动。常用的虎克铰（universal joint，符号 U）是一种特殊的低副机构，它是由 2 个轴线正交的旋转副连接而成的，故具有 2 个自由度。

移动副（符号 P）使两个连杆发生相对移动。它约束了连杆的 5 个自由度，仅具有 1 个移动自由度，并使得两个连杆在同一平面内运动。

螺旋副（符号 H）使两个连杆发生螺旋运动。它约束了连杆的 5 个自由度，仅具有 1 个自由度，并使得两个连杆在同一平面内运动。

圆柱副（符号 C）使两个连杆同轴转动和移动，通常由同轴的旋转副和移动副组合而成。它约束了连杆的 4 个自由度，具有 2 个独立的自由度，并使得连杆在空间内运动。

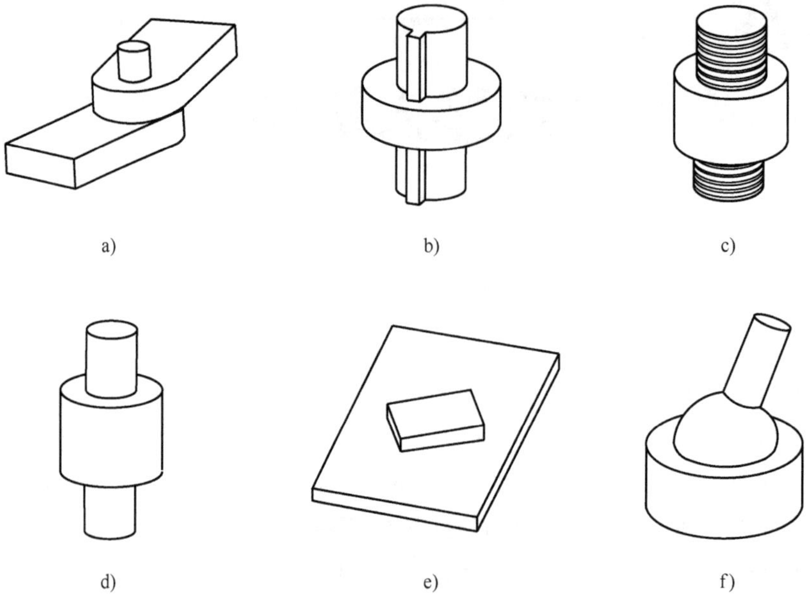

图 2-1 6 种典型的低副机构

a）旋转副 b）移动副 c）螺旋副 d）圆柱副 e）平面副 f）球面副

平面副（符号 E）使两个连杆在平面内任意移动和转动，可视作由 2 个独立的移动副和 1 个旋转副组成。它约束了连杆的 3 个自由度，只允许两个连杆在平面内运动。由于缺乏物理结构与之相对应，它在工程中并不常用。

球面副（符号 S）使两个连杆在三维空间内绕同一点做任意相对转动，可视作由轴线汇交于一点的 3 个旋转副组成，故具有 3 个自由度。

运动副有多种不同的分类方式，根据运动副在机构运动过程中的作用可分为主动副（active joint）和被动副（passive joint）。按相对运动平面可分为平面运动副、空间运动副。根据运动副的结构组成还可分为简单副（simple joint）和复杂副（complex joint）。按照运动副引入的约束可分为一级副、二级副、三级副、四级副和五级副等。

2.2 串联机器人机构

串联机器人在机器人发展史上发挥了重要作用，被称为工业机器人或操作臂。工业机器人是一种用于机械制造业的先进装备，它可以完成大规模、高效率的生成任务，被广泛应用于汽车、船舶等工业自动化生产线，能代替人工完成焊接、涂装、切割、电子组装、搬运、包装、码垛等生产操作任务，显著提高生产率和质量。

典型的工业机器人装备有 SCARA 机器人、Stanford 机器人及 PUMA 机器人等。如图 2-2 所示，一个典型的串联机器人通常由手臂机构、手腕机构和末端执行器 3 个部分组成。

1）手臂机构（arm mechanism）：机器人机构的主要部分，其作用是支承腕部和末端执行器，并确定腕部中心点在空间中的位置坐标，通常具有 3 个自由度，个别手臂机构具有 4 个自由度。

2）手腕机构（wrist mechanism）：连接手臂和末端执行器的部件，其主要作用是改变和调整末端执行器在空间中的姿态，一般来说，手腕机构具有 3 个旋转自由度，个别手腕机构具有 2 个旋转自由度。

3）末端执行器（end-effector）：机器人作业时安装在腕部的工具，根据任务选装不同类型的末端执行器。

串联机器人本质上是由一系列连杆和运动副依次连接组成的开链机构，一般从基座开始，到中间机构，最后是末端执行器。通常采用转动或移动副，可以令串联机器人具有更加复杂和灵活的运动能力，同时也能更加便捷地进行调节和控制。通过控制电动机的旋转运动或液压缸及气缸的相对移动，可以大大提高关节控制的精度和效率，并使得各个关节独立运动。

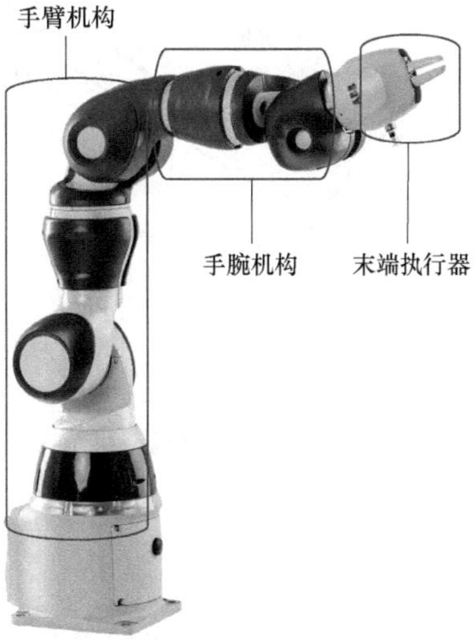

图 2-2　典型串联机器人的组成

2.2.1　手臂机构

手臂机构是机器人的核心组成部分，它负责支撑腕部和末端执行器，并通过控制小臂和大臂的运动，使机器人能沿着特定的轨迹从一个位置移动到另一个位置。机器人手臂的主体机构一般设计为 3 个自由度，主要包括 4 种基本结构型式：笛卡儿型、圆柱坐标型、球坐标型和关节型。

1）笛卡儿型（Cartesian coordinate type，PPP 链）：由 3 个相互垂直的移动副组成，每个关节独立分布在直角坐标的 3 个坐标轴上，如图 2-3 所示，结构直观紧凑。

2）圆柱坐标型（cylindrical coordinate type，RPP 或 CP 链）：将笛卡儿型机器人中某一个移动副转换为圆柱副，如图 2-4 所示，该结构具有较大的运动范围。

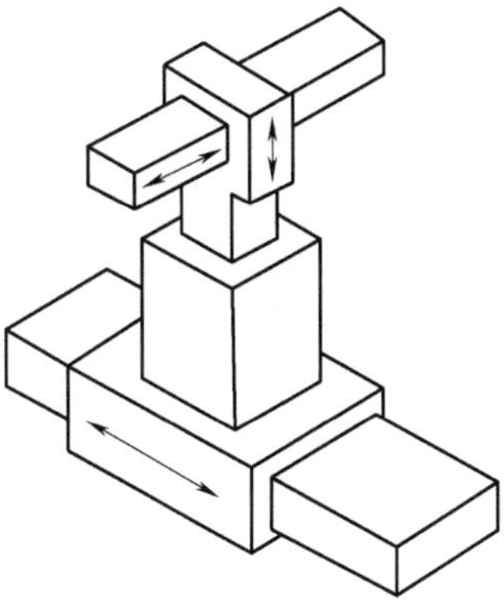
图 2-3　笛卡儿型机器人

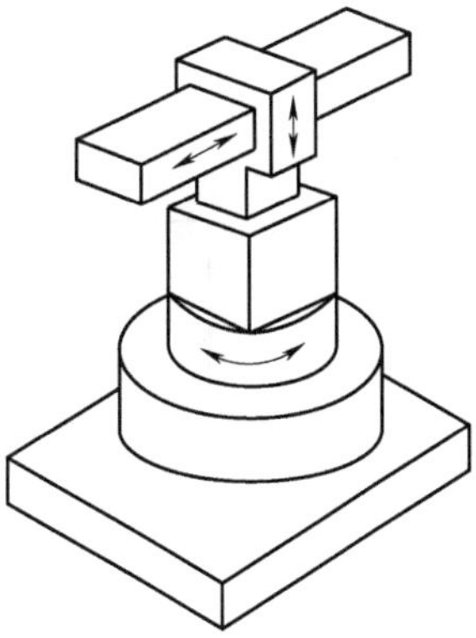
图 2-4　圆柱坐标型机器人

3）球坐标型（polar coordinate type，RRP 或 UP 链）：由 2 个交汇的转动副和 1 个移动副组成，如图 2-5 所示，该结构具有较大的灵活度。

4）关节型（articulated type，RRR 或 UR 链）：3 个铰链均为转动副，如图 2-6 所示，这种结构对作业的适应性较好，而且更接近人的手臂结构。

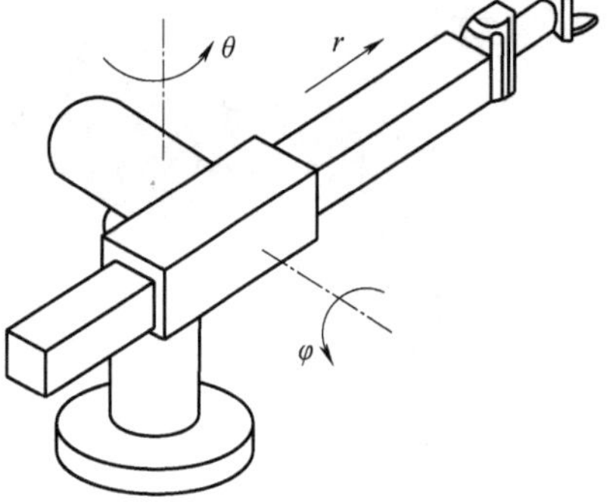

图 2-5 球坐标型机器人

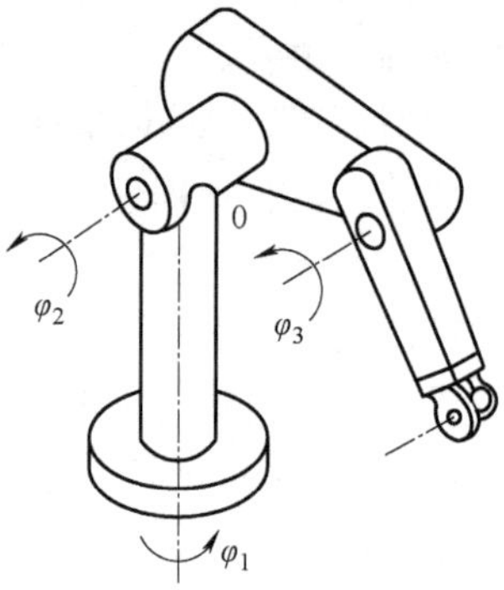

图 2-6 关节型机器人

2.2.2 手腕机构

手腕机构是机器人的重要组成部分，它将手臂部和末端执行器连接起来，调整末端执行器在空间中的方位，使得握持的工具或物品能够达到预期的姿势。手腕机构通常也称为动向机构（orientation mechanism）或调姿机构（pointing mechanism）。常见的手腕由 2 个或 3 个相互垂直的关节轴组成。

1. 二自由度球形手腕

图 2-7 所示的 Pitch-Roll 球形手腕是一种二自由度球形手腕，由 3 个锥齿轮 A、B 和 C 组成差动机构。其中，齿轮 C 与工具 Roll 轴固连，而齿轮 A 和 B 则分别通过链传动（或同步带传动）与两个驱动电动机相连，形成差动机构。当齿轮 A 和 B 同速反向旋转时，末端执行器绕 Roll 轴转动，转速与 A 或 B 相同；当齿轮 A 和 B 同速同向旋转时，末端执行器将绕 Pitch 轴转动。一般情况下，末端执行器的转动是上述两种转动的合成。

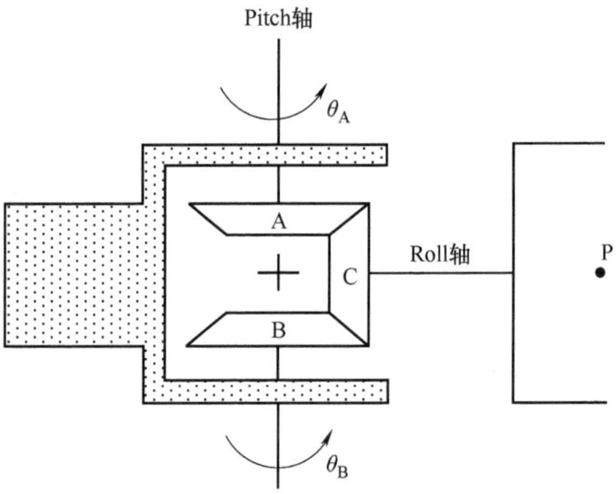

图 2-7 Pitch-Roll 球形手腕

2. 三轴垂直相交手腕

图 2-8 所示为一种三轴垂直相交手腕，θ_1与 θ_2对应的轴线相互垂直，θ_2与 θ_3对应的轴线相互垂直，三轴交于一点。远距离安装的驱动装置带动几组锥齿轮旋转，如果三轴输入的转角分别为 φ_1、φ_2和 φ_3，且相互啮合的齿轮齿数相等，则输出的关节角分别为：$\theta_1=\varphi_1$，$\theta_2=$

$\varphi_1-\varphi_2$，$\theta_3=2\varphi_1+\varphi_2-\varphi_3$。

理论上，三轴垂直相交的手腕可以实现任意的姿态，但由于结构的限制，实际上并不能达到理论上的任意姿态。

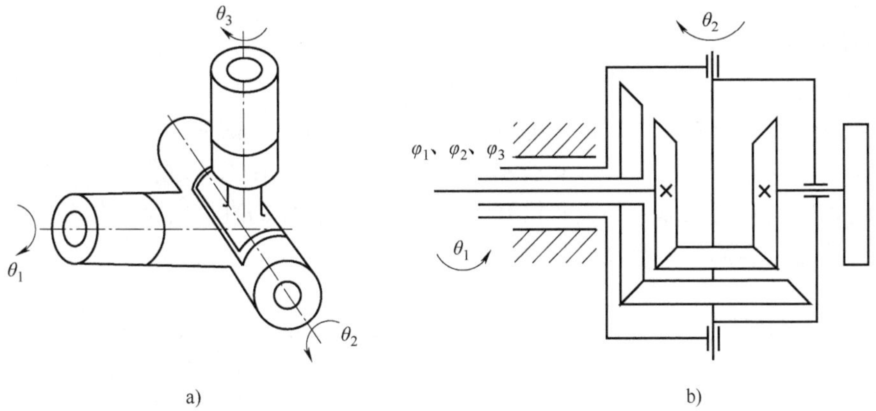

图 2-8　三轴垂直相交手腕

a）示意图　b）传动图

3. 可连续转动的手腕

图 2-9 所示为可连续转动的手腕，该手腕包含 3 个相交但不互相垂直的关节轴，其特点是 3 个关节角不受限制，可连续转动 360°。因为该手腕的三轴非正交，使得该手腕的末端执行器不能达到任意姿态，且手腕第三轴不可达的方位在空间构成一个锥体。

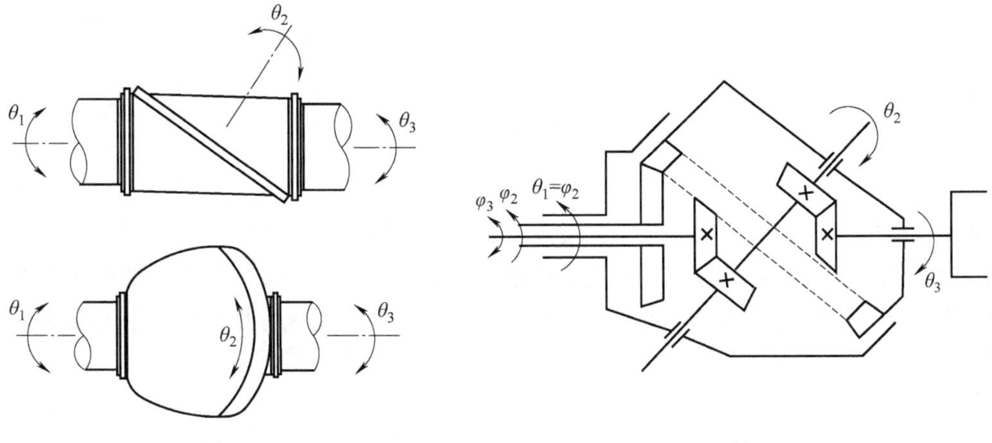

图 2-9　可连续转动的手腕

a）外观图　b）传动图

上述两种 3 自由度手腕的共同特征是它们的三轴都相交于一点，这个点通常称为腕坐标系的原点，也就是腕部参考点。

2.2.3　末端执行器

末端执行器是指安装在机器人末端的执行装置，它直接与工件接触，用于实现对工件的处理、传输、夹持、放置和释放等作业。

末端执行器可以是一种单纯的机械装置，也可以是包含工具快速转换装置、传感器或柔顺装置等的集成执行装置。大多数末端执行器的功能、构型及结构尺寸都是根据具体的作业任务要求进行设计和集成的，故种类繁多且形式多样。结构紧凑、轻量化及模块化是末端执行器设计的主要目标。

1. 夹持式手爪

根据作业任务的不同，末端执行器可以是夹持装置或专用工具。其中，夹持装置包括机械手爪、吸盘等，专用工具有气焊枪、电焊枪、研磨头、铣刀、钻头等。夹持装置是应用最为广泛的一类末端执行器。图 2-10a～d 所示为几种夹持式手爪在工作过程中的开合原理。手指通过回转运动来实现对物体的夹紧和松开动作。当被抓物体的直径大小变化时，为了使物体的中心位置不变，也需要相应地调整手爪的位置。

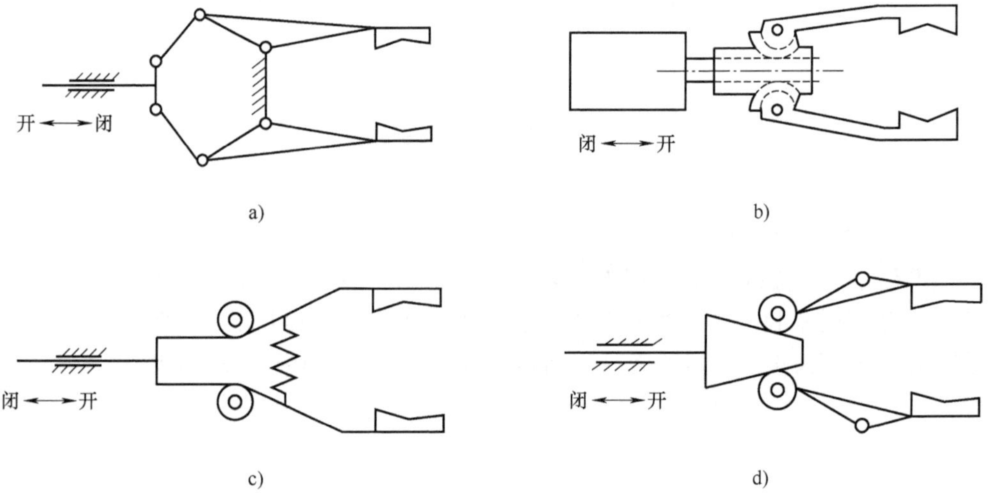

图 2-10　夹持式手爪的开合原理

根据设计原理不同，夹持装置一般分为接触式、穿透式、吸取式及黏附式四种类型。接触式夹持装置直接将夹紧力作用于工件表面实现抓取；穿透式一般需要穿透物料进行抓取，如用于纺织品、纤维材料等抓取的末端执行器；吸取式主要利用吸力作用于被抓取物体表面实现抓取，如真空吸盘、电磁装置等；黏附式一般利用抓取装置与被抓取对象之间的黏附力来实现抓取，如利用胶粘原理、表面张力或冰冻原理所产生的黏附力进行抓取。

2. 多指灵巧手

多指灵巧手类似人类的手掌，通常由 3 个或 4 个手指组成，每个手指相当于一个操作臂，有 3 个或 4 个关节。对于形状复杂的物体，多指灵巧手可以实现更加灵活精细的操作。

机器人多指灵巧手有多种不同的实现方式。如图 2-11 所示，Okada 灵巧手由 3 个手指和 1 个手掌组成，其中拇指有 3 个自由度，另外 2 个手指各有 4 个自由度，并且采用电动机驱动和肌腱传动方式。如图 2-12 所示，Stanford/JPL 灵巧手有 3 个手指，每个手指各有 3 个自由度，采用 12 个直流伺服电动机作为关

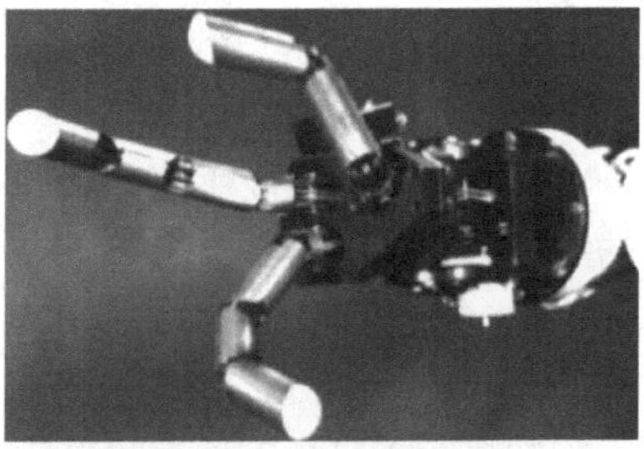

图 2-11　Okada 灵巧手

节驱动器，采用 N+1 型腱驱动系统传递运动和动力。Stanford/JPL 灵巧手较之 Okada 灵巧手灵活性更好，对复杂物体的适应性更强，但是其控制系统也更加复杂。如图 2-13 所示，Utah/MIT 灵巧手由完全相同的 4 个手指组成，每个手指有 4 个自由度，采用 2N 型腱驱动系统传递运动和动力，整手有 16 个关节，驱动器数量达到 32 个。Okada 灵巧手、Stanford/JPL 灵巧手和 Utah/MIT 灵巧手均是多指灵巧手领域的典型代表，为多指灵巧手的后续研究与创新奠定了坚实的理论基础。

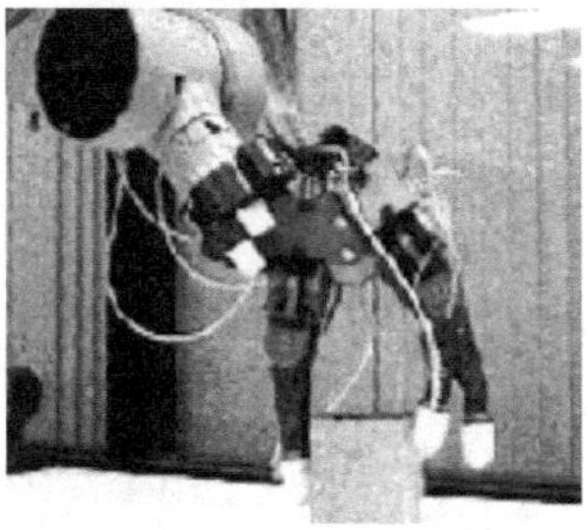

图 2-12 Stanford/JPL 灵巧手

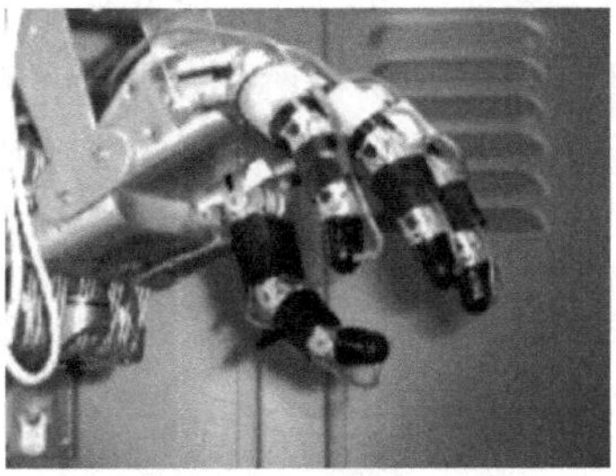

图 2-13 Utah/MIT 灵巧手

3. 欠驱动拟人手

图 2-14 所示为欠驱动拟人手手指，这类手爪的外形与多指灵巧手类似，但各关节不是由电动机独立驱动，而是由少量电动机以差动方式驱动，电动机的数量远小于关节的数量。图 2-14a 所示为欠驱动拟人手中的一个手指。拟人手 5 个手指的构型一致，通过手指之间的差动实现对物体的包络。手指包络运动可通过如图 2-14a 所示的腱及绳索牵引来实现，或者通过如图 2-14b、c 所示的连杆机构实现。与多指灵巧手不同，欠驱动拟人手一般具有良好的形状自适应能力。由于电动机的数量远小于关节的数量，因此，欠驱动拟人手的控制要比多指灵巧手的控制简单，但抓握模式相对来说不如多指灵巧手丰富。

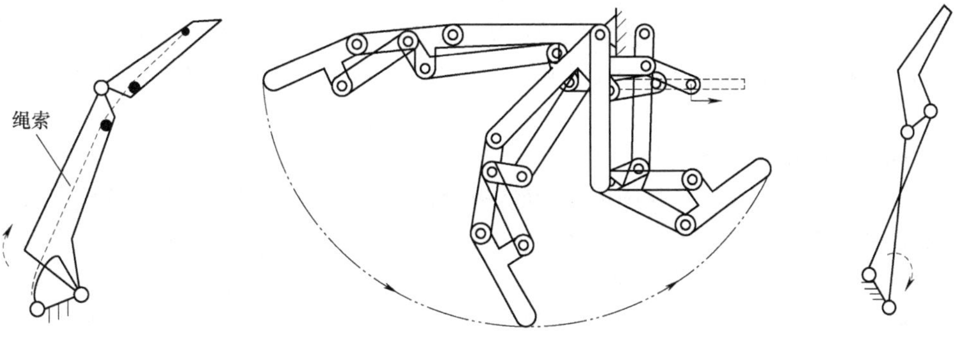

图 2-14 欠驱动拟人手手指

a）一个手指 b）、c）连杆机构

2.3 并联机器人机构

并联机器人机构是一种多闭环机构，它由动平台、定平台和连接两个平台的多个支链组成。如果支链数与动平台的自由度数相同，每个支链由一个驱动器驱动，且所有驱动器均安放在（或接近）定平台处，这种并联机构称为完全并联机构。根据以上定义，完全并联机构具有以下 3 个特点：①动平台由两个或两个以上的支链连接；②电动机的数目与动平台自由度数相同；③当所有电动机锁定时，动平台的自由度为零。除了完全并联机构，还有具有双动平台的并联机构、支链中有闭环支链的并联机构及其他形式的并联机构。

通常采用数字与符号组合的命名方式来简单描述并联机器人机构。以并联机构为例，每个支链用运动副符号组合来表示，并按照从基座到动平台的顺序。图 2-15 所示为 3-RPS 并联机构，其中 3 表示该机构有 3 个相同的支链，RPS 表示每个支链都包含 R、P、S 这 3 种运动副，并且 RPS 遵循从基座到动平台的顺序排列。而 3-UPS&1-UP 并联机构则表示该并联机构由 2 种不同的支链组成，其中有 3 条支链为 UPS，有 1 条支链为 UP。

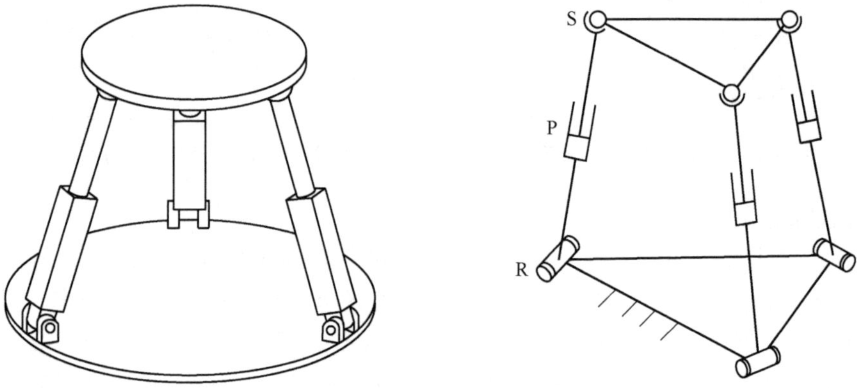

a)　　　　b)

图 2-15　3-RPS 并联机构的组成与命名

a）三维图　b）机构简图

根据并联机构的定义，目前的并联机构大多具有 2~6 个自由度。根据不完全统计，现已公开的并联机构有上千种，其中 3 个和 6 个自由度的并联机构占 70%。本章介绍几种典型的并联机构。

1. Gough-Stewart 平台

1947 年，Gough 设计了具有闭环结构的一种机构，该机构通过控制平台的位姿来实现轮胎的检测。其构型由 1 个六边形运动平台、6 个可伸缩杆和 1 个定平台组成。其中六边形运动平台的各顶点通过球铰链与可伸缩杆相连，可伸缩杆的另一端通过虎克铰与定平台连接。六边形运动平台的位姿通过 6 个直线电动机改变可伸缩杆的长度来实现。Stewart 在 1965 年设计了用作飞行模拟器的执行机构。该机构由 1 个三角运动平台、6 个可伸缩杆和 1 个定平台组成，三角运动平台的顶点通过球铰链与连杆相连接，其机架也呈三角布置。这是两种最早出现的并联机构，后人称为 Gough-Stewart 平台，有时简称 Stewart 平台。这类机构都由动平台、支链和定平台组成。支链的两端通过球面副（或者一端是球面副而另一端是虎克铰）分别与动平台和定平台连接，并且通过移动副实现伸缩运动，都具有 6 个自由度。基于运动平台所展现的六边形和三角形特征，又可细分为 Hexapod 机器人和 Tripod 机器人两类，如图 2-16 所示。

2. Delta 机器人

并联机构中最著名的是 Delta 机器人机构。1986 年，瑞士洛桑联邦理工学院的 Clavel 教授提出了一种全新的并联机器人机构——Delta 机器人，其机构简图如图 2-17 所示。该机器人的设计思想在于巧妙地利用了一种开放式铰链和空间平行四边形机构。平行四边形机构保证了末端执行器始终与基座保持平行，从而使该机器人只有 3 个移动自由度的运动输出；开放式铰链使其易于组装和拆卸，且运动灵活快速，极大地方便了工业应用。

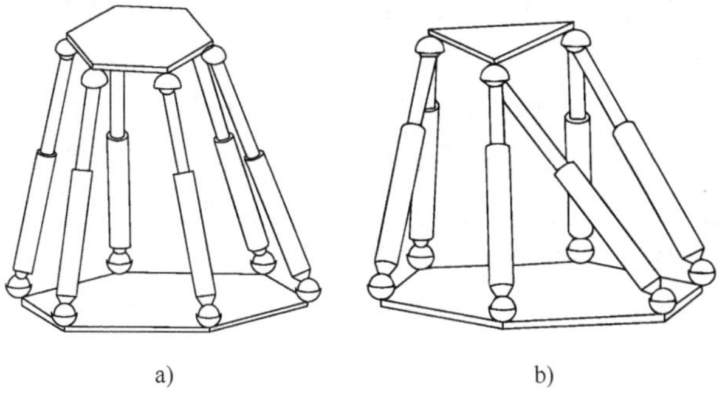

图 2-16　Gough-Stewart 平台

a）Hexapod　b）Tripod

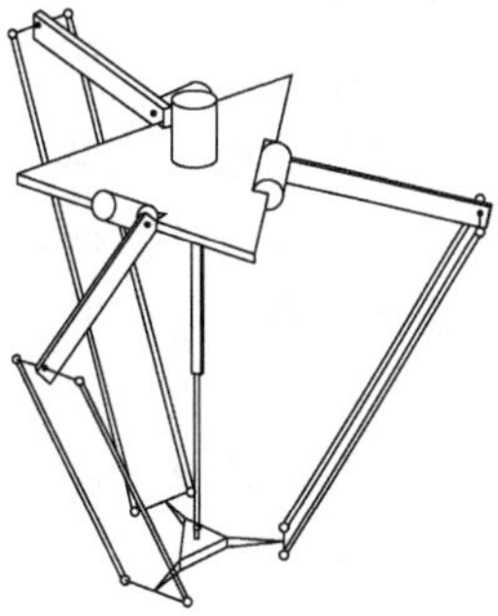

图 2-17　Delta 机器人机构

3. 平面/球面 3-RRR 机构

平面/球面 3-RRR 并联机构是由加拿大拉瓦尔大学的 Gosselin 教授提出并开始系统研究的，在并联机构领域得到了广泛的应用。

如图 2-18 所示，平面 3-RRR 机构的动平台相对于中心具有 3 个平面自由度，包括 2 个平面内的移动以及 1 个绕垂直于该平面轴线的转动，这种运动方式与串联 3R 机器人完全一致。

图 2-19 所示为球面 3-RRR 机构。该机构所有转动副的轴线交于空间一点，该点称为机构的转动中心，动平台可实现绕转动中心 3 个方向的转动，因此，该机构也称为调姿机构或指向机构。

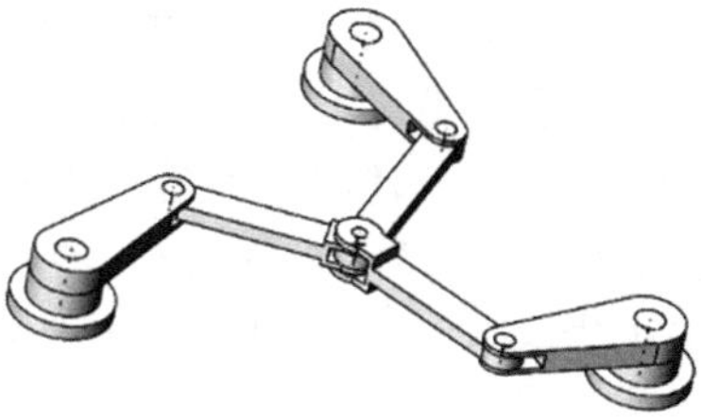

图 2-18　平面 3-RRR 机构

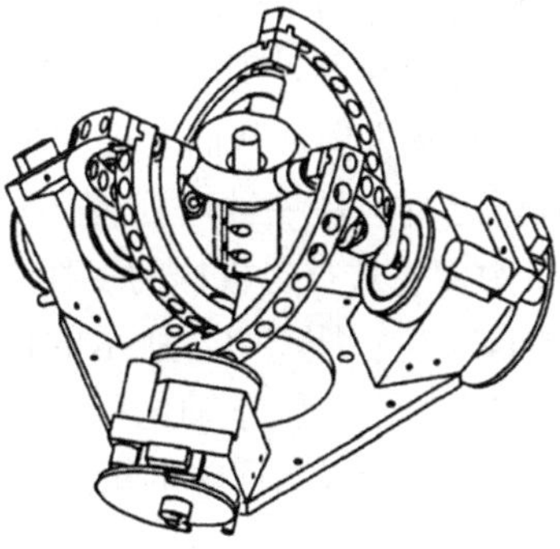

图 2-19　球面 3-RRR 机构

与串联机器人相比，并联机器人具有承载能力强、刚度大、结构稳定、精度高和运动惯性小等优点，其不足之处是工作空间相对有限。

2.4　移动机器人机构

移动机器人（mobile robot）是指一类能够感知环境和自身状态，在结构、非结构化环境中自主运动，并能实现指定操作和任务的机器人。

移动机器人的运动机构来源于自然或仿生的启示，如行走类、跳跃类、攀爬类、飞行类、泳动类、蠕动类、摆动类、翻滚类等。但也有例外，轮式和履带式机器人是人类发明的以轮子或履带为载体的典型代表。

移动机器人按照不同标准有不同的分类方法：按工作环境分为陆地机器人、水下机器人、飞行机器人、管道机器人等；按功能用途分为医疗机器人、服务机器人、灾难救援机器人、军用机器人等；按运动载体主要分为轮式机器人、足式机器人和履带式机器人等。

不同类型的移动机器人有其各自的优势。例如：轮式机器人运动速度快、结构简单、可靠性高；履带式机器人越障性能好、负载能力强、适合松软表面环境；足式机器人运动灵活、越障能力强、适合非结构化环境；蛇形机器人体积小、运动模式多样、适合受约束的狭小空间；滚动机器人运动速度快、效率高。另外，轮-履、轮-腿、履-腿等复合式移动机器人的出现，进一步提高了移动机器人的越障和机动性能，增强了其在非结构化复杂环境下的自适应能力。

移动机器人正逐渐应用于医疗、服务、工业生产、灾难救援、军事侦察等领域，将人类从繁杂的体力劳动中解放出来，缓解了人口老龄化和劳动力成本增加等带来的社会问题，给人类生活带来极大便利。尤其在外太空、深海、雷区、狭窄管道、核辐射区等恶劣或极其危险的环境中，使用移动机器人完成侦察、探测和操作任务已经成为一种必要手段。鉴于移动机器人机构种类繁多，这里只介绍两种基本类型：轮式行走机构和多足步行机构。

2.4.1 轮式行走机构

轮式行走机构因其平稳的移动性能、低耗能、简单易操作及灵活性等优势而被广泛应用，若要充分发挥这些优势并确保其安全性和可靠性，就需要在平坦的地面上进行移动操作。目前三轮式或四轮式是应用较为广泛的轮式行走机构。

三轮式行走机构虽具有一定的稳定性，但其核心问题在于如何精确控制运动的方向。三轮式行走机构通常包括 1 个前轮和 2 个后轮。第一种运动方式是通过前轮控制方向，后轮进行驱动。第二种运动方式是用两个后轮独立驱动，前轮仅起支承作用，并通过两轮的转速差或转向来改变移动方向，从而实现三轮式行走机构的小范围的灵活移动。

四轮式行走机构是一种广泛使用的移动机构，它的工作原理与三轮式行走机构相似。图 2-20 所示为四轮式行走机构的多种结构类型。其中，图 2-20a、b 所示的机构采用 2 个驱动轮和 2 个自位轮；图 2-20c 所示的机构采用四连杆机构进行转向，类似于汽车的行走方式，其回转中心位于后轮车轴的延伸线之上；图 2-20d 所示的机构可以独立地进行左右转向，这样可以极大地提高回转的精度；图 2-20e 所示机构的 4 个轮子都可以实现转向，可以有效减小转弯半径。

履带式行走机构具有显著的优势，它可以令机器人在复杂地形上灵活移动，能轻松跨越障碍物及爬台阶。虽然履带式机器人的外形与坦克相似，但由于缺乏自位轮和转向装置，所以在拐弯时只能依靠两履带之间的速度差来实现，这就导致履带在横向和前进方向上产生滑动，从而增加了转弯阻力，因而无法精确测量出拐弯半径，从而影响其正常行驶。图 2-21 所示的履带式机器人具有上下台阶的功能。其中，图 2-21a 所示为主体前后装有转向器的履带式机器人，可通过提起机构使转向器绕着 $A—A$ 轴旋转，这使得机器人能够顺利地上下台阶，并能实现高处伸臂和在斜面上保持主体水平的功能；图 2-21b 所示机器人的履带设计具有灵活性，能够根据不同的台阶形状进行调整，其操控性能远超其他类型的履带式机器人。

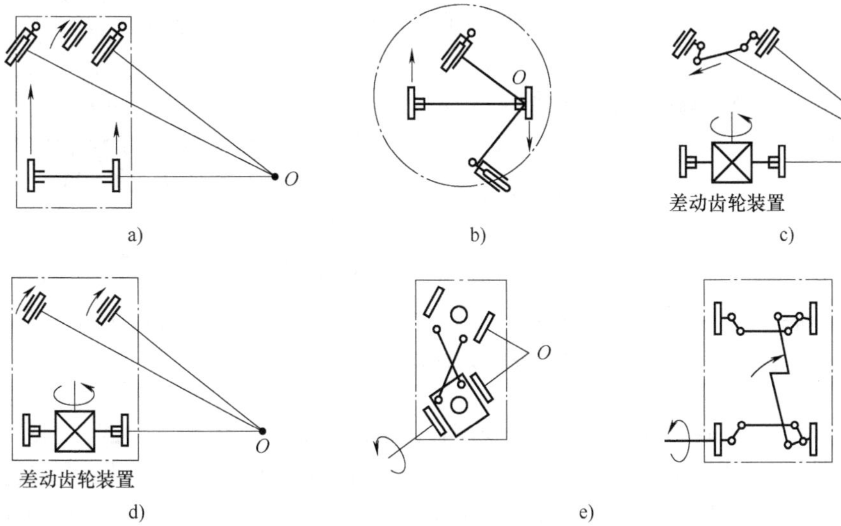

图 2-20　四轮式行走机构

a)、b）采用 2 个驱动轮和 2 个自位轮的行走机构　c）采用四连杆进行转向的机构
d）可独立转向的机构　e）全部轮子均可转向的机构

图 2-21　能上下台阶的履带式机器人

a）双重履带式机器人　b）形状可变式履带机构

2.4.2　多足步行机构

多足步行机构是一种复杂的机械系统，其特征与动物相似，但其运动原理更加灵活。多足步行机器人能够在多种地形上自如移动，如跨越沟壑、越障、上下台阶等，拥有出色的适应性，能够完全满足各种复杂的环境要求。多足步行机构通常有两足、三足、四足、六足、八足等形式，其中，两足步行机构最接近人类，又称为类人双足行走机构。

1. 两足步行机构

两足步行机构具有高度的自主性，可以有效地运用现代控制理论来实现复杂的控制功能。虽然这种机构的结构简单，但要想达到良好的静止、移动、稳定及高速运动的效果却比较困难。

图 2-22 所示的两足步行机构是一种空间连杆机构。当两足步行机器人移动时，它的重心会稳定地放置于支撑脚，以保证它的静态平衡。这种行走方式称为静止步态行走。

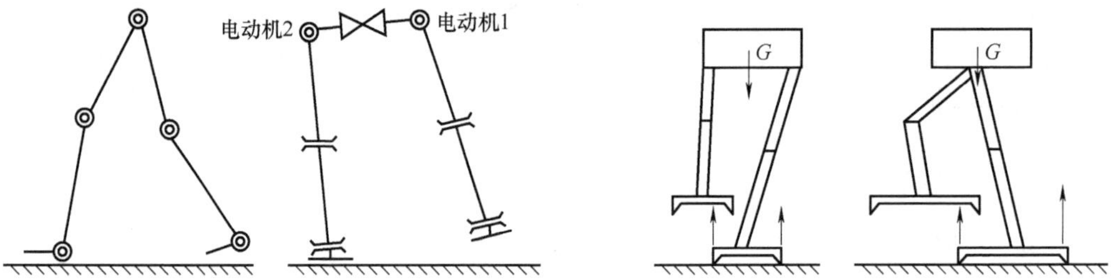

图 2-22　两足步行机构

两足步行机器人为实现运动过程中的自我调整，往往采用动步行模式，此时需要利用其惯性力和重力。人的步行即属于动步行模式，由于支撑腿与地面是单点接触，因而很难达到良好的平衡状态。为了确保稳固站立，需要双腿交替踏步，不能总是保持步行中的某种瞬间姿态。

2. 四足步行机构

四足步行机构较之于六足、八足步行机构，其结构稍简单；较之于两足步行机构，其承载能力更强、稳定性更好。如图 2-23 所示，四足步行机构的运动必须依靠三足支撑点之间的协同作用，才能维持机体的平衡和稳定，这就要求它的每一个步态动作都要保证三足与地面接触，使其重心落在三足支撑点的范围之内，因而 4 条腿必须按一定的顺序抬起和落地，才能实现行走。在行走时，机体相对地面始终向前运动，重心始终在移动。四足步行机构的 4 条腿轮流抬起和跨出，机体也相对向前运动，并在运动过程中保证三足形成稳定的三角区域，从而使四足步行机构在运动过程中保持静态稳定。

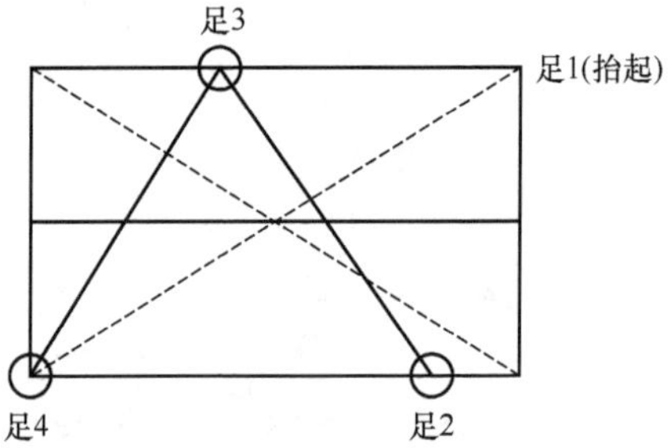

图 2-23　四足步行机构运动时的形态

3. 六足步行机构

图 2-24 所示为六足步行机构，其结构比四足步行机构更加稳定。其中，图 2-24a 所示为具有 18 自由度的六足步行机构，它可以灵活地执行多种复杂的步行动作。但由于该六足步行机构自由度数较多，且其内部需要安装力传感器、接触传感器、倾斜传感器等，要实现它

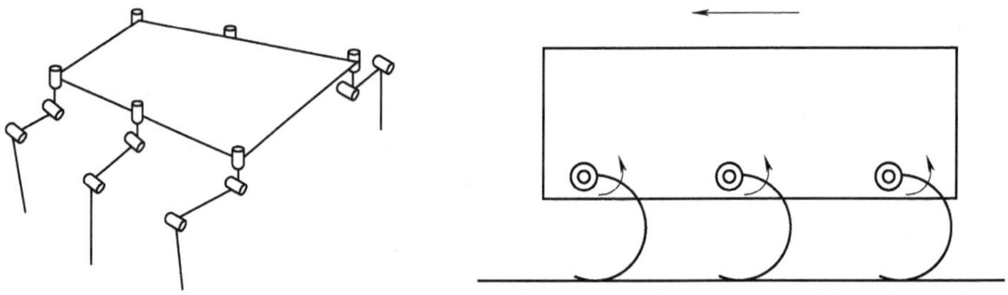

a)　　b)

图 2-24　六足步行机构

a）18 自由度六足步行机构　b）仿形柔性六足步行机构

的稳定控制难度较大。图 2-24b 所示的仿形柔性六足步行机构仅有一个绕载荷平台的旋转关节，无腿部屈伸关节，每条腿均为半圆弧结构，具有一定的柔性。该类型的六足步行机构具有很强的机动性，对崎岖地面也具有适应性，可成功通过岩石地面、沙地、草地、斜坡、阶梯等复杂路面。

2.5　机器人的自由度

机器人的自由度是指确定机器人位形所需要的最小独立变量数目。对于串联机器人，其各关节位置能唯一确定机器人的位形，因此，串联机器人的自由度往往就等于关节数；而对于并联机器人，其自由度相对复杂。通常，并联机器人的自由度等于末端的输出自由度。

2.5.1　按自由度分类的机器人

按照自由度，机器人通常可分为三大类，具体包括：

1）全自由度机器人：当机器人的自由度与末端执行器的输出自由度相等时，就称为全自由度机器人。一般空间机器人的全自由度为 6，平面/球面机器人的全自由度为 3。PUMA 机器人、平面 3R 机械手、平面/球面 3-RRR 机构等都属于全自由度机器人机构。

2）少自由度机器人：自由度小于 6 的空间机器人称为少自由度机器人。平面 2R 机械手、SCARA 机器人、Delta 机构等都属于少自由度机器人。

3）冗余自由度机器人：当机器人的自由度大于末端执行器的输出自由度时称为冗余自由度机器人，简称冗余机器人。ABB Yumi、KUKA IIWA 机器人等都是 7 个自由度，因而都属于冗余度机器人。

2.5.2　自由度计算

假定在三维空间中有 N 个完全不受约束的刚体，若选取其中一个刚体作为固定参考系，则每个刚体相对固定参考系都存在 6 个自由度的运动。将所有的刚体用运动副连接起来，构成一个空间运动链，该运动链中含有（N−1）个活动构件，连接构件的运动副用来限制构件间的相对运动。采用类似于平面机构自由度的计算方法，得到该运动链的自由度为

$$F = 6(N-1) - (5p_5 + 4p_4 + 3p_3 + 2p_2 + p_1) = 6(N-1) - \sum_{i=1}^{5} ip_i = 6n - \sum_{i=1}^{5} ip_i \tag{2-1}$$

式中，p_i为各级运动副的数目。

式（2-1）更普遍的表达是 Grübler-Kutzbach（G-K）公式：

$$F = d(N-1) - \sum_{i=1}^{g}(d-f_i) = d(N-g-1) + \sum_{i=1}^{g} f_i \tag{2-2}$$

式中，F 为机构的自由度；g 为运动副数；f_i为第 i 个运动副的自由度；d 为机构的阶数。通常，当机构为空间机构时，d=6；当机构为平面机构或球面机构时，d=3。

传统的 G-K 公式尚需改进与修正，源于如下两方面：

1）存在局部自由度，如图 2-25 所示。在一些机构中，由于特殊的几何设计及装配条件，其某些构件所能产生的局部运动并不影响其他构件的运动，把这些构件能产生这种局部运动的自由度称为局部自由度。局部自由度会导致机构的自由度增加，对于有局部自由度的机器人机构自由度计算，将局部自由度从中删减即可。

2）存在过约束的冗余自由度，如图 2-26 所示。过约束是平面机构中每个构件都具有的约束，称为机构或运动链的公共约束。过约束的存在主要是由于运动副或构件在某些特殊位置失去了某些可能的运动，导致某些运动副全部或部分失去约束功能，此时，运动副的约束功能并没有完全体现出来，故在计算自由度时应将其删减。

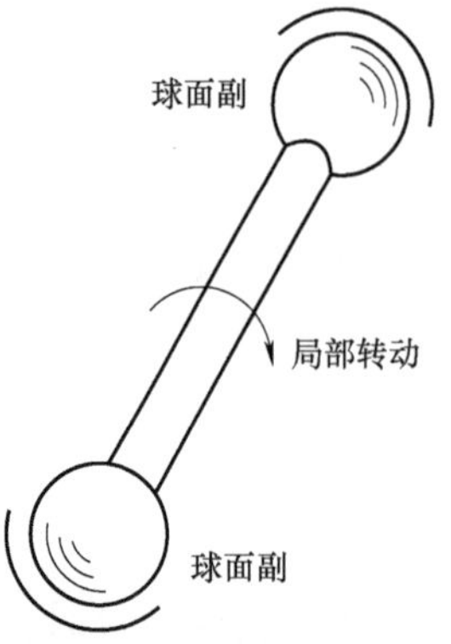

图 2-25　局部自由度示例

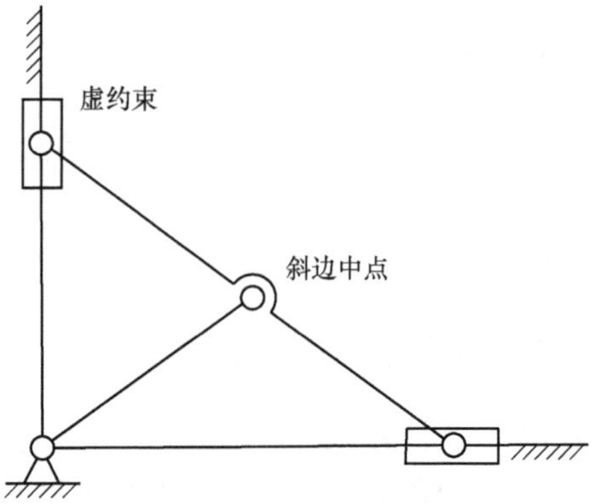

图 2-26　冗余自由度示例

由于上述两个原因，如果机构或机器人具有公共约束数为 λ，则机构或机器人的阶数 $d=6-\lambda$。此时，机器人机构自由度的计算公式就变为了修正后的 G-K 公式：

$$F = d(N - g - 1) + \sum_{i=1}^{g} f_i \tag{2-3}$$

式中，d 为机构或机器人的阶数，由公共约束数来决定，而不是传统公式中的 3 或 6。平面及球面机构的阶数为 3，即 $d=3$；对于一般没有公共约束的空间机构，$d=6$；而对于存在公共约束的空间机构而言，d 的取值为 3~6。

修正公式与未修正的公式保持形式一致。不过，还需考虑冗余约束和局部自由度对机构的影响。此时，式（2-3）进一步修正为

$$F = d(N - g - 1) + \sum_{i=1}^{g} f_i + u - \zeta \tag{2-4}$$

式中，u 为冗余约束数；ζ 为局部自由度。

可见，式（2-4）可作为机构自由度计算的一般公式，对于自由度的正确计算，必须考虑局部自由度、公共约束等的影响。

2.6　驱动器、传动机构与减速器

2.6.1　驱动器

驱动器的主要功能在于为机器人提供动力。目前，大多数机器人的驱动器都已商业化。最常用的驱动器包括电磁式、液压式和气动式等。

1. 电磁驱动器

电磁驱动器是目前最常见的驱动器之一。

1）伺服电动机。目前大多数机器人使用伺服电动机作为动力源，因为伺服电动机可以

实现位置、速度或者转矩等精确的信号输出。机器人中最常用的是有刷直流电动机和无刷直流电动机。其中，有刷电动机可产生大起动转矩，转矩-转速性能好，适用于不同控制类型。无刷电动机调速范围更宽，使用寿命更长，综合成本相对较低，在工业机器人领域应用更广泛。

2）步进电动机。一些小型机器人中通常使用步进或脉冲电动机。这类机器人可采用开环控制位置和速度，在降低成本的同时也容易与电子驱动电路对接，细分控制可以产生更多的独立机器关节位置。此外，相比于其他类型的电动机，步进电动机的比功率更小。

3）直驱电动机。近年来已开发出了商用的直驱电动机，即电动机与载荷直接耦合。其转子采用圆环设计，位于内外定子之间，由电动机直接驱动机器人关节轴，能够有效地降低转子的转动惯量，从而极大地提升转矩，让机器人能够更加灵活稳健地完成工作。

2. 液压驱动器

液压驱动器是指将液压能转变为机械能的装置。由于采用高压液体，液压驱动器既带来了优点，也不可避免地产生了一些缺点。液压油能提供非常大的力和力矩，以及很高的功率-质量比，而且可以使运动部件在小惯性条件下实现直线和旋转运动。但液压驱动器需要消耗较大的功率，同时需要配备快速反应的伺服阀，这使得它的成本相对较高，而且漏液问题以及复杂的维护需求也限制了液压驱动机器人的应用。

目前，液压驱动器主要应用在大动力及高速度输出的场合，它比现有的电磁驱动器表现更优异，其典型应用装备如高承载运动模拟器等。

3. 气动驱动器

气动驱动器和液压驱动器类似，它将气体压缩时产生的能量转化为直线或旋转运动。气动驱动器结构简单且成本低廉，具有电动机不具备的许多优点。例如，它在易爆场合使用更安全、受周围环境温度和湿度影响更小等。但是，气动驱动器需要有气源才能工作，对于那些大量使用气动驱动器的机器人来说需要安装昂贵的空气压缩系统。此外，气动驱动器的能效相对也较低。

尽管气动驱动器不在重载条件下使用，但它仍然可用于功率-质量比较大的机器人手指或者人造肌肉。例如，气动驱动器通过控制压缩气体充填气囊进而实现收缩或扩张肌肉。另外，由于气动驱动器不会受到磁场的影响，因此它可以应用在医疗领域；同样，由于没有电弧，因此它还可以用在易燃场合。

4. 其他类型的特殊驱动器

机器人中还存在其他类型的驱动器，如利用热学、形状记忆元件、化学、压电、超声、磁致伸缩、电聚合物（EAP）、电流、磁流、橡胶、高分子、气囊和微机电系统（MEMS）等原理或材料制成的各类新型驱动器，包括形状记忆合金（SMA）、压电陶瓷、人工肌肉、超声电动机、音圈电动机等。这些驱动器大多用于特种机器人的研究，而不是配备在大量生产的工业机器人上。

2.6.2　传动机构

通过机器人的传动机构或传动系统，可将机械动力从动力源转移到受载荷处。合理设计和选择传动系统，应充分考虑运行、载荷及电源特性，并重点关注传动机构的刚性、性能、经济性等因素。如果传动系统的体积太大，它的重量、惯性及摩擦力都会受到影响。如果其刚度较低，当长时间处于高载荷运行状态时，这种传动系统将快速磨损，甚至可能因为意外超载而导致故障。

通常情况下，串联机器人的关节需要依靠传动系统才能得到有效的驱动。机器人的刚度、质量和整体操作性能依赖于合理的传动系统布置、尺寸及机构设计。机器人关节的输出转矩与速度取决于传动比。目前，大多数现代机器人都应用了高效的、抵抗过载破坏的及可反向的传动装置。

1. 带传动

机器人用的带传动通常是指将由合金钢或钛材料制成的薄履带固定在驱动轴和被驱动的连杆之间，用来产生有限的旋转或直线运动。传动装置的传动比高达 10∶1。相比于缆绳或皮带传动，这种薄履带形式的带传动具有更高的柔顺性和刚性，使其成为一种更加可靠的传动系统。

同步带是一种常见的机器人传动系统，可用于小型机器人和大型机器人的关节轴，具有类似带传动的功能，也能实现连续驱动。多级带传动有时用来产生大的传动比，高达 100∶1。

2. 齿轮传动

通过使用直齿轮和斜齿轮，可为机器人提供高效、安全、经济的动力传输。它们主要应用在机器人手腕处，其原因是手腕的结构中多条轴线相交，而且驱动器的布局必须紧凑有序。大型机器人的基座关节通常使用大直径的转盘齿轮，以提供高刚度来传递大转矩。基座常使用齿轮传动，而且齿轮传动往往与长传动轴联合，实现驱动器和驱动关节之间的长距离动力传输。例如，驱动器和第一级减速器可能被安装在肘部附近，通过一个长的空心传动轴来驱动另一级减速器。

行星齿轮传动常常应用在紧凑型齿轮电动机中，为了尽量减小节点齿轮的驱动间隙，必须对齿轮传动系统进行精心设计，只有这样才能在保证刚度、效率和精度的同时，实现小间隙的传动。

3. 蜗杆传动

蜗杆传动技术偶尔应用于低速机器人，它的优势在于可以实现动力的正交偏移或平移，而且传动比大，结构简单，具有良好的刚度和承载能力。此外，它还具备反向自锁特性，即当没有外力作用时，关节会被锁定在当前位置。蜗杆传动的缺点是效率较低。

4. 滚珠丝杠

基于滚珠丝杠的直线传动装置能平稳有效地将原动件的旋转运动变成直线运动。一般来说，螺母可以与丝杠协同工作，将旋转运动转变为直线运动。目前已有高性能的商用滚珠丝杠传动系统。尽管对于短距或中距的滚珠丝杠传动，其刚度可以达到要求，但由于丝杠只能支承在两端，因此在长距离传动中其刚性较差。另外，使用高精度的丝杠，能够达到极小甚至完全零齿隙。由于丝杠的力学稳定性限制了传动装置的运行速度，因此通常采用旋转螺母来提高传动效率。

5. 直线传动机构

直线传动机构属于直驱式装置，它将直线电动机与传动轴整合在一起，实现机器人驱动源和连杆之间的刚性或柔性连接。直线传动机构的优点是零齿隙、高刚度和高速，缺点是质量大、效率低及成本高。

2.6.3　减速器

减速器是一种重要的机械设备，它能够将动力源与传动机构有效地连接起来，通过输入轴上的小齿轮与输出轴上的大齿轮啮合实现减速，同时还能够提供更高的转矩。相比通用减速器，机器人专用减速器更加精密。

精密减速器可以使伺服电动机的转速维持在合理的范围内，并使工业机器人各部位的速度达到实际的工况要求，提高机械刚度的同时输出更大的转矩。为了精准且稳定地控制机器人关节的运动，机器人关节减速器要求具有传动链短、体积小、功率大、质量小和易于控制的特点。RV 减速器和谐波减速器是当今应用于关节型机器人的两种最常见的减速器。其中，RV 减速器适用于大型机器人，特别是超载和受冲击载荷的机器人；谐波减速器则广泛应用于关节型机器人，这些传动装置齿隙小，但柔性齿轮刚度低，在反向运动时会产生弹性翘曲。

1. RV 减速器

RV 减速器是一种两级行星齿轮传动减速机构，其传动原理如图 2-27 所示。第一级减速是通过渐开线太阳轮 1 与行星齿轮的啮合实现的，减速比等于太阳轮与行星齿轮的齿数比。传动过程中如果太阳轮 1 顺时针方向转动，那么行星齿轮 2 将既绕自身轴线逆时针方向自转，又绕太阳轮轴线公转。第一级传动部分中的渐开线行星齿轮 2 与曲柄轴 3 连成一体，并通过曲柄轴 3 带动摆线轮 4 做偏心运动，该偏心运动为第二级传动部分的输入。第二级减速是通过摆线轮 4 与针轮 5 啮合实现的。在摆线轮与针轮啮合传动过程中，摆线轮在绕针轮轴线公转的同时，还将反方向自转，即顺时针方向转动。最后，传动力通过曲柄轴推动行星架输出机构顺时针方向转动。

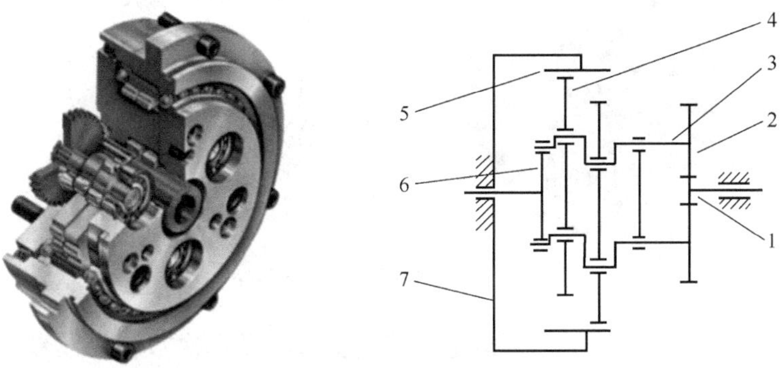

图 2-27　RV 减速器及其传动原理

1—渐开线太阳轮　2—渐开线行星齿轮　3—曲柄轴　4—摆线轮　5—针轮　6—输出机构　7—针齿壳

RV 减速器的传动比计算公式为

$$i=1+\frac{z_2}{z_1}z_5, z_5=z_4+1 \tag{2-5}$$

式中，z_1为渐开线太阳轮 1 的齿数；z_2为渐开线行星齿轮 2 的齿数；z_5为针轮 5 的齿数；z_4为摆线轮 4 的齿数。

RV 减速器具有如下特点：

1）传动比范围大。通过调整渐开线齿轮的齿数比，可获得多种不同的传动比，从而满足各种复杂的应用需求。

2）传动精度高。RV 减速器的传动精度可以满足各种复杂的工况要求，其中传动误差在 1′以下，回差误差在 1. 5′以下。

3）扭转刚度大。RV 减速器的扭转刚度远大于一般的摆线轮行星减速器的输出机构，其输出机构为两端支承的行星架，用行星架左端的刚性大圆盘输出，大圆盘与工作机构用螺栓连接。RV 齿轮和销同时啮合数目多，承载能力也更大。

4）结构紧凑，传动效率高。传动机构置于行星架的支承主轴承内，轴向尺寸更小，结构更加紧凑。RV 减速器第一级减速用了 3 个行星齿轮，第二级减速的摆线轮与针轮的啮合为硬齿面多齿啮合，使得 RV 减速器传递同样转矩与功率时体积更小。

2. 谐波减速器

谐波减速器是一种通过柔轮的弹性变形实现动力传递的传动装置，它由波发生器、柔轮和刚轮三部分组成。谐波减速器的工作原理通常是波发生器主动，刚轮固定，柔轮输出。

谐波减速器及其传动原理如图 2-28 所示。波发生器装入柔轮后，迫使柔轮在长轴处产生径向变形，其形状呈椭圆。椭圆的长轴两端，柔轮外齿与刚轮内齿沿齿高相啮合，短轴两端柔轮外齿与刚轮内齿则处于完全脱开状态，其他各点处于啮合与脱开的过渡阶段。假设刚轮固定，波发生器进行逆时针方向转动，当其转到如图 2-28 所示位置，进入啮合状态时，柔轮进行顺时针方向旋转。当波发生器不断旋转时，柔轮则啮入→啮出→脱出→啮入……周而复始，从而实现连续旋转。

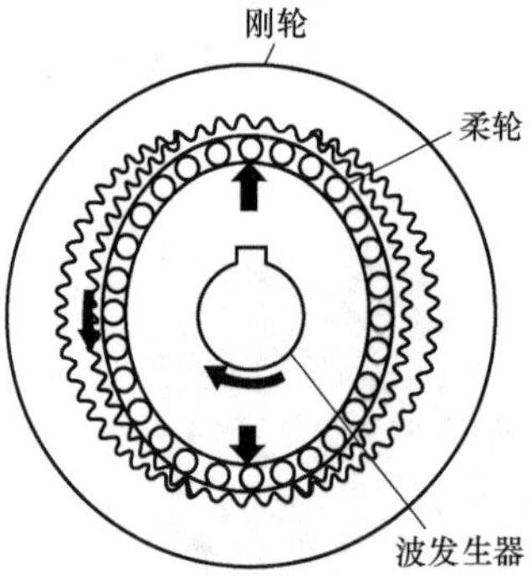

图 2-28 谐波减速器及其传动原理

传动过程中，波发生器转 1 周，柔轮上某点变形的循环次数称为波数，用 n 表示。当 $n=2$ 时称为双波传动，当 $n=3$ 时称为三波传动，以此类推。常用的是双波传动和三波传动两种。双波传动的特点是柔轮应力较小、结构简单、易获得大的传动比。三波传动的特点是作用于轴上的径向力小、内应力较平衡、精度较高，变形时柔轮表面应力较双波传动的大，而且结构较复杂。

谐波减速器的柔轮和刚轮的齿距相同，但齿数不等，刚轮和柔轮的齿数差等于波数，即

$$z_2-z_1=n \tag{2-6}$$

式中，z_2、z_1分别为刚轮与柔轮的齿数。双波传动中，$z_2-z_1=2$。

当刚轮固定、波发生器主动、柔轮从动时，谐波发生器的传动比为

$$i=-\frac{z_1}{z_2-z_1} \tag{2-7}$$

式中，负号表示柔轮的转向与波发生器的转向相反。由于柔轮的齿数很多，因而谐波减速器可获得很大的传动比。

谐波减速器的主要特点如下：

1）传动比大。单级谐波减速器的传动比可达 70~320，当采用行星发生器时，传动比为 150~4000；而采用复波传动时，传动比可达 10^7。它不仅可用于减速，也可用于增速。

2）承载能力高。谐波减速器中柔轮和刚轮为面接触多齿啮合，双波传动时同时啮合的齿数可达总齿数的 30%以上，而且柔轮采用了高强度材料，且滑动速度小、齿面磨损均匀。

3）传动精度高。柔轮和刚轮的齿侧间隙可调。谐波齿轮传动中同时啮合的齿数多，误差平均化，即多齿啮合对误差有相互补偿作用，在齿轮精度等级相同的情况下，传动误差只有普通圆柱齿轮传动的 1/4 左右。当柔轮的扭转刚度较高时，可实现无侧隙的高精度啮合。故谐波减速器传动空程小，适用于反向转动。

4）传动效率高、运动平稳。由于柔轮轮齿在传动过程中做均匀的径向移动，因此，即使输入速度很高，轮齿的相对滑移速度也极低，仅为普通渐开线齿轮传动的 1%，轮齿磨损小，效率高达 69%~96%。又由于啮入和啮出，轮齿的两侧都参与工作，因而无冲击现象，运动平稳。

5）结构简单、体积小、重量轻。谐波减速器仅有 3 个基本构件，即波发生器、柔轮和刚轮，零件数少、装卸方便。输出力矩相同时，谐波减速器的体积与一般减速器相比可减小 2/3，重量可减轻 1/2。

2.7　关节空间、任务空间与驱动空间

一个 n 自由度机器人的末端位姿可由 n 个独立的关节变量确定。这样的一组确定末端位姿的变量通常称为关节向量（joint vector）。所有关节向量构成的空间称为关节空间（joint space）。

在笛卡儿坐标系中所描述的机器人末端位姿或位形空间称为笛卡儿空间（Cartesian space）。事实上，笛卡儿空间更普遍的称谓是操作空间（operational space）或任务空间（task space）。

机器人运动学非常关注的一个问题就是如何将已知的关节空间描述映射至任务空间描述，反之亦然。

除此之外，还有一个可能遇到的概念：驱动空间（actuation space）。大多数工业机器人的驱动器都不是直驱型，有些带有减速器，有些还有其他中间传动机构，如用直线驱动器通过四杆机构驱动旋转关节等。从驱动器到各关节需要经过至少一级的运动转换。这些情况下，需要将关节向量表示成一组驱动器变量，即驱动向量的函数，而驱动向量构成的空间称为驱动空间。

图 2-29 所示为驱动空间、关节空间与任务空间三者之间的映射关系示意。

事实上，上述三者之间的映射关系可以在连续机器人运动学上得到充分的反映。对其运动学正解而言，第一阶段以已知的驱动变量为基础，计算得到连续体机器人各关节特征的运动学正解，该阶段为驱动空间向关节空间的映射。第二阶段则根据得到的各关节特征，计算出整个连续体机器人的末端姿态，该过程为关节空间向任务空间映射，其运动学反解过程与正解过程正好相反。第一阶段用给定机器人的末端姿态计算出连续体机器人各关节的方向角和弯曲角，是由任务空间向关节空间映射，也称为路径规划，使连续体机器人在运行过程中完成特定的动作。第二阶段是用上述计算得到的各关节特征，计算出相应的驱动条件，这个过程是由关节空间向驱动空间映射。连续机器人运动学分析过程中的空间映射如图 2-30 所示。

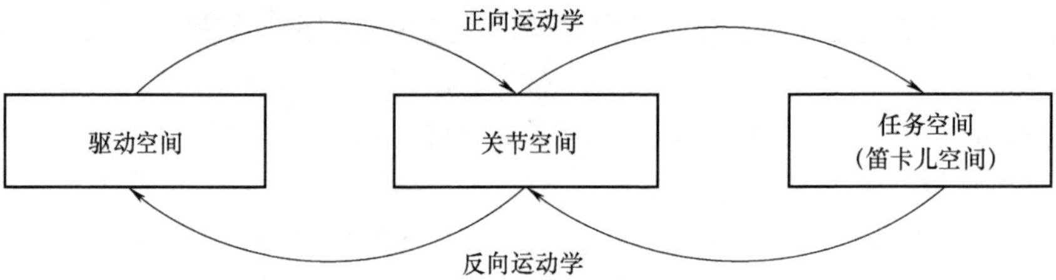

图 2-29　三种空间的映射关系示意

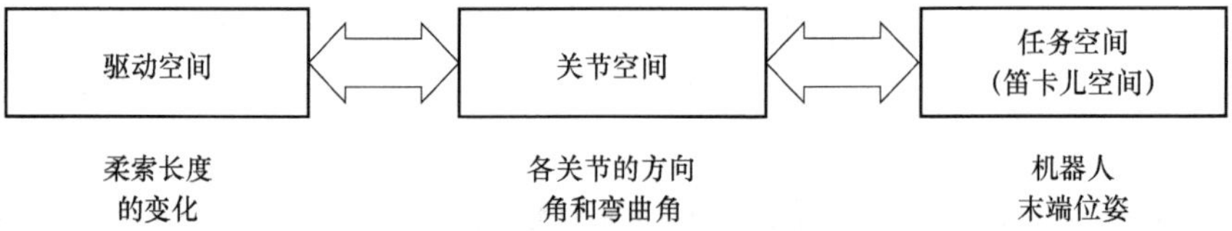

图 2-30　连续机器人运动学分析过程中的空间映射

习题

2-1　求图 2-16a 所示 Stewart 机构的自由度。

2-2　求图 2-17 所示 Delta 机构的自由度。

2-3　图 2-31 所示为一种用于机器人手臂的减速器，1 为输入，转速为 n_1，双联齿轮 4 为输出。已知各齿轮齿数：$z_1=20$，$z_2=40$，$z_3=72$，$z_4=70$。

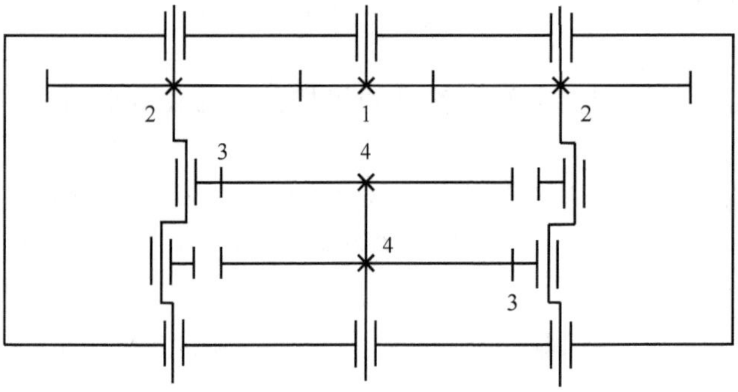

图 2-31　机器人减速器

1）分析内齿轮 3 的运动，确定其自转角速度。

2）计算内齿轮 3 的公转角速度。

3）计算减速器的传动比 $i_{1,4}$。

2-4　图 2-32 所示的双级行星齿轮减速器中，各齿轮的齿数为：$z_1=z_6=20$，$z_3=z_4=40$，$z_2=z_5=10$，试求：

1）当固定齿轮 4 时，传动比 i_{1H_2}。

2）当固定齿轮 3 时，传动比 i_{1H_2}。

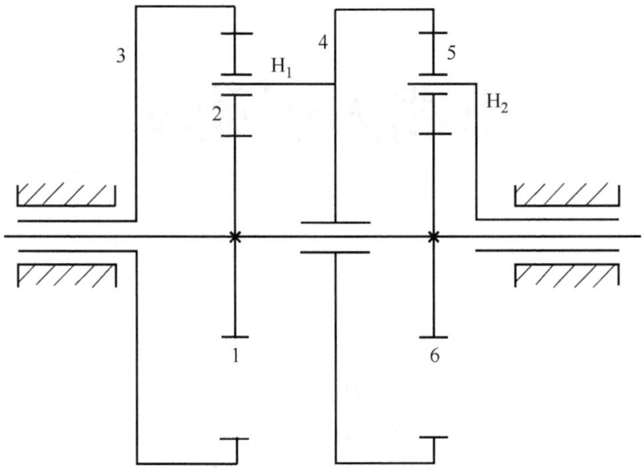

图 2-32　双级行星齿轮减速器

参考文献

[1] TOKUJI O. Computer control of multijointed finger system for precise object-handling [J]. IEEE Transactions on Systems, Man, and Cybernetics, 1982, 12 (3): 289-299.

[2] MASON M T, SALISBURY J K. Robot hands and the mechanics of manipulation [M]. Cambridge: MIT Press, 1985.

[3] JACOBSEN S C, WOOD J E, KNUTTI D F, et al. The UTAH/MIT dextrous hand: Work in progress [J]. The International Journal of Robotics Research, 1984, 3 (4): 21-50.

[4] 于靖军, 刘辛军. 机器人机构学基础 [M]. 北京: 机械工业出版社, 2022.

[5] 熊有伦. 机器人学 [M]. 北京: 机械工业出版社, 1993.

[6] 熊有伦. 机器人学: 建模、控制与视觉 [M]. 武汉: 华中科技大学出版社, 2018.

[7] 马香峰. 机器人机构学 [M]. 北京: 机械工业出版社, 1991.

第 3 章

机器人运动学

机器人操作臂通常是由一系列连杆和相应的运动副共同组成的空间开链机构，其一端固定在基座上，另一端处于自由状态。机器人操作臂的主要设计功能是通过末端执行器或工具实现复杂的运动，以完成规定的操作任务。关节通过驱动器进行运动，使得各连杆能够在空间中的不同位置之间移动。机器人操作臂的运动学主要用来描述连杆之间以及连杆与操作对象（如工件或工具）之间的相对运动关系。

3.1 齐次变换

刚体的位置（position）和姿态（orientation）统称为刚体的位姿（location），并且有多种描述方法可供选择，如齐次变换方法、矩阵指数方法和四元数方法等。本节重点阐述齐次变换方法，因为它具有将运动、变换、映射与矩阵运算紧密联系在一起的优点，具有明显的几何特征。

3.1.1 位置描述

对于选定的直角坐标系 $\{\boldsymbol{A}\}$，空间任一点 $\boldsymbol{p}$ 的位置可用 3×1 的列矢量 ${}^{A}\boldsymbol{p}$ 表示为

$$
{}^{A}\boldsymbol{p}=\begin{bmatrix} p_x \\ p_y \\ p_z \end{bmatrix} \tag{3-1}
$$

式中，p_x、p_y、p_z 是点 $\boldsymbol{p}$ 在坐标系 $\{\boldsymbol{A}\}$ 中的 3 个坐标分量。${}^{A}\boldsymbol{p}$ 的左上角标 A 为选定的参考坐标系 $\{\boldsymbol{A}\}$。

3.1.2 方位描述

为了规定空间某刚体 B 的方位，可以引入一直角坐标系 $\{\boldsymbol{B}\}$ 与此刚体固接。用坐标系 $\{\boldsymbol{B}\}$ 的 3 个单位主矢量 $\boldsymbol{x}_B$、$\boldsymbol{y}_B$ 和 $\boldsymbol{z}_B$ 相对于坐标系 $\{\boldsymbol{A}\}$ 的方向余弦组成的 3×3 矩阵来表示刚体 B 相对于坐标系 $\{\boldsymbol{A}\}$ 的方位：

$$
{}_{B}^{A}\boldsymbol{R}=[\,{}^{A}\boldsymbol{x}_B \quad {}^{A}\boldsymbol{y}_B \quad {}^{A}\boldsymbol{z}_B\,] \tag{3-2a}
$$

或

$$
{}_{B}^{A}\boldsymbol{R}=\begin{bmatrix} r_{11} & r_{12} & r_{13} \\ r_{21} & r_{22} & r_{23} \\ r_{31} & r_{32} & r_{33} \end{bmatrix} \tag{3-2b}
$$

式中，${}^A_B\boldsymbol{R}$ 称为旋转矩阵，上角标 A 代表参考坐标系｛$\boldsymbol{A}$｝，下角标 B 代表被描述的坐标系｛$\boldsymbol{B}$｝。${}^A_B\boldsymbol{R}$ 有 9 个元素，其中只有 3 个是独立的。因${}^A_B\boldsymbol{R}$ 的 3 个列矢量${}^A\boldsymbol{x}_B$、${}^A\boldsymbol{y}_B$和${}^A\boldsymbol{z}_B$都是单位主矢量，且两两相互垂直，故该 9 个元素满足 6 个约束条件（也称正交条件）：

$$ {}^A\boldsymbol{x}_B\cdot{}^A\boldsymbol{x}_B={}^A\boldsymbol{y}_B\cdot{}^A\boldsymbol{y}_B={}^A\boldsymbol{z}_B\cdot{}^A\boldsymbol{z}_B=1 \tag{3-3}$$

$$ {}^A\boldsymbol{x}_B\cdot{}^A\boldsymbol{y}_B={}^A\boldsymbol{y}_B\cdot{}^A\boldsymbol{z}_B={}^A\boldsymbol{z}_B\cdot{}^A\boldsymbol{x}_B=0 \tag{3-4}$$

因此，旋转矩阵${}^A_B\boldsymbol{R}$ 是单位正交的，且${}^A_B\boldsymbol{R}$ 的逆与它的转置相同，其行列式等于 1，即

$$ {}^A_B\boldsymbol{R}^{-1}={}^A_B\boldsymbol{R}^{\mathrm{T}} $$

$$ \left|{}^A_B\boldsymbol{R}\right|=1 \tag{3-5}$$

绕 x 轴、y 轴和 z 轴旋转角度 θ 的旋转变换矩阵分别为

$$ \boldsymbol{R}(x,\theta)=\begin{bmatrix}1 & 0 & 0\\ 0 & \cos\theta & -\sin\theta\\ 0 & \sin\theta & \cos\theta\end{bmatrix} \tag{3-6}$$

$$ \boldsymbol{R}(y,\theta)=\begin{bmatrix}\cos\theta & 0 & \sin\theta\\ 0 & 1 & 0\\ -\sin\theta & 0 & \cos\theta\end{bmatrix} \tag{3-7}$$

$$ \boldsymbol{R}(z,\theta)=\begin{bmatrix}\cos\theta & -\sin\theta & 0\\ \sin\theta & \cos\theta & 0\\ 0 & 0 & 1\end{bmatrix} \tag{3-8}$$

可见，通常用位置矢量来描述点的位置，用旋转矩阵来描述物体的方位。

3.1.3 坐标系描述

若要完全描述刚体 B 在空间的位姿，需要规定其位置和姿态。将物体 B 与坐标系｛$\boldsymbol{B}$｝固接，坐标系｛$\boldsymbol{B}$｝的原点一般选在物体的质心或对称中心等特征点上。用位置矢量${}^A\boldsymbol{p}_{B_0}$来描述坐标系｛$\boldsymbol{B}$｝原点相对于参考坐标系（以下简称参考系）｛$\boldsymbol{A}$｝的位置，并且坐标系｛$\boldsymbol{B}$｝的姿态可用旋转矩阵${}^A_B\boldsymbol{R}$ 来描述。因此，坐标系｛$\boldsymbol{B}$｝的位姿由${}^A\boldsymbol{p}_B$和${}^A_B\boldsymbol{R}$ 来完全描述，即

$$ \{\boldsymbol{B}\}=\{{}^A_B\boldsymbol{R}\quad {}^A\boldsymbol{p}_{B_0}\} \tag{3-9}$$

坐标系的描述包括刚体位置描述和刚体姿态描述。当表示位置时，式（3-9）中的旋转矩阵${}^A_B\boldsymbol{R}=\boldsymbol{I}$（单位矩阵）；当表示姿态时，式（3-9）中的位置矢量${}^A\boldsymbol{p}_{B_0}=\boldsymbol{0}$。

3.1.4 坐标变换

空间中任意一点 $\boldsymbol{p}$ 相对于不同坐标系的描述是不同的，其坐标变换指的是空间中任意一点 $\boldsymbol{p}$ 从一个坐标系的描述到另一个坐标系的描述之间的映射关系。下面将从坐标平移、坐标旋转及一般刚体变换讨论这一关系。

1. 坐标平移

设坐标系｛$\boldsymbol{B}$｝的方位与｛$\boldsymbol{A}$｝相同，且｛$\boldsymbol{B}$｝与｛$\boldsymbol{A}$｝的坐标原点不重合，用位置矢量${}^A\boldsymbol{p}_{B_0}$描述｛$\boldsymbol{B}$｝相对于｛$\boldsymbol{A}$｝的位置，如图 3-1 所示。把${}^A\boldsymbol{p}_{B_0}$称为｛$\boldsymbol{B}$｝相对于｛$\boldsymbol{A}$｝的平移矢量。又假设点 $\boldsymbol{p}$ 在坐标系｛$\boldsymbol{B}$｝中的位置为${}^B\boldsymbol{p}$，则可以通过矢量相加的方式得出它相对于坐标系｛$\boldsymbol{A}$｝的位置矢量${}^A\boldsymbol{p}$，即

$$ {}^{A}\boldsymbol{p} = {}^{B}\boldsymbol{p} + {}^{A}\boldsymbol{p}_{B_0} \tag{3-10} $$

式（3-10）右端表示的操作称为坐标平移或平移映射。

2. 坐标旋转

设坐标系｛$\boldsymbol{B}$｝与｛$\boldsymbol{A}$｝的姿态不同，但是它们有共同的坐标原点，如图 3-2 所示。此时｛$\boldsymbol{B}$｝相对于｛$\boldsymbol{A}$｝的姿态可以用旋转矩阵${}^{A}_{B}\boldsymbol{R}$来描述。用两个坐标系｛$\boldsymbol{A}$｝和｛$\boldsymbol{B}$｝中的同一点$\boldsymbol{p}$描述${}^{A}\boldsymbol{p}$和${}^{B}\boldsymbol{p}$具有以下变换关系：

$$ {}^{A}\boldsymbol{p} = {}^{A}_{B}\boldsymbol{R}\,{}^{B}\boldsymbol{p} \tag{3-11} $$

式（3-11）右端表示的操作称为坐标旋转或旋转映射。

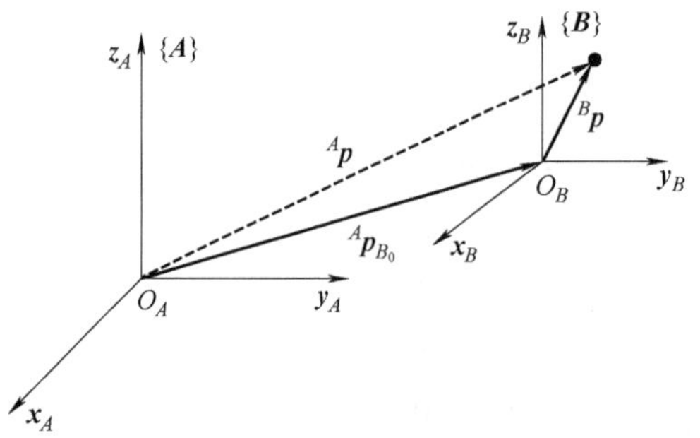

图 3-1　坐标平移

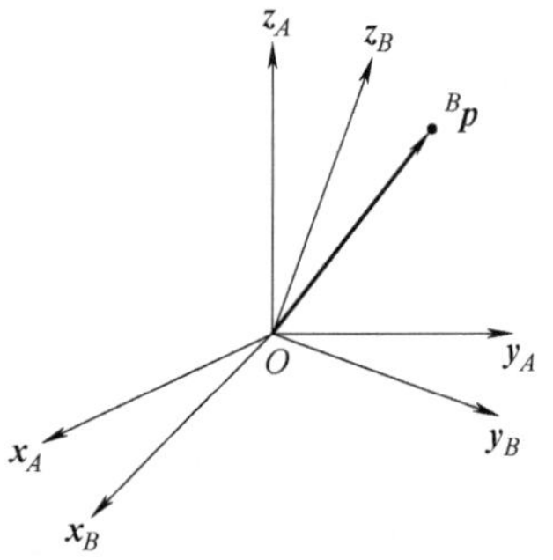

图 3-2　坐标旋转

3. 一般刚体变换

最一般的情形是坐标系｛$\boldsymbol{B}$｝与｛$\boldsymbol{A}$｝不但原点不重合，而且姿态也不相同。用位置矢量${}^{A}\boldsymbol{p}_{B_0}$描述｛$\boldsymbol{B}$｝的坐标原点相对于｛$\boldsymbol{A}$｝的位置，用旋转矩阵${}^{A}_{B}\boldsymbol{R}$描述｛$\boldsymbol{B}$｝相对于｛$\boldsymbol{A}$｝的姿态，如图 3-3 所示。

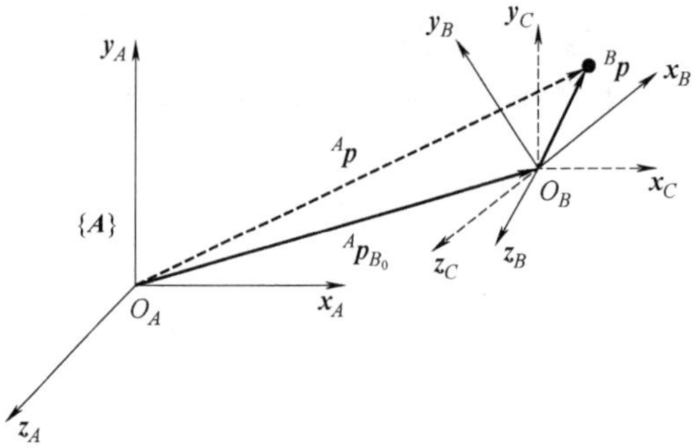

图 3-3　一般刚体变换

两坐标系｛$\boldsymbol{A}$｝和｛$\boldsymbol{B}$｝中任一点$\boldsymbol{p}$的描述${}^{A}\boldsymbol{p}$和${}^{B}\boldsymbol{p}$具有以下变换关系：

$$ {}^{A}\boldsymbol{p} = {}^{A}_{B}\boldsymbol{R}\,{}^{B}\boldsymbol{p} + {}^{A}\boldsymbol{p}_{B_0} \tag{3-12} $$

式（3-12）右端所表示的操作可以看成是坐标旋转和坐标平移的复合变换。实际上，可规定一个过渡坐标系｛$\boldsymbol{C}$｝，｛$\boldsymbol{C}$｝的坐标原点与｛$\boldsymbol{B}$｝的重合，而｛$\boldsymbol{C}$｝的方位与｛$\boldsymbol{A}$｝的相同。根据式（3-12），得到向过渡坐标系的变换：

$$ {}^{C}\boldsymbol{p} = {}^{C}_{B}\boldsymbol{R}\,{}^{B}\boldsymbol{p} = {}^{A}_{B}\boldsymbol{R}\,{}^{B}\boldsymbol{p} \tag{3-13} $$

再由式（3-10），得到复合变换：

$$^{A}\boldsymbol{p}={}^{C}\boldsymbol{p}+{}^{A}\boldsymbol{p}_{C_0}={}^{A}_{B}\boldsymbol{R}^{B}\boldsymbol{p}+{}^{A}\boldsymbol{p}_{B_0}$$

3.1.5　齐次坐标和齐次变换

对于点$^{B}\boldsymbol{p}$，复合变换式（3-12）是非齐次的，不过，可以将其表示成等价的齐次变换形式：

$$\begin{bmatrix} ^{A}\boldsymbol{p} \\ 1 \end{bmatrix}=\begin{bmatrix} ^{A}_{B}\boldsymbol{R} & ^{A}\boldsymbol{p}_{B} \\ 0 & 1 \end{bmatrix}\begin{bmatrix} ^{B}\boldsymbol{p} \\ 1 \end{bmatrix} \tag{3-14}$$

或表示成矩阵形式：

$$^{A}\boldsymbol{p}={}^{A}_{B}\boldsymbol{T}^{B}\boldsymbol{p} \tag{3-15}$$

式中，位置矢量$^{A}\boldsymbol{p}$ 和$^{B}\boldsymbol{p}$ 是 4×1 的列矢量，与式（3-12）中的维数不同，其中加入了第四个分量 1，这两个 4×1 的列矢量称为点 $\boldsymbol{p}$ 的齐次坐标。

变换矩阵$^{A}_{B}\boldsymbol{T}$ 是 4×4 的方阵，具有以下形式：

$$^{A}_{B}\boldsymbol{T}=\begin{bmatrix} ^{A}_{B}\boldsymbol{R} & ^{A}\boldsymbol{p}_{B_0} \\ 0 & 1 \end{bmatrix} \tag{3-16}$$

矩阵$^{A}_{B}\boldsymbol{T}$ 综合表示了平移变换和旋转变换，其特点是最后一行元素为［0 0 0 1］，称为齐次变换矩阵。

可见，式（3-14）与式（3-12）是等价的，将式（3-14）展开则可得到方程组：

$$\begin{cases} ^{A}\boldsymbol{p}={}^{A}_{B}\boldsymbol{R}^{B}\boldsymbol{p}+{}^{A}\boldsymbol{p}_{B} \\ 1=1 \end{cases}$$

应当指出：齐次变换式（3-15）具有书写简单紧凑、表达方便的优点，但是编写程序时，由于乘 1 和 0 会耗费大量无用机时，所以用它并不简便。位置矢量$^{A}\boldsymbol{p}$ 和$^{B}\boldsymbol{p}$ 应根据与它相乘的矩阵维数是 3×3 还是 4×4 来确定其究竟是 3×1 的列矢量（直角坐标），还是 4×1 的列矢量（齐次坐标）。

3.2　DH 约定和 MDH 约定

3.2.1　关节与连杆

1. 自由度

自由度指的是物体能够相对于坐标系进行独立运动的数目。例如，刚体分别有 3 个旋转自由度 R_1、R_2、R_3 和 3 个平移自由度 T_1、T_2、T_3，因此，共具有 6 个自由度。刚体的自由度示意图如图 3-4 所示。质点在三维笛卡儿空间具有 3 个自由度，在平面内具有 2 个自由度。单位矢量在三维笛卡儿空间具有 2 个自由度。

2. 关节与连杆

工业机器人由若干运动副和杆件连接而成，这些杆件称为连杆，连接相邻两个连杆的运动副称为关节。

多自由度关节可以看成多个单自由度关节与长度为零的连杆构成。单自由度关节分为平移关节和旋转关节。图 3-5 所示为关节与连杆示意图。

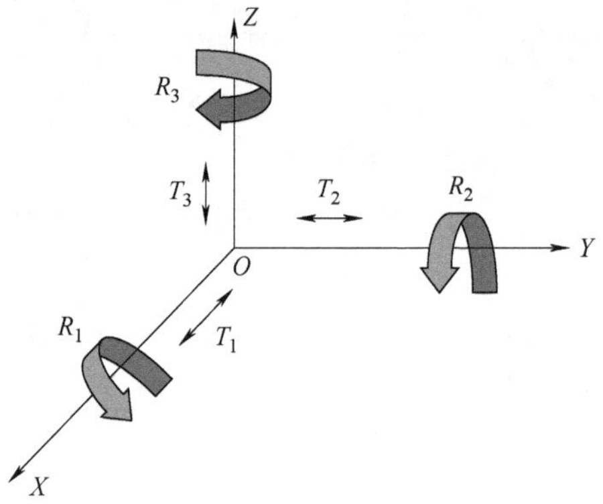

图 3-4　刚体的自由度示意图

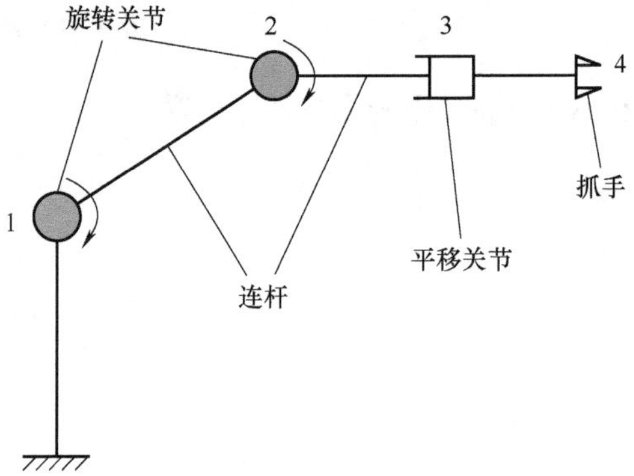

图 3-5　关节与连杆示意图

3. 关节轴线

对于旋转关节，取转动轴的中心线作为关节轴线。对于平移关节，取移动方向的中心线作为关节轴线。

4. 连杆参数

设第 i 个关节的轴线为 J_i，第 i 个连杆记为 C_i，图 3-6 所示为连杆参数示意图。连杆参数定义如下。

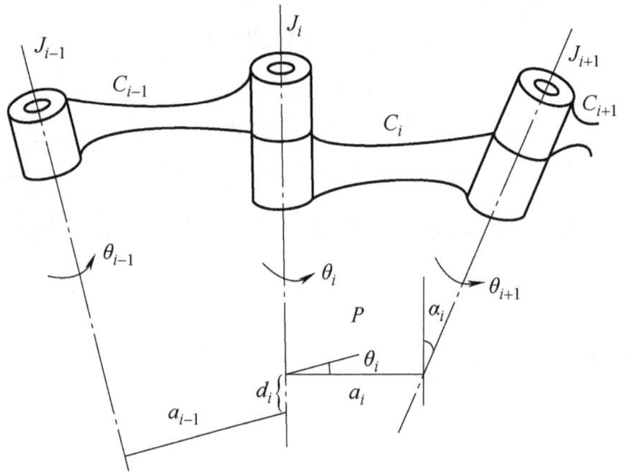

图 3-6　连杆参数示意图

1）连杆长度：两个关节的关节轴线 J_i 与 J_{i+1} 的公垂线距离为连杆长度，记为 a_i。

2）连杆扭转角：由 J_i 与公垂线组成平面 P，J_{i+1} 与平面 P 的夹角为连杆扭转角，记为 α_i。

3）连杆偏移量；除第一和最后连杆外，中间连杆的两个关节轴线 J_i 与 J_{i+1} 都有一条公垂线 a_i，一个关节的相邻两条公垂线 a_i 与 a_{i-1} 的距离为连杆偏移量，记为 d_i。

4）关节角：关节 J_i 的相邻两条公垂线 a_i 与 a_{i-1} 在以 J_i 为法线的平面上的投影的夹角为关节角，记为 θ_i。

a_i、α_i、d_i、θ_i 这组参数称为 Denavit-Hartenberg（D-H）参数，该连杆 4 个参数在图 3-6 中已标示。在 4 个连杆参数中，需要特别注意 a_i 是两个关节的关节轴线 J_i 与 J_{i+1} 的公垂线距离，不是第 i 个连杆 C_i 的长度。另外，对于平移关节，连杆参数中的连杆偏移量 d_i 是变量，其他 3 个参数是常数；对于旋转关节，连杆参数中的关节角 θ_i 是变量，其他 3 个参数是常数。连杆的 4 个 D-H 参数中，除了关节对应的变量，其他参数都是由连杆的机械属性所决定的，与建立的连杆坐标系有关，但不随关节的运动而变化。

3.2.2　连杆坐标系

连杆坐标系的建立有多种方式。根据连杆所处的位置，每种方式的具体连杆坐标系有所不同。下面介绍两种连杆坐标系的建立方式。

1. DH 连杆坐标系

两个相邻的连杆 C_i 和 C_{i+1} 有 3 个关节，其关节轴线分别为 J_{i-1}、J_i 和 J_{i+1}，图 3-7 所示为 DH 连杆坐标系建立方法示意图。在建立连杆坐标系时，首先选定坐标系的原点 O_i，然后选择 Z_i 轴和 X_i 轴，Y_i 轴可根据右手定则最后确定。

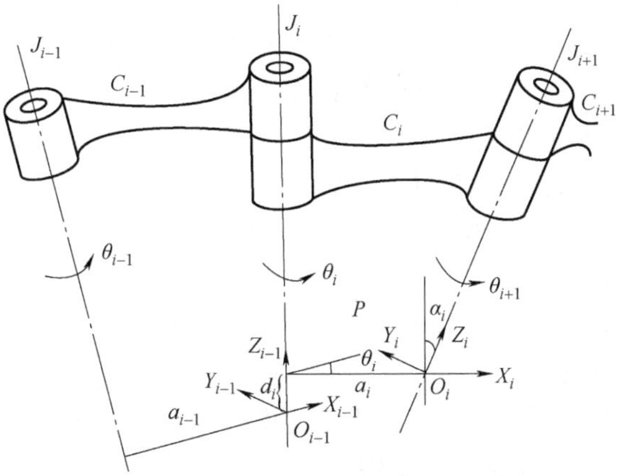

图 3-7　DH 连杆坐标系建立方法示意图

（1）中间连杆 C_i 坐标系的建立

1）原点 O_i：坐标系原点取关节轴线 J_i 与 J_{i+1} 的公垂线在 J_{i+1} 的交点。

2）Z_i 轴：Z_i 轴方向取 J_{i+1} 的方向。

3）X_i 轴：X_i 轴方向取关节轴线 J_i 与 J_{i+1} 的公垂线指向 O_i 的方向。

4）Y_i 轴：根据右手定则，由 X_i 轴和 Z_i 轴确定 Y_i 轴的方向。

（2）第一连杆 C_1 坐标系的建立

1）原点 O_1：坐标系原点取基坐标系原点。

2）Z_1 轴：Z_1 轴方向取 J_1 的方向。

3）X_1 轴：X_1 轴方向任取。

4）Y_1 轴：根据右手定则，由 X_1 轴和 Z_1 轴确定 Y_1 轴的方向。

（3）连杆 C_n 坐标系的建立

最后一个连杆通常是抓手，下面以抓手为例说明最后一个连杆的坐标系建立方法。

1）原点 O_n：坐标系原点取抓手末端中心点。

2）Z_n 轴：Z_n 轴方向取抓手的朝向即指向被抓取物体的方向。

3）X_n 轴：X_n 轴方向取抓手一个指尖到另一个指尖的方向。

4）Y_n轴：根据右手定则，由 X_n轴和 Z_n轴确定 Y_n轴的方向。

建立 DH 连杆坐标系的示意图如图 3-7 所示。选取公垂线 a_i与 J_{i+1}的交点为连杆 C_i坐标系的原点 O_i。选取公垂线 a_i指向 O_i的方向为 C_i坐标系的 X_i轴。选取 J_{i+1}的方向为 C_i坐标系的 Z_i轴。最后根据 X_i轴和 Z_i轴的方向并利用右手定则确定 C_i坐标系的 Y_i轴。同样地，连杆 C_{i-1}坐标系的原点 O_{i-1}，选取在公垂线 a_{i-1}与 J_i的交点处。C_{i-1}坐标系的 X_{i-1}轴选取公垂线 a_{i-1}指向 O_{i-1}的方向，Z_{i-1}轴选取 J_i的方向，Y_{i-1}轴根据 X_{i-1}轴和 Z_{i-1}轴的方向确定。

2. MDH 连杆坐标系

两个相邻的连杆 C_i和 C_{i+1}有 3 个关节，其关节轴线分别为 J_{i-1}、J_i和 J_{i+1}。在建立连杆坐标系时，与 DH 连杆坐标系的建立方法类似，首先选定坐标系的原点 O_i，然后选择 Z_i轴和 X_i轴，最后根据右手定则确定 Y_i轴。

（1）中间连杆 C_i坐标系的建立

1）原点 O_i：坐标系原点取关节轴线 J_i与 J_{i+1}的公垂线在 J_i的交点。

2）Z_i轴：Z_i轴方向取 J_i的方向。

3）X_i轴：X_i轴方向取关节轴线 J_i与 J_{i+1}的公垂线从 O_i指向 J_{i+1}的方向。

4）Y_i轴：根据右手定则，由 X_i轴和 Z_i轴确定 Y_i轴的方向。

（2）第一连杆 C_1 坐标系的建立

1）原点 O_1：坐标系原点取基坐标系原点。

2）Z_1 轴：Z_1 轴方向取 J_1 的方向。

3）X_1 轴：X_1 轴方向任取。

4）Y_1 轴：根据右手定则，由 X_1 轴和 Z_1 轴确定 Y_1 轴的方向。

（3）连杆 C_n坐标系的建立

最后一个连杆通常是抓手，下面以抓手为例说明最后一个连杆的坐标系建立方法。

1）原点 O_n：坐标系原点取抓手末端中心点。

2）Z_n轴：Z_n轴方向取抓手的朝向，即指向被抓取物体的方向。

3）X_n轴：X_n轴方向取抓手一个指尖到另一个指尖的方向。

4）Y_n轴：根据右手定则，由 X_n轴和 Z_n轴确定 Y_n轴的方向。

图 3-8 所示为 MDH 连杆坐标系建立方法示意图。选取公垂线 a_i与 J_i的交点为连杆 C_i坐

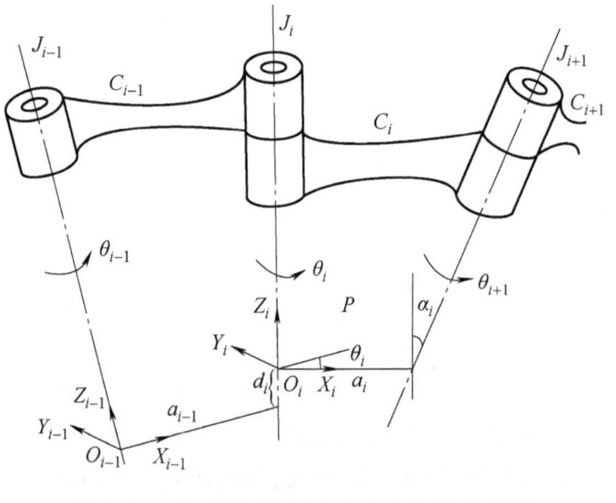

图 3-8　MDH 连杆坐标系建立方法示意图

标系的原点 O_i。选取公垂线 a_i 从 O_i 指向 J_{i+1} 的方向为 C_i 坐标系的 X_i 轴。选取 J_i 的方向为 C_i 坐标系的 Z_i 轴。C_i 坐标系的 Y_i 轴，根据 X_i 轴和 Z_i 轴的方向利用右手定则确定。同样地，选取在公垂线 a_{i-1} 与 J_{i-1} 的交点为连杆 C_{i-1} 坐标系的原点 O_{i-1}。选取公垂线 a_{i-1} 从 O_{i-1} 指向 J_i 的方向为 C_{i-1} 坐标系的 X_{i-1} 轴，选取 J_{i-1} 的方向为 Z_{i-1} 轴，Y_{i-1} 轴根据 X_{i-1} 轴和 Z_{i-1} 轴的方向确定。

对比 MDH 和 DH 连杆坐标系的建立方法可发现，二者关节坐标系原点 O_i 的位置定义不同，分别处于连杆 C_i 的始末端。如果 J_i 与 J_{i+1} 轴相交，无论用 DH 约定还是 MDH 约定建立坐标系，原点 O_i 选取关节轴线 J_i 与 J_{i+1} 的交点，X_i 轴与 Y_i 轴的方向可以任意选取。一般地，为了方便连杆变换矩阵的求取，X_i 轴的方向根据相邻坐标系 X 轴的方向选取，也可以根据相邻坐标系首先选择 Y_i 轴的方向。

3.2.3　连杆变换矩阵

利用 3.2.2 节建立的连杆坐标系，可以得到相邻连杆之间的连杆变换矩阵。

1）对于按 3.2.2 节中所述 DH 方法建立的连杆坐标系，C_{i-1} 连杆的坐标系经过两次旋转和两次平移可以变换到 C_i 连杆的坐标系，参见图 3-7 和图 3-9。这 4 次变换分别如下。

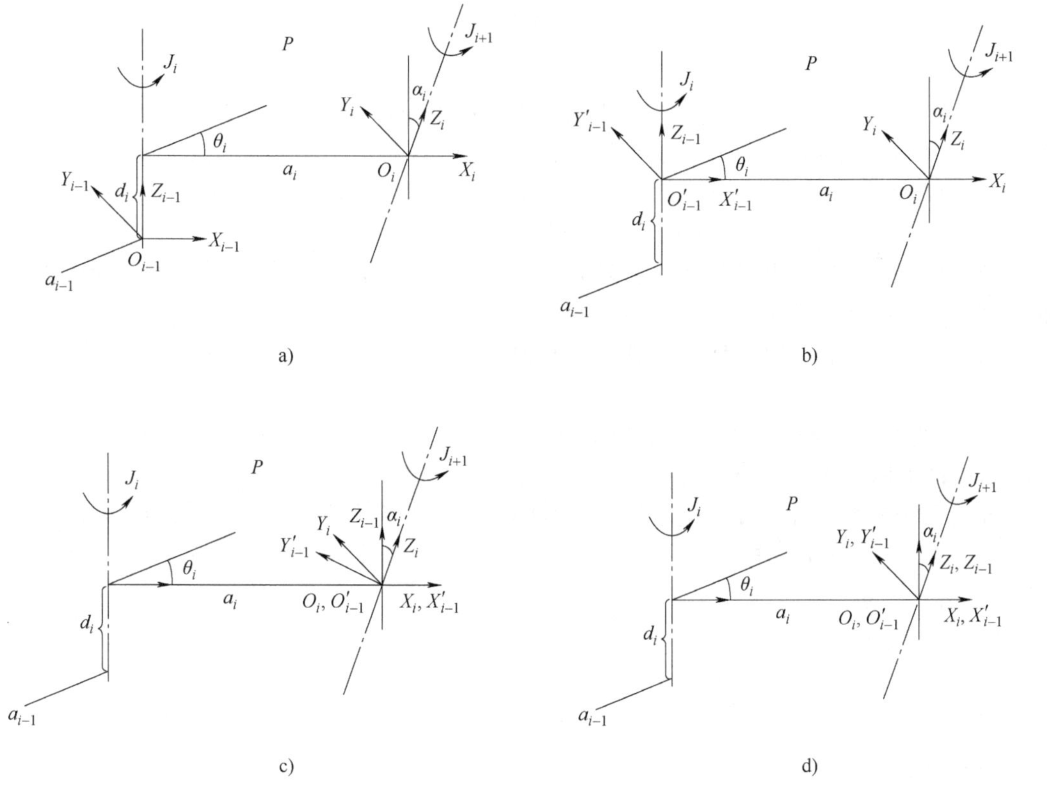

图 3-9　连杆坐标系变换示意图

a）第一次变换　b）第二次变换　c）第三次变换　d）第四次变换

① 第一次：以 Z_{i-1} 轴为转轴，旋转 θ_i 角度，使新的 X_{i-1} 轴（X'_{i-1}）与 X_i 轴同向。变换后的 C_{i-1} 连杆坐标系如图 3-9a 所示。

② 第二次，沿 Z_{i-1} 轴平移 d_i，使新的 $O_{i-1}(O'_{i-1})$ 移动到关节轴线 J_i 与 J_{i+1} 的公垂线与 J_i 的交点。变换后的 C_{i-1} 连杆坐标系如图 3-9b 所示。

③ 第三次：沿 X'_{i-1} 轴（X_i 轴）平移 a_i，使新的 $O_{i-1}(O'_{i-1})$ 移动到 O_i。变换后的 C_{i-1} 连杆坐标系如图 3-9c 所示。

④ 第四次：以 X_i 轴为转轴，旋转 α_i 角度，使新的 Z_{i-1} 轴（Z'_{i-1}）与 Z_i 轴同向。变换后的 C_{i-1} 连杆坐标系如图 3-9d 所示。

至此，坐标系 $O_{i-1}X_{i-1}Y_{i-1}Z_{i-1}$ 与坐标系 $O_iX_iY_iZ_i$ 已经完全重合。这种关系可以用连杆 C_{i-1} 到连杆 C_i 的 4 个齐次变换来描述。这 4 个齐次变换构成的总变换矩阵（D-H 矩阵）见式（3-17）。

$$
\begin{aligned}
\boldsymbol{A}_i &= \mathrm{Rot}(Z,\theta_i)\mathrm{Trans}(0,0,d_i)\mathrm{Trans}(a_i,0,0)\mathrm{Rot}(X_i,\alpha_i)\\
&= \begin{bmatrix} \cos\theta_i & -\sin\theta_i & 0 & 0\\ \sin\theta_i & \cos\theta_i & 0 & 0\\ 0 & 0 & 1 & 0\\ 0 & 0 & 0 & 1 \end{bmatrix}
\begin{bmatrix} 1 & 0 & 0 & 0\\ 0 & 1 & 0 & 0\\ 0 & 0 & 1 & d_i\\ 0 & 0 & 0 & 1 \end{bmatrix}
\begin{bmatrix} 1 & 0 & 0 & a_i\\ 0 & 1 & 0 & 0\\ 0 & 0 & 1 & 0\\ 0 & 0 & 0 & 1 \end{bmatrix}
\begin{bmatrix} 1 & 0 & 0 & 0\\ 0 & \cos\alpha_i & -\sin\alpha_i & 0\\ 0 & \sin\alpha_i & \cos\alpha_i & 0\\ 0 & 0 & 0 & 1 \end{bmatrix}\\
&= \begin{bmatrix} \cos\theta_i & -\sin\theta_i\cos\alpha_i & \sin\theta_i\sin\alpha_i & a_i\cos\theta_i\\ \sin\theta_i & \cos\theta_i\cos\alpha_i & -\cos\theta_i\sin\alpha_i & a_i\sin\theta_i\\ 0 & \sin\alpha_i & \cos\alpha_i & d_i\\ 0 & 0 & 0 & 1 \end{bmatrix}
\end{aligned} \tag{3-17}
$$

2）对于按 3.2.2 节中所述 MDH 方法建立的连杆坐标系，C_{i-1} 连杆的坐标系经过两次旋转和两次平移可以变换到 C_i 连杆的坐标系，参见图 3-8 和图 3-10。这四次变换分别如下。

① 第一次：沿 X_{i-1} 轴平移 a_{i-1}，将 O_{i-1} 移动到 O'_{i-1}。变换后的 C_{i-1} 连杆坐标系如图 3-10a 所示。

② 第二次，以 X_{i-1} 轴为转轴，旋转 α_{i-1} 角度，使新的 Z_{i-1} 轴（Z'_{i-1} 轴）与 Z_i 轴同向。变换后的 C_{i-1} 连杆坐标系如图 3-10b 所示。

③ 第三次：沿 Z_i 轴平移 d_i，使 O'_{i-1} 移动到 O_i。变换后的 C_{i-1} 连杆坐标系如图 3-10c 所示。

④ 第四次：以 Z_i 轴为转轴，旋转 θ_i 角度，使新的 X_{i-1} 轴（X'_{i-1} 轴）与 X_i 轴同向。变换后的 C_{i-1} 连杆坐标系如图 3-10d 所示。

至此，坐标系 $O_{i-1}X_{i-1}Y_{i-1}Z_{i-1}$ 与坐标系 $O_iX_iY_iZ_i$ 已经完全重合。这种关系可以用连杆 C_{i-1} 到连杆 C_i 的 4 个齐次变换来描述。这 4 个齐次变换构成的总变换矩阵（D-H 矩阵）见式（3-18）。

$$
\begin{aligned}
\boldsymbol{A}_i &= \mathrm{Trans}(a_{i-1},0,0)\mathrm{Rot}(X_{i-1},\alpha_{i-1})\mathrm{Trans}(0,0,d_i)\mathrm{Rot}(Z_i,\theta_i)\\
&= \begin{bmatrix} 1 & 0 & 0 & a_{i-1}\\ 0 & 1 & 0 & 0\\ 0 & 0 & 1 & 0\\ 0 & 0 & 0 & 1 \end{bmatrix}
\begin{bmatrix} 1 & 0 & 0 & 0\\ 0 & \cos\alpha_{i-1} & -\sin\alpha_{i-1} & 0\\ 0 & \sin\alpha_{i-1} & \cos\alpha_{i-1} & 0\\ 0 & 0 & 0 & 1 \end{bmatrix}
\begin{bmatrix} 1 & 0 & 0 & 0\\ 0 & 1 & 0 & 0\\ 0 & 0 & 1 & d_i\\ 0 & 0 & 0 & 1 \end{bmatrix}
\begin{bmatrix} \cos\theta_i & -\sin\theta_i & 0 & 0\\ \sin\theta_i & \cos\theta_i & 0 & 0\\ 0 & 0 & 1 & 0\\ 0 & 0 & 0 & 1 \end{bmatrix}\\
&= \begin{bmatrix} \cos\theta_i & -\sin\theta_i & 0 & a_{i-1}\\ \sin\theta_i\cos\alpha_{i-1} & \cos\theta_i\cos\alpha_{i-1} & -\sin\alpha_{i-1} & -d_i\sin\alpha_{i-1}\\ \sin\theta_i\sin\alpha_{i-1} & \cos\theta_i\sin\alpha_{i-1} & \cos\alpha_{i-1} & d_i\cos\alpha_{i-1}\\ 0 & 0 & 0 & 1 \end{bmatrix}
\end{aligned} \tag{3-18}
$$

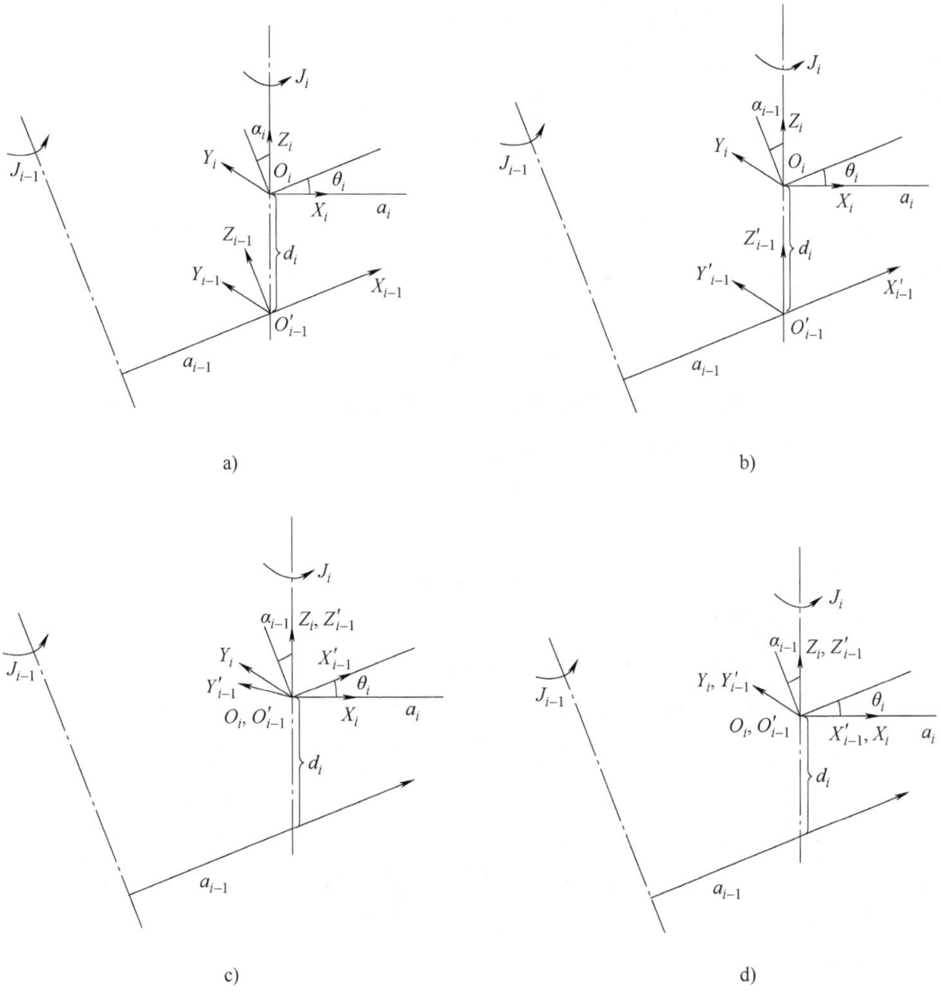

图 3-10　连杆坐标系变换示意图

a）第一次变换　b）第二次变换　c）第三次变换　d）第四次变换

式（3-17）和式（3-18）是采用不同的连杆坐标系得到的连杆变换矩阵，虽然这两个矩阵在形式上不同，但对于机器人运动学的建立具有相同的效果。另外，从式（3-17）和式（3-18）中可发现，对于同一个坐标轴而言，绕该坐标轴的旋转变换和沿该坐标轴的平移变换可以交换顺序，但不同坐标轴的旋转和平移不能交换顺序。例如，上述坐标变换中的第一次变换和第二次变换可以交换顺序，第三次变换和第四次变换可以交换顺序，但第二次变换和第三次变换不能交换顺序。

3.3　正向运动学递归

有 n 个自由度的工业机器人所有连杆的位置和姿态，可以用一组关节变量（d_i或 θ_i）来描述。这组变量通常称为关节向量或关节坐标，由这些向量描述的空间称为关节空间。

串联结构的工业机器人通常利用式（3-19）的位姿矩阵来描述其末端的位置与姿态。显然，一旦机器人各个关节的关节坐标确定了，机器人末端的位姿也就随之确定。因此，由机器人的关节空间到机器人的末端笛卡儿空间之间的映射是一种单射关系。机器人的正向运动学描述的就是机器人的关节空间到末端笛卡儿空间之间的映射关系。

$$
{}^{A}\boldsymbol{p}' = \begin{bmatrix} {}^{A}\boldsymbol{p} \\ 1 \end{bmatrix}, {}^{A}\boldsymbol{T}_{B} = \begin{bmatrix} {}^{A}\boldsymbol{R}_{B} & {}^{A}\boldsymbol{p}_{B} \\ 0 & 1 \end{bmatrix}, {}^{B}\boldsymbol{p}' = \begin{bmatrix} {}^{B}\boldsymbol{p} \\ 1 \end{bmatrix} \tag{3-19}
$$

对于有 n 个自由度的串联结构工业机器人，各个连杆坐标系之间属于连体坐标关系。若各个连杆的 D-H 矩阵分别为 $\boldsymbol{A}_1$，$\boldsymbol{A}_2$，…，$\boldsymbol{A}_n$，则机器人末端的位置和姿态可由式（3-20）求取：

$$
\boldsymbol{T} = \boldsymbol{A}_1 \boldsymbol{A}_2 \boldsymbol{A}_3 \cdots \boldsymbol{A}_n \tag{3-20}
$$

对于相邻连杆 C_{i-1}和 C_i，两个连杆坐标系之间的变换矩阵即为连杆变换矩阵式（3-21），机器人末端相对于连杆 C_{i-1}坐标系的位置和姿态矩阵为式（3-22）。

$$
{}^{i-1}\boldsymbol{T}_i = \boldsymbol{A}_i \tag{3-21}
$$

$$
{}^{i-1}\boldsymbol{T}_n = \boldsymbol{A}_i \boldsymbol{A}_{i+1} \cdots \boldsymbol{A}_n \tag{3-22}
$$

由于坐标系的建立不是唯一的，不同坐标系下的 D-H 矩阵是不同的，末端位姿 $\boldsymbol{T}$ 也不同。但对于相同的基坐标系，不同 D-H 矩阵下的末端位姿 $\boldsymbol{T}$ 相同。

下面以 PUMA560 机器人为例，说明正向运动学的研究过程。

PUMA560 机器人是由 Unimation 公司生产的一种 6 自由度串联机构机器人，它由 6 个旋转关节构成，其构成示意图如图 3-11a 所示。按照人体结构的类比，腰关节通常指的是图 3-11a 所示机器人的第一个关节，即关节轴线为 J_1的关节。肩关节通常指的是关节轴线为 J_2的关节。肘关节通常指的是关节轴线为 J_3的关节。腕关节通常是关节轴线为 J_4、J_5、J_6的统称。其中，腕扭转指的是绕 J_4轴的旋转，腕弯曲指的是绕 J_5轴的旋转，腕旋转指的是绕 J_6轴的旋转。大臂指的是肩关节与肘关节之间的连杆，即关节轴线 J_2与 J_3之间的连杆。小臂指的是肘关节与腕关节之间的连杆。

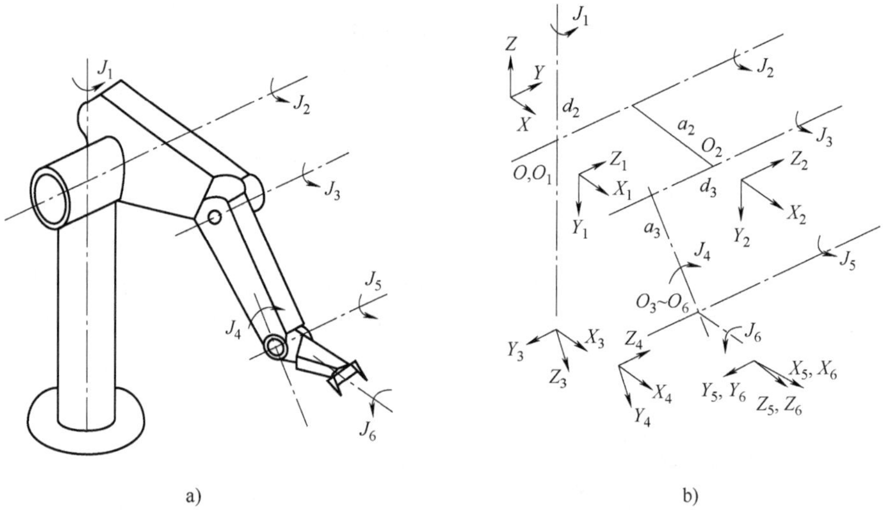

图 3-11　PUMA560 机器人构成示意图及其坐标系的建立示意图

a）构成示意图　b）连杆坐标系

1. PUMA560 机器人连杆坐标系的建立

首先，定义机器人的初始位置。取大臂处于某一朝向时，作为腰关节的初始位置。大臂处在水平位置时，作为肩关节的初始位置。肘关节的初始位置选在小臂处在下垂位置、关节轴线 J_4与 J_1平行时的位置。关节轴线 J_5与 J_3平行时，作为腕扭转关节的初始位置。关节轴线 J_4与 J_6平行时，作为腕弯曲关节的初始位置。大臂与抓手两个指尖的连线平行时，作为腕旋转关节的初始位置。各个关节的零点位置在上述初始位置的前提下得到确定。

为便于建立机器人的运动学，将基坐标系的原点 O 选取在 J_1与 J_2的交点处。连杆坐标系采用 3.2.2 节所述 DH 连杆坐标系中的方法进行建立，具体描述如下。

1）基坐标系 $OXYZ$：将 J_1与 J_2的交点选为原点 O，将 J_1轴向上的方向选为 Z 轴的方向，当机器人处于初始状态时，将此时手臂的朝向选为 X 轴的方向，Y 轴方向就是 J_2轴的方向。

2）坐标系 $O_1X_1Y_1Z_1$：将 J_1与 J_2的交点选为原点 O_1，将 J_2方向选为 Z_1轴的方向，选取与 Z 轴相反的方向作为 Y_1轴的方向。当机器人处于初始状态时，X_1轴的方向与 X 轴的方向相同。

3）坐标系 $O_2X_2Y_2Z_2$：将 J_2与 J_3之间的连杆与 J_3的交点选为原点 O_2，J_3方向为 Z_2轴的方向，将 J_2与 J_3的公垂线指向 O_2的方向选为 X_2轴的方向。

4）坐标系 $O_3X_3Y_3Z_3$：将 J_4、J_5与 J_6的交点选为原点 O_3，Z_3轴方向为 J_4的方向，将与 Z_2轴相反的方向选为 Y_3轴的方向。当机器人处于初始状态时，X_3轴的方向与 X_2轴的方向相同。

5）坐标系 $O_4X_4Y_4Z_4$：将 J_4、J_5与 J_6的交点选为原点 O_4，将 J_5方向选为 Z_4轴的方向，将与 Z_3轴相反的方向选为 Y_4轴的方向。当机器人处于初始状态时，X_4轴的方向与 X_3轴的方向相同。

6）坐标系 $O_5X_5Y_5Z_5$：将 J_4、J_5与 J_6的交点选为原点 O_5，将 J_6方向选为 Z_5轴的方向，将与 Z_4轴相反的方向选为 Y_5轴的方向。当机器人处于初始状态时，X_5轴的方向与 X_4轴的方向相同。

7）坐标系 $O_6X_6Y_6Z_6$：将 J_4、J_5与 J_6的交点选为原点 O_6，将 J_6方向选为 Z_6轴的方向，选取抓手一个指尖到另一个指尖的方向作为 X_6轴的方向。当机器人处于初始状态时，X_6轴的方向与 X_5轴的方向相同。

所建立的上述连杆坐标系如图 3-11b 所示。

2. PUMA560 机器人的连杆变换矩阵与运动学方程

在建立了连杆坐标系之后，可根据相邻连杆坐标系确定连杆的 D-H 参数。

参照图 3-11b 以及 3.2.2 节中所述 DH 方法对各个连杆坐标系的描述，容易发现基坐标系 $OXYZ$ 与坐标系 $O_1X_1Y_1Z_1$的原点重合。由此可知，基坐标系 $OXYZ$ 与坐标系 $O_1X_1Y_1Z_1$之间的连杆长度和连杆偏移量为 0。X_1轴的方向与 X 轴的方向在机器人处于初始状态时相同。由于基坐标系 $OXYZ$ 固定不变，所以当 1 号关节绕 J_1轴旋转角度 θ_1时，为了使 X 轴的方向与 X_1轴的方向相同，基坐标系 $OXYZ$ 需要绕 J_1轴旋转角度 θ_1。因此，坐标系 $OXYZ$ 与 $O_1X_1Y_1Z_1$之间关节角为 θ_1。在 X 轴的方向与 X_1轴的方向相同的情况下，绕 X 轴旋转$-90°$才能使 Z 轴的方向与 Z_1轴的方向相同。因此，坐标系 $OXYZ$ 与 $O_1X_1Y_1Z_1$之间的连杆扭转角为$-90°$。由上述连杆参数，根据式（3-17）得到坐标系 $OXYZ$ 与 $O_1X_1Y_1Z_1$之间的连杆变换矩阵 $\boldsymbol{A}_1$：

$$A_1=\begin{bmatrix}\cos\theta_1 & 0 & -\sin\theta_1 & 0\\ \sin\theta_1 & 0 & \cos\theta_1 & 0\\ 0 & -1 & 0 & 0\\ 0 & 0 & 0 & 1\end{bmatrix} \tag{3-23}$$

因为关节轴线 J_2与 J_3的公垂线长度为 a_2，故坐标系 $O_1X_1Y_1Z_1$与 $O_2X_2Y_2Z_2$之间的连杆长度为 a_2。根据坐标系 $O_1X_1Y_1Z_1$与 $O_2X_2Y_2Z_2$的建立情况，在关节轴线 J_2 上，O_1与过 O_2的公垂线与 J_2的交点的距离为 d_2，所以坐标系 $O_1X_1Y_1Z_1$与 $O_2X_2Y_2Z_2$之间的连杆偏移量为 d_2。坐标系 $O_1X_1Y_1Z_1$相对于 $O_1X_1Y_1Z_1$与 $O_2X_2Y_2Z_2$之间的连杆是固定不变的，当 2 号关节绕 J_2轴旋转角度 θ_2时，为了使 X_1轴的方向与 X_2轴的方向相同，坐标系 $O_1X_1Y_1Z_1$需要绕 J_2轴旋转角度 θ_2。因此，坐标系 $O_1X_1Y_1Z_1$与 $O_2X_2Y_2Z_2$之间关节角为 θ_2。在 X_1轴的方向与 X_2轴的方向相同时，Z_1轴的方向与 Z_2轴的方向相同。因此，坐标系 $O_1X_1Y_1Z_1$与 $O_2X_2Y_2Z_2$之间的连杆扭转角为 0°。由上述连杆参数，根据式（3-17）得到坐标系 $O_1X_1Y_1Z_1$与 $O_2X_2Y_2Z_2$之间的连杆变换矩阵 $\boldsymbol{A}_2$：

$$A_2=\begin{bmatrix}\cos\theta_2 & -\sin\theta_2 & 0 & a_2\cos\theta_2\\ \sin\theta_2 & \cos\theta_2 & 0 & a_2\sin\theta_2\\ 0 & 0 & 1 & d_2\\ 0 & 0 & 0 & 1\end{bmatrix} \tag{3-24}$$

关节轴线 J_3与 J_4相交，其公垂线长度应该为 0。但是没有选取 J_3与 J_4的交点作为坐标系 $O_3X_3Y_3Z_3$的原点，而是选取在 J_4、J_5与 J_6的交点处。沿关节轴线 J_4，由 O_3到 J_3与 J_4的交点处的距离作为连杆长度 a_3。沿关节轴线 J_3，由 O_2到 J_3与 J_4的交点处的距离为偏移量 d_3。坐标系 $O_2X_2Y_2Z_2$相对于 $O_2X_2Y_2Z_2$与 $O_3X_3Y_3Z_3$之间的连杆是固定不变的，当 3 号关节绕 J_3轴旋转角度 θ_3时，为了使 X_2轴的方向与 X_3轴的方向相同，坐标系 $O_2X_2Y_2Z_2$需要绕 J_3轴旋转角度 θ_3。因此，坐标系 $O_2X_2Y_2Z_2$与 $O_3X_3Y_3Z_3$之间关节角为 θ_3。在 X_2轴的方向与 X_3轴的方向相同时，绕 X_2轴旋转−90°才能使 Z_2轴的方向与 Z_3轴的方向相同。因此，坐标系 $O_2X_2Y_2Z_2$与 $O_3X_3Y_3Z_3$之间的连杆扭转角为−90°。由上述连杆参数，根据式（3-17）得到坐标系 $O_2X_2Y_2Z_2$与 $O_3X_3Y_3Z_3$之间的连杆变换矩阵 $\boldsymbol{A}_3$：

$$A_3=\begin{bmatrix}\cos\theta_3 & 0 & -\sin\theta_3 & a_3\cos\theta_3\\ \sin\theta_3 & 0 & \cos\theta_3 & a_3\sin\theta_3\\ 0 & -1 & 0 & d_3\\ 0 & 0 & 0 & 1\end{bmatrix} \tag{3-25}$$

坐标系 $O_3X_3Y_3Z_3$的原点 O_3与 $O_4X_4Y_4Z_4$的原点 O_4重合，所以坐标系 $O_3X_3Y_3Z_3$与 $O_4X_4Y_4Z_4$之间的连杆长度和连杆偏移量为 0。当机器人处于初始状态时，X_3的方向与 X_4轴的方向相同。当 4 号关节绕 J_4轴旋转角度 θ_4时，为了使 X_3轴的方向与 X_4轴的方向相同，坐标系 $O_3X_3Y_3Z_3$需要绕 J_4轴旋转角度 θ_4。因此，坐标系 $O_3X_3Y_3Z_3$与 $O_4X_4Y_4Z_4$之间关节角为 θ_4。在 X_3轴的方向与 X_4轴的方向相同的情况下，绕 X_3轴旋转 90°才能使 Z_3轴的方向与 Z_4轴的方向相同。因此，坐标系 $O_3X_3Y_3Z_3$与 $O_4X_4Y_4Z_4$之间的连杆扭转角为 90°。由上述连杆参数，根据式（3-17）得到坐标系 $O_3X_3Y_3Z_3$与 $O_4X_4Y_4Z_4$之间的连杆变换矩阵 $\boldsymbol{A}_4$：

$$A_4=\begin{bmatrix}\cos\theta_4 & 0 & \sin\theta_4 & 0\\ \sin\theta_4 & 0 & -\cos\theta_4 & 0\\ 0 & 1 & 0 & 0\\ 0 & 0 & 0 & 1\end{bmatrix} \tag{3-26}$$

坐标系 $O_4X_4Y_4Z_4$的原点 O_4与 $O_5X_5Y_5Z_5$的原点 O_5重合，所以坐标系 $O_4X_4Y_4Z_4$与 $O_5X_5Y_5Z_5$之间的连杆长度和连杆偏移量为 0。当机器人处于初始状态时，X_4轴的方向与 X_5轴的方向相同。当 5 号关节绕 J_5轴旋转角度 θ_5时，为了使 X_4轴的方向与 X_5轴的方向相同，坐标系 $O_4X_4Y_4Z_4$需要绕 J_5轴旋转角度 θ_5。因此，坐标系 $O_4X_4Y_4Z_4$与 $O_5X_5Y_5Z_5$之间关节角为 θ_5。在 X_4轴的方向与 X_5轴的方向相同的情况下，由于 Y_5轴方向与 Z_4轴的方向相反，所以需要绕 X_4轴旋转-90°才能使 Z_4轴的方向与 Z_5轴的方向相同。因此，坐标系 $O_4X_4Y_4Z_4$与 $O_5X_5Y_5Z_5$之间的连杆扭转角为-90°。由上述连杆参数，根据式（3-17）得到坐标系 $O_4X_4Y_4Z_4$与 $O_5X_5Y_5Z_5$之间的连杆变换矩阵 A_5：

$$A_5=\begin{bmatrix}\cos\theta_5 & 0 & -\sin\theta_5 & 0\\ \sin\theta_5 & 0 & \cos\theta_5 & 0\\ 0 & -1 & 0 & 0\\ 0 & 0 & 0 & 1\end{bmatrix} \tag{3-27}$$

坐标系 $O_5X_5Y_5Z_5$的原点 O_5与坐标系 $O_6X_6Y_6Z_6$的原点 O_6重合，所以坐标系 $O_5X_5Y_5Z_5$与 $O_6X_6Y_6Z_6$之间的连杆长度和连杆偏移量为 0。当机器人处于初始状态时，X_5的方向与 X_6轴的方向相同。当 6 号关节绕 J_6轴旋转角度 θ_6时，坐标系 $O_5X_5Y_5Z_5$需要绕 J_6轴旋转角度 θ_6才能使 X_5轴的方向与 X_6轴的方向相同。因此，坐标系 $O_5X_5Y_5Z_5$与 $O_6X_6Y_6Z_6$之间关节角为 θ_6。在 X_5轴的方向与 X_6轴的方向相同的情况下，Z_5轴的方向与 Z_6轴的方向相同。因此，坐标系 $O_5X_5Y_5Z_5$与 $O_6X_6Y_6Z_6$之间的连杆扭转角为 0°。由上述连杆参数，根据式（3-17）得到坐标系 $O_5X_5Y_5Z_5$与 $O_6X_6Y_6Z_6$之间的连杆变换矩阵 A_6：

$$A_6=\begin{bmatrix}\cos\theta_6 & -\sin\theta_6 & 0 & 0\\ \sin\theta_6 & \cos\theta_6 & 0 & 0\\ 0 & 0 & 1 & 0\\ 0 & 0 & 0 & 1\end{bmatrix} \tag{3-28}$$

表 3-1 所列为 PUMA560 机器人 D-H 参数。

表 3-1　PUMA560 机器人 D-H 参数

连杆 i	关节角 θ_i	扭转角 α_i	连杆长度 a_i	连杆偏移量 d_i
1	θ_1	-90°	0	0
2	θ_2	0°	a_2	d_2
3	θ_3	-90°	a_3	d_3
4	θ_4	90°	0	0
5	θ_5	-90°	0	0
6	θ_6	0°	0	0

由 6 个连杆的 D-H 矩阵 A_1，A_2，…，A_6，根据式（3-22）可以求取机器人末端在基坐

标系下的位置和姿态，即得到运动学方程。

例 3-1 六维空间的操作任务要求机械臂至少具有 6 个自由度。图 3-12 所示的六自由度机械臂 D-H 坐标系采用6个旋转关节与2根臂杆，由左至右排布的肩关节、肘关节和腕关节各有2个自由度，其4、5和6这3个关节轴线相交于一点，在运动学上属于解耦型机械臂。试由表 3-2 中所给数据在 Matlab 环境下以“. m 文件”的形式完成该机械臂的运动学正解。

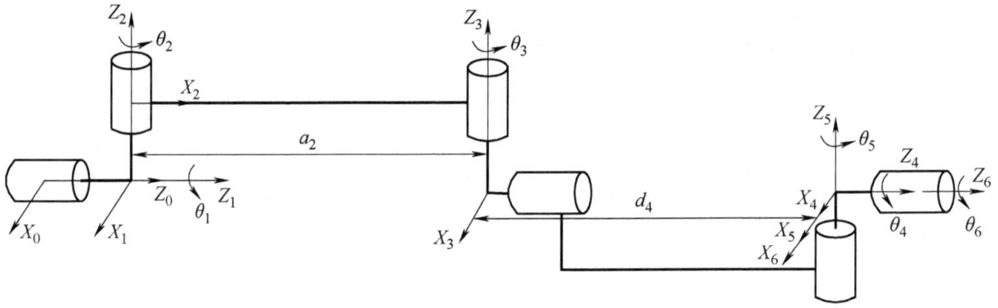

图 3-12 六自由度机械臂 D-H 坐标系

表 3-2 六自由度机械臂 D-H 连杆参数

连杆 i	θ_i/(°)	α_{i-1}/(°)	a_i/mm	d_i/mm
1	θ_1	0	0	0
2	θ_2	90	0	0
3	θ_3	0	300	0
4	θ_4	-90	0	500
5	θ_5	90	0	0
6	θ_6	-90	0	0

步骤一：公式推导

由式（3-17）可知 D-H 函数通用齐次变换矩阵，六自由度机械臂可得到 6 个齐次变换矩阵，由 6 个连杆的 D-H 矩阵，根据式（3-22）可以求取机器人末端在基坐标系下的位置和姿态，即得到了运动学方程。

步骤二：Matlab 代码实现

```
%连杆偏移
d1=0;
d2=0;
d3=0;
d4=0;
d5=0;
d6=0;
%连杆长度
a1=0;
a2=0;
a3=300;
```

```
a4=0;
a5=500;
a6=0;
%连杆扭角
alpha1=0;
alpha2=pi/2;
alpha3=0;
alpha4=-pi/2;
alpha5=pi/2;
alpha6=-pi/2;
%由于需要分析各轴θi所对应的机器人末端位置
%因此 theta1 theta2 theta3 theta4 theta5 theta6 仍设为未知量
syms theta1 theta2 theta3 theta4 theta5 theta6
%对角度θ进行赋值(自定)
theta1=pi/3;
theta2=pi/4;
theta3=pi/5;
theta4=pi/6;
theta5=pi/7;
theta6=pi/8;
% 参数矩阵取名为 MDH
MDH=[theta1        d1      a1      alpha1;
    theta2+pi/2    d2      a2      alpha2;
    theta3         d3      a3      alpha3;
    theta4-pi/2    d4      a4      alpha4;
    theta5         d5      a5      alpha5;
    theta6         d6      a6      alpha6];
  A1=[cos(MDH(1,1))          -sin(MDH(1,1))*cos(MDH(1,3))
     sin(MDH(1,1))*sin(MDH(1,3))    cos(MDH(1,1))*MDH(1,3);
     sin(MDH(1,1))     cos(MDH(1,1))*cos(MDH(1,3))
     -cos(MDH(1,1))*sin(MDH(1,3))     sin(MDH(1,1))*MDH(1,3);
     0       sin(MDH(1,4))      cos(MDH(1,4))      MDH(1,2);
     0       0       0       1];
  A2=[cos(MDH(2,1))       -sin(MDH(2,1))*cos(MDH(2,3))
     sin(MDH(2,1))*sin(MDH(2,3))      cos(MDH(2,1))*MDH(2,3);
     sin(MDH(2,1))       cos(MDH(2,1))*cos(MDH(2,3))
     -cos(MDH(2,1))*sin(MDH(2,3))      sin(MDH(2,1))*MDH(2,3);
     0       sin(MDH(2,4))      cos(MDH(2,4))      MDH(2,2);
     0       0       0       1];
```

```
A3=[cos(MDH(3,1))      -sin(MDH(3,1))*cos(MDH(3,3))
   sin(MDH(3,1))*sin(MDH(3,3))       cos(MDH(3,1))*MDH(3,3);
   sin(MDH(3,1))       cos(MDH(3,1))*cos(MDH(3,3))
   -cos(MDH(3,1))*sin(MDH(3,3))       sin(MDH(3,1))*MDH(3,3);
   0      sin(MDH(3,4))       cos(MDH(3,4))       MDH(3,2);
   0      0      0      1];
A4=[cos(MDH(4,1))      -sin(MDH(4,1))*cos(MDH(4,3))
   sin(MDH(4,1))*sin(MDH(4,3))       cos(MDH(4,1))*MDH(4,3);
   sin(MDH(4,1))       cos(MDH(4,1))*cos(MDH(4,3))
   -cos(MDH(4,1))*sin(MDH(4,3))       sin(MDH(4,1))*MDH(4,3);
   0      sin(MDH(4,4))       cos(MDH(4,4))       MDH(4,2);
   0      0      0      1];
A5=[cos(MDH(5,1))      -sin(MDH(5,1))*cos(MDH(5,3))
   sin(MDH(5,1))*sin(MDH(5,3))       cos(MDH(5,1))*MDH(5,3);
   sin(MDH(5,1))       cos(MDH(5,1))*cos(MDH(5,3))
   -cos(MDH(5,1))*sin(MDH(5,3))       sin(MDH(5,1))*MDH(5,3);
   0      sin(MDH(5,4))       cos(MDH(5,4))       MDH(5,2);
   0      0      0      1];
A6=[cos(MDH(6,1))      -sin(MDH(6,1))*cos(MDH(6,3))
   sin(MDH(6,1))*sin(MDH(6,3))       cos(MDH(6,1))*MDH(6,3);
   sin(MDH(5,1))       cos(MDH(6,1))*cos(MDH(6,3))
   cos(MDH(6,1))*sin(MDH(6,3))       sin(MDH(6,1))*MDH(6,3);
   0      sin(MDH(6,4))       cos(MDH(6,4))       MDH(6,2);
   0      0      0      1];
T=A1*A2*A3*A4*A5*A6;
```

3.4 逆向运动学递归

串联结构的工业机器人末端的位置与姿态通常用位姿矩阵进行描述。对于机器人的任何一组关节坐标，都具有确定的机器人末端的位姿与之对应，因此，由机器人的关节空间到机器人的末端笛卡儿空间之间的映射是一种单射关系。然而，对于不同的两组关节坐标，可能对应相同的末端位姿，如图 3-13 所示的关节位置与末端位姿。所以，由机器人的末端笛卡儿空间到机器人的关节空间之间的映射是一种复射关系。关节空间与末端笛卡儿空间映射关系如图 3-14 所示。

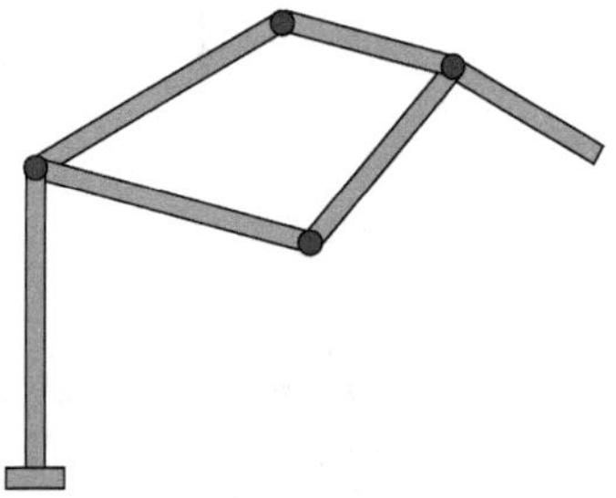

图 3-13　关节位置与末端位姿

机器人的正向运动学描述机器人的关节空间到末端笛卡儿空间之间的映射关系。而机器人的逆向运动学描述的是机器人的末端笛卡儿空间到关节空间之间的映射关系。因此，机器人的逆向运动学可用于控制机器人在笛卡儿空间的末端位姿。由于机器人的末端笛卡儿空间到关节空间的映射是复射，所以根据机器人的末端位姿求解得到的关节坐标有多组解，即逆向运动学有多解。

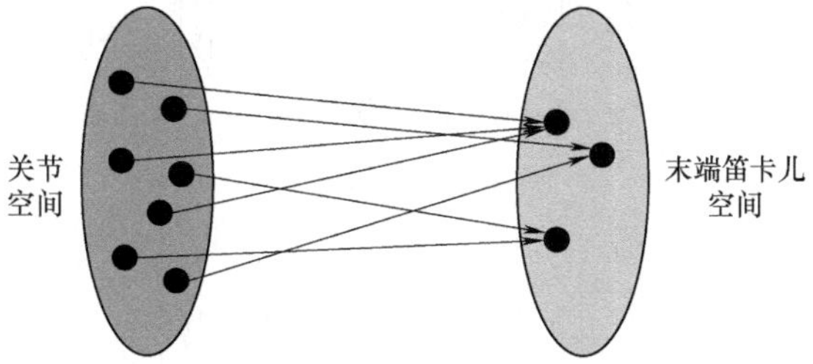

图 3-14　关节空间与末端笛卡儿空间映射关系

以下，将以某 PUMA 机器人为例分析其逆向运动学。

图 3-15 所示为某 PUMA 机器人的连杆坐标系。根据 3.2.1 节中连杆参数的定义得到 PUMA 机器人的 D-H 参数，见表 3-3。其中，关节角 θ_i 括号中的数值为机器人处在初始状态时 θ_i 的取值。

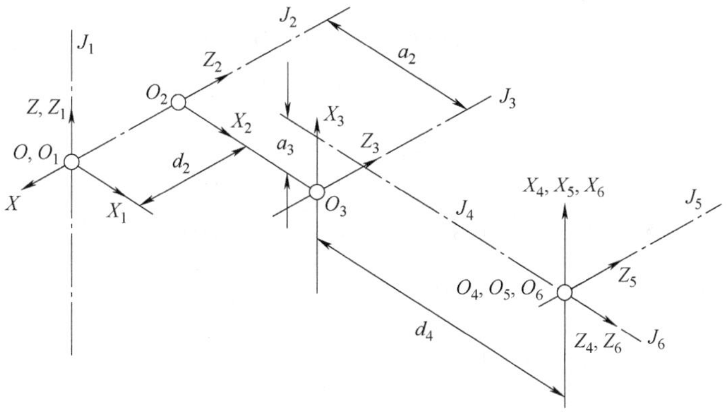

图 3-15　PUMA 机器人的连杆坐标系

表 3-3　PUMA 机器人的 D-H 参数

连杆 i	关节角 θ_i	扭转角 α_{i-1}	连杆长度 a_{i-1}	连杆偏移量 d_i
1	$\theta_1(90°)$	0°	0	0
2	$\theta_2(0°)$	-90°	0	d_2
3	$\theta_3(-90°)$	0°	a_2	0
4	$\theta_4(0°)$	-90°	a_3	d_4
5	$\theta_5(0°)$	90°	0	0
6	$\theta_6(0°)$	-90°	0	0

利用表 3-3 中的 D-H 参数可得到各个连杆的变换矩阵，见式（3-29）~式（3-34）。

$$\boldsymbol{A}_1=\begin{bmatrix}\cos\theta_1 & -\sin\theta_1 & 0 & 0\\ \sin\theta_1 & \cos\theta_1 & 0 & 0\\ 0 & 0 & 1 & 0\\ 0 & 0 & 0 & 1\end{bmatrix} \tag{3-29}$$

$$\boldsymbol{A}_2=\begin{bmatrix}\cos\theta_2 & -\sin\theta_2 & 0 & 0\\ 0 & 0 & 1 & d_2\\ -\sin\theta_2 & -\cos\theta_2 & 0 & 0\\ 0 & 0 & 0 & 1\end{bmatrix} \tag{3-30}$$

$$\boldsymbol{A}_3=\begin{bmatrix}\cos\theta_3 & -\sin\theta_3 & 0 & a_2\\ \sin\theta_3 & \cos\theta_3 & 0 & 0\\ 0 & 0 & 1 & 0\\ 0 & 0 & 0 & 1\end{bmatrix} \tag{3-31}$$

$$\boldsymbol{A}_4=\begin{bmatrix}\cos\theta_4 & -\sin\theta_4 & 0 & a_3\\ 0 & 0 & 1 & d_4\\ -\sin\theta_4 & -\cos\theta_4 & 0 & 0\\ 0 & 0 & 0 & 1\end{bmatrix} \tag{3-32}$$

$$\boldsymbol{A}_5=\begin{bmatrix}\cos\theta_5 & -\sin\theta_5 & 0 & 0\\ 0 & 0 & -1 & 0\\ \sin\theta_5 & \cos\theta_5 & 0 & 0\\ 0 & 0 & 0 & 1\end{bmatrix} \tag{3-33}$$

$$\boldsymbol{A}_6=\begin{bmatrix}\cos\theta_6 & -\sin\theta_6 & 0 & 0\\ 0 & 0 & 1 & 0\\ -\sin\theta_6 & -\cos\theta_6 & 0 & 0\\ 0 & 0 & 0 & 1\end{bmatrix} \tag{3-34}$$

所谓逆向运动学求解，就是针对式（3-35）给定的末端位姿，求解机器人各个关节的关节角 $\theta_1\sim\theta_6$。

$$\boldsymbol{T}=\begin{bmatrix}n_x & o_x & a_x & p_x\\ n_y & o_y & a_y & p_y\\ n_z & o_z & a_z & p_x\\ 0 & 0 & 0 & 1\end{bmatrix} \tag{3-35}$$

1. 求取 $\boldsymbol{\theta_1}$

由式（3-20），得到

$$\boldsymbol{A}_1^{-1}\boldsymbol{T}=\boldsymbol{A}_2\boldsymbol{A}_3\boldsymbol{A}_4\boldsymbol{A}_5\boldsymbol{A}_6 \tag{3-36}$$

将等式两端分别展开，得到式（3-37）和式（3-38）。由于只关心矩阵中的第 4 列，所以在式（3-37）和式（3-38）中未列出矩阵前 3 列的具体计算结果。

$$A_1^{-1}T=\begin{bmatrix}\cos\theta_1 & \sin\theta_1 & 0 & 0\\ -\sin\theta_1 & \cos\theta_1 & 0 & 0\\ 0 & 0 & 1 & 0\\ 0 & 0 & 0 & 1\end{bmatrix}\begin{bmatrix}n_x & o_x & a_x & p_x\\ n_y & o_y & a_y & p_y\\ n_z & o_z & a_z & p_z\\ 0 & 0 & 0 & 1\end{bmatrix}$$

$$=\begin{bmatrix}t_{111} & t_{112} & t_{113} & \cos\theta_1 p_x+\sin\theta_1 p_y\\ t_{121} & t_{122} & t_{123} & -\sin\theta_1 p_x+\cos\theta_1 p_y\\ t_{131} & t_{132} & t_{133} & p_z\\ 0 & 0 & 0 & 1\end{bmatrix} \tag{3-37}$$

$$A_2A_3A_4A_5A_6=\begin{bmatrix}m_{111} & m_{112} & m_{113} & a_2\cos\theta_2+a_3\cos(\theta_2+\theta_3)-d_4\sin(\theta_2+\theta_3)\\ m_{121} & m_{122} & m_{123} & d_2\\ m_{131} & m_{132} & m_{133} & -a_2\sin\theta_2-a_3\sin(\theta_2+\theta_3)-d_4\cos(\theta_2+\theta_3)\\ 0 & 0 & 0 & 1\end{bmatrix} \tag{3-38}$$

式（3-38）的第 4 列第 2 行是常数，利用式（3-37）和式（3-38）中的第 4 列第 2 行元素相等，得到

$$-\sin\theta_1 p_x+\cos\theta_1 p_y=d_2 \tag{3-39}$$

令

$$p_x=\rho\cos\varphi,p_y=\rho\sin\varphi,\rho=\sqrt{p_x^2+p_y^2},\varphi=\arctan2(p_y,p_x) \tag{3-40}$$

将式（3-40）代入式（3-39），利用三角函数公式得到

$$\sin(\varphi-\theta_1)=\frac{d_2}{\rho},\cos(\varphi-\theta_1)=\pm\sqrt{1-\left(\frac{d_2}{\rho}\right)^2} \tag{3-41}$$

由式（3-41），利用反正切函数得到

$$\varphi-\theta_1=\arctan2\left[\frac{d_2}{\rho},\pm\sqrt{1-\left(\frac{d_2}{\rho}\right)^2}\right] \tag{3-42}$$

将式（3-40）中的 φ 代入式（3-42）中，得到 θ_1 的两个解：

$$\begin{aligned}\theta_1&=\arctan2(p_y,p_x)-\arctan2\left[\frac{d_2}{\rho},\pm\sqrt{1-\left(\frac{d_2}{\rho}\right)^2}\right]\\ &=\arctan2(p_y,p_x)-\arctan2(d_2,\pm\sqrt{p_x^2+p_y^2-d_2^2})\end{aligned} \tag{3-43}$$

2. 求取 θ_3

由式（3-37）和式（3-38）中的第 4 列前 3 行元素对应相等，得到

$$\begin{cases}\cos\theta_1 p_x+\sin\theta_1 p_y=a_2\cos\theta_2+a_3\cos(\theta_2+\theta_3)-d_4\sin(\theta_2+\theta_3)\\ -\sin\theta_1 p_x+\cos\theta_1 p_y=d_2\\ p_z=-a_2\sin\theta_2-a_3\sin(\theta_2+\theta_3)-d_4\cos(\theta_2+\theta_3)\end{cases} \tag{3-44}$$

对式（3-44）取二次方和，有

$$-\sin\theta_3 d_4+\cos\theta_3 a_3=k \tag{3-45}$$

式中，$k=\dfrac{p_x^2+p_y^2+p_z^2-a_2^2-a_3^2-d_2^2-d_4^2}{2a_2}$。

参照式（3-39）中 θ_1 的求取，由式（3-45）可以求得 θ_3 的两个解：

$$\theta_3=\arctan2(a_3,d_4)-\arctan2(k,\pm\sqrt{a_3^2+d_4^2-k^2}) \tag{3-46}$$

3. 求取 θ_2

由式（3-20），得

$$\boldsymbol{A}_3^{-1}\boldsymbol{A}_2^{-1}\boldsymbol{A}_1^{-1}\boldsymbol{T}=\boldsymbol{A}_4\boldsymbol{A}_5\boldsymbol{A}_6 \tag{3-47}$$

在式（3-47）中，等式的左边只有一个未知参数 θ_2。利用等式右边的常数项与等式左边含有 θ_2 项相等，可解出 θ_2。将式（3-47）左右两侧分别展开，见式（3-48）和式（3-49）。其中，第 1 列和第 2 列的元素不用于 θ_2 的求解，在这里没有列出。

$$\boldsymbol{A}_3^{-1}\boldsymbol{A}_2^{-1}\boldsymbol{A}_1^{-1}\boldsymbol{T}=\begin{bmatrix} t_{311} & t_{312} & \cos\theta_1\cos(\theta_2+\theta_3)a_x+\sin\theta_1\cos(\theta_2+\theta_3)a_y-\sin(\theta_2+\theta_3)a_z & \cos\theta_1\cos(\theta_2+\theta_3)p_x+\sin\theta_1\cos(\theta_2+\theta_3)p_y-\sin(\theta_2+\theta_3)p_x-a_2\cos\theta_3 \\ t_{321} & t_{322} & -\cos\theta_1\sin(\theta_2+\theta_3)a_x-\sin\theta_1\sin(\theta_2+\theta_3)a_y-\cos(\theta_2+\theta_3)a_z & -\cos\theta_1\sin(\theta_2+\theta_3)p_x-\sin\theta_1\sin(\theta_2+\theta_3)p_y-\cos(\theta_2+\theta_3)p_x+a_2\sin\theta_3 \\ t_{331} & t_{332} & -\sin\theta_1 a_x+\cos\theta_1 a_y & -\sin\theta_1 p_x+\cos\theta_1 p_y-d_2 \\ 0 & 0 & 0 & 1 \end{bmatrix} \tag{3-48}$$

$$\boldsymbol{A}_4\boldsymbol{A}_5\boldsymbol{A}_6=\begin{bmatrix} m_{111} & m_{112} & -\cos\theta_4\sin\theta_5 & a_3 \\ m_{121} & m_{122} & \cos\theta_5 & d_4 \\ m_{131} & m_{132} & \sin\theta_4\sin\theta_5 & 0 \\ 0 & 0 & 0 & 1 \end{bmatrix} \tag{3-49}$$

式（3-49）第 4 列第 1 行和第 2 行的元素为常数，利用这两项与式（3-48）中的对应项相等，得到

$$\begin{cases}\cos\theta_1\cos(\theta_2+\theta_3)p_x+\sin\theta_1\cos(\theta_2+\theta_3)p_y-\sin(\theta_2+\theta_3)p_z-a_2\cos\theta_3=a_3 \\ -\cos\theta_1\sin(\theta_2+\theta_3)p_x-\sin\theta_1\sin(\theta_2+\theta_3)p_y-\cos(\theta_2+\theta_3)p_x+a_2\sin\theta_3=d_4\end{cases} \tag{3-50}$$

在式（3-50）中，将 $\sin(\theta_2+\theta_3)$ 和 $\cos(\theta_2+\theta_3)$ 看作是两个变量，则式（3-50）被转换成线性方程组。利用线性方程组求解，可得

$$\begin{cases}\sin(\theta_2+\theta_3)=\dfrac{(-a_3-a_2\cos\theta_3)p_z+(\cos\theta_1 p_x+\sin\theta_1 p_y)(a_2\sin\theta_3-d_4)}{p_z^2+(\cos\theta_1 p_x+\sin\theta_1 p_y)^2} \\ \cos(\theta_2+\theta_3)=\dfrac{(-d_4-a_2\sin\theta_3)p_z-(\cos\theta_1 p_x+\sin\theta_1 p_y)(-a_2\cos\theta_3-a_3)}{p_x^2+(\cos\theta_1 p_x+\sin\theta_1 p_y)^2}\end{cases} \tag{3-51}$$

由式（3-51），可得 θ_2 的解：

$$\theta_2=\arctan2[(-a_3-a_2\cos\theta_3)p_x+(\cos\theta_1 p_x+\sin\theta_1 p_y)(a_2\sin\theta_3-d_4) \\ (-d_4-a_2\sin\theta_3)p_x-(\cos\theta_1 p_x+\sin\theta_1 p_y)(-a_2\cos\theta_3-a_3)]-\theta_3 \tag{3-52}$$

由于 θ_1 和 θ_3 各有 2 组解，所以 θ_2 具有 4 组解。

4. 求取 θ_4

由式（3-48）和式（3-49）的第 3 列第 1 行与第 3 行对应元素相等，得到

$$\begin{cases}\cos\theta_1\cos(\theta_2+\theta_3)a_x+\sin\theta_1\cos(\theta_2+\theta_3)a_y-\sin(\theta_2+\theta_3)a_z=-\cos\theta_4\sin\theta_5 \\ -\sin\theta_1 a_x+\cos\theta_1 a_y=\sin\theta_4\sin\theta_5\end{cases} \tag{3-53}$$

当 $\sin\theta_5\neq 0$ 时，由式（3-53）可以获得 θ_4 的 2 组解：

$$\begin{cases}\theta_{41}=\arctan2[-\sin\theta_1 a_x+\cos\theta_1 a_y,-\cos\theta_1\cos(\theta_2+\theta_3)a_x-\sin\theta_1\cos(\theta_2+\theta_3)a_y+\sin(\theta_2+\theta_3)a_z]\\ \theta_{42}=\theta_{41}+\pi\end{cases} \tag{3-54}$$

当 $\theta_5=0$ 时，有无穷多组 θ_4、θ_6构成同一位姿，即逆向运动学求解会有无穷多组解。

5. 求取 $\boldsymbol{\theta_5}$

由式（3-20）可得

$$\boldsymbol{A}_4^{-1}\boldsymbol{A}_3^{-1}\boldsymbol{A}_2^{-1}\boldsymbol{A}_1^{-1}\boldsymbol{T}=\boldsymbol{A}_5\boldsymbol{A}_6 \tag{3-55}$$

求解出 $\theta_1\sim\theta_4$，在式（3-55）的左边已经没有未知参数。等式右边展开后见式（3-56），利用第 3 列第 1 行与第 3 行的元素与等式左边展开后的对应项相等，得到式（3-57）。由式（3-57），可解出 θ_5，见式（3-58）。

$$\boldsymbol{A}_5\boldsymbol{A}_6=\begin{bmatrix}\cos\theta_5\cos\theta_6 & -\cos\theta_5\sin\theta_6 & -\sin\theta_5 & 0\\ \sin\theta_6 & \cos\theta_6 & 0 & 0\\ \sin\theta_5\sin\theta_6 & -\sin\theta_5\cos\theta_6 & \cos\theta_5 & 0\\ 0 & 0 & 0 & 1\end{bmatrix} \tag{3-56}$$

$$\begin{cases}\sin\theta_5=-[\cos\theta_1\cos(\theta_2+\theta_3)\cos\theta_4+\sin\theta_1\sin\theta_4]a_x-[\sin\theta_1\cos(\theta_2+\theta_3)\cos\theta_4-\\ \qquad\cos\theta_1\sin\theta_4]a_y+\sin(\theta_2+\theta_3)\cos\theta_4 a_z\\ \cos\theta_5=-\cos\theta_1\sin(\theta_2+\theta_3)a_x-\sin\theta_1\sin(\theta_2+\theta_3)a_y-\cos(\theta_2+\theta_3)a_z\end{cases} \tag{3-57}$$

$$\theta_5=\arctan2(\sin\theta_5,\cos\theta_5) \tag{3-58}$$

6. 求取 $\boldsymbol{\theta_6}$

由式（3-20），得

$$\boldsymbol{A}_5^{-1}\boldsymbol{A}_4^{-1}\boldsymbol{A}_3^{-1}\boldsymbol{A}_2^{-1}\boldsymbol{A}_1^{-1}\boldsymbol{T}=\boldsymbol{A}_6 \tag{3-59}$$

求解出 $\theta_1\sim\theta_5$，在式（3-59）的左边已经没有未知参数。等式右边展开后见式（3-34），利用第 1 列第 1 行与第 3 行的元素与等式左边展开后的对应项相等，得到式（3-60）。由式（3-60），可解出 θ_6，见式（3-61）。

$$\begin{cases}\sin\theta_6=-[\cos\theta_1\cos(\theta_2+\theta_3)\cos\theta_4-\sin\theta_1\cos\theta_4]n_x-[\sin\theta_1\cos(\theta_2+\theta_3)\sin\theta_4+\\ \qquad\cos\theta_1\cos\theta_4]n_y+\sin(\theta_2+\theta_3)\sin\theta_4 n_z\\ \cos\theta_6=\{[\cos\theta_1\cos(\theta_2+\theta_3)\cos\theta_4+\sin\theta_1\cos\theta_4]\cos\theta_5-\cos\theta_1\sin(\theta_2+\theta_3)\sin\theta_5\}n_x+\\ \qquad\{[\sin\theta_1\cos(\theta_2+\theta_3)\cos\theta_4-\cos\theta_1\sin\theta_4]\cos\theta_5-\sin\theta_1\sin(\theta_2+\theta_3)\sin\theta_5\}n_y-\\ \qquad[\sin(\theta_2+\theta_3)\cos\theta_4\cos\theta_5+\cos(\theta_2+\theta_3)\sin\theta_5]n_z\end{cases} \tag{3-60}$$

$$\theta_6=\arctan2(\sin\theta_6,\cos\theta_6) \tag{3-61}$$

PUMA 机器人的逆向运动学的解如图 3-16 所示，共有 8 组解。这 8 组解中部分解由于机械约束，将使机器人处于不可达空间。在实际应用中，要确定所需的逆向运动学的解，要根据机器人的实际可达空间以及机器人当前的运动情况来判断。

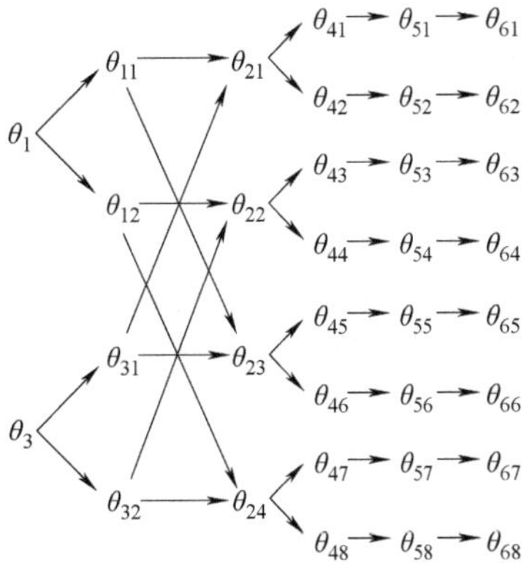

图 3-16　PUMA 机器人的逆向运动学的解

例 3-2　在例 3-1 的基础上，自行给定式（3-35）所示的末端位姿，完成该机械臂的反解。

步骤一：公式推导

由本节推导过程可得该例的 8 组解。

步骤二：Matlab 代码实现

```
%连杆偏移
d1=0;
d2=0;
d3=0;
d4=500;
d5=0;
d6=0;
%连杆长度
a1=0;
a2=0;
a3=300;
a4=0;
a5=0;
a6=0;
%连杆扭角
alpha1=0;
alpha2=pi/2;
alpha3=0;
alpha4=-pi/2;
alpha5=pi/2;
alpha6=-pi/2;

% 末端姿态自定
a=[nx  ox  ax  px;
   ny  oy  ay  py;
   nz  oz  az  pz;
   0   0   0   1];
%%
nx=a(1,1);ox=a(1,2);ax=a(1,3);px=a(1,4);
ny=a(2,1);oy=a(2,2);ay=a(2,3);py=a(2,4);
nz=a(3,1);oz=a(3,2);az=a(3,3);pz=a(3,4);

% 求解关节角1
theta1_1=atan2(py,px)-atan2(d2,sqrt(px^2+py^2-d2^2));
theta1_2=atan2(py,px)-atan2(d2,-sqrt(px^2+py^2-d2^2));

% 求解关节角3
m3_1=(px^2+py^2+pz^2-a2^2-a3^2-d2^2-d4^2)/(2*a2);
theta3_1=atan2(a3,d4)-atan2(m3_1,sqrt(a3^2+d4^2-m3_1^2));
```

```
    theta3_2=atan2(a3,d4)-atan2(m3_1,-sqrt(a3^2+d4^2-m3_1^2));

    % 求解关节角 2
    ms2_1=-((a3+a2*cos(theta3_1))*pz)+(cos(theta1_1)*px+sin(theta1_
1)*py)*(a2*sin(theta3_1)-d4);
    mc2_1=(-d4+a2*sin(theta3_1))*pz+(cos(theta1_1)*px+sin(theta1_
1)*py)*(a2*cos(theta3_1)+a3);
    theta23_1=atan2(ms2_1,mc2_1);
    theta2_1=theta23_1 - theta3_1;

    ms2_2=-((a3+a2*cos(theta3_1))*pz)+(cos(theta1_2)*px+sin(theta1_
2)*py)*(a2*sin(theta3_1)-d4);
    mc2_2=(-d4+a2*sin(theta3_1))*pz+(cos(theta1_2)*px+sin(theta1_
2)*py)*(a2*cos(theta3_1)+a3);
    theta23_2=atan2(ms2_2,mc2_2);
    theta2_2=theta23_2 - theta3_1;

    ms2_3=-((a3+a2*cos(theta3_2))*pz)+(cos(theta1_1)*px+sin(theta1_
1)*py)*(a2*sin(theta3_2)-d4);
    mc2_3=(-d4+a2*sin(theta3_2))*pz+(cos(theta1_1)*px+sin(theta1_
1)*py)*(a2*cos(theta3_2)+a3);
    theta23_3=atan2(ms2_3,mc2_3);
    theta2_3=theta23_3 - theta3_2;

    ms2_4=-((a3+a2*cos(theta3_2))*pz)+(cos(theta1_2)*px+sin(theta1_
2)*py)*(a2*sin(theta3_2)-d4);
    mc2_4=(-d4+a2*sin(theta3_2))*pz+(cos(theta1_2)*px+sin(theta1_
2)*py)*(a2*cos(theta3_2)+a3);
    theta23_4=atan2(ms2_4,mc2_4);
    theta2_4=theta23_4 - theta3_2;

    % 求解关节角 4
    ms4_1=-ax*sin(theta1_1)+ay*cos(theta1_1);
    mc4_1=-ax * cos(theta1_1) * cos(theta23_1)-ay * sin(theta1_1) *
cos(theta23_1)+az*sin(theta23_1);
    theta4_1=atan2(ms4_1,mc4_1);

    ms4_2=-ax*sin(theta1_2)+ay*cos(theta1_2);
    mc4_2=-ax * cos(theta1_2) * cos(theta23_2)-ay * sin(theta1_2) *
cos(theta23_2)+az*sin(theta23_2);
```

```
    theta4_2=atan2(ms4_2,mc4_2);

    ms4_3=-ax*sin(theta1_1)+ay*cos(theta1_1);
    mc4_3=-ax*cos(theta1_1)*cos(theta23_3)-ay*sin(theta1_1)*
cos(theta23_3)+az*sin(theta23_3);
    theta4_3=atan2(ms4_3,mc4_3);

    ms4_4=-ax*sin(theta1_2)+ay*cos(theta1_2);
    mc4_4=-ax*cos(theta1_2)*cos(theta23_4)-ay*sin(theta1_2)*
cos(theta23_4)+az*sin(theta23_4);
    theta4_4=atan2(ms4_4,mc4_4);

    % 求解关节角 5
    ms5_1=-ax*(cos(theta1_1)*cos(theta23_1)*cos(theta4_1)+sin
(theta1_1)*sin(theta4_1))-ay*(sin(theta1_1)*cos(theta23_1)*cos
(theta4_1)-cos(theta1_1)*sin(theta4_1))+az*(sin(theta23_1)*cos
(theta4_1));
    mc5_1=ax*(-cos(theta1_1)*sin(theta23_1))+ay*(-sin(theta1_1)*
sin(theta23_1))+az*(-cos(theta23_1));
    theta5_1=atan2(ms5_1,mc5_1);

    ms5_2=-ax*(cos(theta1_2)*cos(theta23_2)*cos(theta4_2)+sin
(theta1_2)*sin(theta4_2))-ay*(sin(theta1_2)*cos(theta23_2)*cos
(theta4_2)-cos(theta1_2)*sin(theta4_2))+az*(sin(theta23_2)*cos
(theta4_2));
    mc5_2=ax*(-cos(theta1_2)*sin(theta23_2))+ay*(-sin(theta1_2)*
sin(theta23_2))+az*(-cos(theta23_2));
    theta5_2=atan2(ms5_2,mc5_2);

    ms5_3=-ax*(cos(theta1_1)*cos(theta23_3)*cos(theta4_3)+sin
(theta1_1)*sin(theta4_3))-ay*(sin(theta1_1)*cos(theta23_3)*cos
(theta4_3)-cos(theta1_1)*sin(theta4_3))+az*(sin(theta23_3)*cos
(theta4_3));
    mc5_3=ax*(-cos(theta1_1)*sin(theta23_3))+ay*(-sin(theta1_1)*
sin(theta23_3))+az*(-cos(theta23_3));
    theta5_3=atan2(ms5_3,mc5_3);

    ms5_4=-ax*(cos(theta1_2)*cos(theta23_4)*cos(theta4_4)+sin(theta1_2)*
sin(theta4_4))-ay*(sin(theta1_2)*cos(theta23_4)*cos(theta4_4)-cos
(theta1_2)*sin(theta4_4))+az*(sin(theta23_4)*cos(theta4_4));
```

```
mc5_4=ax*(-cos(theta1_2)*sin(theta23_4))+ay*(-sin(theta1_2)*
sin(theta23_4))+az*(-cos(theta23_4));
theta5_4=atan2(ms5_4,mc5_4);

% 求解关节角6
ms6_1=-nx*(cos(theta1_1)*cos(theta23_1)*sin(theta4_1)-sin
(theta1_1)*cos(theta4_1))-ny*(sin(theta1_1)*cos(theta23_1)*sin
(theta4_1)+cos(theta1_1)*cos(theta4_1))+nz*(sin(theta23_1)*sin
(theta4_1));
mc6_1=nx*(cos(theta1_1)*cos(theta23_1)*cos(theta4_1)+sin
(theta1_1)*sin(theta4_1))*cos(theta5_1)-nx*cos(theta1_1)*sin(the-
ta23_1)*sin(theta4_1)+ny*(sin(theta1_1)*cos(theta23_1)*cos(theta4_
1)+cos(theta1_1)*sin(theta4_1))*cos(theta5_1)-ny*sin(theta1_1)*
sin(theta23_1)*sin(theta5_1)-nz*(sin(theta23_1)*cos(theta4_1)*
cos(theta5_1)+cos(theta23_1)*sin(theta5_1));
theta6_1=atan2(ms6_1,mc6_1);

ms6_2=-nx*(cos(theta1_2)*cos(theta23_2)*sin(theta4_2)-sin
(theta1_2)*cos(theta4_2))-ny*(sin(theta1_2)*cos(theta23_2)*sin
(theta4_2)+cos(theta1_2)*cos(theta4_2))+nz*(sin(theta23_2)*sin
(theta4_2));
mc6_2=nx*(cos(theta1_2)*cos(theta23_2)*cos(theta4_2)+sin
(theta1_2)*sin(theta4_2))*cos(theta5_2)-nx*cos(theta1_2)*sin
(theta23_2)*sin(theta4_2)+ny*(sin(theta1_2)*cos(theta23_2)*
cos(theta4_2)+cos(theta1_2)*sin(theta4_2))*cos(theta5_2)-ny*
sin(theta1_2)*sin(theta23_2)*sin(theta5_2)-nz*(sin(theta23_2)*
cos(theta4_2)*cos(theta5_2)+cos(theta23_2)*sin(theta5_2));
theta6_2=atan2(ms6_2,mc6_2);

ms6_3=-nx*(cos(theta1_1)*cos(theta23_3)*sin(theta4_3)-sin
(theta1_1)*cos(theta4_3))-ny*(sin(theta1_1)*cos(theta23_3)*sin
(theta4_3)+cos(theta1_1)*cos(theta4_3))+nz*(sin(theta23_3)*sin
(theta4_3));
mc6_3= nx*(cos(theta1_1)*cos(theta23_3)*cos(theta4_3)+sin
(theta1_1)*sin(theta4_3))*cos(theta5_3)-nx*cos(theta1_1)*sin(the-
ta23_3)*sin(theta4_3)+ny*(sin(theta1_1)*cos(theta23_3)*cos(theta4_
3)+cos(theta1_1)*sin(theta4_3))*cos(theta5_3)-ny*sin(theta1_1)*
sin(theta23_3)*sin(theta5_3)-nz*(sin(theta23_3)*cos(theta4_3)*
cos(theta5_3)+cos(theta23_3)*sin(theta5_3));
```

```
theta6_3=atan2(ms6_3,mc6_3);

ms6_4 =-nx * (cos(theta1_2) * cos(theta23_4) * sin(theta4_4)-sin
(theta1_2) * cos(theta4_4))-ny * (sin(theta1_1) * cos(theta23_4) * sin
(theta4_4)+cos(theta1_2) * cos(theta4_4))+nz * (sin(theta23_4) * sin
(theta4_4));
mc6_4= nx * (cos(theta1_2) * cos(theta23_4) * cos(theta4_4)+sin
(theta1_2) * sin(theta4_4)) * cos(theta5_4)-nx * cos(theta1_2) * sin(the-
ta23_4) * sin(theta4_4)+ny * (sin(theta1_2) * cos(theta23_4) * cos(theta
4_4)+cos(theta1_2) * sin(theta4_4)) * cos(theta5_1)-ny * sin(theta1_2) *
sin(theta23_4) * sin(theta5_4)-nz * (sin(theta23_4) * cos(theta4_4) *
cos(theta5_4)+cos(theta23_4) * sin(theta5_4));
theta6_4=atan2(ms6_4,mc6_4);
% 整理得到 4 组运动学非奇异逆解
theta_MOD1=[ theta1_1,theta2_1,theta3_1,theta4_1,theta5_1,theta6_1;
        theta1_2,theta2_2,theta3_1,theta4_2,theta5_2,theta6_2;
        theta1_1,theta2_3,theta3_2,theta4_3,theta5_3,theta6_3;
        theta1_2,theta2_4,theta3_2,theta4_4,theta5_4,theta6_4 ];
% 将操作关节翻转可得到另外 4 组解
theta_MOD2=[ theta1_1,theta2_1,theta3_1,theta4_1+pi,-theta5_1,
theta6_1+pi;
    theta1_2,theta2_2,theta3_1,theta4_2+pi,-theta5_2,theta6_2+pi;
    theta1_1,theta2_3,theta3_2,theta4_3+pi,-theta5_3,theta6_3+pi;
    theta1_2,theta2_4,theta3_2,theta4_4+pi,-theta5_4,theta6_4+pi];
J=[theta_MOD1;theta_MOD2];
```

3.5 路径规划

机器人的运动规划主要研究如何控制机器人的运动轨迹，使机器人沿规定的路径运动。本节以工业机器人为例，阐述其关节空间的运动规划和机器人末端在笛卡儿空间的运动规划。

根据工业机器人的运动轨迹，其运动可以分为点到点（point-to-point）运动和轨迹跟踪（trajectory tracking）运动。点到点运动只关心特定的位置点，而轨迹跟踪运动则关心整个运动路径。

1. 点到点运动

点到点运动只关心起始和目标位置点，对运动路径没有限制，因此点到点运动中，机器人的末端在笛卡儿坐标系具有多条可能的轨迹。图 3-17 所示为点到点运动路径示意图。

点到点运动通常利用逆向运动学，根据目标点的机器人位姿求取机器人各个关节的目标位置，再通过控制各个关节的运动使机器人的末端到达目标位姿。由于对机器人末端在笛卡儿空间的运动路径没有限制，所以机器人各个关节的运动不需要联动，各个关节可以具有不同的运动时间。

点到点运动不需要对笛卡儿空间中机器人的末端运动轨迹进行规划，它只需要对关节空间中的每个关节分别进行运动规划，以保证机器人运动平稳。

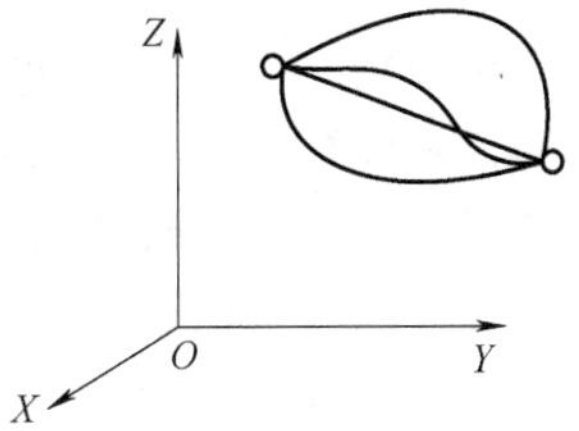

图 3-17　点到点运动路径示意图

2. 轨迹跟踪运动

轨迹跟踪运动指的是希望机器人的末端以特定的姿态沿给定的路径运动。为了保证机器人的末端处在给定的路径上，需要计算出路径上各点的位置，以及在各个位置点上机器人所需要达到的姿态。上述路径上各点处的机器人位置与姿态的计算过程称为机器人笛卡儿空间的路径规划。通过逆向运动学，根据规划出的各个路径点处的机器人位置与姿态，求取机器人各个关节的目标位置，通过控制各个关节的运动使机器人的末端到达各个路径点处的期望位姿。

轨迹跟踪是以点到点运动为基础的，但是点到点运动的中间路径是不确定的。所以，轨迹跟踪运动只能保证机器人末端在给定的路径点上能够到达期望位姿，而不能保证机器人末端在各个路径点中间能到达期望位姿。图 3-18a 所示为在笛卡儿空间中机器人末端的期望轨迹和规划出的路径点；图 3-18b 所示为可能的运动轨迹，在两个路径点之间机器人的末端轨迹具有多种可能，与期望轨迹相比存在偏差。

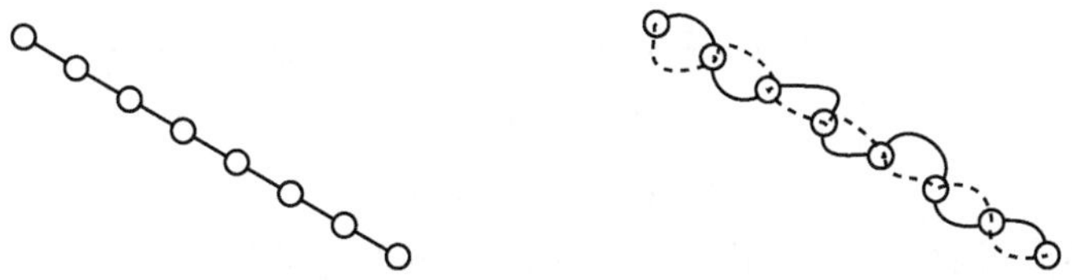

a)　　　b)

图 3-18　轨迹跟踪运动路径示意图

a）期望轨迹与路径点　b）可能的运动轨迹

在进行机器人笛卡儿空间的路径规划时，为了使机器人末端尽可能地接近期望轨迹，两个路径点之间的距离应尽可能小。此外，通常对各个关节按照联动控制进行关节空间的运动规划，来消除两个路径点之间机器人末端位姿的不确定性。具体而言，就是在进行关节空间的运动规划时，要使得各个关节具有相同的运动时间。可见，轨迹跟踪运动不仅需要在笛卡儿空间对机器人的末端位姿进行运动规划，同时还需要在机器人的关节空间进行运动规划。

3.5.1　关节空间

1. 关节空间运动规划

通常为了控制机器人的关节空间运动量，并保证关节运动轨迹平滑及关节运动平稳，需要对机器人的关节运动进行规划。关节运动规划主要包括关节运动轨迹的选择和关节位置的插值。关节位置插值指的是对于给定关节空间的起始位置和目标位置，通过插值计算中间时刻的关节位置。

图 3-19 所示为关节的运动轨迹，某关节 t_0时刻的关节位置为 q_0，t_f时刻的关节位置希望为 q_f，则存在多条关节运动的轨迹曲线，如图 3-19 中的轨迹 1～3。如果机器人按照轨迹 1 和轨迹 2 运动，则机器人运动过程中会有不希望发生的波动。如果机器人按照轨迹 3 运动，则机器人能够平稳地由初始位置运动到目标位置。因此，通常选择类似轨迹 3 的轨迹，经过插值后控制机器人的运动。

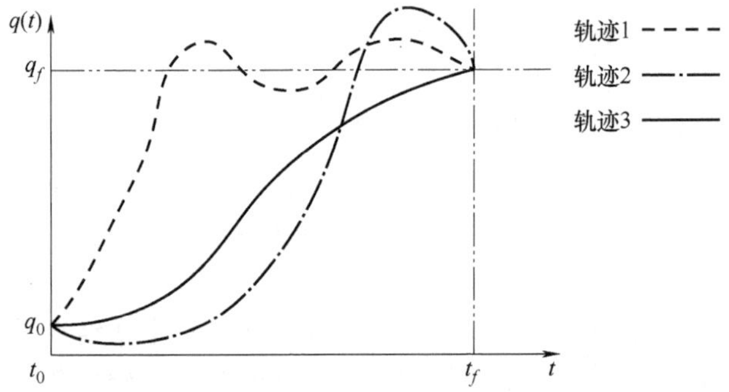

图 3-19　关节的运动轨迹

2. 三次多项式插值

考虑某关节从 t_0时刻的关节位置 q_0运动到 t_f时刻的关节位置 q_f的情况。假设在 t_0和 t_f时刻机器人的速度均为 0。于是，可以得到机器人关节运动的边界条件：

$$\begin{cases} q(0)=q_0, q(t_f)=q_f \\ \dot{q}(0)=0, \dot{q}(t_f)=0 \end{cases} \tag{3-62}$$

三次多项式插值指的是利用三次多项式构成图 3-19 中轨迹 3，并根据控制周期计算各个路径点的期望关节位置。令关节位置为式（3-63）所示的三次多项式，则对其求一阶导数得到关节速度：

$$q(t)=a_0+a_1t+a_2t^2+a_3t^3 \tag{3-63}$$

$$\dot{q}(t)=a_1+2a_2t+3a_3t^2 \tag{3-64}$$

将式（3-62）中的边界条件代入式（3-63）和式（3-64）中，可求解系数 a_0～a_3。

$$\begin{cases} a_0=q_0 \\ a_1=0 \\ a_2=\dfrac{3}{t_f^2}(q_f-q_0) \\ a_3=-\dfrac{2}{t_f^3}(q_f-q_0) \end{cases} \tag{3-65}$$

将式（3-65）中的系数 a_0～a_3代入式（3-63）和式（3-64）中，得到三次多项式插值的期望关节位置和期望关节速度表达式：

$$q(t)=q_0+\frac{3}{t_f^2}(q_f-q_0)t^2-\frac{2}{t_f^3}(q_f-q_0)t^3 \tag{3-66}$$

$$\dot{q}(t)=\frac{6}{t_f^2}(q_f-q_0)\left(1-\frac{t}{t_f}\right)t \tag{3-67}$$

由于 $0\leqslant t\leqslant t_f$，所以 $\mathrm{sig}(\dot{q})=\mathrm{sig}(q_f-q_0)>0$，sig 表示符号函数。可见 $q(t)$ 是单调上升函数。

3. 过路径点的三次多项式插值

考虑某关节从 t_0时刻的关节位置 q_0运动到 t_f时刻的关节位置 q_f的情况。假设在 t_0时刻的关节运动速度为 $\dot{q}_0$，在 t_f时刻的关节运动速度为 $\dot{q}_f$。于是，可得到机器人关节运动的边界条件：

$$\begin{cases}q(0)=q_0, q(t_f)=q_f\\ \dot{q}(0)=\dot{q}_0, \dot{q}(t_f)=\dot{q}_f\end{cases} \tag{3-68}$$

过路径点的三次多项式插值指的是起点与终点关节速度不为 0 时，利用三次多项式进行的插值。

将式（3-68）中的边界条件代入式（3-63）和式（3-64）中，可求解出系数 $a_0\sim a_3$。

$$\begin{cases}a_0=q_0\\ a_1=\dot{q}_0\\ a_2=\dfrac{3}{t_f^2}(q_f-q_0)-\dfrac{2}{t_f}\dot{q}_0-\dfrac{1}{t_f}\dot{q}_f\\ a_3=-\dfrac{2}{t_f^3}(q_f-q_0)+\dfrac{1}{t_f^2}(\dot{q}_f+\dot{q}_0)\end{cases} \tag{3-69}$$

将式（3-69）中的系数 $a_0\sim a_3$代入式（3-63）和式（3-64）中，得到过路径点的三次多项式插值的期望关节位置和期望关节速度表达式：

$$q(t)=q_0+\dot{q}_0t+\left[\frac{3}{t_f^2}(q_f-q_0)-\frac{2}{t_f}\dot{q}_0-\frac{1}{t_f}\dot{q}_f\right]t^2+\left[-\frac{2}{t_f^3}(q_f-q_0)+\frac{1}{t_f^2}(\dot{q}_f+\dot{q}_0)\right]t^3 \tag{3-70}$$

$$\dot{q}(t)=\dot{q}_0+2\left[\frac{3}{t_f^2}(q_f-q_0)-\frac{2}{t_f}\dot{q}_0-\frac{1}{t_f}\dot{q}_f\right]t+3\left[-\frac{2}{t_f^3}(q_f-q_0)+\frac{1}{t_f^2}(\dot{q}_f+\dot{q}_0)\right]t^2 \tag{3-71}$$

可根据笛卡儿空间中工具坐标系的瞬时线速度和角速度确定路径点的关节速度，也可以在笛卡儿空间或关节空间中采用适当的启发式方法，由控制系统自动选择。通常在选择路径点的关节速度时，要考虑到保证在每个路径点的加速度是连续的。

3.5.2　笛卡儿空间

为了保证机器人的末端沿给定的路径从初始姿态平稳运动到期望姿态，需要计算出路径上各点的位置和各个位置点上机器人所需要达到的姿态，即机器人笛卡儿空间的路径规划，就是计算机器人在给定路径上各点处的位置与姿态。

位置规划用于求取机器人在给定路径上各点处的位置。以下分别介绍直线运动和圆弧运动的位置规划。

1. 直线运动

对于直线运动，假设起点位置为 P_1，目标位置为 P_2，则第 i 步的位置可以表示为

$$P(i)=P_1+ai \tag{3-72}$$

式中，$P(i)$ 为机器人在第 i 步时的位置；a 为每步的运动步长。

假设从起点位置 P_1 到目标位置 P_2 的直线运动规划为 n 步，则步长为

$$a=(P_2-P_1)/n \tag{3-73}$$

2. 圆弧运动

对于圆弧运动，假设圆弧由 P_1、P_2 和 P_3 点构成，其位置记为 $\boldsymbol{P}_1=[x_1 \quad y_1 \quad z_1]^{\mathrm{T}}$，$\boldsymbol{P}_2=[x_2 \quad y_2 \quad z_2]^{\mathrm{T}}$，$\boldsymbol{P}_3=[x_3 \quad y_3 \quad z_3]^{\mathrm{T}}$。

首先，确定圆弧运动的圆心。图 3-20 所示为圆弧运动圆心的选取，圆心为 3 个平面 $\Pi_1\sim\Pi_3$ 的交点。其中 Π_1 是由 P_1、P_2 和 P_3 点构成的平面，Π_2 是过直线 P_1P_2 的中点且与直线 P_1P_2 垂直的平面，Π_3 是过直线 P_2P_3 的中点且与直线 P_2P_3 垂直的平面。

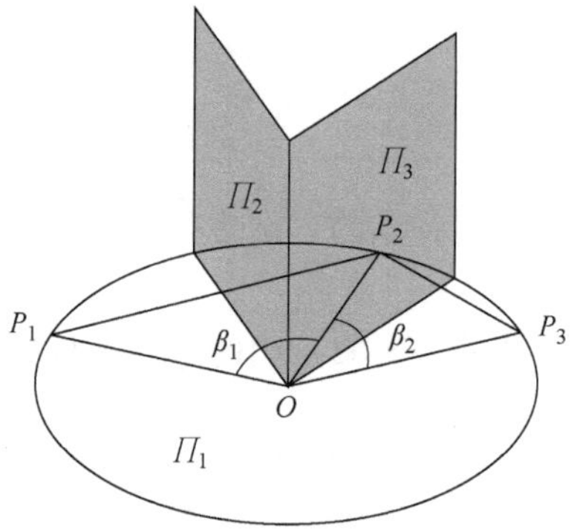

图 3-20 圆弧运动圆心的选取

Π_1 平面的方程为

$$A_1x+B_1y+C_1z-D_1=0 \tag{3-74}$$

式中，$A_1=\begin{vmatrix} y_1 & z_1 & 1 \\ y_2 & z_2 & 1 \\ y_3 & z_3 & 1 \end{vmatrix}$，$B_1=-\begin{vmatrix} x_1 & z_1 & 1 \\ x_2 & z_2 & 1 \\ x_3 & z_3 & 1 \end{vmatrix}$，$C_1=\begin{vmatrix} x_1 & y_1 & 1 \\ x_2 & y_2 & 1 \\ x_3 & y_3 & 1 \end{vmatrix}$，$D_1=\begin{vmatrix} x_1 & y_1 & z_1 \\ x_2 & y_2 & z_2 \\ x_3 & y_3 & z_3 \end{vmatrix}$。

Π_2 平面的方程为

$$A_2x+B_2y+C_2z-D_2=0 \tag{3-75}$$

式中，$A_2=x_2-x_1$，$B_2=y_2-y_1$，$C_2=z_2-z_1$，$D_2=\dfrac{1}{2}(x_2^2+y_2^2+z_2^2-x_1^2-y_1^2-z_1^2)$。

Π_3 平面的方程为

$$A_3x+B_3y+C_3z-D_3=0 \tag{3-76}$$

式中，$A_3=x_2-x_3$，$B_3=y_2-y_3$，$C_3=z_2-z_3$，$D_3=\dfrac{1}{2}(x_2^2+y_2^2+z_2^2-x_3^2-y_3^2-z_3^2)$。

求解方程式（3-74）~式（3-76），得到圆心坐标：

$$x_0=\frac{F_x}{E}, y_0=\frac{F_y}{E}, z_0=\frac{F_z}{E} \tag{3-77}$$

式中，$E=\begin{vmatrix} A_1 & B_1 & C_1 \\ A_2 & B_2 & C_2 \\ A_3 & B_3 & C_3 \end{vmatrix}$，$F_x=-\begin{vmatrix} D_1 & B_1 & C_1 \\ D_2 & B_2 & C_2 \\ D_3 & B_3 & C_3 \end{vmatrix}$，$F_y=\begin{vmatrix} A_1 & D_1 & C_1 \\ A_2 & D_2 & C_2 \\ A_3 & D_3 & C_3 \end{vmatrix}$，$F_z=\begin{vmatrix} A_1 & B_1 & D_1 \\ A_2 & B_2 & D_2 \\ A_3 & B_3 & D_3 \end{vmatrix}$。

圆的半径为

$$R=\sqrt{(x_1-x_0)^2+(y_1-y_0)^2+(z_1-z_0)^2} \tag{3-78}$$

图 3-21 所示为圆心角的求取与圆弧规划。在图 3-21a 中，延长 P_1O 与圆交于 P_4 点。$\triangle P_2OP_4$ 是等腰三角形，故 $\angle P_1P_4P_2=\dfrac{\angle P_1OP_2}{2}=\beta_1/2$。而 $\triangle P_1P_4P_2$ 是直角三角形，故有

$$\sin\left(\frac{\beta_1}{2}\right)=\frac{P_1P_2}{2R}\Rightarrow\beta_1=2\arcsin\left[\frac{\sqrt{(x_1-x_2)^2+(y_1-y_2)^2+(z_1-z_2)^2}}{2R}\right] \tag{3-79}$$

同样，有

$$\sin\left(\frac{\beta_2}{2}\right)=\frac{P_2P_3}{2R}\Rightarrow\beta_2=2\arcsin\left[\frac{\sqrt{(x_3-x_2)^2+(y_3-y_2)^2+(z_3-z_2)^2}}{2R}\right] \tag{3-80}$$

参见图 3-21b，将$\overrightarrow{OP_i}$沿$\overrightarrow{OP_1}$和$\overrightarrow{OP_2}$方向分解：

$$\overrightarrow{OP_i}=\overrightarrow{OP_1'}+\overrightarrow{OP_2'} \tag{3-81}$$

$$\overrightarrow{OP_1'}=\frac{R\sin(\beta_1-\beta_i)}{\sin\beta_1}\frac{\overrightarrow{OP_1}}{|\overrightarrow{OP_1}|}=\frac{\sin(\beta_1-\beta_i)}{\sin\beta_1}\overrightarrow{OP_1},\overrightarrow{OP_2'}=\frac{\sin\beta_i}{\sin\beta_1}\overrightarrow{OP_2} \tag{3-82}$$

式中，β_i为第 i 步的$\overrightarrow{OP_i}$与$\overrightarrow{OP_1}$的夹角，$\beta_i=(\beta_1/n_1)i$，n_1是 P_1P_2 圆弧段的总步数。

于是，由式（3-81）和式（3-82），得到矢量$\overrightarrow{OP_i}$为

$$\overrightarrow{OP_i}=\frac{\sin(\beta_1-\beta_i)}{\sin\beta_1}\overrightarrow{OP_1}+\frac{\sin\beta_i}{\sin\beta_1}\overrightarrow{OP_2}=\lambda_1\overrightarrow{OP_1}+\delta_1\overrightarrow{OP_2} \tag{3-83}$$

式中，$\lambda_1=\dfrac{\sin(\beta_1-\beta_i)}{\sin\beta_1}$，$\delta_1=\dfrac{\sin\beta_i}{\sin\beta_1}$。

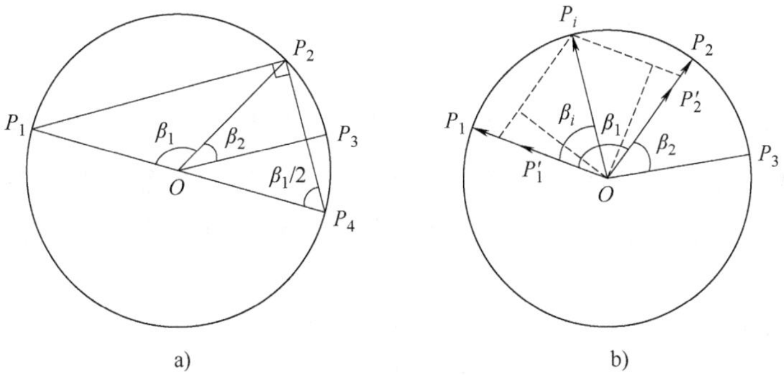

图 3-21　圆心角的求取与圆弧规划

a）圆心角的几何表示　b）圆弧规划

P_1P_2圆弧段第 i 步的位置，由矢量$\overrightarrow{OP_i}$与圆心 O 的位置矢量相加获得：

$$\boldsymbol{P}(i)=\begin{bmatrix}x_i\\y_i\\z_i\end{bmatrix}=\begin{bmatrix}x_0+\lambda_1(x_1-x_0)+\delta_1(x_2-x_0)\\y_0+\lambda_1(y_1-y_0)+\delta_1(y_2-y_0)\\z_0+\lambda_1(z_1-z_0)+\delta_1(z_2-z_0)\end{bmatrix},i=0,1,2,\cdots,n_1 \tag{3-84}$$

同理，P_2P_3圆弧段第 j 步的位置：

$$\boldsymbol{P}(j)=\begin{bmatrix}x_j\\y_j\\z_j\end{bmatrix}=\begin{bmatrix}x_0+\lambda_2(x_2-x_0)+\delta_2(x_3-x_0)\\y_0+\lambda_2(y_2-y_0)+\delta_2(y_3-y_0)\\z_0+\lambda_2(z_2-z_0)+\delta_2(z_3-z_0)\end{bmatrix},j=0,1,2,\cdots,n_2 \tag{3-85}$$

式中，$\lambda_2=\dfrac{\sin(\beta_2-\beta_j)}{\sin\beta_2}$，$\delta_2=\dfrac{\sin\beta_j}{\sin\beta_2}$，$\beta_j$为第 j 步的$\overrightarrow{OP_j}$与$\overrightarrow{OP_2}$的夹角，$\beta_j=(\beta_2/n_2)j$，n_2是 P_2P_3 圆弧段的总步数。

3. 姿态规划

假设机器人在起始位置的姿态为 $\boldsymbol{R}_1$，在目标位置的姿态为 $\boldsymbol{R}_2$，则机器人需要调节的姿态 $\boldsymbol{R}$ 为

$$\boldsymbol{R}=\boldsymbol{R}_1^{\mathrm{T}}\boldsymbol{R}_2 \tag{3-86}$$

利用 3.1 节通用旋转变换求取等效转轴与转角，进而求取机器人第 i 步相对于初始姿态的调整量：

$$\boldsymbol{R}(i)=\mathrm{Rot}(\boldsymbol{f},\theta_i)=\begin{bmatrix} f_x f_x \mathrm{vers}\theta_i+\cos\theta_i & f_y f_z \mathrm{vers}\theta_i-f_z\sin\theta_i & f_x f_z \mathrm{vers}\theta_i+f_y\sin\theta_i & 0 \\ f_x f_y \mathrm{vers}\theta_i+f_z\sin\theta_i & f_y f_y \mathrm{vers}\theta_i+\cos\theta_i & f_z f_y \mathrm{vers}\theta_i-f_x\sin\theta_i & 0 \\ f_x f_z \mathrm{vers}\theta_i-f_y\sin\theta_i & f_y f_z \mathrm{vers}\theta_i+f_z\sin\theta_i & f_z f_z \mathrm{vers}\theta_i+f_z\cos\theta_i & 0 \\ 0 & 0 & 0 & 1 \end{bmatrix} \tag{3-87}$$

式中，$\boldsymbol{f}=[f_x \quad f_y \quad f_z]^{\mathrm{T}}$ 为通用旋转变换的等效转轴；$\mathrm{vers}\theta_i=1-\cos\theta_i$；$\theta_i$ 是第 i 步的转角，$\theta_i=(\theta/m)i$，θ 是通用旋转变换的等效转角，m 是姿态调整的总步数。

在笛卡儿空间运动规划中，将机器人第 i 步的位置与姿态相结合，得到机器人第 i 步的位置与姿态矩阵：

$$\boldsymbol{T}(i)=\begin{bmatrix} \boldsymbol{R}_1\boldsymbol{R}(i) & \boldsymbol{P}(i) \\ 0 & 1 \end{bmatrix} \tag{3-88}$$

习题

3-1　已知坐标系 $\{\boldsymbol{B}\}$ 初始位姿与 $\{\boldsymbol{A}\}$ 重合，首先 $\{\boldsymbol{B}\}$ 相对于坐标系 $\{\boldsymbol{A}\}$ 的 z_A 轴转 30°，再沿 $\{\boldsymbol{A}\}$ 的 x_A 轴移动 10 个单位，并沿 $\{\boldsymbol{A}\}$ 的 y_A 轴移动 5 个单位。求位置矢量 ${}^{A}\boldsymbol{p}_{B_0}$ 和旋转矩阵 ${}^{A}_{B}\boldsymbol{R}$。假设点 $\boldsymbol{p}$ 在坐标系 $\{\boldsymbol{B}\}$ 中的描述为 ${}^{B}\boldsymbol{p}=[3 \quad 7 \quad 0]$，求它在坐标系中的描述 ${}^{A}\boldsymbol{p}$。

3-2　对于 3-1 题所述问题，试用齐次变换的方法求 ${}^{A}\boldsymbol{p}$。

3-3　图 3-22 所示为具有三个旋转关节的 3R 机械手示意图，求末端抓手在基坐标系 $\{x_0,\ y_0\}$ 下的运动学方程。

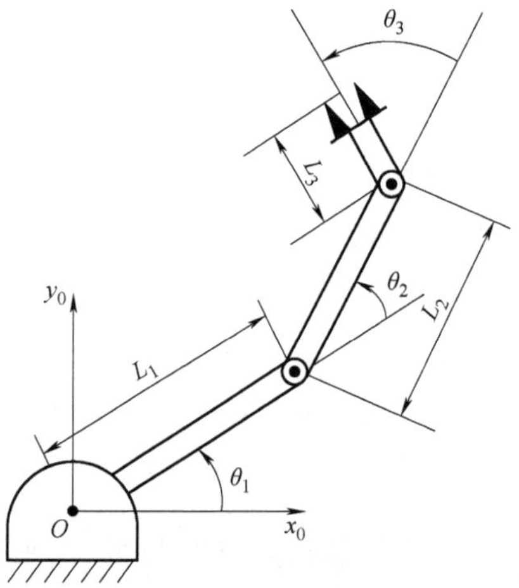

图 3-22　3R 机械手示意图

参考文献

[1] 霍伟. 机器人动力学与控制［M］. 北京：高等教育出版社，2005.
[2] 熊有伦. 机器人学：建模、控制与视觉［M］. 武汉：华中科技大学出版社，2018.
[3] 熊有伦. 机器人学［M］. 北京：机械工业出版社，1993.

第 4 章

机器人动力学

研究机器人动力学，是为了更好地理解和控制机器人的运动，有助于指导、改进和验证机器人的结构设计工作，优化机器人的控制和运动规划算法，以及实现机器人和环境交互。

在设计机器人时，可根据机器人的动力学模型，利用多种仿真软件对具体的连杆质量、负载大小、传动机构的特征进行动态仿真。动力学方程可以高精度地计算出实现给定运动所需要的力或力矩，仿真结果也可用来检验机械结构的设计是否合理。

对于机器人控制系统，动力学模型可以计算对机器人施加力和力矩时的运动响应，据此可优化控制参数和调整控制策略。例如：设计内控制回路对非线性特性进行动态补偿，通过模拟和仿真评估控制性能，通过试验和反馈迭代控制参数。

动力学描述了物体的运动和受力之间的关系。机器人操作臂是一个复杂的动力学系统，由多个连杆和多个关节组成，具有多个输入和多个输出，其中存在着错综复杂的耦合关系和严重的非线性。因此，对机器人操作臂动力学的研究具有显著的意义，可采用的代表性方法包括分析力学体系下的拉格朗日方法、矢量力学体系下的牛顿-欧拉方法、从普遍方程发展的凯恩（Kane）方法等。

拉格朗日方法能以最简单的形式求得复杂系统的动力学方程，而且具有显式结构。本章首先介绍第二类拉格朗日方法，并建立 RP 机器人的动力学方程，说明建立拉格朗日方程的基本过程。进一步，建立一般多关节机器人的拉格朗日动力学方程，将力（矩）与位置、速度和加速度联系起来。

牛顿-欧拉方法是最基本的方法之一，牛顿-欧拉运动方程是基于运动坐标系和达朗贝尔原理建立起来的，不涉及多余信息，计算速度快。

凯恩方法是由达朗贝尔原理和虚位移原理推导出来的，通过选取变量——广义坐标和广义速率，分别计算广义主动力和广义惯性力，得到系统动力学方程。凯恩方法非常适用于复杂系统的建模，采用计算机求解速度很快。

本章还将介绍动力学参数辨识方法及实现过程。通过参数辨识可以获取更高精度的动力学参数，建立高精度动力学模型。模型的数据量十分庞大，但是通过编程的方式可以快速建立被控对象的模型。

本章最后介绍动力学虚拟样机仿真，利用 ADAMS 软件对机械系统建模，利用 Matlab/Simulink 对控制系统建模，通过联合仿真的方式验证建模的正确性与方案的可行性。

4.1　分析力学体系下的拉格朗日方程

4.1.1　分析力学预备知识

1. 广义坐标

系统的广义坐标是可以完全确定系统位置的彼此独立的一组参数，系统广义坐标的个数称为系统的自由度数。

对于 n 个质点组成的 n 自由度质点系，此质点系的 n 个广义坐标记为 q_1，…，q_n，则系统中质点 i 的矢径可表示为

$$\boldsymbol{r}_i=\boldsymbol{r}_i(q_1,\cdots,q_n,t),i=1,\cdots,N \tag{4-1}$$

故

$$\dot{\boldsymbol{r}}_i=\sum_{k=1}^{n}\frac{\partial \boldsymbol{r}_i}{\partial q_k}\dot{q}_k+\frac{\partial \boldsymbol{r}_i}{\partial t}$$

对于 $\dot{\boldsymbol{r}}_i$ 可以证明：对于任意 $k\in\{1,\cdots,n\}$ 均有

$$\frac{\partial \dot{\boldsymbol{r}}_i}{\partial \dot{q}_k}=\frac{\partial \boldsymbol{r}_i}{\partial q_k} \tag{4-2}$$

$$\frac{\partial \dot{\boldsymbol{r}}_i}{\partial q_k}=\frac{\mathrm{d}}{\mathrm{d}t}\frac{\partial \boldsymbol{r}_i}{\partial q_k} \tag{4-3}$$

2. 虚位移

限制某个物体运动的其他物体称为该物体的约束。系统中运动受到约束的质点 i 的虚位移是相对真位移而言的。所谓真位移是质点 i 在无穷小时间内的无限小位移 $\mathrm{d}\boldsymbol{r}_i$，即其矢径 $\boldsymbol{r}_i$，经时间 $\mathrm{d}t$ 后变为 $\boldsymbol{r}_i+\mathrm{d}\boldsymbol{r}_i$。真位移应满足以下几点：

1）在力的作用下发生（即与作用力有关）。

2）经过时间 $\mathrm{d}t$ 后发生（即与时间有关）。

3）应满足质点的运动微分方程（即与质点动力学性质有关）。

4）应满足约束条件（即与约束的性质有关）。

而该质点的虚位移 $\delta\boldsymbol{r}_i$ 定义为

$$\delta\boldsymbol{r}_i=\sum_{k=1}^{n}\frac{\partial \boldsymbol{r}_i}{\partial q_k}\delta q_k \tag{4-4}$$

式中，δq_k 为在约束所允许的条件下广义坐标 q_k 的无限小位移。式（4-4）表明虚位移是约束所允许的无限小位移，它本质上是一种几何概念，与作用在质点上的力、时间、质点运动微分方程等均无关，只是从几何上描述质点位移的可能性。

3. 理想约束

约束施加给物体的力称为约束反力，物体所受约束反力以外的其他力统称为主动力。若某约束使得在系统的任何虚位移中，约束反力的元功之和为零，即满足

$$\sum_{i=1}^{N}\boldsymbol{F}_{\mathrm{N}i}\cdot\delta\boldsymbol{r}_i=0 \tag{4-5}$$

式中，$\boldsymbol{F}_{\mathrm{N}i}$ 为该约束施加给质点 i 的约束反力，则称这种约束为理想约束，如光滑固定面、光滑铰链、无滑动的滚动、不可伸长的软绳等。

由于

$$\sum_{i=1}^{N}\boldsymbol{F}_{\mathrm{N}i}\cdot\delta\boldsymbol{r}_i=\sum_{i=1}^{N}\boldsymbol{F}_{\mathrm{N}i}\cdot\sum_{k=1}^{n}\frac{\partial\boldsymbol{r}_i}{\partial q_k}\delta q_k=\sum_{k=1}^{n}\left(\sum_{i=1}^{N}\boldsymbol{F}_{\mathrm{N}i}\cdot\frac{\partial\boldsymbol{r}_i}{\partial q_k}\right)\delta q_k=0$$

由广义坐标的独立性知，理想约束的约束反力满足

$$\sum_{i=1}^{N}\boldsymbol{F}_{\mathrm{N}i}\cdot\frac{\partial\boldsymbol{r}_i}{\partial q_k}=0 \tag{4-6}$$

4. 虚功与广义力

虚功是作用在系统上的力在虚位移中所做的元功，即虚功为

$$\delta W=\sum_{i=1}^{N}\boldsymbol{F}_i\cdot\delta\boldsymbol{r}_i \tag{4-7}$$

式中，$\boldsymbol{F}_i$是作用在质点 i 上的合力。将式（4-7）用广义坐标表示，得到

$$\begin{aligned}\delta W&=\sum_{i=1}^{N}\boldsymbol{F}_i\cdot\delta\boldsymbol{r}_i=\sum_{i=1}^{N}\boldsymbol{F}_i\cdot\left(\sum_{k=1}^{n}\frac{\partial\boldsymbol{r}_i}{\partial q_k}\delta q_k\right)\\&=\sum_{j=1}^{n}\left(\sum_{i=1}^{N}\boldsymbol{F}_i\cdot\frac{\partial\boldsymbol{r}_i}{\partial q_k}\right)\delta q_k=\sum_{k=1}^{n}Q_k\delta q_k\end{aligned} \tag{4-8}$$

式中，δq_k的系数

$$Q_k=\sum_{i=1}^{N}\boldsymbol{F}_i\cdot\frac{\partial\boldsymbol{r}_i}{\partial q_k} \tag{4-9}$$

称为对应于广义坐标 q_k的广义力，它不是矢量，而是标量，具有力或者力矩的量纲。式（4-9）中的 $\boldsymbol{F}_i$不仅包括作用在质点 i 上的主动力，也包括约束反力。在理想约束的情况下，可将 $\boldsymbol{F}_i$视为主动力。

5. 保守力的广义力

如果用广义坐标 q_1，q_2，…，q_N表示质点系的位置，则质点系的势能可写作广义坐标的函数：

$$V=V(q_1,q_2,\cdots,q_N)$$

在势力场中可将广义力 Q_k写成用势能表达的形式，即

$$\begin{aligned}Q_k&=\sum\left(F_{ix}\frac{\partial x_i}{\partial q_k}+F_{ij}\frac{\partial y_i}{\partial q_k}+F_{ii}\frac{\partial z_i}{\partial q_k}\right)=-\sum\left(\frac{\partial V\partial x_i}{\partial x_i\partial q_k}+\frac{\partial V\partial y_i}{\partial y_i\partial q_k}+\frac{\partial V\partial z_i}{\partial z_i\partial q_k}\right)\\&=-\frac{\partial V}{\partial q_k}(k=1,2,\cdots,N)\end{aligned} \tag{4-10}$$

6. 动力学普遍方程

考虑由 n 个质点组成的系统，设第 i 个质点的质量为 m_i，矢径为 $\boldsymbol{r}_i$，加速度为 $\ddot{\boldsymbol{r}}_i$，其上作用有主动力 $\boldsymbol{F}_i$、约束力 $\boldsymbol{F}_{\mathrm{N}i}$。令 $\boldsymbol{F}_{\mathrm{I}i}=-m_i\ddot{\boldsymbol{r}}_i$为第 i 个质点的惯性力，则由达朗贝尔原理可知，作用在整个质点系上的主动力、约束力和惯性力系应组成平衡力系。若系统只受双侧理想约束作用，则由虚位移原理可得

$$\sum_{i=1}^{n}(\boldsymbol{F}_i+\boldsymbol{F}_{\mathrm{N}i}+\boldsymbol{F}_{\mathrm{I}i})\cdot\delta\boldsymbol{r}_i=\sum_{i=1}^{n}(\boldsymbol{F}_i-m_i\ddot{\boldsymbol{r}}_i)\cdot\delta\boldsymbol{r}_i=0 \tag{4-11}$$

写成解析表达式为

$$\sum_{i=1}^{n}[(F_{ix}-m_i\ddot{x}_i)\delta x_i+(F_{iy}-m_i\ddot{y}_i)\delta y_i+(F_{iz}-m_i\ddot{z}_i)\delta z_i]=0 \tag{4-12}$$

式（4-11）和式（4-12）表明：在双侧理想约束的条件下，质点系在任一瞬时所受的主动力系和虚加的惯性力系在虚位移上所做的功的和等于零。其中，式（4-11）称为动力学普遍方程。

4.1.2 第二类拉格朗日方程

将 $\sum_{i=1}^{n}\boldsymbol{F}_i\cdot\delta\boldsymbol{r}_i=\sum_{k=1}^{N}Q_k\delta q_k$ 代入式（4-1）并交换求和次序，可得

$$\sum_{i=1}^{n}(\boldsymbol{F}_i-m_i\ddot{\boldsymbol{r}}_i)\cdot\delta\boldsymbol{r}_i=\sum_{k=1}^{N}\left(Q_k-\sum_{i=1}^{n}m_i\ddot{\boldsymbol{r}}_i\cdot\frac{\partial\boldsymbol{r}_i}{\partial q_k}\right)\delta q_k=0$$

对于完整约束系统，其广义坐标是相互独立的，故 $\delta q_k(k=1,2,\cdots,N)$ 是任意的。为使上式恒成立，必须有

$$Q_k-\sum_{i=1}^{n}m_i\ddot{\boldsymbol{r}}_i\cdot\frac{\partial\boldsymbol{r}_i}{\partial q_k}=0\quad(k=1,2,\cdots,N)\tag{4-13}$$

式中，第二项与广义力 Q_k 相对应，称为广义惯性力。

由式（4-2）和式（4-3）推出式（4-14）：

$$\begin{aligned}\sum_{i=1}^{n}m_i\ddot{\boldsymbol{r}}_i\cdot\frac{\partial\boldsymbol{r}_i}{\partial q_k}&=\sum_{i=1}^{n}m_i\frac{\mathrm{d}}{\mathrm{d}t}\left(\dot{\boldsymbol{r}}_i\cdot\frac{\partial\boldsymbol{r}_i}{\partial q_k}\right)-\sum_{i=1}^{n}m_i\dot{\boldsymbol{r}}_i\cdot\frac{\mathrm{d}}{\mathrm{d}t}\left(\frac{\partial\boldsymbol{r}_i}{\partial q_k}\right)\\&=\frac{\mathrm{d}}{\mathrm{d}t}\sum_{i=1}^{n}\left(m_i\dot{\boldsymbol{r}}_i\cdot\frac{\partial\dot{\boldsymbol{r}}_i}{\partial\dot{q}_k}\right)-\frac{\partial}{\partial q_k}\sum_{i=1}^{n}\left(\frac{1}{2}m_i\dot{\boldsymbol{r}}_i\cdot\dot{\boldsymbol{r}}_i\right)\\&=\frac{\mathrm{d}}{\mathrm{d}t}\left[\frac{\partial}{\partial\dot{q}_k}\sum_{i=1}^{n}\left(\frac{1}{2}m_iv_i^2\right)\right]-\frac{\partial}{\partial q_k}\sum_{i=1}^{n}\left(\frac{1}{2}m_iv_i^2\right)\\&=\frac{\mathrm{d}}{\mathrm{d}t}\left(\frac{\partial T}{\partial\dot{q}_k}\right)-\frac{\partial T}{\partial q_k}\end{aligned}\tag{4-14}$$

式中，$v_i^2=\dot{\boldsymbol{r}}_i\cdot\dot{\boldsymbol{r}}_i$ 为第 i 个质点的速度二次方；$T=\sum_{i=1}^{n}\left(\frac{1}{2}m_iv_i^2\right)$ 为质点系的动能。于是，式（4-14）可改写为

$$\frac{\mathrm{d}}{\mathrm{d}t}\left(\frac{\partial T}{\partial\dot{q}_k}\right)-\frac{\partial T}{\partial q_k}-Q_k=0\ (k=1,2,\cdots,N)\tag{4-15}$$

式（4-15）称为第二类拉格朗日方程，简称拉格朗日方程，为二阶常微分方程组，方程数目等于质点系自由度。

当质点系上的主动力都为有势力（保守力）时，广义力可以写成式（4-10）所示的用势能表达的形式：

$$\frac{\mathrm{d}}{\mathrm{d}t}\left(\frac{\partial T}{\partial\dot{q}_k}\right)-\frac{\partial T}{\partial q_k}+\frac{\partial V}{\partial q_k}=0\ (k=1,2,\cdots,N)$$

由于势能不是 $\dot{q}_k$ 的函数，引入拉格朗日函数 $L=T-V$（动势），则拉格朗日方程可写为

$$\frac{\mathrm{d}}{\mathrm{d}t}\left(\frac{\partial L}{\partial\dot{q}_k}\right)-\frac{\partial L}{\partial q_k}=0\tag{4-16}$$

更一般地，当主动力系中只有一部分力为有势力时，可将拉格朗日方程写为

$$\frac{\mathrm{d}}{\mathrm{d}t}\left(\frac{\partial L}{\partial\dot{q}_k}\right)-\frac{\partial L}{\partial q_k}=Q_k\tag{4-17}$$

式中，Q_k为非有势主动力系对应的广义力。

下面以图 4-1 所示 RP 机械臂为例说明利用第二类拉格朗日方程建立机械臂动力学模型的方法。该机械臂由两个关节组成，连杆 1 和连杆 2 质量分别为 m_1 和 m_2，质心位置如图所示，选取 θ 和 r 作为广义坐标。

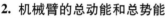

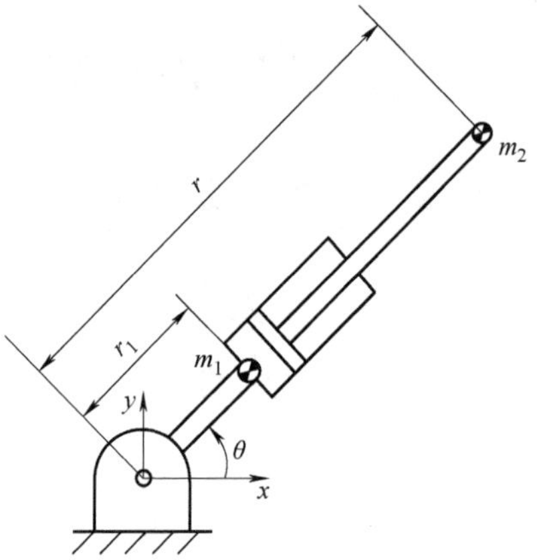

图 4-1　RP 机械臂

1. 连杆质心的位置和速度

为计算连杆的动能和势能，首先写出它们在笛卡儿坐标系中的位置和速度，对于连杆 1：

$$\begin{cases} x_1 = r_1\cos\theta \\ y_1 = r_1\sin\theta \end{cases},\quad \begin{cases} \dot{x}_1 = -r_1\dot{\theta}\sin\theta \\ \dot{y}_1 = r_1\dot{\theta}\cos\theta \end{cases}$$

对于连杆 2：

$$\begin{cases} x_2 = r\cos\theta \\ y_2 = r\sin\theta \end{cases},\quad \begin{cases} \dot{x}_2 = \dot{r}\cos\theta - r\dot{\theta}\sin\theta \\ \dot{y}_2 = \dot{r}\sin\theta + r\dot{\theta}\cos\theta \end{cases}$$

2. 机械臂的总动能和总势能

连杆 1 和连杆 2 的动能分别为

$$T_1 = \frac{1}{2}m_1 v_1^2 = \frac{1}{2}m_1(\dot{x}_1^2 + \dot{y}_1^2) = \frac{1}{2}m_1 r_1^2\dot{\theta}^2$$

$$T_2 = \frac{1}{2}m_2 v_2^2 = \frac{1}{2}m_2(\dot{x}_2^2 + \dot{y}_2^2) = \frac{1}{2}m_2(\dot{r}^2 + r^2\dot{\theta}^2)$$

系统的总动能为

$$T = T_1 + T_2 = \frac{1}{2}m_1 r_1^2\dot{\theta}^2 + \frac{1}{2}m_2\dot{r}^2 + \frac{1}{2}m_2 r^2\dot{\theta}^2$$

连杆 1 和连杆 2 的势能分别为

$$V_1 = m_1 g r_1\sin\theta$$

$$V_2 = m_2 g r\sin\theta$$

系统的总势能为

$$V = m_1 g r_1\sin\theta + m_2 g r\sin\theta$$

3. 系统动力学方程

系统的拉格朗日函数为

$$L = T - V = \frac{1}{2}m_1 r_1^2\dot{\theta}^2 + \frac{1}{2}m_2\dot{r}^2 + \frac{1}{2}m_2 r^2\dot{\theta}^2 - m_1 g r_1\sin\theta - m_2 g r\sin\theta$$

首先计算旋转关节的力矩 τ_θ。因为

$$\frac{\partial L}{\partial\dot{\theta}} = m_1 r_1^2\dot{\theta} + m_2 r^2\dot{\theta}$$

$$\frac{\mathrm{d}}{\mathrm{d}t}\left(\frac{\partial L}{\partial\dot{\theta}}\right) = m_1 r_1^2\ddot{\theta} + m_2 r^2\ddot{\theta} + 2m_2 r\dot{r}\dot{\theta}$$

$$\frac{\partial L}{\partial\theta} = -(m_1 r_1 + m_2 r)g\cos\theta$$

于是，有

$$\tau_\theta=\frac{\mathrm{d}}{\mathrm{d}t}\left(\frac{\partial L}{\partial\dot{\theta}}\right)-\frac{\partial L}{\partial\theta}=(m_1r_1^2+m_2r^2)\ddot{\theta}+2m_2r\dot{r}\dot{\theta}+(m_1r_1+m_2r)g\cos\theta$$

再计算移动关节上的作用力 F_r。

$$\frac{\partial L}{\partial\dot{r}}=m_2\dot{r}$$

$$\frac{\mathrm{d}}{\mathrm{d}t}\frac{\partial L}{\partial\dot{r}}=m_2\ddot{r}$$

$$\frac{\partial L}{\partial r}=m_2r\dot{\theta}^2-m_2g\sin\theta$$

$$F_r=\frac{\mathrm{d}}{\mathrm{d}t}\left(\frac{\partial L}{\partial\dot{r}}\right)-\frac{\partial L}{\partial r}=m_2\ddot{r}-m_2r\dot{\theta}^2+m_2g\sin\theta$$

故该机械臂的数学模型为

$$\begin{cases}\tau_\theta=(m_1r_1^2+m_2r^2)\dot{\theta}+2m_2r\dot{r}\dot{\theta}+(m_1r_1+m_2r)g\cos\theta\\F_r=m_2\ddot{r}-m_2r\dot{\theta}^2+m_2g\sin\theta\end{cases}\tag{4-18}$$

补充所有的变量项，扩展 RP 机械臂的动力学方程式（4-18），并将系数进行分类简化，可得拉格朗日动力学方程的一般形式为

$$\begin{cases}\tau_\theta=\underbrace{D_{11}\ddot{\theta}+D_{12}\ddot{r}}_{\text{惯性力项}}+\underbrace{D_{111}\dot{\theta}^2+D_{122}\dot{r}^2}_{\text{向心力项}}+\underbrace{D_{112}\dot{\theta}\dot{r}+D_{121}\dot{r}\dot{\theta}}_{\text{哥氏力项}}+\underbrace{D_1}_{\text{重力项}}\\F_r=\underbrace{D_{21}\ddot{\theta}+D_{22}\ddot{r}}_{\text{惯性力项}}+\underbrace{D_{211}\dot{\theta}^2+D_{222}\dot{r}^2}_{\text{向心力项}}+\underbrace{D_{212}\dot{\theta}\dot{r}+D_{221}\dot{r}\dot{\theta}}_{\text{哥氏力项}}+\underbrace{D_2}_{\text{重力项}}\end{cases}\tag{4-19}$$

式中：

1）D_{11}是关节 i 的有效惯量，$D_{ii}\ddot{q}_i$是关节 i 的加速度在关节 i 上产生的惯性力。

2）$D_{ij}(i\neq j)$ 是关节 j 对关节 i 的耦合惯量，$D_{ij}\ddot{q}_j$是关节 j 的加速度在关节 i 上产生的耦合力。

3）$D_{ijj}\dot{q}_j^2$是关节 j 的速度在关节 i 上产生的向心力。

4）$D_{ijk}\dot{q}_j\dot{q}_k$、$D_{ikj}\dot{q}_k\dot{q}_j$是作用在关节 i 上的哥氏力。

5）D_i是作用在关节 i 上的重力。

4.1.3　机械臂的拉格朗日方程

连杆 i 上的一点对坐标系 $\{i\}$ 和基坐标系 $\{0\}$ 的齐次坐标分别为${}^i\boldsymbol{r}$ 和 $\boldsymbol{r}$，则

$$\boldsymbol{r}={}^0_i\boldsymbol{T}\,{}^i\boldsymbol{r}\tag{4-20}$$

于是，该点的速度为

$$\dot{\boldsymbol{r}}=\frac{\mathrm{d}\boldsymbol{r}}{\mathrm{d}t}=\left(\sum_{j=1}^{i}\frac{\partial({}^0_i\boldsymbol{T})}{\partial q_j}\dot{q}_j\right){}^i\boldsymbol{r}\tag{4-21}$$

速度的二次方为

$$\dot{\boldsymbol{r}}^{\mathrm{T}}\dot{\boldsymbol{r}}=\mathrm{tr}(\dot{\boldsymbol{r}}\dot{\boldsymbol{r}}^{\mathrm{T}})\tag{4-22}$$

式（4-22）中，用求迹 tr(・) 代替矢量点乘。将式（4-21）代入式（4-22）得

$$\begin{aligned}\dot{\boldsymbol{r}}^{\mathrm{T}}\dot{\boldsymbol{r}}&=\mathrm{tr}\left[\sum_{j=1}^{i}\frac{\partial({}^0_i\boldsymbol{T})\dot{q}_j}{\partial q_j}{}^i\boldsymbol{r}\sum_{k=1}^{i}\left(\frac{\partial({}^0_i\boldsymbol{T})\dot{q}_k\,{}^i\boldsymbol{r}}{\partial q_k}\right)^{\mathrm{T}}\right]\\&=\mathrm{tr}\left[\sum_{j=1}^{i}\sum_{k=1}^{i}\frac{\partial({}^0_i\boldsymbol{T})}{\partial q_j}{}^i\boldsymbol{r}\,{}^i\boldsymbol{r}^{\mathrm{T}}\frac{\partial({}^0_i\boldsymbol{T})^{\mathrm{T}}}{\partial q_k}\dot{q}_j\dot{q}_k\right]\end{aligned}$$

在连杆 i 的 ${}^i\boldsymbol{r}$ 处，质量为 $\mathrm{d}m$ 的质点的动能为

$$
\begin{aligned}
\mathrm{d}T_i &= \frac{1}{2}\mathrm{tr}\left[\sum_{j=1}^{i}\sum_{k=1}^{i}\frac{\partial({}_i^0\boldsymbol{T})}{\partial q_j}{}^i\boldsymbol{r}{}^i\boldsymbol{r}^{\mathrm{T}}\frac{\partial({}_i^0\boldsymbol{T})^{\mathrm{T}}\dot{q}_j\dot{q}_k}{\partial q_k}\right]\mathrm{d}m \\
&= \frac{1}{2}\mathrm{tr}\left[\sum_{j=1}^{i}\sum_{k=1}^{i}\frac{\partial({}_i^0\boldsymbol{T})}{\partial q_j}{}^i\boldsymbol{r}{}^i\boldsymbol{r}^{\mathrm{T}}\mathrm{d}m\frac{\partial({}_i^0\boldsymbol{T})^{\mathrm{T}}\dot{q}_j\dot{q}_k}{\partial q_k}\right]
\end{aligned}
$$

于是，连杆 i 的动能为

$$
\begin{aligned}
T_i = \int_{\mathrm{link}i}\mathrm{d}T_i &= \frac{1}{2}\mathrm{tr}\left[\sum_{j=1}^{i}\sum_{k=1}^{i}\frac{\partial({}_i^0\boldsymbol{T})}{\partial q_j}\int_{\mathrm{link}i}{}^i\boldsymbol{r}{}^i\boldsymbol{r}^{\mathrm{T}}\mathrm{d}m\frac{\partial({}_i^0\boldsymbol{T})^{\mathrm{T}}\dot{q}_j\dot{q}_k}{\partial q_k}\right] \\
&= \frac{1}{2}\mathrm{tr}\left[\sum_{j=1}^{i}\sum_{k=1}^{i}\frac{\partial({}_i^0\boldsymbol{T})}{\partial q_j}\bar{\boldsymbol{I}}_i\frac{\partial({}_i^0\boldsymbol{T})^{\mathrm{T}}}{\partial q_k}\dot{q}_j\dot{q}_k\right]
\end{aligned}
\tag{4-23}
$$

式中，$\bar{\boldsymbol{I}}_i$是连杆 i 的伪惯性矩阵，即

$$
\bar{\boldsymbol{I}}_i = \int_{\mathrm{link}i}{}^i\boldsymbol{r}\,{}^i\boldsymbol{r}^{\mathrm{T}}\mathrm{d}m = \begin{bmatrix} -I_{xx}+\dfrac{I_0}{2} & I_{xy} & I_{xz} & m\bar{x} \\ I_{xy} & -I_{yy}+\dfrac{I_0}{2} & I_{yz} & m\bar{y} \\ I_{xz} & I_{yz} & -I_{zz}+\dfrac{I_0}{2} & m\bar{z} \\ m\bar{x} & m\bar{y} & m\bar{z} & m \end{bmatrix}
\tag{4-24}
$$

式中，$I_0=I_{xx}+I_{yy}+I_{zz}$。

操作臂（n 个连杆）的总动能为

$$
T = \sum_{i=1}^{n}T_i = \frac{1}{2}\sum_{i=1}^{n}\mathrm{tr}\left[\sum_{j=1}^{i}\sum_{k=1}^{i}\frac{\partial({}_i^0\boldsymbol{T})}{\partial q_j}\bar{\boldsymbol{I}}_i\frac{\partial({}_i^0\boldsymbol{T})^{\mathrm{T}}}{\partial q_k}\dot{q}_j\dot{q}_k\right]
\tag{4-25}
$$

机械臂中还可能包含传动机构，其动能可表示成传动机构的等效惯量以及相应的关节速度的函数：

$$
T_i = \frac{1}{2}I_{ai}\dot{q}_i^2
\tag{4-26}
$$

式中，I_{ai}是广义等效惯量，对于移动关节 I_{ai}是等效质量，对于旋转关节 I_{ai}是等效惯性矩。把求迹运算与求和运算交换次序，再加上传动机构的动能，得到系统的动能为

$$
T = \frac{1}{2}\sum_{i=1}^{n}\left[\sum_{j=1}^{i}\sum_{k=1}^{i}\mathrm{tr}\left(\frac{\partial({}_i^0\boldsymbol{T})}{\partial q_j}\bar{\boldsymbol{I}}_i\frac{\partial({}_i^0\boldsymbol{T})^{\mathrm{T}}}{\partial q_k}\dot{q}_j\dot{q}_k\right) + I_{ai}\dot{q}_i^2\right]
\tag{4-27}
$$

各个连杆的势能为

$$
V_i = -m_i\boldsymbol{g}\boldsymbol{p}_{ci} = -m_i\boldsymbol{g}({}_i^0\boldsymbol{T}{}^i\boldsymbol{p}_{ci})
$$

式中，m_i是连杆 i 的质量；$\boldsymbol{g}=[g_x \quad g_y \quad g_z \quad 0]$ 是重力行矢量。

总势能为

$$
V = -\sum_{i=1}^{n}m_i\boldsymbol{g}_i^0\boldsymbol{T}^i\boldsymbol{p}_{ci}
\tag{4-28}
$$

于是，拉格朗日函数为

$$
L = T - V = \frac{1}{2}\sum_{i=1}^{n}\left\{\sum_{j=1}^{i}\sum_{k=1}^{i}\left[\mathrm{tr}\left(\frac{\partial({}^0\boldsymbol{T})}{\partial q_j}\bar{\boldsymbol{I}}_i\frac{\partial({}^0\boldsymbol{T})^{\mathrm{T}}}{\partial q_k}\right)\dot{q}_j\dot{q}_k\right] + I_{\mathrm{m}i}\dot{q}_i^2\right\} + \sum_{i=1}^{n}m_i\boldsymbol{g}_i^0\boldsymbol{T}^i\boldsymbol{p}_{ci}
\tag{4-29}
$$

则关节 i 驱动连杆 i 所需的广义力矩 τ_i 为

$$\tau_i = \sum_{j=1}^{n}\sum_{k=1}^{j}\left[\mathrm{tr}\left(\frac{\partial({}_j^0\boldsymbol{T})}{\partial q_i}\bar{\boldsymbol{I}}_j\frac{\partial({}^0\boldsymbol{T})^{\mathrm{T}}}{\partial q_k}\right)\ddot{q}_k\right] + I_m\ddot{q}_i^2 + \sum_{j=i}^{n}\sum_{k=1}^{j}\sum_{m=1}^{j}\mathrm{tr}\left(\frac{\partial({}_j^0\boldsymbol{T})}{\partial q_i}\bar{\boldsymbol{I}}_j\frac{\partial^2({}_j\boldsymbol{T})^{\mathrm{T}}}{\partial q_k\partial q_m}\right)\dot{q}_k\dot{q}_m - \sum_{j=i}^{n}m_j\boldsymbol{g}\frac{\partial({}_j^0\boldsymbol{T})_j}{\partial q_i}\boldsymbol{p}_{cj}\quad(i=1,2,\cdots,n) \tag{4-30}$$

式（4-30）可写成矩阵形式和矢量形式：

$$\tau_i = \sum_{k=1}^{n}D_{ik}\ddot{q}_k + \sum_{k=1}^{n}\sum_{m=1}^{n}C_{ikm}\dot{q}_k\dot{q}_m + G_i\quad(i=1,2,\cdots,n)$$

$$\boldsymbol{\tau}(t)=\boldsymbol{D}(\boldsymbol{q}(t))\ddot{\boldsymbol{q}}(t)+\boldsymbol{C}(\boldsymbol{q}(t),\dot{\boldsymbol{q}}(t))+\boldsymbol{G}(\boldsymbol{q}(t)) \tag{4-31}$$

式中，$\boldsymbol{\tau}(t)$ 为加在各关节上的 $n\times1$ 广义力矩矢量：

$$\boldsymbol{\tau}(t)=[\tau_1(t)\quad \tau_2(t)\quad \cdots\quad \tau_n(t)]^{\mathrm{T}}$$

$\boldsymbol{q}(t)$ 为关节的位置矢量：

$$\boldsymbol{q}(t)=[q_1(t)\quad q_2(t)\quad \cdots\quad q_n(t)]^{\mathrm{T}}$$

$\dot{\boldsymbol{q}}(t)$ 为关节速度矢量：

$$\dot{\boldsymbol{q}}(t)=[\dot{q}_1(t)\quad \dot{q}_2(t)\quad \cdots\quad \dot{q}_n(t)]^{\mathrm{T}}$$

$\ddot{\boldsymbol{q}}(t)$ 为关节加速度矢量：

$$\ddot{\boldsymbol{q}}(t)=[\ddot{q}_1(t)\quad \ddot{q}_2(t)\quad \cdots\quad \ddot{q}_n(t)]^{\mathrm{T}}$$

$\boldsymbol{D}(\boldsymbol{q})$ 为质量矩阵，是 $n\times n$ 的对称矩阵，其元素为

$$D_{ik}(\boldsymbol{q}) = \sum_{j=\max(i,k)}^{n}\left[\mathrm{tr}\left(\frac{\partial({}_j^0\boldsymbol{T})}{\partial q_i}\bar{\boldsymbol{I}}_j\frac{\partial({}_j^0\boldsymbol{T})^{\mathrm{T}}}{\partial q_k}\right)+I_{ai}\delta_{ik}\right],\delta_{ik}=\begin{cases}1,i=k\\0,i\neq k\end{cases} \tag{4-32}$$

$\boldsymbol{C}(\boldsymbol{q},\dot{\boldsymbol{q}})$ 为 $n\times1$ 的非线性哥氏力和离心力矢量：

$$\boldsymbol{C}(\boldsymbol{q},\dot{\boldsymbol{q}})=[C_1\quad C_2\quad \cdots\quad C_n]^{\mathrm{T}}$$

其中

$$C_i = \sum_{k=1}^{n}\sum_{m=1}^{n}C_{ikm}\dot{q}_k\dot{q}_m$$

$$C_{ikm} = \sum_{j=\max(i,k\cdot m)}^{n}\mathrm{tr}\left(\frac{\partial({}_j^0\boldsymbol{T})}{\partial q_i}\bar{\boldsymbol{I}}_j\frac{\partial^2({}_j^0\boldsymbol{T})^{\mathrm{T}}}{\partial q_k\partial q_m}\right) \tag{4-33}$$

$\boldsymbol{G}(\boldsymbol{q})$ 为 $n\times1$ 重力矢量：

$$\boldsymbol{G}(\boldsymbol{q})=[G_1\quad G_2\quad \cdots\quad G_n]^{\mathrm{T}}$$

其中

$$G_i = \sum_{j=1}^{n}\left(-m_jg\frac{\partial({}_j^0\boldsymbol{T})_j}{\partial q_i}\boldsymbol{p}_{cj}\right) \tag{4-34}$$

系数 D_{ik}、C_{ikm}和 G_i，是关节变量和连杆惯性参数的函数，有时称为机械臂的动力学系数。

G_i是连杆 i 的重力项。

D_{ik}与关节（变量）加速度有关。当 $i=k$ 时，D_{ik}与驱动力矩 τ_i产生的关节 i 的加速度有关，称为有效惯量；当 $i\neq k$ 时，D_{ik}与关节 k 的加速度引起的关节 i 上的反作用力矩（力）有关，称为耦合惯量。由于惯性矩阵是对称的，又因对于任意矩阵 $\boldsymbol{A}$，有 $\mathrm{tr}\boldsymbol{A}=\mathrm{tr}\boldsymbol{A}^{\mathrm{T}}$，可证明 $D_{ik}=D_{ki}$。

C_{ikm}与关节速度有关，下标 k、m 表示该项与关节速度 $\dot{q}_k$ 和 $\dot{q}_m$ 有关，下标 i 表示感受动力的关节编号。当 $k=m$ 时，C_{ikk} 表示关节 i 所感受的关节 k 的角速度引起的离心力的有关项；当 $k\neq m$ 时，C_{ikm} 表示关节 i 感受到的 $\dot{q}_k$ 和 $\dot{q}_m$ 引起的哥氏力有关项。可以看出，对于给定的 i，有 $C_{ikm}=C_{imk}$。

4.2 矢量力学体系下的牛顿-欧拉方程

4.2.1 牛顿方程和欧拉方程

1. 牛顿方程

（1）质点的牛顿方程

质点的牛顿方程又称牛顿第二定律，即若质点质量为 m，矢径为 $\boldsymbol{r}$，加在质点上的合力为 $\boldsymbol{F}$，则有

$$m\ddot{\boldsymbol{r}}=\boldsymbol{F}$$

（2）平动刚体的牛顿方程

记刚体上一质点 i 的质量为 m_i，矢径为 $\boldsymbol{r}_i$，外力为 $\boldsymbol{F}_i^{(e)}$，内力为 $\boldsymbol{F}_i^{(i)}$。由质点的牛顿方程知

$$m_i\frac{\mathrm{d}}{\mathrm{d}t}\dot{\boldsymbol{r}}_i=\boldsymbol{F}_i^{(e)}+\boldsymbol{F}_i^{(i)}$$

则对整个刚体有

$$\sum_i m_i\frac{\mathrm{d}}{\mathrm{d}t}\dot{\boldsymbol{r}}_i=\sum_i \boldsymbol{F}_i^{(e)}+\sum_i \boldsymbol{F}_i^{(i)} \tag{4-35}$$

式中，$\sum_i$ 表示对刚体中每个质点 i 求和。因平动刚体上每个质点的速度均相同，故

$$\sum_i m_i\frac{\mathrm{d}}{\mathrm{d}t}\dot{\boldsymbol{r}}_i=\left(\sum_i m_i\right)\frac{\mathrm{d}}{\mathrm{d}t}\dot{\boldsymbol{r}}_P=m\ddot{\boldsymbol{r}}_P \tag{4-36}$$

式中，$\dot{\boldsymbol{r}}_P$为刚体上任一点 P 的速度；$m=\sum_i m_i$ 为刚体质量。又由相互作用力知：刚体内的内力总是成对出现，大小相等且方向相反，故有

$$\sum_i \boldsymbol{F}_i^{(i)}=0 \tag{4-37}$$

同时又知作用于刚体上所有外力的和 $\sum_i \boldsymbol{F}_i^{(e)}$ 即为作用在刚体上外力系的主矢 $\boldsymbol{F}$，即有

$$\sum_i \boldsymbol{F}_i^{(e)}=\boldsymbol{F} \tag{4-38}$$

故由式（4-35）~式（4-38）知，平动刚体的运动微分方程可写为

$$m\ddot{\boldsymbol{r}}_P=\boldsymbol{F} \tag{4-39}$$

此方程即为描述刚体平动的牛顿方程，这时 $\ddot{\boldsymbol{r}}_P$可以是平动刚体上任一点 P 的加速度。

（3）一般运动刚体的牛顿方程

做一般运动刚体上各点的速度一般是不相同的。但对刚体上每个质点 i，以下等式仍成立：

$$\sum_i m_i\frac{\mathrm{d}}{\mathrm{d}t}\dot{\boldsymbol{r}}_i=\sum_i \boldsymbol{F}_i^{(e)}+\sum_i \boldsymbol{F}_i^{(i)}$$

对整个刚体以下等式仍成立：

$$\sum_i m_i \frac{\mathrm{d}^2}{\mathrm{d}t^2}\boldsymbol{r}_i = \sum_i \boldsymbol{F}_i^{(\mathrm{e})} + \sum_i \boldsymbol{F}_i^{(\mathrm{i})} = \sum_i \boldsymbol{F}_i^{(\mathrm{e})} = \boldsymbol{F} \tag{4-40}$$

由质心定义知

$$\sum_i m_i \boldsymbol{r}_i = m\boldsymbol{r}_C \tag{4-41}$$

式中，m 为刚体质量；$\boldsymbol{r}_C$为刚体质心矢径，故

$$\sum_i m_i \frac{\mathrm{d}^2}{\mathrm{d}t^2}\boldsymbol{r}_i = \frac{\mathrm{d}^2}{\mathrm{d}t^2}\Big(\sum_i m_i\boldsymbol{r}_i\Big) = \frac{\mathrm{d}^2}{\mathrm{d}t^2}(m\boldsymbol{r}_C) = m\frac{\mathrm{d}^2}{\mathrm{d}t^2}\boldsymbol{r}_C = m\ddot{\boldsymbol{r}}_C$$

代入式（4-40）有

$$m\ddot{\boldsymbol{r}}_C = \boldsymbol{F} \tag{4-42}$$

此即做一般运动刚体的牛顿方程，它在形式上与平动刚体的牛顿方程式（4-39）完全相同，但此时式中的加速度必须是刚体质心的加速度，描述的是一个以加速度 $\ddot{\boldsymbol{r}}_C$做平动的刚体，没有描述出刚体的转动情况，即对做一般运动的刚体，仅用牛顿方程不能完全描述出刚体的全部动力学行为。

2. 欧拉方程

（1）动量矩定理

1）质点的动量矩定理。记质点质量为 m，它在一个以固定参考点 O 为原点的坐标系中的矢径为 $\boldsymbol{r}$，质点的动量定义为 $m\dot{\boldsymbol{r}}=m\boldsymbol{v}$（$\boldsymbol{v}$ 为质点速度）。质点对参考点 O 的动量矩定义为 $\boldsymbol{l}_O=\boldsymbol{r}\times m\boldsymbol{v}$。

将动量矩 $\boldsymbol{l}_O$求导，得到

$$\dot{\boldsymbol{l}}_O = \dot{\boldsymbol{r}}\times m\boldsymbol{v}+\boldsymbol{r}\times m\dot{\boldsymbol{v}} = \boldsymbol{v}\times m\boldsymbol{v}+\boldsymbol{r}\times m\ddot{\boldsymbol{r}} = \boldsymbol{r}\times m\ddot{\boldsymbol{r}}$$

将牛顿方程 $m\ddot{\boldsymbol{r}}=\boldsymbol{F}$ 代入上式，并记 $\boldsymbol{n}_O=\boldsymbol{r}\times\boldsymbol{F}$ 为 $\boldsymbol{F}$ 对 O 点之矩，则有

$$\dot{\boldsymbol{l}}_O = \boldsymbol{n}_O \tag{4-43}$$

即质点对一定点 O 之动量矩的导数等于作用于质点上的合力对 O 点之矩。

2）刚体对定点的动量矩定理。以固定点 O 为参考点，刚体上每一质点 i 都满足动量矩定理：

$$\dot{\boldsymbol{l}}_{iO} = \boldsymbol{n}_{iO}^{(\mathrm{e})} + \boldsymbol{n}_{iO}^{(\mathrm{i})}$$

式中，$\boldsymbol{l}_{iO}=\boldsymbol{r}_i\times m_i\dot{\boldsymbol{r}}_i$（$m_i$为质点 i 的质量，$\boldsymbol{r}_i$为其矢径）是质点 i 对 O 点的动量矩；$\boldsymbol{n}_{iO}^{(\mathrm{e})}=\boldsymbol{r}_i\times\boldsymbol{F}_i^{(\mathrm{e})}$和 $\boldsymbol{n}_{iO}^{(\mathrm{i})}=\boldsymbol{r}_i\times\boldsymbol{F}_i^{(\mathrm{i})}$分别为作用在质点 i 上的外力 $\boldsymbol{F}_i^{(\mathrm{e})}$和内力 $\boldsymbol{F}_i^{(\mathrm{i})}$对 O 点之矩。对整个刚体，则有

$$\sum_i \frac{\mathrm{d}}{\mathrm{d}t}\boldsymbol{l}_{iO} = \sum_i \boldsymbol{n}_{iO}^{(\mathrm{e})} + \sum_i \boldsymbol{n}_{iO}^{(\mathrm{i})}$$

因质点内力相互抵消，故 $\sum_i \boldsymbol{n}_{iO}^{(\mathrm{i})}=0$，从而有

$$\frac{\mathrm{d}}{\mathrm{d}t}\sum_i \boldsymbol{l}_{iO} = \sum_i \boldsymbol{n}_{iO}^{(\mathrm{e})}$$

定义 $\boldsymbol{L}_O=\sum_i \boldsymbol{l}_{iO}=\sum_i \boldsymbol{r}_i\times m_i\dot{\boldsymbol{r}}_i$ 为刚体对 O 点的动量矩，$\boldsymbol{M}_O=\sum_i \boldsymbol{n}_{iO}^{(\mathrm{e})}=\sum_i \boldsymbol{r}_i\times\boldsymbol{F}_i^{(\mathrm{e})}$ 为刚体所受外力系对点 O 的主矩，则上式可写为

$$\dot{\boldsymbol{L}}_O = \boldsymbol{M}_O \tag{4-44}$$

此即刚体对定点的动量矩定理：刚体对定点 O 之动量矩的导数等于刚体所受外力系对 O 点之主矩。

刚体对定点的动量矩定理［式（4-44）］与质点的动量矩定理［式（4-43）］具有完全相同的形式，只是将质点对定点 O 的动量矩换为刚体对定点 O 的动量矩，将质点所受的合力对 O 点之矩换为刚体所受外力系对 O 点的主矩。

3）刚体对任意点的动量矩定理。若以任意一点（可以是动点）P 为参考点，记刚体上质点 i 在以定点 O 为原点的坐标系中的矢径为 $\boldsymbol{r}_i$，从 P 点到质点 i 的矢径为 $\tilde{\boldsymbol{r}}_i$，则显然有

$$\boldsymbol{r}_i=\overrightarrow{OP}+\tilde{\boldsymbol{r}}_i$$

因此，按照定义，刚体对 P 点的（绝对）动量矩为

$$\begin{aligned}\boldsymbol{L}_P &= \sum_i \tilde{\boldsymbol{r}}_i \times m_i\dot{\boldsymbol{r}}_i = \sum_i \boldsymbol{r}_i \times m_i\dot{\boldsymbol{r}}_i - \sum_i \overrightarrow{OP} \times m_i\dot{\boldsymbol{r}}_i \\ &= \boldsymbol{L}_O - \overrightarrow{OP} \times \frac{\mathrm{d}}{\mathrm{d}t}\Big(\sum_i m_i\boldsymbol{r}_i\Big)\end{aligned}$$

由质心定义知 $\sum_i m_i\boldsymbol{r}_i = m\boldsymbol{r}_C$（$\boldsymbol{r}_C$为刚体质心矢径），故上式可写为

$$\boldsymbol{L}_P=\boldsymbol{L}_O-\overrightarrow{OP}\times m\dot{\boldsymbol{r}}_C=\boldsymbol{L}_O-\overrightarrow{OP}\times m\boldsymbol{v}_C \tag{4-45}$$

式中，$\boldsymbol{v}_C=\dot{\boldsymbol{r}}_C$为刚体质心的速度。式（4-45）反映了刚体对动点和对定点动量矩间的关系。

将式（4-45）求导，并利用刚体对定点 O 的动量矩定理［式（4-44）］和做一般运动刚体的牛顿方程［式（4-44）］得到

$$\begin{aligned}\dot{\boldsymbol{L}}_P&=\dot{\boldsymbol{L}}_O+\overrightarrow{PO}\times m\ddot{\boldsymbol{r}}_C-\dot{\overrightarrow{OP}}\times m\boldsymbol{v}_C\\&=\boldsymbol{M}_O+\overrightarrow{PO}\times\boldsymbol{F}-\boldsymbol{v}_P\times m\boldsymbol{v}_C\end{aligned}$$

式中，$\boldsymbol{v}_P$为 P 点速度。考虑到 $\boldsymbol{M}_O+\overrightarrow{PO}\times\boldsymbol{F}=\boldsymbol{M}_P$为作用在刚体上的外力系对 P 点的主矩，故上式又可写为

$$\dot{\boldsymbol{L}}_P=\boldsymbol{M}_P-\boldsymbol{v}_P\times m\boldsymbol{v}_C \tag{4-46}$$

此即刚体对任意点 P 的动量矩定理。

由式（4-46）可知：

① 当点 P 为动点时，刚体对点 P 的动量矩定理不能写成如刚体对定点的动量矩定理那样简洁的形式。

② 刚体对任意点的动量矩定理［式（4-46）］包含了刚体对定点的动量矩定理［式（4-44）］。因为若取参考点 P 为定点 O，则有 $\boldsymbol{v}_P=\boldsymbol{v}_O=0$，式（4-46）化为式（4-44）。

③ 当取参考点 P 为刚体质心时，因 $\boldsymbol{v}_P\times m\boldsymbol{v}_C=\boldsymbol{v}_C\times m\boldsymbol{v}_C=0$，式（4-46）化为

$$\dot{\boldsymbol{L}}_C=\boldsymbol{M}_C \tag{4-47}$$

可见，刚体对质心的动量矩定理总具有和刚体对定点的动量矩定理完全相同的简单形式。

刚体对其质心的动量矩有以下很重要的性质。

记从刚体质心 C 到质点 i 的矢径为 $\boldsymbol{r}_{Ci}$，则质点 i 矢径 $\boldsymbol{r}_i$满足：

$$\boldsymbol{r}_i=\boldsymbol{r}_C+\boldsymbol{r}_{Ci}$$

将其求导得

$$\dot{\boldsymbol{r}}_i=\dot{\boldsymbol{r}}_C+\dot{\boldsymbol{r}}_{Ci}$$

即

$$\boldsymbol{v}_i=\boldsymbol{v}_C+\widetilde{\boldsymbol{v}}_i$$

式中，$\widetilde{\boldsymbol{v}}_i=\dot{\boldsymbol{r}}_{Ci}$为质点 i 相对质心 C 的速度。刚体对其质心的相对动量矩 $\boldsymbol{L}_C^r$定义为

$$\boldsymbol{L}_C^r=\sum_i \boldsymbol{r}_{Ci}\times m_i\widetilde{\boldsymbol{v}}_i$$

从而有

$$\begin{aligned}\boldsymbol{L}_C&=\sum_i \boldsymbol{r}_{Ci}\times m_i\boldsymbol{v}_i\\&=\sum_i \boldsymbol{r}_{Ci}\times m_i(\boldsymbol{v}_C+\widetilde{\boldsymbol{v}}_i)\\&=\left(\sum_i m_i\boldsymbol{r}_{Ci}\right)\times\boldsymbol{v}_C+\sum_i \boldsymbol{r}_{Ci}\times m_i\widetilde{\boldsymbol{v}}_i\\&=\left(\sum_i m_i\boldsymbol{r}_{Ci}\right)\times\boldsymbol{v}_C+\boldsymbol{L}_C^r\end{aligned}$$

按质心定义有 $\sum_i m_i\boldsymbol{r}_{Ci}=0$，故

$$\boldsymbol{L}_C=\boldsymbol{L}_C^r$$

即刚体对其质心的绝对动量矩与其相对动量矩相同，因此，式（4-47）可写为

$$\dot{\boldsymbol{L}}_C^r=\boldsymbol{M}_C \tag{4-48}$$

称为刚体相对质心的动量矩定理：刚体对其质心相对动量矩的导数等于作用在刚体上的外力系对质心之主矩。

（2）刚体动量矩的坐标表达式

1）刚体绕定点转动时动量矩的坐标表达式。设刚体以角速度 $\boldsymbol{\omega}$ 绕定点 O 转动，其上任一矢径为 $\boldsymbol{r}_i$的质点 i 的速度为

$$\dot{\boldsymbol{r}}_i=\boldsymbol{v}_i=\boldsymbol{\omega}\times\boldsymbol{r}_i$$

根据动量矩定义：

$$\boldsymbol{L}_O=\sum_i(\boldsymbol{r}_i\times m_i\dot{\boldsymbol{r}}_i)=\sum_i m_i[\boldsymbol{r}_i\times(\boldsymbol{\omega}\times\boldsymbol{r}_i)] \tag{4-49}$$

对矢量 $\boldsymbol{a}$、$\boldsymbol{b}$、$\boldsymbol{c}$ 叉乘：

$$\boldsymbol{a}\times(\boldsymbol{b}\times\boldsymbol{c})=(\boldsymbol{a}\cdot\boldsymbol{c})\boldsymbol{b}-(\boldsymbol{a}\cdot\boldsymbol{b})\boldsymbol{c}$$

因此，式（4-49）可写为

$$\boldsymbol{L}_O=\sum_i m_i[(\boldsymbol{r}_i\cdot\boldsymbol{r}_i)\boldsymbol{\omega}-(\boldsymbol{r}_i\cdot\boldsymbol{\omega})\boldsymbol{r}_i]$$

在以定点 O 为原点的坐标系中，$\boldsymbol{r}_i=[x_i\quad y_i\quad z_i]^{\mathrm{T}}$，则 $\boldsymbol{L}_O$在此坐标系中的表达式为

$$\begin{aligned}\boldsymbol{L}_O&=\sum_i m_i[(\boldsymbol{r}_i^{\mathrm{T}}\boldsymbol{r}_i)\boldsymbol{\omega}-\boldsymbol{r}_i(\boldsymbol{r}_i^{\mathrm{T}}\boldsymbol{\omega})]=\left\{\sum_i m_i[(\boldsymbol{r}_i^{\mathrm{T}}\boldsymbol{r}_i)\boldsymbol{I}-\boldsymbol{r}_i\boldsymbol{r}_i^{\mathrm{T}}]\right\}\boldsymbol{\omega}\\&=\begin{bmatrix}\sum_i m_i(y_i^2+z_i^2) & -\sum_i m_ix_iy_i & -\sum_i m_ix_iz_i\\ -\sum_i m_ix_iy_i & \sum_i m_i(x_i^2+z_i^2) & -\sum_i m_iy_iz_i\\ -\sum_i m_ix_iz_i & -\sum_i m_iy_iz_i & \sum_i m_i(x_i^2+y_i^2)\end{bmatrix}\boldsymbol{\omega}\\&\triangleq\boldsymbol{I}_O\boldsymbol{\omega}\end{aligned} \tag{4-50}$$

由转动惯量和惯性积的定义知

$$\boldsymbol{I}_O=\begin{bmatrix} I_x & -I_{xy} & -I_{xz} \\ -I_{xy} & I_y & -I_{yz} \\ -I_{xz} & -I_{yz} & I_z \end{bmatrix} \tag{4-51}$$

$\boldsymbol{I}_O$被称为刚体对定点 O 的惯性张量阵，是一个正定对称矩阵。

对于惯性张量阵值得说明以下几点：

① 惯性张量阵的表示与坐标系的选择有关。对于以定点 O 为原点的两坐标系 1 和 2，从系 1 到系 2 的旋转矩阵为${}^1\boldsymbol{R}_2$，则刚体对定点 O 在系 1 和系 2 中的惯性张量阵${}^1\boldsymbol{I}_O$和${}^2\boldsymbol{I}_O$满足关系：

$${}^1\boldsymbol{I}_O={}^1\boldsymbol{R}_2{}^2\boldsymbol{I}_O({}^1\boldsymbol{R}_2)^{\mathrm{T}} \tag{4-52}$$

② 使用动量矩的坐标表达式 $\boldsymbol{L}_O=\boldsymbol{I}_O\boldsymbol{\omega}$ 时，$\boldsymbol{L}_O$、$\boldsymbol{I}_O$、$\boldsymbol{\omega}$ 都应表示在同一坐标系中。

③ 惯性张量阵 $\boldsymbol{I}_O$的坐标系与刚体固连时是一个常值矩阵。

④ $\boldsymbol{L}_O=\boldsymbol{I}_O\boldsymbol{\omega}$ 成立当且仅当刚体绕定点 O 做定点转动。

2）刚体对质心动量矩的坐标表达式。由定义知，刚体对其质心的相对动量矩 $\boldsymbol{L}_C^r=\sum_i \boldsymbol{r}_{Ci}\times m_i\dot{\boldsymbol{r}}_{Ci}$。因质点 i 相对质心 C 的速度 $\dot{\boldsymbol{r}}_{Ci}=\boldsymbol{\omega}\times\boldsymbol{r}_{Ci}$（$\boldsymbol{\omega}$ 为刚体角速度），代入上式后用与推导定点转动刚体的动量矩同样的方法可得

$$\boldsymbol{L}_C^r=\sum_i m_i[\boldsymbol{r}_{Ci}\times(\boldsymbol{\omega}\times\boldsymbol{r}_{Ci})]=\sum_i m_i[(\boldsymbol{r}_{Ci}\cdot\boldsymbol{r}_{Ci})\boldsymbol{\omega}-(\boldsymbol{r}_{Ci}\cdot\boldsymbol{\omega})\boldsymbol{r}_{Ci}]$$

记 $\boldsymbol{L}_C^r$，$\boldsymbol{\omega}$，$\boldsymbol{r}_{Ci}$在与刚体固连的坐标系中的坐标表达式分别为 $\widetilde{\boldsymbol{L}}_C^r$，$\widetilde{\boldsymbol{\omega}}$，$\widetilde{\boldsymbol{r}}_{Ci}=[\widetilde{x}_i\quad \widetilde{y}_i\quad \widetilde{z}_i]^{\mathrm{T}}$，则由上式知

$$\widetilde{\boldsymbol{L}}_C^r=\sum_i m_i[(\widetilde{\boldsymbol{r}}_{Ci}^{\mathrm{T}}\widetilde{\boldsymbol{r}}_{Ci})\widetilde{\boldsymbol{\omega}}-\widetilde{\boldsymbol{r}}_{Ci}\widetilde{\boldsymbol{r}}_{Ci}^{\mathrm{T}}\widetilde{\boldsymbol{\omega}}]=\left\{\sum_i m_i[(\widetilde{\boldsymbol{r}}_{Ci}^{\mathrm{T}}\widetilde{\boldsymbol{r}}_{Ci})\boldsymbol{I}-\widetilde{\boldsymbol{r}}_{Ci}\widetilde{\boldsymbol{r}}_{Ci}^{\mathrm{T}}]\right\}\widetilde{\boldsymbol{\omega}}$$

$$=\begin{bmatrix} \sum_i m_i(\widetilde{y}_i^2+\widetilde{z}_i^2) & -\sum_i m_i\widetilde{x}_i\widetilde{y}_i & -\sum_i m_i\widetilde{x}_i\widetilde{z}_i \\ -\sum_i m_i\widetilde{x}_i\widetilde{y}_i & \sum_i m_i(\widetilde{x}_i^2+\widetilde{z}_i^2) & -\sum_i m_i\widetilde{y}_i\widetilde{z}_i \\ -\sum_i m_i\widetilde{x}_i\widetilde{z}_i & -\sum_i m_i\widetilde{y}_i\widetilde{z}_i & \sum_i m_i(\widetilde{x}_i^2+\widetilde{y}_i^2) \end{bmatrix}\widetilde{\omega}$$

$$=\begin{bmatrix} \widetilde{\boldsymbol{I}}_x & -\widetilde{\boldsymbol{I}}_{xy} & -\widetilde{\boldsymbol{I}}_{xz} \\ -\widetilde{\boldsymbol{I}}_{xy} & \widetilde{\boldsymbol{I}}_y & -\widetilde{\boldsymbol{I}}_{yz} \\ -\widetilde{\boldsymbol{I}}_{xz} & -\widetilde{\boldsymbol{I}}_{yz} & \widetilde{\boldsymbol{I}}_z \end{bmatrix}\widetilde{\boldsymbol{\omega}}\triangleq\widetilde{\boldsymbol{I}}_C\widetilde{\boldsymbol{\omega}} \tag{4-53}$$

式中，$\widetilde{\boldsymbol{I}}_C$是一常值矩阵，且是一对称正定矩阵。

（3）变矢量的绝对导数与相对导数定理

某矢量 $\boldsymbol{a}$ 的绝对导数$\frac{\mathrm{d}\boldsymbol{a}}{\mathrm{d}t}=\dot{\boldsymbol{a}}$ 是指它相对一静止坐标系的时间导数，而其相对导数$\frac{\mathrm{d}\widetilde{\boldsymbol{a}}}{\mathrm{d}t}$是指它相对一动坐标系的时间导数。因此，变矢量的绝对导数与相对导数定理：

$$\frac{\mathrm{d}\boldsymbol{a}}{\mathrm{d}t}=\frac{\widetilde{\mathrm{d}}\boldsymbol{a}}{\mathrm{d}t}+\boldsymbol{\omega}\times\boldsymbol{a} \tag{4-54}$$

式中，$\boldsymbol{\omega}$ 为动坐标系相对静坐标系的角速度。对任一坐标系，其坐标表达式也成立。

（4）欧拉方程

欧拉方程利用变矢量的绝对导数和相对导数定理把动量矩定理表示在通常与刚体固连的动坐标系中。

1）绕定点转动刚体的欧拉方程。由刚体对定点 O 的动量矩定理［式（4-44）］及变矢量的绝对导数与相对导数定理［式（4-54）］知

$$\dot{\boldsymbol{L}}_O=\frac{\mathrm{d}\boldsymbol{L}_O}{\mathrm{d}t}=\frac{\widetilde{\mathrm{d}}\boldsymbol{L}_O}{\mathrm{d}t}+\boldsymbol{\omega}\times\boldsymbol{L}_O=\boldsymbol{M}_O \tag{4-55}$$

式中，$\frac{\widetilde{\mathrm{d}}\boldsymbol{L}_O}{\mathrm{d}t}$表示将刚体对定点 O 的动量矩 $\boldsymbol{L}_O$ 相对一个与刚体固连的坐标系求导；$\boldsymbol{\omega}$ 为与此刚体固连坐标系的角速度。

若刚体绕定点 O 转动，则可将式（4-55）表示在上述与刚体固连的坐标系中，并利用动量矩的坐标表达式（4-50），这时有

$$\frac{\widetilde{\mathrm{d}}}{\mathrm{d}t}(\boldsymbol{I}_O\boldsymbol{\omega})+\boldsymbol{\omega}\times(\boldsymbol{I}_O\boldsymbol{\omega})=\left(\frac{\mathrm{d}}{\mathrm{d}t}\boldsymbol{I}_O\right)\boldsymbol{\omega}+\boldsymbol{I}_O\frac{\mathrm{d}}{\mathrm{d}t}\boldsymbol{\omega}+\boldsymbol{\omega}\times\boldsymbol{I}_O\boldsymbol{\omega}=\boldsymbol{M}_O \tag{4-56}$$

因刚体与坐标系固连，所以 $\boldsymbol{I}_O$ 是常值矩阵，$\frac{\mathrm{d}}{\mathrm{d}t}\boldsymbol{I}_O=0$。又由式（4-54）知

$$\frac{\widetilde{\mathrm{d}}}{\mathrm{d}t}\boldsymbol{\omega}=\frac{\mathrm{d}}{\mathrm{d}t}\boldsymbol{\omega}-\boldsymbol{\omega}\times\boldsymbol{\omega}=\frac{\mathrm{d}\boldsymbol{\omega}}{\mathrm{d}t}=\dot{\boldsymbol{\omega}}$$

将两者代入式（4-56）后即得到绕定点 O 转动刚体的欧拉方程：

$$\boldsymbol{I}_O\dot{\boldsymbol{\omega}}+\boldsymbol{\omega}\times\boldsymbol{I}_O\boldsymbol{\omega}=\boldsymbol{M}_O \tag{4-57}$$

2）做一般运动刚体对质心的欧拉方程。利用变矢量的绝对导数与相对导数定理，可将刚体对质心的动量矩定理式（4-48）表示为

$$\frac{\widetilde{\mathrm{d}}\boldsymbol{L}_C^r}{\mathrm{d}t}+\boldsymbol{\omega}\times\boldsymbol{L}_C^r=\boldsymbol{M}_C$$

式中，$\frac{\widetilde{\mathrm{d}}}{\mathrm{d}t}$表示相对于刚体固连的坐标系求导；$\boldsymbol{\omega}$ 为刚体角速度。将此式表示在与刚体固连的坐标系中并利用刚体对其质心的动量矩的表达式（4-53），得到

$$\frac{\widetilde{\mathrm{d}}}{\mathrm{d}t}(\widetilde{\boldsymbol{I}}_C\widetilde{\boldsymbol{\omega}})+\widetilde{\boldsymbol{\omega}}\times\widetilde{\boldsymbol{I}}_C\widetilde{\boldsymbol{\omega}}=\left(\frac{\widetilde{\mathrm{d}}}{\mathrm{d}t}\widetilde{\boldsymbol{I}}_C\right)\widetilde{\boldsymbol{\omega}}+\widetilde{\boldsymbol{I}}_C\frac{\widetilde{\mathrm{d}}}{\mathrm{d}t}\widetilde{\boldsymbol{\omega}}+\widetilde{\boldsymbol{\omega}}\times\widetilde{\boldsymbol{I}}_C\widetilde{\boldsymbol{\omega}}=\widetilde{\boldsymbol{M}}_C$$

刚体对其质心的惯性张量阵 $\widetilde{\boldsymbol{I}}_C$ 为常值矩阵，故 $\frac{\mathrm{d}}{\mathrm{d}t}\widetilde{\boldsymbol{I}}_C=0$。同时可证明 $\frac{\widetilde{\mathrm{d}}}{\mathrm{d}t}\widetilde{\boldsymbol{\omega}}=\dot{\widetilde{\boldsymbol{\omega}}}$，代入上式后得到

$$\widetilde{\boldsymbol{I}}_C\dot{\widetilde{\boldsymbol{\omega}}}+\widetilde{\boldsymbol{\omega}}\times\widetilde{\boldsymbol{I}}_C\widetilde{\boldsymbol{\omega}}=\widetilde{\boldsymbol{M}}_C \tag{4-58}$$

即为做一般运动刚体对其质心的欧拉方程。

欧拉方程式（4-58）中各量均为在与刚体固连坐标系中的表达式，但事实上可以证明，对任一坐标系均有

$$\boldsymbol{I}_C\dot{\boldsymbol{\omega}}+\boldsymbol{\omega}\times\boldsymbol{I}_C\boldsymbol{\omega}=\boldsymbol{M}_C$$

式中，各量均为在上述给定坐标系中的表达式。当然，在与刚体固连坐标系中表示欧拉方程时，惯性张量阵是常值矩阵，可以很容易地计算或辨识，方便应用。

联系牛顿方程可知：刚体的一般运动可以分解为随质心的平动和绕质心的转动，牛顿方程式（4-42）描述刚体随质心平动的动力学，欧拉方程式（4-58）描述刚体绕质心转动的动力学。即刚体的合成运动可以用牛顿-欧拉方程来表示。

4.2.2 机器人的牛顿-欧拉动力学方程

牛顿-欧拉方程是描述一个刚体的动力学方程，而一般的机器人是多刚体系统，因此描述机器人动力学的方程是多个牛顿-欧拉方程联立的方程组。

如图 4-2 所示，对于机器人连杆 i，用 D-H 方法建立和杆固连的传动轴坐标系，则杆 i 的两端分别有系 $i-1$ 和系 i 的原点 O_{i-1}和 O_i作用于杆 i 的外力。杆 $i-1$ 作用到杆 i 上的力系可简化为一个力 $\boldsymbol{f}_i$和一个力矩 $\boldsymbol{n}_i$。同理，杆 $i+1$ 作用到杆 i 上的是 $\boldsymbol{f}_{i+1}$和 $\boldsymbol{n}_{i+1}$的反作用力 $-\boldsymbol{f}_{i+1}$和 $-\boldsymbol{n}_{i+1}$。杆 i 上所受重力为 $m_i\boldsymbol{g}$。

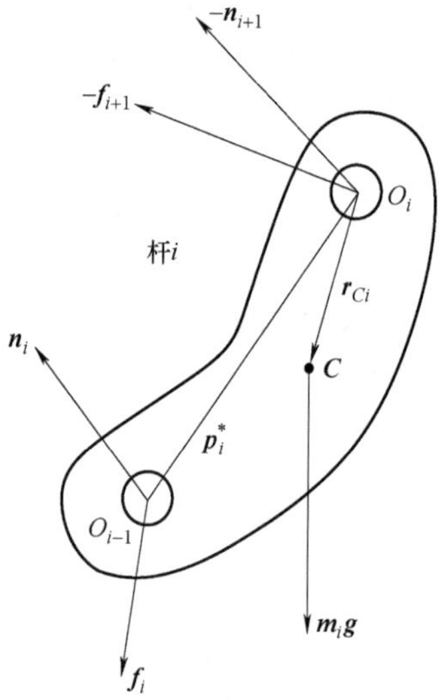

图 4-2 连杆 i 受力示意图

由牛顿方程式（4-42）知，描述杆 i 随其质心平动的方程为

$$m_i\boldsymbol{a}_{Ci}=\boldsymbol{f}_i-\boldsymbol{f}_{i+1}+m_i\boldsymbol{g},i=1,\cdots,n(\boldsymbol{f}_{n+1}=0)$$

式中，$\boldsymbol{a}_{Ci}$为杆 i 质心的加速度矢量。上式的坐标表达式为

$$m_i(\boldsymbol{a}_{Ci}-\boldsymbol{g})=\boldsymbol{f}_i-\boldsymbol{f}_{i+1},i=1,\cdots,n(\boldsymbol{f}_{n+1}=0) \tag{4-59}$$

又由欧拉方程式（4-58）知，描述杆 i 绕其质心转动的方程为

$$\boldsymbol{I}_{Ci}\dot{\boldsymbol{\omega}}_i+\boldsymbol{\omega}_i\times\boldsymbol{I}_{Ci}\boldsymbol{\omega}_i=\boldsymbol{M}_{Ci},i=1,\cdots,n \tag{4-60}$$

式中，$\boldsymbol{I}_{Ci}$为杆 i 对其质心的惯性张量阵；$\boldsymbol{M}_{Ci}$为作用在杆 i 上的外力对杆 i 质心的主矩。若 $\boldsymbol{r}_{Ci}$记为杆 i 质心在系 i 中的矢径，$\boldsymbol{p}_i^*\triangleq\overrightarrow{O_{i-1}O_i}$，则

$$\boldsymbol{M}_{Ci}=\boldsymbol{n}_i-\boldsymbol{n}_{i+1}+[-(\boldsymbol{p}_i^*+\boldsymbol{r}_{Ci})]\times\boldsymbol{f}_i+(-\boldsymbol{r}_{Ci})\times(-\boldsymbol{f}_{i+1})$$

将其坐标表达式代入式（4-60）后，即得到描述刚体绕其质心转动的方程为

$$\boldsymbol{I}_{Ci}\dot{\boldsymbol{\omega}}_i+\boldsymbol{\omega}_i\times\boldsymbol{I}_{Ci}\boldsymbol{\omega}_i=\boldsymbol{n}_i-\boldsymbol{n}_{i+1}-(\boldsymbol{p}_i^*+\boldsymbol{r}_{Ci})\times\boldsymbol{f}_i+\boldsymbol{r}_{Ci}\times\boldsymbol{f}_{i+1},i=1,\cdots,n$$
$$(\boldsymbol{f}_{n+1}=\boldsymbol{n}_{n+1}=0) \tag{4-61}$$

此外还可以用一个方程表示机器人驱动器施加到杆 i 关节轴向上的驱动力 $\boldsymbol{\tau}_i$与 $\boldsymbol{f}_i$和 $\boldsymbol{n}_i$的关系。当关节 i 是转动关节时，$\boldsymbol{\tau}_i$是 $\boldsymbol{n}_i$在 Z_{i-1}轴上的分量；而当关节 i 是移动关节时，$\boldsymbol{\tau}_i$为 $\boldsymbol{f}_i$在 Z_{i-1}轴上的分量，即

$$\boldsymbol{\tau}_i=\boldsymbol{z}_{i-1}^{\mathrm{T}}(\overline{\sigma}_i\boldsymbol{n}_i+\sigma_i\boldsymbol{f}_i),i=1,\cdots,n \tag{4-62}$$

式（4-59）、式（4-61）和式（4-62）即为用牛顿-欧拉方程导出的自由运动机器人的动力学方程，是联立的方程组且具有递推的形式。

4.2.3　自由运动机器人的正向动力学算法

正向动力学问题是指已知作用于系统上的力，求系统的运动。对自由运动机器人来说，其正向动力学算法是指在已知某一时刻驱动力 $\boldsymbol{\tau}$、关节位置 $\boldsymbol{q}$ 和关节速度 $\dot{\boldsymbol{q}}$ 时，求关节加速度 $\ddot{\boldsymbol{q}}$ 的有效算法。

一种算法是以其逆向动力学算法为基础，将问题化为求解具有对称系数矩阵的 n 阶方程组问题，在机器人连杆数较小时计算量较小；另一种算法是用牛顿-欧拉方程导出机器人模型，直接推导出求 $\boldsymbol{q}$ 的递推公式，算法简单、易于编程。

下面介绍第一种算法。

1. 基本原理

由机器人方程：

$$\boldsymbol{D}(\boldsymbol{q})\ddot{\boldsymbol{q}}+\boldsymbol{C}(\boldsymbol{q},\dot{\boldsymbol{q}})\dot{\boldsymbol{q}}+\boldsymbol{G}(\boldsymbol{q})=\boldsymbol{\tau} \tag{4-63}$$

当已知 $\boldsymbol{q}$、$\dot{\boldsymbol{q}}$ 和 $\boldsymbol{\tau}$ 后，可计算出 $\boldsymbol{D}(\boldsymbol{q})$，$\boldsymbol{C}(\boldsymbol{q},\dot{q})\dot{q}+\boldsymbol{G}(\boldsymbol{q})\triangleq\boldsymbol{b}$，以及 $\boldsymbol{\tau}-\boldsymbol{b}\triangleq\boldsymbol{\tau}^*$。式（4-63）化为

$$\boldsymbol{D}(\boldsymbol{q})\ddot{\boldsymbol{q}}=\boldsymbol{\tau}^* \tag{4-64}$$

由式（4-63）知，若令 $\ddot{\boldsymbol{q}}=0$，则 $\boldsymbol{\tau}=\boldsymbol{C}(\boldsymbol{q},\dot{\boldsymbol{q}})\boldsymbol{q}+\boldsymbol{G}(\boldsymbol{q})=\boldsymbol{b}$，根据已知的驱动力 $\boldsymbol{\tau}$ 可得出 $\boldsymbol{\tau}^*=\boldsymbol{\tau}-\boldsymbol{b}$。再通过“组合体惯量法”计算 $\boldsymbol{D}(\boldsymbol{q})$，解此线性方程组即可求出 $\ddot{\boldsymbol{q}}$，这就解决了正向动力学问题。

2. 组合体惯量法

组合体惯量法的目的是要按 $d_{nn},d_{n-1,n},\cdots,d_{1n}$；$d_{n-1,n-1},d_{n-2,n-1},\cdots,d_{1,n-1}$；$\cdots$；$d_{22},d_{12}$；$d_{11}$ 的顺序计算出 $\boldsymbol{D}(\boldsymbol{q})$ 中对角线以上（包括对角线）的元素。

当 $\dot{\boldsymbol{q}}=0$，$\boldsymbol{g}=0$，$\vec{q}=\boldsymbol{e}_j$ 时计算出的 $\boldsymbol{\tau}$ 即为 $\boldsymbol{D}(\boldsymbol{q})$ 的第 j 列。因为这时对于 $i>j$ 有 $\dot{\boldsymbol{q}}_i=\ddot{\boldsymbol{q}}_i=0$，意味着杆 j 至杆 n 间形成无相对运动的组合体，由 q_{j+1}，$\cdots$，q_n 确定其形状。同理，由于这时对 $i<j$ 也有 $\dot{q}_i=\ddot{q}_i=0$，故杆 0 至杆 $j-1$ 也构成了一个由 q_1，$\cdots$，q_{j-1} 确定其形状的刚体，可视为一个新的基座。关节 j 是唯一活动关节，$\ddot{\boldsymbol{q}}_j=1\neq0$，机器人化为一个绕关节 j 的轴线做定轴转动或沿关节 j 的轴线平移的组合体。

杆 j 至杆 n 组合体的牛顿-欧拉动力学方程为

$$\begin{cases}m_j^C\boldsymbol{a}_j^C=\boldsymbol{F}_j^C\\ \boldsymbol{I}_{Cj}^C\boldsymbol{\varepsilon}_j^C+\boldsymbol{\omega}_j^C\times\boldsymbol{I}_{Cj}^C\boldsymbol{\omega}_j^C=\boldsymbol{M}_j^C\end{cases} \tag{4-65}$$

式中，m_j^C、$\boldsymbol{a}_j^C$、$\boldsymbol{I}_{Cj}^C$、$\boldsymbol{\omega}_j^C$ 和 $\boldsymbol{\varepsilon}_j^C$ 分别为组合体的质量、质心加速度、对质心的惯性张量阵、角速度和角加速度；$\boldsymbol{F}_j^C$、$\boldsymbol{M}_j^C$ 为作用在组合体上外力系的主矢和对其质心的主矩。

当和杆固连的坐标系为用 D-H 方法建立的传动轴坐标系时，关节 j 的轴连接新基座和组合体，故此轴线上单位矢量 z_{j-1} 为一常量。由 $\dot{\boldsymbol{q}}_j=0$ 和 $\ddot{\boldsymbol{q}}_j=1$ 可算出此时组合体的角速度和角加速度分别为

$$\boldsymbol{\omega}_j^C=\overline{\sigma}_j\boldsymbol{z}_{j-1}\dot{\boldsymbol{q}}_j=0,\quad \boldsymbol{\varepsilon}_j^C=\overline{\sigma}_j\boldsymbol{z}_{j-1}\ddot{\boldsymbol{q}}_j=\overline{\sigma}_j\boldsymbol{z}_{j-1}$$

利用上两式可进一步计算出这时组合体质心速度为

$$\boldsymbol{v}_j^C=\overline{\sigma}_j\boldsymbol{\omega}_j^C\times c_j^C+\sigma_j\boldsymbol{z}_{j-1}\dot{q}_j=0$$

式中，$\boldsymbol{c}_j^C$ 为从系 $j-1$ 原点 O_{j-1} 到组合体质心的矢径。组合体质心加速度为

$$\boldsymbol{a}_j^C=\overline{\sigma}_j(\boldsymbol{\varepsilon}_j^C\times\boldsymbol{c}_j^C+\boldsymbol{\omega}_j^C\times\dot{\boldsymbol{c}}_j^C)+\sigma_j\boldsymbol{z}_{j-1}\ddot{q}_j=\overline{\sigma}_j\boldsymbol{z}_{j-1}\times\boldsymbol{c}_j^C+\sigma_j\boldsymbol{z}_{j-1}$$

代入方程式（4-65）后得到

$$F_j^C = m_j^C(\overline{\sigma}_j z_{j-1} \times c_j^C + \sigma_j z_{j-1}) \tag{4-66}$$

$$M_j^C = \overline{\sigma}_j I_{Cj}^C z_{j-1} \tag{4-67}$$

由于这时 $g=0$，故作用在组合体上的力只有从杆 $j-1$ 传到杆 j 上的力系。仍将此力系的主矢记为 f_j，对系 f_j 原点 O_{j-1} 的主矩为 n_j，则有

$$f_j = F_j^C \tag{4-68}$$

$$n_j = M_j^C + c_j^C \times F_j^C \tag{4-69}$$

$$\tau_j = z_{j-1}^{\mathrm{T}}(\overline{\sigma}_j n_j + \sigma_j f_j) \tag{4-70}$$

用牛顿-欧拉方程求出的机器人各杆的动力学方程为

$$\begin{cases} F_i = m_i a_{Ci} \\ N_i = I_{Ci}\varepsilon_i + \omega_i \times I_{Ci}\omega_i \\ f_i = F_i + f_{i+1} & (f_{n+1} = n_{n+1} = 0), \quad i = 1, \cdots, n \\ n_i = N_i + n_{i+1} + p_i^* \times f_i + r_{Ci} \times F_i \\ \tau_i = z_{i-1}^{\mathrm{T}}(\overline{\sigma}_i n_i + \sigma_i f_i) \end{cases}$$

由于杆 1，…，杆 $j-1$ 均静止，故有

$$a_{Ci} = \omega_i = \varepsilon_i = 0, \quad i = 1, \cdots, j-1$$

因此，对于 $i=1$，…，$j-1$，其 τ_i 可用下式求得：

$$f_i = f_{i+1} \tag{4-71}$$

$$n_i = n_{i+1} + p_i^* \times f \tag{4-72}$$

$$\tau_i = z_{i-1}^{\mathrm{T}}(\overline{\sigma}_i n_i + \sigma_i f_i) \tag{4-73}$$

$$i = j-1, \cdots, 1$$

因为已知用逆向动力学算法计算出的 τ 即为 $D(q)$ 的第 j 列，利用式（4-66）~式（4-73）按 $i=j$，…，1 的顺序计算出的 τ_i 即为 d_{ij}，即式（4-70）和式（4-73）可改写为

$$d_{ij} = z_{i-1}^{\mathrm{T}}(\overline{\sigma}_i n_i + \sigma_i f_i), \quad i = j, \cdots, 1 \tag{4-74}$$

所以，只要令 $i=j$，…，1；$i=j$，…，1，即可用式（4-66）~式（4-72）和式（4-74）依次计算出 d_{nn}，$d_{n-1,n}$，…，d_{1n}；$d_{n-1,n-1}$，$d_{n-2,n-1}$，…，$d_{1,n-1}$ …；d_{11}。这就是组合体惯量法。

3. 计算组合体质量、质心位置和对其质心惯性张量阵的递推公式

从式（4-66）和式（4-67）可明显看出：要用组合体惯量法计算 $D(q)$，必须首先计算出组合体的质量 m_j^C，从 O_{j-1} 到组合体质心的矢径 c_j^C 和组合体对其质心的惯性张量阵 I_j^C。以下推导计算 m_j^C、c_j^C 和 I_j^C 的递推公式。

按组合体质量的定义有

$$m_j^C = \sum_{k=j}^{n} m_k = m_j + \sum_{k=j+1}^{n} m_k = m_j + m_{j+1}^C$$

故可用以下递推公式计算 m_j^C：

$$m_j^C = m_j + m_{j+1}^C (m_{n+1}^C = 0) \tag{4-75}$$

按质心定义有

$$
\begin{aligned}
m_j^C \boldsymbol{c}_j^C &= \sum_{k=j}^{n} m_k \boldsymbol{r}_{j-1}^k = m_j \boldsymbol{r}_{j-1}^j + \sum_{k=j+1}^{n} m_k \boldsymbol{r}_{j-1}^k \\
&= m_j(\boldsymbol{p}_j^* + \boldsymbol{r}_{Cj}) + \sum_{k=j+1}^{n} m_k(\boldsymbol{p}_j^* + \boldsymbol{r}_j^k) \\
&= m_j(\boldsymbol{p}_j^* + \boldsymbol{r}_{Cj}) + m_{j+1}^C \boldsymbol{p}_j^* + \sum_{k=j+1}^{n} m_k \boldsymbol{r}_j^k \\
&= m_j(\boldsymbol{p}_j^* + \boldsymbol{r}_{Cj}) + m_{j+1}^C(\boldsymbol{p}_j^* + \boldsymbol{c}_{j+1}^C)
\end{aligned}
$$

式中，$\boldsymbol{r}_{j-1}^k$为从 O_{j-1}到杆 k 质心的矢径在系 0 中的坐标表达式；$\boldsymbol{p}_j^*$ 为$\overrightarrow{O_{j-1}O_j}$在系 0 中的坐标表达式。故从 O_{j-1}到组合体质心的矢径 $\boldsymbol{c}_j^C$可用式（4-76）计算：

$$
\boldsymbol{c}_j^C = \frac{1}{m_j^C}[m_j(\boldsymbol{p}_j^* + \boldsymbol{r}_{Cj}) + m_{j+1}^C(\boldsymbol{p}_j^* + \boldsymbol{c}_{j+1}^C)]\ (m_{n+1}^C = \boldsymbol{c}_{n+1}^C = 0) \tag{4-76}
$$

推导计算组合体惯性张量阵 $\boldsymbol{I}_j^C$ 的递推公式要稍复杂些。首先，按惯性张量阵的定义很容易证明：

① 若一刚体由两部分组成，其第一部分对任一点 O 的惯性张量阵为 $\boldsymbol{I}_O^1$，其第二部分对同一点 O 的惯性张量阵为 $\boldsymbol{I}_O^2$，则整个刚体对 O 点的惯性张量阵为

$$
\boldsymbol{I}_O = \boldsymbol{I}_O^1 + \boldsymbol{I}_O^2 \tag{4-77}
$$

② 平行轴定理：若一质量为 m 的刚体对其质心 C 的惯性张量阵为 $\boldsymbol{I}_C$，对任一点 O 的惯性张量阵为 $\boldsymbol{I}_O$，则有

$$
\boldsymbol{I}_O = \boldsymbol{I}_C + m(\boldsymbol{r}^{\mathrm{T}}\boldsymbol{r}\boldsymbol{I} - \boldsymbol{r}\boldsymbol{r}^{\mathrm{T}}) \tag{4-78}
$$

式中，$\boldsymbol{r}$ 为$\overrightarrow{OC}$的坐标表达式；$\boldsymbol{I}$ 为 3 阶单位矩阵。

利用以上两点易知（参见图 4-3）：

$$
\begin{aligned}
\boldsymbol{I}_{Cj}^C = {}& \boldsymbol{I}_{Cj} + m_j[(\boldsymbol{p}_j^* + \boldsymbol{r}_{Cj} - \boldsymbol{c}_j^C)^{\mathrm{T}}(\boldsymbol{p}_j^* + \boldsymbol{r}_{Cj} - \boldsymbol{c}_j^C)\boldsymbol{I} - (\boldsymbol{p}_j^* + \boldsymbol{r}_{Cj} - \boldsymbol{c}_j^C)(\boldsymbol{p}_j^* + \boldsymbol{r}_{Cj} - \boldsymbol{c}_j^C)^{\mathrm{T}}] + \\
& \boldsymbol{I}_{C,j+1}^C + m_{j+1}^C[(\boldsymbol{p}_j^* + \boldsymbol{c}_{j+1}^C - \boldsymbol{c}_j^C)^{\mathrm{T}}(\boldsymbol{p}_j^* + \boldsymbol{c}_{j+1}^C - \boldsymbol{c}_j^C)\boldsymbol{I} - (\boldsymbol{p}_j^* + \boldsymbol{c}_{j+1}^C - \boldsymbol{c}_j^C)(\boldsymbol{p}_j^* + \boldsymbol{c}_{j+1}^C - \boldsymbol{c}_j^C)^{\mathrm{T}}] \\
& (\boldsymbol{I}_{C,n+1}^C = 0,\ m_{n+1}^C = 0,\ \boldsymbol{c}_{n+1}^C = 0)
\end{aligned} \tag{4-79}
$$

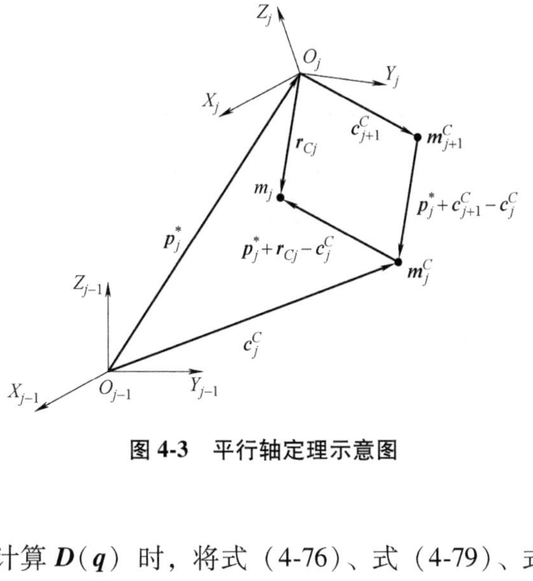

图 4-3　平行轴定理示意图

4. 计算公式及框图

为减少计算量，在计算 $\boldsymbol{D}(\boldsymbol{q})$ 时，将式（4-76）、式（4-79）、式（4-66）~式（4-69）、式（4-71）、式（4-72）和式（4-74）表示在杆坐标系中，得到

$$
\begin{cases}
\widetilde{\boldsymbol{c}}_j^C=\dfrac{1}{m_j^C}[m_j(\widetilde{\boldsymbol{p}}_j^*+\widetilde{\boldsymbol{r}}_{Cj})+m_{j+1}^C(\widetilde{\boldsymbol{p}}_j^*+{}^j\boldsymbol{R}_{j+1}\widetilde{\boldsymbol{c}}_{j+1}^C)] \\
\widetilde{\boldsymbol{I}}_{Cj}^C=\widetilde{\boldsymbol{I}}_{Cj}+m_j[(\widetilde{\boldsymbol{p}}_j^*+\widetilde{\boldsymbol{r}}_{Cj}-\widetilde{\boldsymbol{c}}_j^C)^{\mathrm{T}}(\widetilde{\boldsymbol{p}}_j^*+\widetilde{\boldsymbol{r}}_{Cj}-\widetilde{\boldsymbol{c}}_j^C)\boldsymbol{I}-(\widetilde{\boldsymbol{p}}_j^*+\widetilde{\boldsymbol{r}}_{C_j}-\widetilde{\boldsymbol{c}}_j^C)(\widetilde{\boldsymbol{p}}_j^*+\widetilde{\boldsymbol{r}}_{C_j}-\widetilde{\boldsymbol{c}}_j^C)^{\mathrm{T}}]+ \\
\quad {}^j\boldsymbol{R}_{j+1}\widetilde{\boldsymbol{I}}_{C,j+1}^C\,{}^{j+1}\boldsymbol{R}_j+m_{j+1}^C[(\widetilde{\boldsymbol{p}}_j^*+{}^j\boldsymbol{R}_{j+1}\widetilde{\boldsymbol{c}}_{j+1}^C-\widetilde{\boldsymbol{c}}_j^C)^{\mathrm{T}}(\widetilde{\boldsymbol{p}}_j^*+{}^j\boldsymbol{R}_{j+1}\widetilde{\boldsymbol{c}}_{j+1}^C-\widetilde{\boldsymbol{c}}_j^C)\boldsymbol{I}- \\
\quad (\widetilde{\boldsymbol{p}}_j^*+{}^j\boldsymbol{R}_{j+1}\widetilde{\boldsymbol{c}}_{j+1}^C-\widetilde{\boldsymbol{c}}_j^C)(\widetilde{\boldsymbol{p}}_j^*+{}^j\boldsymbol{R}_{j+1}\widetilde{\boldsymbol{c}}_{j+1}^C-\widetilde{\boldsymbol{c}}_j^C)^{\mathrm{T}}] \\
\widetilde{\boldsymbol{F}}_j^C=m_j^C(\overline{\sigma}_j{}^j\boldsymbol{R}_{j-1}\boldsymbol{z}\times\widetilde{\boldsymbol{c}}_j^C+\sigma_j{}^j\boldsymbol{R}_{j-1}\boldsymbol{z}) \\
\widetilde{\boldsymbol{M}}_j^C=\overline{\sigma}_j\widetilde{\boldsymbol{I}}_{Cj}^{C\,j}\boldsymbol{R}_{j-1}\boldsymbol{z} \\
\widetilde{\boldsymbol{f}}_j=\widetilde{\boldsymbol{F}}_j^C \\
\widetilde{\boldsymbol{n}}_j=\widetilde{\boldsymbol{M}}_j^C+\widetilde{\boldsymbol{c}}_j^C\times\widetilde{\boldsymbol{F}}_j^C
\end{cases}
\tag{4-80}
$$

$$
(\widetilde{\boldsymbol{I}}_{C,n+1}^C=0,\widetilde{\boldsymbol{c}}_{n+1}^C=0,m_{n+1}^C=0);\quad j=n,\cdots,1
$$

$$
\begin{cases}
\widetilde{\boldsymbol{f}}_i={}^i\boldsymbol{R}_{i+1}\widetilde{\boldsymbol{f}}_{i+1} \\
\widetilde{\boldsymbol{n}}_i={}^i\boldsymbol{R}_{i+1}\widetilde{\boldsymbol{n}}_{i+1}+\widetilde{\boldsymbol{p}}_j^*\times\widetilde{\boldsymbol{f}}
\end{cases},\quad i=j-1,\cdots,1
\tag{4-81}
$$

$$
d_{ij}=({}^i\boldsymbol{R}_{i-1}\boldsymbol{z})^{\mathrm{T}}(\overline{\sigma}_i\widetilde{\boldsymbol{n}}_i+\sigma_i\widetilde{\boldsymbol{f}}),\quad j=n,\cdots,1;i=j,\cdots,1
\tag{4-82}
$$

计算 $\boldsymbol{D}(\boldsymbol{q})$ 流程图如图 4-4 所示。

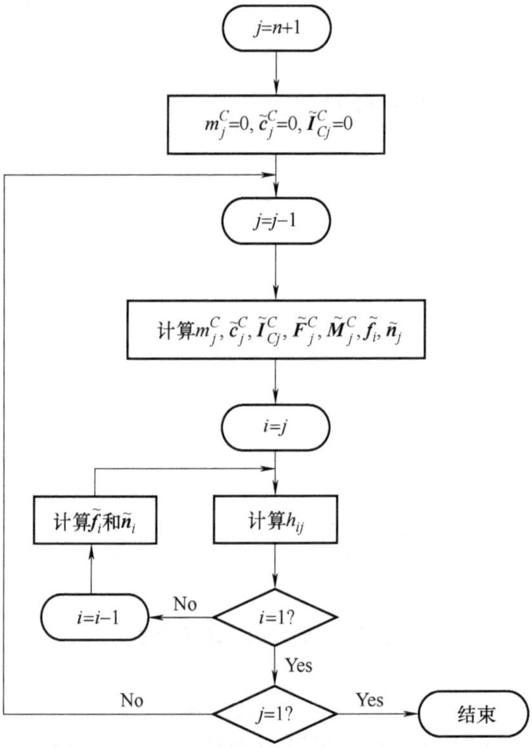

图 4-4 计算 $\boldsymbol{D}(\boldsymbol{q})$ 流程图

5. 利用正向动力学算法进行机器人运动模拟

正向动力学算法主要用于机器人运动模拟。若要模拟受控机器人在时间区间 $[t_0,\ t_f]$ 中的运动，可将此区间分为若干以 Δt 为间隔的小区间，从 $t=t_0$ 开始，用正向动力学算法由已知的 $\boldsymbol{q}(t)$、$\dot{\boldsymbol{q}}(t)$ 和 $\boldsymbol{\tau}(t)$ 计算出 $\ddot{\boldsymbol{q}}(t)$ 后，可用以下近似积分法计算：

$$\begin{cases}\dot{\boldsymbol{q}}(t+\Delta t)=\dot{\boldsymbol{q}}(t)+\ddot{\boldsymbol{q}}(t)\Delta t\\ \boldsymbol{q}(t+\Delta t)=\boldsymbol{q}(t)+\dot{\boldsymbol{q}}(t)\Delta t+\dfrac{1}{2}\ddot{\boldsymbol{q}}(t)(\Delta t)^2\end{cases}\tag{4-83}$$

如此迭代计算下去，即可模拟计算出受控机器人在区间 $[t_0,\ t_f]$ 中的运动。近似积分算法流程图如图 4-5 所示。有时为提高模拟精度，在积分计算时不采用式，而采用更为精确的积分方法——Runge-Kutta 法。

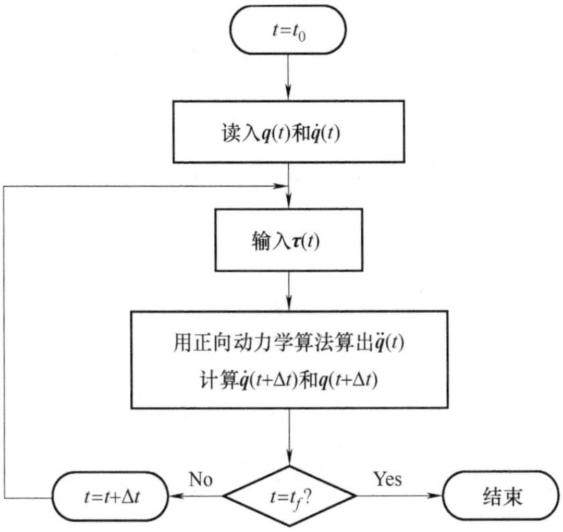

图 4-5　近似积分算法流程图

4.3　凯恩方程

凯恩方法是由达朗贝尔原理和虚位移原理推导出来的，本质上属于动力学普遍方程的发展形式。通过选取变量广义坐标和广义速率，分别计算广义主动力和广义惯性力，得到系统动力学方程。凯恩方法非常适用于复杂系统的建模，采用计算机求解速度很快。与其他方法相比，采用凯恩方法运算次数少，计算效率高。

4.3.1　质点系下的凯恩方程

假设惯性系下存在一个由 n 个质点组成的质点系，系统的自由度为 l，选取 l 个独立广义坐标 $q_i(i=1,2,\cdots,l)$，则 t 时刻质点 P_i 在惯性系下的位置矢量：

$$\boldsymbol{r}_i=r_i(q_1\quad q_2\quad \cdots\quad q_l\quad t)\tag{4-84}$$

将式 (4-84) 对 t 求导，质点 P_i 的线速度可表示为

$$\boldsymbol{v}_i=\frac{\mathrm{d}\boldsymbol{r}_i}{\mathrm{d}t}=\sum_{j=1}^{l}\frac{\partial \boldsymbol{r}_i}{\partial q_j}\dot{q}_j=\sum_{j=1}^{l}\frac{\partial \boldsymbol{v}_i}{\partial \dot{q}_j}\dot{q}_j=\sum_{j=1}^{l}\boldsymbol{v}_{i,j}\dot{q}_j\tag{4-85}$$

式中，$\dot{q}_j$是广义速度；$\boldsymbol{v}_{i,j}=\frac{\partial \boldsymbol{r}_i}{\partial q_j}=\frac{\partial \boldsymbol{v}_i}{\partial \dot{q}_j}$是质点 P_i的速度对于广义速度 $\dot{q}_j$的偏速度。因此质点 P_i的虚位移为

$$\delta \boldsymbol{r}_i = \sum_{j=1}^{l} \frac{\partial \boldsymbol{r}_i}{\partial q_j}\delta q_j = \sum_{j=1}^{l} \boldsymbol{v}_{i,j}\delta q_j \tag{4-86}$$

根据达朗贝尔原理、虚位移原理：理想约束任意时刻，质点系上主动力和惯性力在虚位移上做的功为零。对于上述质点系，应用虚位移原理，系统的动力学方程为

$$\sum_{i=1}^{n} (\boldsymbol{F}_i - m_i\boldsymbol{a}_i) \cdot \delta \boldsymbol{r}_i = 0 \tag{4-87}$$

式中，$\boldsymbol{F}_i$为质点 P_i所受的主动力矢量；m_i为质点 P_i的质量；$\boldsymbol{a}_i$为质点 P_i的加速度矢量。

将式（4-86）代入式（4-87），得到

$$\sum_{i=1}^{n} \left[(\boldsymbol{F}_i - m_i\boldsymbol{a}_i) \cdot \sum_{j=1}^{l} \boldsymbol{v}_{ij}\delta q_j \right] = 0 \tag{4-88}$$

整理得到

$$\sum_{j=1}^{l} \left[\sum_{i=1}^{n} (\boldsymbol{F}_i - m_i\boldsymbol{a}_i) \cdot \boldsymbol{v}_{ij}\delta q_j \right] = 0 \tag{4-89}$$

由于 l 个广义坐标是相互独立的，则

$$\sum_{i=1}^{n} (\boldsymbol{F}_i - m_i\boldsymbol{a}_i) \cdot \boldsymbol{v}_{i,j} = 0 \tag{4-90}$$

因此可以得到凯恩方程：

$$F_j + F_j^* = 0 \quad (j=1,2,\cdots,l) \tag{4-91}$$

其中，广义主动力 $F_j = \sum_{i=1}^{n} \boldsymbol{F}_i \cdot \boldsymbol{v}_{ij}$；广义惯性力 $F_j^* = \sum_{i=1}^{n} - m_i\boldsymbol{a}_i \cdot \boldsymbol{v}_{ij}$。

4.3.2 刚体系统的凯恩方程

假设一个刚体 B_k中包含 n 个质点，其受力情况如图 4-6 所示。质心为 C，将刚体各质点处所受的主动力向质心处等效，B_k所受的等效主动力 $\boldsymbol{F}_C$和等效主动力矩 $\boldsymbol{M}_C$为

$$\begin{cases} \boldsymbol{F}_C = \sum_{i=1}^{n} \boldsymbol{F}_i \\ \boldsymbol{M}_C = \sum_{i=1}^{n} \boldsymbol{r}_i \times \boldsymbol{F}_i \end{cases} \tag{4-92}$$

式中，$\boldsymbol{r}_i$为力 $\boldsymbol{F}_i$作用点距离质心 C 的向量。

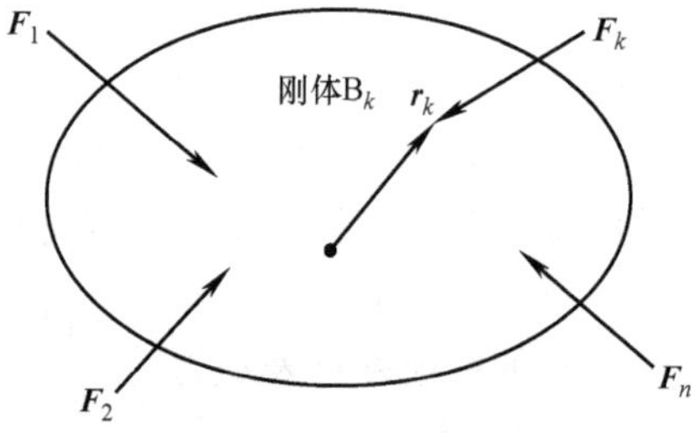

图 4-6　刚体 B_k的受力情况

接下来分析刚体 B_k 所受的等效惯性力（矩）$\boldsymbol{F}_C^*$、$\boldsymbol{M}_C^*$。

假设刚体 B_k 内质点 P_i 的质量为 m_i，其加速度为 $\boldsymbol{a}_i$，将各个质点所受的惯性力（矩）向质心处等效：

$$\boldsymbol{F}_C^* = \sum_{i=1}^{n} \boldsymbol{F}_i^* = -\sum_{i=1}^{n} m_i \cdot \boldsymbol{a}_i \tag{4-93}$$

$$\boldsymbol{M}_C^* = \sum_{i=1}^{n} \boldsymbol{r}_i \times \boldsymbol{F}_i^* \tag{4-94}$$

由理论力学得到，质点 P_i 的加速度为

$$\boldsymbol{a}_i = \boldsymbol{a}_C + \boldsymbol{a}_{iC} = \boldsymbol{a}_C + \boldsymbol{\alpha} \times \boldsymbol{r}_i + \boldsymbol{\omega} \times (\boldsymbol{\omega} \times \boldsymbol{r}_i) \tag{4-95}$$

式中，$\boldsymbol{a}_C$ 为刚体内质心加速度；$\boldsymbol{\alpha}$ 为刚体 B_k 的角加速度；$\boldsymbol{\omega}$ 为刚体 B_k 运动的角速度。

将式（4-95）代入式（4-93）得到

$$\begin{aligned}\boldsymbol{F}_C^* &= -\sum_{i=1}^{n} m_i \cdot \boldsymbol{a}_i = -\sum_{i=1}^{n} m_i \cdot [\boldsymbol{a}_C + \boldsymbol{\alpha} \times \boldsymbol{r}_i + \boldsymbol{\omega} \times (\boldsymbol{\omega} \times \boldsymbol{r}_i)] \\ &= -\sum_{i=1}^{n} m_i \cdot \boldsymbol{a}_C - \boldsymbol{\alpha} \times \sum_{i=1}^{n} m_i \cdot \boldsymbol{r}_i - \boldsymbol{\omega} \times \left(\boldsymbol{\omega} \times \sum_{i=1}^{n} m_i \cdot \boldsymbol{r}_i\right)\end{aligned} \tag{4-96}$$

由于 C 为质心，$\sum_{i=1}^{n} m_i \cdot \boldsymbol{r}_i = 0$，因此等效惯性力为

$$\boldsymbol{F}_C^* = -\sum_{i=1}^{n} m_i \cdot \boldsymbol{a}_C = -M \cdot \boldsymbol{a}_C \tag{4-97}$$

将式（4-95）代入式（4-94）得

$$\begin{aligned}\boldsymbol{M}_C^* &= -\sum_{i=1}^{n} \boldsymbol{r}_i \times m_i \cdot \boldsymbol{a}_i = -\sum_{i=1}^{n} m_i \boldsymbol{r}_i \times [\boldsymbol{a}_C + \boldsymbol{\alpha} \times \boldsymbol{r}_i + \boldsymbol{\omega} \times (\boldsymbol{\omega} \times \boldsymbol{r}_i)] \\ &= -\sum_{i=1}^{n} m_i \boldsymbol{r}_i \times (\boldsymbol{\alpha} \times \boldsymbol{r}_i) - \boldsymbol{\omega} \times \left[\sum_{i=1}^{n} m_i \cdot \boldsymbol{r}_i \times (\boldsymbol{\omega} \times \boldsymbol{r}_i)\right] \\ &= -\boldsymbol{I} \cdot \boldsymbol{\alpha} - \boldsymbol{\omega} \times (\boldsymbol{I} \cdot \boldsymbol{\omega})\end{aligned} \tag{4-98}$$

式中，$\boldsymbol{I}$ 为刚体 B_k 对质心 C 的惯性张量。

由此得到，广义主动力和广义惯性力可表示为

$$\begin{cases} F_j = \boldsymbol{F}_C \cdot \dfrac{\partial \boldsymbol{v}_C}{\partial \dot{q}_j} + \boldsymbol{M}_C \cdot \dfrac{\partial \boldsymbol{\omega}}{\partial \dot{q}_j} \\ F_j^* = \boldsymbol{F}_C^* \cdot \dfrac{\partial \boldsymbol{v}_C}{\partial \dot{q}_j} + \boldsymbol{M}_C^* \cdot \dfrac{\partial \boldsymbol{\omega}}{\partial \dot{q}_j} \end{cases} \tag{4-99}$$

由此可得到系统凯恩动力学方程的推导步骤如下：

1）建立坐标系，根据自由度，选取广义坐标和广义速度。

2）运动学分析，计算系统的偏角速度及其导数、偏线速度及其导数。

3）动力学分析，计算系统的等效主动力（矩）和等效惯性力（矩）。

4）将步骤2）、3）所得代入式（4-99），通过整理得到动力学方程。

从上述的推导过程可以看出，凯恩动力学方程通过引入偏角速度和偏线速度的概念，不用计算内力，也不需要拉格朗日方程复杂微分计算，对于多自由度复杂系统的动力学推导计算比较有利。

4.4 动力学参数辨识

4.4.1 动力学建模

以某型六自由度机械臂为研究对象，如图 4-7 所示。

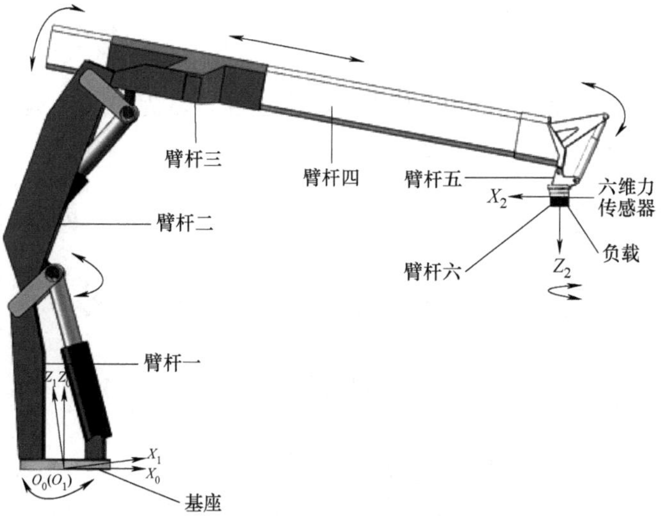

图 4-7 某型六自由度机械臂

目前，对于建立动力学模型常用的几种方法有牛顿-欧拉法、拉格朗日法、凯恩法等，其中牛顿-欧拉法和拉格朗日法最为常用。牛顿-欧拉法利用牛顿力学和刚体力学导出逆向动力学的递推计算公式，最后归纳得到机器人的逆向动力学模型，其具有好算难推的特点。而拉格朗日法是基于能量的角度对变量及时间建立微分方程，其具有好推难算的特点，但是随着系统复杂度增加，拉格朗日法会相对简单。考虑到本例研究的机械臂自由度较多，为方便编程计算，采用拉格朗日法进行动力学建模，推导过程按照 4.1.3 节方法，分为以下五个步骤：

1）计算每个连杆上任意一点的速度。

2）计算每个连杆的动能和整个机械臂的总动能。

3）计算每个连杆的势能和整个机械臂的势能。

4）对整个机械臂建立拉格朗日函数。

5）对拉格朗日函数求微分，得到动力学模型。

根据式（4-25）、式（4-30）和式（4-31）的拉格朗日方程编写的 Matlab 代码如下：

```
% n 为机器人系统广义坐标数目
% J(:,:,j)为式(4-24)中第 j 连杆的伪惯量矩阵 Ī
% T(:,:,j)为第 j 连杆连体坐标系的转换矩阵
% q 为广义坐标向量
% qd 为广义坐标一阶导向量
```

```
% qdd 为广义坐标二阶导向量
for i=1:n
for j=i:n
for k=1:j
for m=1:j
if m==1                    fm(i,1)=trace(diff(T(:,:,j),q(i))*J(:,:,
j)*diff(diff((T(:,:,j)'),q(k)),q(m))).*qd(k).*qd(m);
else                       fm(i,1)=trace(diff(T(:,:,j),q(i))*J(:,:,
j)*diff(diff((T(:,:,j)'),q(k)),q(m))).*qd(k).*qd(m)+fm(i,1);
end
end
if k==1                    fkd(i,1)=trace(diff(T(:,:,j),q(i))*J(:,:,
j)*diff((T(:,:,j)'),q(k))).*qdd(k);
fkm(i,1)=fm(i,1);
else                       fkd(i,1)=trace(diff(T(:,:,j),q(i))*J(:,:,
j)*diff((T(:,:,j)'),q(k))).*qdd(k)+fkd(i,1);
fkm(i,1)=fm(i,1)+fkm(i,1);
end
end
if j==i
fkdj(i,1)=fkd(i,1);
fkmj(i,1)=fkm(i,1);
fg(i,1)=[0,0,10,0]*diff(T(:,:,j),q(i))*r(:,j);
else
fkdj(i,1)=fkd(i,1)+fkdj(i,1);                    %操作臂的质量矩阵
fkmj(i,1)=fkmj(i,1)+fkm(i,1);                    %哥氏力与离合力项
fg(i,1)=[0,0,10,0]*diff(T(:,:,j),q(i))*r(:,j)+fg(i,1);
                                                 %重力项
end
end
f(i,1)=fkdj(i,1)+fkmj(i,1)+fg(i,1);              %动力学方程
end
```

在 Matlab 文本页面复制以上代码，全选按<Ctrl+I>键，运行即可得到拉格朗日动力学代数方程。

4.4.2　模型线性化及最小参数集

1. 动力学模型的线性化

连杆 i 的惯性参数向量记为

$$\boldsymbol{p}_i=[I_{ixx},I_{iyy},I_{izz},I_{ixy},I_{ixz},I_{iyz},m_i\overline{x}_i,m_i\overline{y}_i,m_i\overline{z}_i,m_i] \tag{4-100}$$

式中，I_{ixx}、I_{iyy}、I_{izz}为连杆在对应的连杆坐标系中的主惯性矩；I_{ixy}、I_{ixz}、I_{iyz}为连杆在对应的连杆坐标系中的主惯性积；$m_i\overline{x_i}$、$m_i\overline{y_i}$、$m_i\overline{z_i}$是连杆的质心在对应的连杆坐标系中的位置坐标；m_i为连杆的质量。

根据已知文献的证明，已知各关节的位置、速度、加速度时，经过一系列变换，可以把动力学方程：

$$\boldsymbol{M}(\boldsymbol{q})\ddot{\boldsymbol{q}}+\boldsymbol{C}(\boldsymbol{q},\dot{\boldsymbol{q}})\dot{\boldsymbol{q}}+\boldsymbol{G}(\boldsymbol{q})=\boldsymbol{\tau} \tag{4-101}$$

改写成关于各个连杆惯性参数的线性方程组：

$$\boldsymbol{\tau}=\boldsymbol{w}(\boldsymbol{q},\dot{\boldsymbol{q}},\ddot{\boldsymbol{q}})\boldsymbol{p} \tag{4-102}$$

式中，$\boldsymbol{p}$ 是所有连杆惯性参数组成的列向量，一般称为动力学基础参数集。本方案中，$\boldsymbol{p}=[p_1,p_2,p_3,p_4,p_5,p_6]^{\mathrm{T}}$，阶数为 50×1。$\boldsymbol{w}(\boldsymbol{q},\dot{\boldsymbol{q}},\ddot{\boldsymbol{q}})$ 是基础参数集对应的回归矩阵。$\boldsymbol{\tau}=[\tau_1\quad\tau_2\quad\tau_3\quad\tau_4\quad\tau_5\quad\tau_6]^{\mathrm{T}}$是由各关节力（矩）组成的列向量，维度为6×1。正是这种线性化模型的表示方法，使得动力学参数能够被辨识。

2. 确定最小参数集

机器人的动力学待辨识参数有以下三种：完全可辨识参数、线性组合可辨识参数及不可辨识参数。最小参数集就是去除掉不可辨识参数，由完全可辨识参数和经由线性组合后可辨识的参数组成的。这个最小参数集又被称为基础参数集。

回归矩阵 $\boldsymbol{w}$ 中某些列的元素全为 0，代表基础参数集 $\boldsymbol{p}$ 中对应位置的元素对动力学模型没有影响，这是由机械臂结构决定的，这些元素无法通过辨识获得，应该把这些变量消除。

回归矩阵 $\boldsymbol{w}$ 中的某些列线性相关，可以把基础参数集 $\boldsymbol{p}$ 中对应位置的元素通过线性变换组合成新的变量来减小 $\boldsymbol{w}$ 和 $\boldsymbol{p}$ 的维度。经过消除和线性组合后得到的新的惯性参数集一般称为最小参数集，用符号 $\boldsymbol{p}_{\min}$表示，对应的回归矩阵记为 $\boldsymbol{w}_{\min}$，式（4-102）更新为

$$\boldsymbol{\tau}=\boldsymbol{w}_{\min}(\boldsymbol{q},\dot{\boldsymbol{q}},\ddot{\boldsymbol{q}})\boldsymbol{p}_{\min} \tag{4-103}$$

回归矩阵 $\boldsymbol{w}$ 的列向量是线性相关的，需要找出 $\boldsymbol{w}$ 中列向量的最大线性无关组从而让最小二乘法的应用成为可能。学术上有两种方法可以解决这个问题，其一为数值方法，其二为解析方法。

最常用的数值方法为 QR 分解方法，在该方法中通过激励轨迹获取足够多的数据并计算观测矩阵 $\boldsymbol{w}$，然后对其进行 QR 分解，即

$$\boldsymbol{w}=\boldsymbol{Q}*\boldsymbol{R} \tag{4-104}$$

式中，$\boldsymbol{Q}$ 为正交矩阵；$\boldsymbol{R}$ 为上三角矩阵。在 $\boldsymbol{R}$ 中，对角元素为非零所对应的列组成的向量组，即为回归矩阵 $\boldsymbol{w}$ 列向量的最大线性无关组。需要注意的是，激励轨迹要给得足够好，否则通过 QR 方法找出的最大线性无关组的秩要比真实最大线性无关组的秩小。通常，数值方法仅能找到最大线性无关组列向量在 $\boldsymbol{w}$ 的位置，它并不能表明最小参数集与模型参数之间的关系，从而阻碍了相关理论分析。

H. Mayeda 等提出了用机器人几何参数直接确定全由相互垂直或平行的关节组成之机器人的一组最小惯性参数的公式，但这些公式不适用于具有一般结构的机器人。M. Gautier 等、W. Khalil 等、霍伟等和 G. Niemeyer 等分别提出了用修改的 D-H 参数和 D-H 参数直接确定一般结构机器人的一组最小惯性参数中大多数参数的递推公式，然而这些公式尚不能完全确定一组最小惯性参数。直到 1991 年，H. Kawasaki 等才推导出用修改的 D-H 参数完全确定机

器人的最小惯性参数及其应用一组最小惯性参数的递推公式。本节采用解析法，直接援引其结论。

机械臂关节 6、5、3 和 2 均属于情况 R1，关节 4 属于情况 T1，关节 1 属于情况 R3，故最小惯性参数个数为

$$\begin{aligned} n_{\min} &= 4n_{\mathrm{T1}}+3n_{\mathrm{T2}}+n_{\mathrm{T3}}+n_{\mathrm{T4}}+7n_{\mathrm{R1}}+3n_{\mathrm{R2}}+n_{\mathrm{R3}} \\ &= 4\times1+7\times4+1 \\ &= 33 \end{aligned} \tag{4-105}$$

可按从杆 6~杆 1 的顺序依次确定其最小惯性参数。

杆 6 的最小惯性参数集 $p_{6\min}$：

$$I_{XX6}^{*}=I_{xx6}-I_{yy6},I_{xy6},I_{xz6},I_{yz6},I_{zz6},mx_6,my_6 \tag{4-106}$$

杆 5 的最小惯性参数集 $p_{5\min}$：

$$\begin{gathered} I_{XX5}^{*}=I_{xx5}-I_{yy5}+I_{yy6}+d_6^2m_6,I_{xy5},I_{xz5},I_{yz5} \\ I_{ZZ5}^{*}=I_{zz5}+I_{yy6}+2d_6mz_6+d_6^2m_6,mx_5,MY_5^{*}=my_5-mz_6-d_6m_6 \end{gathered} \tag{4-107}$$

杆 4 的最小惯性参数集 $p_{4\min}$：

$$MX_4^{*}=mx_4+a_4m_5+a_4m_6,MY_4{}^{*}=my_4-mz_5,MZ_4{}^{*}=m_4+m_5+m_6 \tag{4-108}$$

杆 3 的最小惯性参数集 $p_{3\min}$：

$$\begin{gathered} I_{XX3}^{*}=I_{xx3}+I_{yy4}-I_{yy3}-I_{zz4}-I_{yy5}-2d_6mz_6,I_{XY3}^{*}=I_{xy3}+I_{yz4} \\ I_{XZ3}^{*}=I_{xz3}-I_{xy4}-a_4mz_5,I_{YZ3}^{*}=I_{xz4}-I_{yz3} \\ I_{ZZ3}^{*}=I_{zz3}+I_{xx4}+I_{yy5}+2d_6mz_6,mx_5,my_3 \end{gathered} \tag{4-109}$$

杆 2 的最小惯性参数集 $p_{2\min}$：

$$\begin{gathered} I_{XX2}^{*}=I_{xx2}-I_{yy2}-d_3^2m_3-(a_2^2+d_6^2)m_3,I_{XY3}^{*}=I_{xy3}+I_{yz4} \\ I_{XZ3}^{*}=I_{xz3}-I_{xy4}-a_4mz_5,I_{YZ3}^{*}=I_{xz4}-I_{yz3} \\ I_{ZZ3}^{*}=I_{zz3}+I_{xx4}+I_{yy5}+2d_6mz_6,mx_5,my_3 \end{gathered} \tag{4-110}$$

杆 1 的最小惯性参数集 $p_{1\min}$：

$$\begin{aligned} I_{ZZ1}^{*}=I_{zz1}+I_{yy2}+I_{yy3}+I_{zz4}+I_{yy5}+2d_6mz_6+ \\ a_4^2(m_5+m_6)+2d_3mz_3+a_1^2m_2+(d_3^2+a_1^2+a_2^2)m_3 \end{aligned} \tag{4-111}$$

化简之后的最小参数集 $\boldsymbol{p}_{\min}(33\times1)$ 为

$$\boldsymbol{p}_{\min}=[p_{1\min}\quad p_{2\min}\quad p_{3\min}\quad p_{4\min}\quad p_{5\min}\quad p_{6\min}]^{\mathrm{T}} \tag{4-112}$$

化简之前的最小参数集 $\boldsymbol{p}(50\times1)$ 为

$$\boldsymbol{p}=[p_1\quad p_2\quad p_3\quad p_4\quad p_5\quad p_6]^{\mathrm{T}} \tag{4-113}$$

式中：

$$\begin{aligned} \boldsymbol{p}_1&=[I_{zz1}] \\ \boldsymbol{p}_2&=[I_{xx2}\quad I_{xy2}\quad I_{xz2}\quad I_{yy2}\quad I_{yz2}\quad I_{zz2}\quad mx_2\quad my_2\quad m_2] \\ \boldsymbol{p}_3&=[I_{xx3}\quad I_{xy3}\quad I_{xz3}\quad I_{yy3}\quad I_{yz3}\quad I_{zz3}\quad mx_3\quad my_3\quad mz_3\quad m_3] \\ \boldsymbol{p}_4&=[I_{xx4}\quad I_{xy4}\quad I_{xz4}\quad I_{yy4}\quad I_{yz4}\quad I_{zz4}\quad mx_4\quad my_4\quad mz_4\quad m_4] \\ \boldsymbol{p}_5&=[I_{xx5}\quad I_{xy5}\quad I_{xz5}\quad I_{yy5}\quad I_{yz5}\quad I_{zz5}\quad mx_5\quad my_5\quad mz_5\quad m_5] \\ \boldsymbol{p}_6&=[I_{xx6}\quad I_{xy6}\quad I_{xz6}\quad I_{yy6}\quad I_{yz6}\quad I_{zz6}\quad mx_6\quad my_6\quad mz_6\quad m_6] \end{aligned}$$

可得

$$C^{\mathrm{T}}\boldsymbol{p}=\boldsymbol{p}_{\min} \tag{4-114}$$

通过 $\boldsymbol{p}_{\min}$ 对 $\boldsymbol{p}$ 求偏导，即可得到矩阵 $\boldsymbol{C}^{\mathrm{T}}$，其 Matlab 代码如下：

```
% Pm 为最小参数集;
% P 为化简前的最小参数集;
[CT]=equationsToMatrix(Pm, P)
CT=simplify(CT);          % 求得矩阵 C^T
% equationsToMatrix 为求偏导函数;
% simplify 为 Matlab 简化函数;
[W] = equationsToMatrix (f, [Izz1,mx1,my1,mz1,m1,Ixx2,Ixy2,Ixz2,
Iyy2,Iyz2,Izz2,mx2,my2,mz2,m2,Ixx3,Ixy3,Ixz3,Iyy3,Iyz3,Izz3,mx3,
my3,mz3,m3,Ixx4,Ixy4,Ixz4,Iyy4,Iyz4,Izz4,mx4,my4,mz4,m4])
W=simplify(W);            %求得矩阵 w(6×50)
```

将 $\boldsymbol{w}(6\times50)$ 中对应于 $\boldsymbol{P}$ 中要去除参数的列去除即为 $\boldsymbol{w}_{\min}(6\times33)$。

在动力学参数辨识中，当机器人关节按照激励轨迹运动时，需要以一定频率进行多次采样，记录下关节运动信息和驱动力矩。多次采样后，式（4-103）写为

$$\boldsymbol{\tau}=\boldsymbol{W}_{\min} * \boldsymbol{P}_{\min} \tag{4-115}$$

式中，$\boldsymbol{\tau}$ 和 $\boldsymbol{W}$ 分别代表了多次采样后的关节驱动力矩向量和满秩观测系数矩阵。若采样次数为 N，则

$$\boldsymbol{\tau}=\begin{bmatrix}\boldsymbol{\tau}(t_1)\\\boldsymbol{\tau}(t_2)\\\boldsymbol{\tau}(t_3)\\\boldsymbol{\tau}(t_4)\\\boldsymbol{\tau}(t_5)\\\boldsymbol{\tau}(t_6)\end{bmatrix} \tag{4-116}$$

$$\boldsymbol{W}_{\min}=\begin{bmatrix}\boldsymbol{w}_{\min}(\boldsymbol{q}(t_1),\dot{\boldsymbol{q}}(t_1),\ddot{\boldsymbol{q}}(t_1))\\\boldsymbol{w}_{\min}(\boldsymbol{q}(t_2),\dot{\boldsymbol{q}}(t_2),\ddot{\boldsymbol{q}}(t_2))\\\vdots\\\boldsymbol{w}_{\min}(\boldsymbol{q}(t_N),\dot{\boldsymbol{q}}(t_N),\ddot{\boldsymbol{q}}(t_N))\end{bmatrix} \tag{4-117}$$

4.4.3 激励轨迹设计

1. 激励轨迹的模型设计

采用有限项傅里叶级数的激励轨迹模型，选取动力学参数的广义矩阵的条件值作为激励轨迹的优化目标函数，提出将遗传优化算法引入动力学参数辨识激励轨迹优化方法中，最终获得一组满足关节运动空间约束的激励轨迹参数，供后续的多关节机械臂的动力学参数辨识所用。

传统的 M 阶傅里叶级数定义如下：

$$\begin{cases} q_i(t) = \sum_{k=1}^{M} \frac{a_{i,k}}{2\pi w_f k}\sin(2\pi w_f kt) - \sum_{k=1}^{N} \frac{b_{i,k}}{2\pi w_f k}\cos(2\pi w_f kt) + q_{0i} \\ \dot{q}_i(t) = \sum_{k=1}^{M} a_{i,k}\cos(2\pi w_f kt) + \sum_{k=1}^{M} b_{i,k}\sin(2\pi w_f kt) \\ \ddot{q}_i(t) = -\sum_{k=1}^{N} a_{i,k}2\pi w_f k\sin(2\pi w_f kt) + \sum_{k=1}^{N} b_{i,k}2\pi w_f k\cos(2\pi w_f kt) \end{cases} \tag{4-118}$$

式中，i 为第 i 个关节；w_f为傅里叶级数的基频，每个关节的基频相同；$a_{i,k}$、$b_{i,k}$为傅里叶级数的系数；q_{0i}为偏移量；M 为傅里叶级数的阶数，决定轨迹的带宽。$a_{i,k}$、$b_{i,k}$、q_{0i}为自由系数。

机器人动力学参数辨识过程中，为保证运行的连续周期性，以及起始和结束时刻的平稳性，需要激励轨迹满足如下约束条件：

$$\begin{cases} q_i(t_0) = q_i(t_f) = q_{i\_init} \\ \dot{q}_i(t_0) = \dot{q}_i(t_f) = 0 \\ \ddot{q}_i(t_0) = \ddot{q}_i(t_f) = 0 \\ t_0 = 0, t_f = 2\pi/(2\pi w_f) \end{cases} \tag{4-119}$$

式中，t_0、t_f分别为周期运动的起始和结束时刻；q_{i_init}为第 i 关节的起始和结束时刻角度。

传统的傅里叶级数难以保证上述约束条件，因此，对传统傅里叶级数的激励轨迹进行改进，将常数项 q_{0i}用五次多项式来代替，得到改进傅里叶级数的激励轨迹：

$$\begin{cases} q_i(t) = \sum_{j=0}^{5} (c_j^{(i)} t^{(j)}) + \sum_{k=1}^{M} \frac{a_{i,k}}{2\pi w_f k}\sin(2\pi w_f kt) - \sum_{k=1}^{N} \frac{b_{i,k}}{2\pi w_f k}\cos(2\pi w_f kt) \\ \dot{q}_i(t) = \sum_{j=0}^{5} (jc_j^{(i)} t^{(j-1)}) + \sum_{k=1}^{M} a_{i,k}\cos(2\pi w_f kt) + \sum_{k=1}^{M} b_{i,k}\sin(2\pi w_f kt) \\ \ddot{q}_i(t) = \sum_{j=0}^{5} (j(j-1)c_j^{(i)} t^{(j-2)}) - \sum_{k=1}^{N} a_{i,k}2\pi w_f k\sin(2\pi w_f kt) + \sum_{k=1}^{N} b_{i,k}2\pi w_f k\cos(2\pi w_f kt) \end{cases} \tag{4-120}$$

解得五次多项式的系数为

$$\begin{cases} c_0^{(i)} = q_{i\_init} \sum_{k=1}^{M} \left(\frac{b_{i,k}}{2\pi w_f k}\right) \\ c_1^{(i)} = -\sum_{k=1}^{M} (a_{i,k}) \\ c_2^{(i)} = -\frac{1}{2}\sum_{k=1}^{M} (2\pi w_f k b_{i,k}) \\ c_3^{(i)} = -\frac{6c_2^{(i)} t_f + 30c_1^{(i)}}{3t_f^2} \\ c_4^{(i)} = \frac{c_2^{(i)} t_f + 15c_1^{(i)}}{t_f^3} \\ c_5^{(i)} = -\frac{6c_1^{(i)}}{t_f^4} \end{cases} \tag{4-121}$$

Matlab 代码如下：

```
wf=0.1;          %傅里叶级数的基频;
ttf=10;          %激励结束时间;
h=1;             %采样周期;
t=0:h:10;        %时间变量;
tspn=size(t,2);  %采样步数;
% k 为步数,i 为第 i 个关节
c01(k,i)=0+(b11(i))/(2*pi*wf*1)+(b12(i))/(2*pi*wf*2)+
(b13(i))/(2*pi*wf*3)+(b14(i))/(2*pi*wf*4)+(b15(i))/(2*pi*wf*5);
c11(k,i)=-(a11(i)+a12(i)+a13(i)+a14(i)+a15(i));
c21(k,i)=-(1/2)*(2*pi*wf*1*b11(i)+2*pi*wf*2*b12(i)+2*pi
*wf*3*b13(i)+2*pi*wf*4*b14(i)+2*pi*wf*5*b15(i));
%c31(k,i)=-(6*c21(i)*ttf+30*c11(i))/(3*(ttf)^2);
c31(k,i)=-(6*(-(1/2)*(2*pi*wf*1*b11(i)+2*pi*wf*2*b12(i)+
2*pi*wf*3*b13(i)+2*pi*wf*4*b14(i)+2*pi*wf*5*b15(i)))*ttf+
30*(-(a11(i)+a12(i)+a13(i)+a14(i)+a15(i))))/(3*(ttf)^2);
%c41(k,i)=(15*c11(i)+c21(i)*ttf)/((ttf)^3);
c41(k,i)=(15*(-(a11(i)+a12(i)+a13(i)+a14(i)+a15(i)))+(-(1/2)*(2*
pi*wf*1*b11(i)+2*pi*wf*2*b12(i)+2*pi*wf*3*b13(i)+2*pi*
wf*4*b14(i)+2*pi*wf*5*b15(i)))*ttf)/((ttf)^3);
%c51(k,i)=-(6*c11(i))/((ttf)^4);
c51(k,i)=-(6*(-(a11(i)+a12(i)+a13(i)+a14(i)+a15(i))))/((ttf)^4);
c1(k,i)=c01(k,i)*1+c11(k,i).*t(k)+c21(k,i).*t(k).^2+c31(k,i).*
t(k).^3+c41(k,i).*t(k).^4+c51(k,i).*t(k).^5;
c1d(k,i)=c11(k,i)+2*c21(k,i)*t(k)+3*c31(k,i)*t(k).^2+4*
c41(k,i)*t(k).^3+5*c51(k,i)*t(k).^4;
c1dd(k,i)=2*c21(k,i)+3*2*c31(k,i)*t(k)+4*3*c41(k,i)*t(k).^
2+5*4*c51(k,i)*t(k).^3;
q(k,i)=c1(k,i)+(a11(i)*sin(2*pi*wf*1*t(k)))/(2*pi*wf*
1)-(b11(i)*cos(2*pi*wf*1*t(k)))/(2*pi*wf*1)+(a12(i)*sin(2*pi
*wf*2*t(k)))/(2*pi*wf*2)-(b12(i)*cos(2*pi*wf*2*t(k)))/(2*
pi*wf*2)+(a13(i)*sin(2*pi*wf*3*t(k)))/(2*pi*wf*3)-(b13(i)*
cos(2*pi*wf*3*t(k)))/(2*pi*wf*3)+(a14(i)*sin(2*pi*wf*4*
t(k)))/(2*pi*wf*4)-(b14(i)*cos(2*pi*wf*4*t(k)))/(2*pi*wf*
4)+(a15(i)*sin(2*pi*wf*5*t(k)))/(2*pi*wf*5)-(b15(i)*cos(2*
pi*wf*5*t(k)))/(2*pi*wf*5);
qd(k,i)=c1d(k,i)+a11(i)*cos(2*pi*wf*1*t(k))+b11(i)*sin(2*
pi*wf*1*t(k))+a12(i)*cos(2*pi*wf*2*t(k))+b12(i)*sin(2*pi*
```

```
wf*2*t(k))+a13(i)*cos(2*pi*wf*3*t(k))+b13(i)*sin(2*pi*wf*3*
t(k))+a14(i)*cos(2*pi*wf*4*t(k))+b14(i)*sin(2*pi*wf*4*t(k))+
a15(i)*cos(2*pi*wf*5*t(k))+b15(i)*sin(2*pi*wf*5*t(k));
    qdd(k,i)=c1dd(k,i)-((a11(i)*sin(2*pi*wf*1*t(k)))*(2*pi*wf
*1)-(b11(i)*cos(2*pi*wf*1*t(k)))*(2*pi*wf*1)+(a12(i)*sin(2
*pi*wf*2*t(k)))*(2*pi*wf*2)-(b12(i)*cos(2*pi*wf*2*t(k)))
*(2*pi*wf*2)+(a13(i)*sin(2*pi*wf*3*t(k)))*(2*pi*wf*3)-
(b13(i)*cos(2*pi*wf*3*t(k)))*(2*pi*wf*3)+(a14(i)*sin(2*pi*
wf*4*t(k)))*(2*pi*wf*4)-(b14(i)*cos(2*pi*wf*4*t(k)))*(2*pi
*wf*4)+(a15(i)*sin(2*pi*wf*5*t(k)))*(2*pi*wf*5)-(b15(i)*
cos(2*pi*wf*5*t(k)))*(2*pi*wf*5));
```

将得到的 q、qd、qdd 分别代入 $\boldsymbol{w}_{\min}(6\times33)$ 求解代码中，即可得到第 k 时刻的 $\boldsymbol{w}_{\min}(6\times33)$。

2. 激励轨迹的优化目标函数

在实际情况下，机械臂各个关节也存在着关节空间的角度、角速度及角加速度的限制，因此，部分动力学参数是无法被精确辨识的，只能近似逼近。激励轨迹需要优化才能用于参数辨识。辨识激励轨迹的优劣取决于激励轨迹下所采集的各关节角度和力矩中混杂的噪声对辨识结果的精度扰动的高低，以及激励轨迹能否充分激励整个机械臂动力学系统。

对于辨识激励轨迹模型的优化问题，本例采用的优化目标函数为

$$f(w)=\mathrm{cond}(w) \tag{4-122}$$

其 Matlab 代码为

```
f=cond(Wt);          %Wt 为式(4-122)中的 w。
```

本例选择有限傅里叶级数作为激励轨迹，取 $M=5$，即五阶傅里叶级数，则傅里叶级数的系数就有 10 个，6 个关节共计 60 个系数。如果系数能够确定下来，那么每个关节的激励轨迹也就规划完成了。这些系数的选择可以通过多次试验确定，也可以通过某些优化算法计算得出，在优化之前需要确定这个数学问题的模型。

优化问题需要优化对象和约束条件。激励轨迹规划的优化问题，优化的主要对象为观测矩阵 $\boldsymbol{w}_{\min}$ 的条件数，多次采样后的对象实质上就是全局观测矩阵 $\boldsymbol{w}_{\min}$ 的条件数。矩阵的条件数越小，矩阵越稳定，条件数越大，矩阵越病态。本例中矩阵 $\boldsymbol{w}_{\min}$ 的条件数应该越小越好，如果 $\boldsymbol{w}_{\min}$ 的条件数很大，关节驱动力矩向量只要出现一点点偏移，辨识出的动力学参数就会随之表现出较大的更改，这样对辨识算法的计算精度来说是百害而无一利的。换而言之，观测矩阵的条件数在越大的情况下会导致越大的计算误差，因此，越好的辨识轨迹其全局观测矩阵的条件数应该尽可能小。

为确保能正常运行，机器人关节一般都有角度、角速度及角加速度限制：

$$q_{i\min}\leqslant q_i\leqslant q_{i\max},\ |\dot{q}_i|\leqslant\dot{q}_{i\max},\ |\ddot{q}_i|\leqslant\ddot{q}_{i\max} \tag{4-123}$$

式中，$q_{i\min}$、$q_{i\max}$ 分别为关节角度的最小值和最大值；$\dot{q}_{i\max}$、$\ddot{q}_{i\max}$ 分别为关节角速度和角加速度的绝对值所允许的最大值。

综上所述，优化问题可以被完整描述为

$$\begin{cases} \text{mincond}(\boldsymbol{w}_{\min}) \\ q_{i\min} \leqslant q_i \leqslant q_{i\max} \\ |\dot{q}_i| \leqslant \dot{q}_{i\max} \\ |\ddot{q}_i| \leqslant \ddot{q}_{i\max} \end{cases} \tag{4-124}$$

遗传算法是现代优化算法之一，Matlab 提供了遗传算法工具箱，可解决一般的优化问题。遗传算法工具箱的打开途径：首先在 App 中找到 Optimization 工具箱，如图 4-8 所示；然后在 Solver 中找到 ga-Genetic Algorithm，如图 4-9 所示。遗传算法界面如图 4-10 所示。

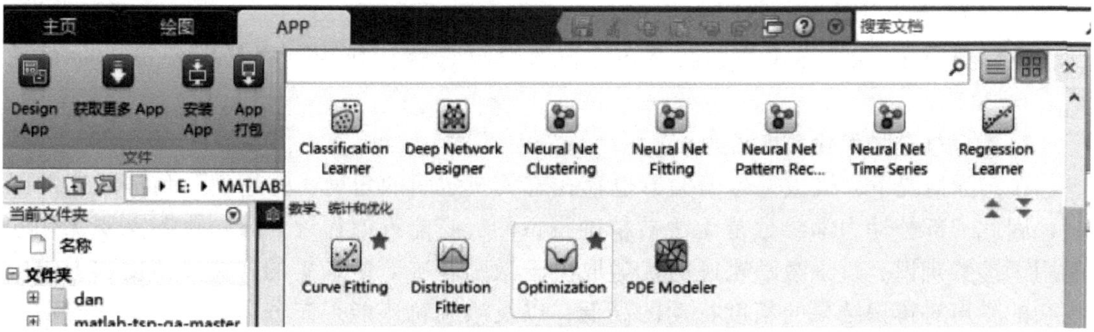

图 4-8　Optimization 工具箱

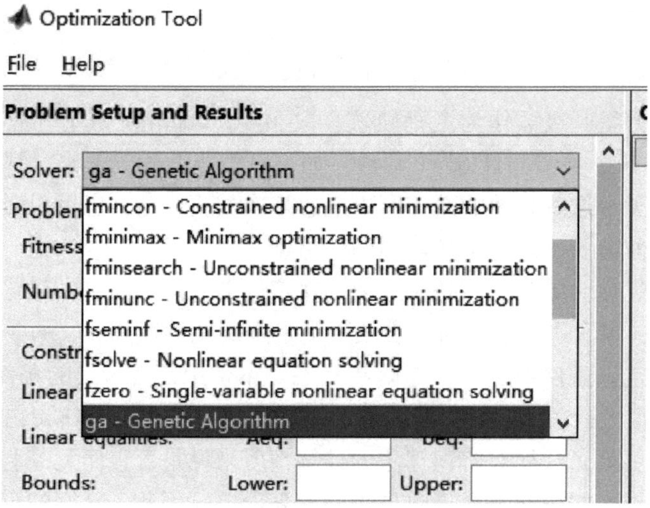

图 4-9　ga-Genetic Algorithm

将式（4-117）优化，遗传算法优化结果如图 4-11 所示。

经过程序 1500 多次的迭代计算及结果筛选，选取其中一条理想的激励轨迹，其回归矩阵的条件数为 146.7。

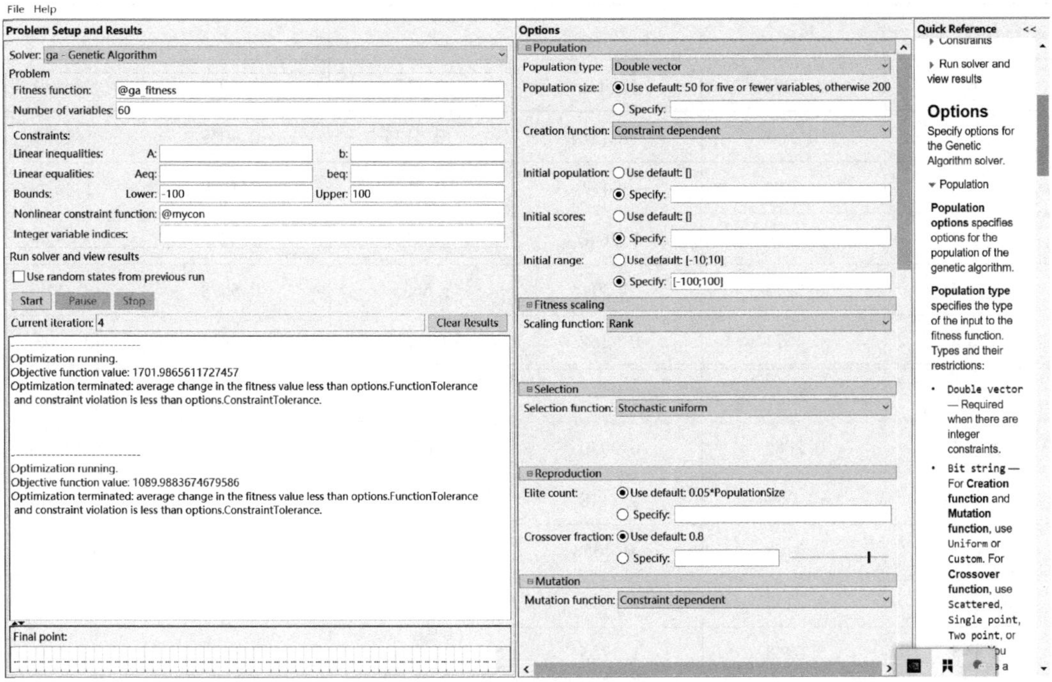

图 4-10　遗传算法界面

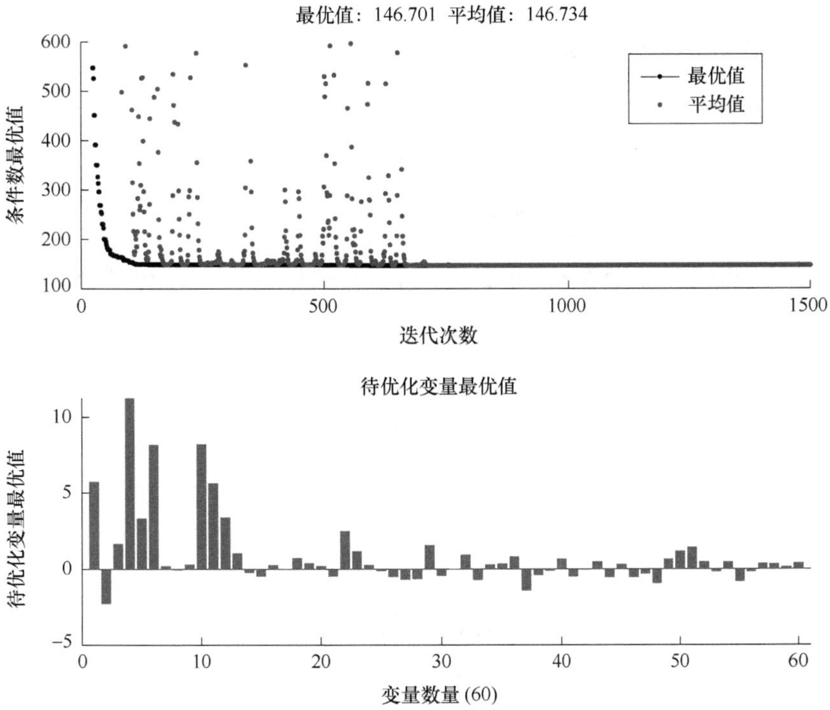

图 4-11　遗传算法优化结果

该激励轨迹的待优化参数（$a_{i,k}$，$b_{i,k}$）的求解结果见表 4-1。

表 4-1 激励轨迹的优化参数

$a_{i,k}$	$a_{i,1}$	$a_{i,2}$	$a_{i,3}$	$a_{i,4}$	$a_{i,5}$
关节 1	5.7393	1.0432	−0.1120	−1.4009	0.6639
关节 2	−2.3002	−0.2349	−0.5125	−0.4068	1.1680
关节 3	1.6524	−0.4791	−0.7101	−0.1070	1.4206
关节 4	11.2421	0.2640	−0.6541	0.6795	0.4824
关节 5	3.3273	−0.0047	1.5635	−0.5078	−0.2013
关节 6	8.1871	0.7158	−0.4708	−0.0815	0.4208
$b_{i,k}$	$b_{i,1}$	$b_{i,2}$	$b_{i,3}$	$b_{i,4}$	$b_{i,5}$
关节 1	0.2085	0.3940	0.0236	0.5163	−0.8183
关节 2	−0.0698	0.2118	0.9341	−0.5468	−0.2019
关节 3	0.3198	−0.4658	−0.7125	0.2954	0.3716
关节 4	8.2155	2.5092	0.2830	−0.5481	0.3326
关节 5	5.6263	1.1755	0.3486	−0.3186	0.1500
关节 6	3.3930	0.2728	0.8120	−0.9514	0.3786

各个关节的最优激励轨迹如图 4-12 所示。

4.4.4 动力学参数辨识算法

本例采用最小二乘法。

假定现有超定方程组形如式（4-125）：

$$\sum_{j=1}^{n} X_{ij}\beta_j = y_j(i = 1,2,3,\cdots,m) \tag{4-125}$$

式中，m 表明该方程组有 m 个等式；n 表明该方程组中待求未知参数 β 数量。将式（4-125）矩阵化处理：

$$\boldsymbol{\varepsilon} = \sum_{i}^{N}\left(y_j - \sum_{j=1}^{n} X_{ij}\beta_j\right) = \boldsymbol{y} - \boldsymbol{X}\hat{\boldsymbol{\beta}} \tag{4-126}$$

定义模型误差：

$$\Omega=(\boldsymbol{y}-\boldsymbol{X}\hat{\boldsymbol{\beta}})^{\mathrm{T}}(\boldsymbol{y}-\boldsymbol{X}\hat{\boldsymbol{\beta}}) \tag{4-127}$$

于是推导可得

$$\Omega=\boldsymbol{y}^{\mathrm{T}}\boldsymbol{y}-2\hat{\boldsymbol{\beta}}^{\mathrm{T}}\boldsymbol{X}^{\mathrm{T}}\boldsymbol{y}+\hat{\boldsymbol{\beta}}^{\mathrm{T}}\boldsymbol{X}^{\mathrm{T}}\boldsymbol{X}\hat{\boldsymbol{\beta}} \tag{4-128}$$

理想情况下，最小二乘法的拟合参数 $\hat{\beta}$ 应满足：

$$\left.\frac{\partial\Omega}{\partial\beta}\right|_{\hat{\beta}}=0 \tag{4-129}$$

进一步可得

$$\hat{\boldsymbol{\beta}}=(\boldsymbol{X}^{\mathrm{T}}\boldsymbol{X})^{-1}\boldsymbol{X}^{\mathrm{T}}\boldsymbol{y} \tag{4-130}$$

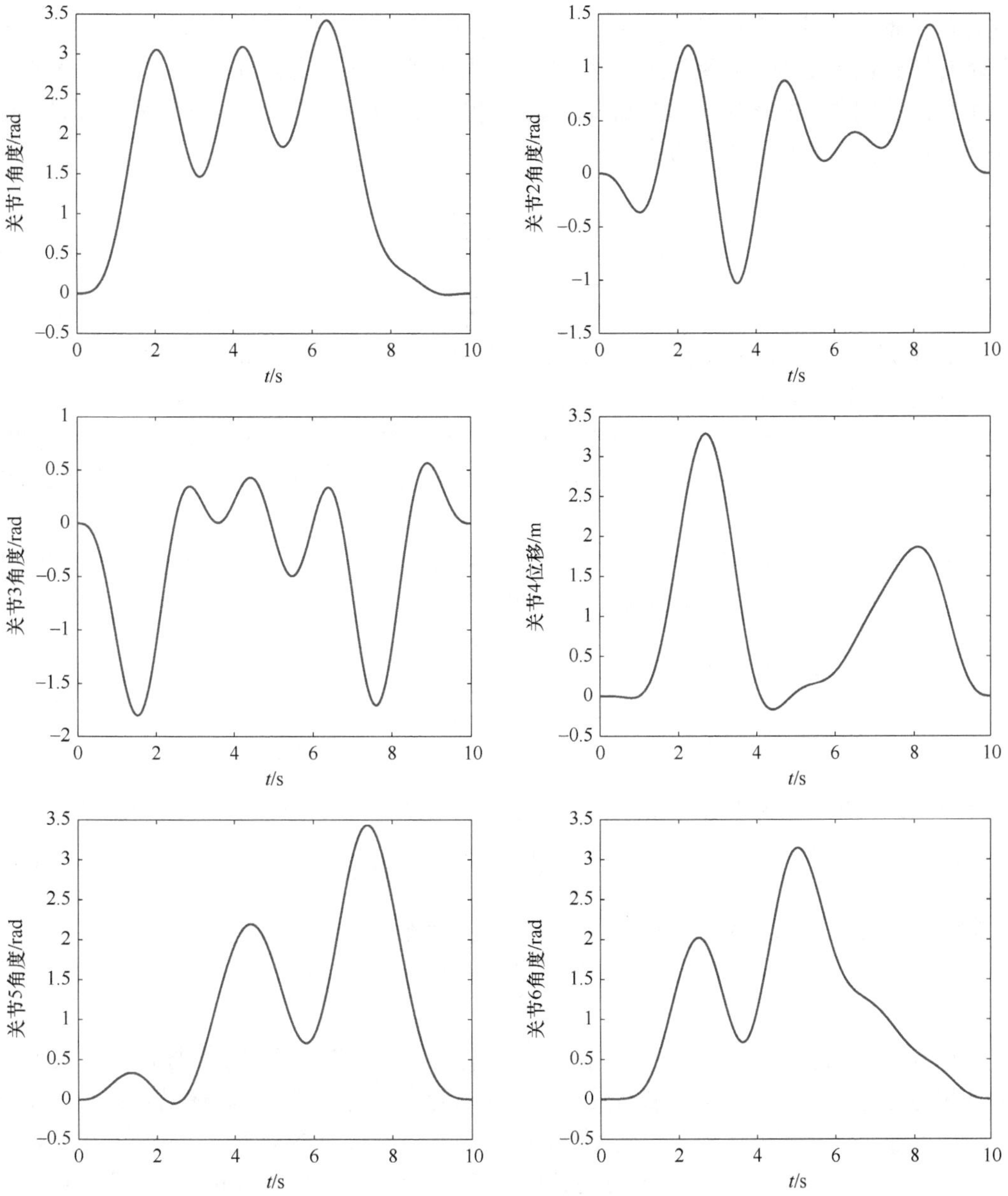

图 4-12 各关节最优激励轨迹

故动力学参数的最小二乘法辨识公式为

$$\boldsymbol{p}_{\min} = (\boldsymbol{W}_{\min}^{\mathrm{T}} \boldsymbol{W}_{\min})^{-1} \boldsymbol{W}_{\min}^{\mathrm{T}} \boldsymbol{\tau} \tag{4-131}$$

式中，$\boldsymbol{p}_{\min}$是待辨识的最小动力学参数集；$\boldsymbol{W}_{\min}$是待辨识的最小参数集的广义矩阵；$\boldsymbol{\tau}$是激励轨迹下测量的关节力矩。

4.4.5 辨识数据预处理分析

机械臂的实际应用场合中存在着诸多干扰信息，故采集的关节运动数据和关节力矩中也存在诸多噪声，这些噪声会降低辨识精度。与此同时，最小二乘法中的最小参数集的回归矩阵是由关节角度、角速度及角加速度构成的。通常情况下，因机械臂缺少相应的角速度和角加速度的传感器，需要利用测得的关节角度数据进行差分处理获得。由以上分析可知，辨识所用的计算数据需要进行降噪处理，并且需要利用数学方法解决关节速度、加速度无法直接采集的局限性问题。本例采用的激励轨迹是周期性的，故可以多次采样并对采样数据进行时域平均化以提高信噪比，处理方式为

$$\begin{cases}\bar{q}(k)=\dfrac{1}{N}\sum\limits_{j=1}^{N}q_j(k)\\[2ex]\bar{\tau}(k)=\dfrac{1}{N}\sum\limits_{j=1}^{N}\tau_j(k)\end{cases}\tag{4-132}$$

辨识需要获得各关节的角度、角速度及角加速度，关节角度 q 已通过平均化降噪处理，而无法直接测得的角速度 $\dot{q}$、角加速度 $\ddot{q}$ 可采用中心差分算法获得。选择有限项傅里叶激励轨迹，其在运行周期内是三阶可导，故选取二阶中心差分方法，利用采集到的关节角度计算辨识所需的关节角速度和角加速度。二阶中心差分方法的实现过程见以下推导。

若函数 $f(x)$ 在预定义区间［a，b］内三阶可导，选取步长 $h=\Delta x$ 将［a，b］离散化，任取 x_i-h、x_i、x_i+h，于是 x_i 相邻两点的泰勒展开式如下：

$$\begin{cases}f(x_i-h)=f(x_i)-hf'(x_i)+\dfrac{h^2}{2}f''(x_i)-\dfrac{h^3}{3!}f''(x_i)+\cdots\\[2ex]f(x_i+h)=f(x_i)+hf'(x_i)+\dfrac{h^2}{2}f''(x_i)+\dfrac{h^3}{3!}f''(x_i)+\cdots\end{cases}\tag{4-133}$$

上下两式相减，忽略步长 h 的二次方项及更高阶项，可得该函数在 x_i 的一阶导数通式为

$$f'(x_i)=\frac{f(x_i+h)-f(x_i-h)}{2h}+O(h^2)\tag{4-134}$$

同样忽略步长 h 的三次方及更高阶项，可得函数在 x_i 的二阶导数为

$$f''(x_i)=\frac{f(x_i+h)-2f(x_i)+f(x_i-h)}{h^2}+O(h^3)\tag{4-135}$$

若函数 $f(x)$ 的 $O(h^2)$ 和 $O(h^3)$ 的变化不剧烈，则一阶导数和二阶导数的高次项在步长 h 较短时也趋近于零，故可以忽略其影响。又因为本例选择的有限项傅里叶激励轨迹为正余弦函数的叠加，机械臂各关节角度关于时间的函数在高次项是连续的。由此可知，对采集的各关节的角度运用二阶中心差分方法获取用于辨识的关节角速度和角加速度满足辨识精度的要求。

4.4.6 动力学参数辨识结果验证

参数验证在整个机器人动力学参数辨识的过程中是必不可少的一个环节。参数验证可以检验整个辨识过程是否存在错误，同时也能够确保辨识出来的动力学参数是正确的，进而可以为前馈控制打下基础。尽管参数的验证并不会影响或者改善参数辨识的效果，但它仍然是辨识过程中不可或缺的一部分。一个不够理想的验证结果，可以促使研究者重新考虑在先前参数验证的过程中是否存在错误或者是否还有待完善的地方。

目前对于关节型机器人的动力学参数验证主要有如下两种思路：

1）评估各关节力矩计算值与实际采样值之间的偏差程度。

2）评估动力学参数辨识结果与实际机械参数的偏差程度。

本例采用第一种思路。因为运动学规划主要关注的是应该作用到实际关节处的力矩值，而并非关注动力学每个参数的实际值。这种思路通过逆向动力学直接计算执行机构在给定轨迹下的力矩值，并直接与采样值进行比较，进而得出结论。当然，一个好的参数验证方案需要保证验证轨迹完全不同于参数辨识时的激励轨迹，且同样该验证轨迹要尽可能地大幅度运动。

对于采用第一种思路来验证参数辨识的好坏，通常有如下几种评价标准：

1）比较理论（计算）力矩值与实际采样力矩值的拟合程度。通过对比理论（计算）力矩值与实际力矩值的曲线，可以直观地观察动力学参数辨识的好坏。两条曲线拟合程度越高，说明动力学参数辨识准确度越高。

2）比较理论（计算）力矩值与实际力矩值之间的偏差。与前述方法相近，通过作取理论（计算）力矩值与实际力矩值之间的偏差曲线图，可进一步衡量参数辨识的好坏。偏差公式可表示为

$$\boldsymbol{\varepsilon}=\boldsymbol{\tau}-\boldsymbol{W}_{\min}\boldsymbol{p}_{\min} \tag{4-136}$$

理论上，两者的偏差应该远小于实际的力矩值。

3）计算理论（计算）力矩与实际力矩偏差的均方根（RMS）。更进一步地，为了衡量参数验证实验结果的好坏，可给出一个数值上的衡量。

这个衡量的标准即是误差的均方根：

$$\varepsilon_{\mathrm{RMS}}=\sqrt{\frac{1}{K}\sum_{k=1}^{K}[\boldsymbol{\tau}(k)-\boldsymbol{\tau}_{\mathrm{cal}}(k)]^2} \tag{4-137}$$

式中，K 为验证轨迹每个运动周期的总采样数；$\boldsymbol{\tau}(k)$、$\boldsymbol{\tau}_{\mathrm{cal}}(k)$ 分别为验证轨迹第 k 个采样点对应的关节测量力矩和重建计算力矩。力矩残差均方根能够较好地评价辨识参数的好坏。将力矩的残差均方根和关节力矩的经验噪声等级对比，两者越接近表明辨识参数越准确。

1. 最小参数集辨识算法验证

先假定实际的参数集 $\boldsymbol{p}$，则最小参数集 $\boldsymbol{p}_{\min}=\boldsymbol{C}^{\mathrm{T}}\boldsymbol{p}$。

实测最小参数集为

$$\boldsymbol{p}_{R\min}=(\boldsymbol{W}_r^{\mathrm{T}}\boldsymbol{W}_r)\boldsymbol{W}_r^{\mathrm{T}}\boldsymbol{\tau} \tag{4-138}$$

最小参数集辨识算法的误差为

$$\boldsymbol{\varepsilon}=|\boldsymbol{p}-\boldsymbol{p}_{R\min}| \tag{4-139}$$

Matlab 代码如下：

```
% Wrt 带白噪声干扰的 Wmin
% Wt 理论计算 Wmin
% pmin 假定实际的参数集
tt=Wt*pmin;                      %各关节实际激励力矩
P=pinv(Wrt'*Wrt)*Wrt'*tt;        %实测最小参数集
Error=abs(P-pmin);               %最小参数集数值误差
```

最小参数集的误差柱状图如图 4-13 所示。

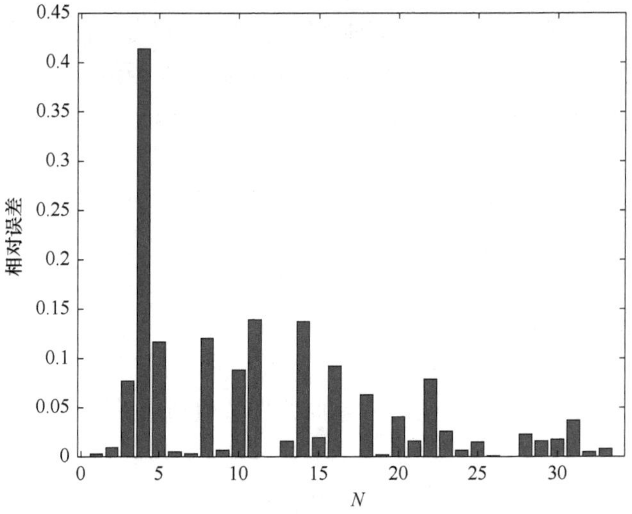

图 4-13 最小参数集的误差柱状图

2. 交叉验证

利用前述的激励轨迹优化方法，设计另一条满足机械臂各关节运动约束的验证轨迹，将最优轨迹下辨识的动力学参数代入建立的多关节机械臂动力学计算模型，获得该验证轨迹下各关节的辨识计算力矩，并将计算力矩与实测力矩做比较。

实测力矩为

$$\boldsymbol{\tau}=\boldsymbol{W}_{\min}\boldsymbol{p}_{\min} \tag{4-140}$$

计算力矩为

$$\boldsymbol{\tau}\_\mathrm{cal}=\boldsymbol{W}_{\min}\boldsymbol{p}_{R\min} \tag{4-141}$$

式中，$\boldsymbol{p}_{\min}$为实测最小参数集。

力矩偏差为

$$\boldsymbol{\varepsilon}=\boldsymbol{\tau}\_\mathrm{cal}-\boldsymbol{\tau} \tag{4-142}$$

Matlab 代码如下：

```
% Wrt 带白噪声干扰的实测 Wmin
% pmin 假定实际的参数集
% pRmin 实测最小参数集
tt=Wrt*pmin;                  %各关节实际激励力矩
tt_cal= Wrt*pRmin;            %计算力矩
Error=abs(tt-tt_cal);         %力矩偏差
```

各关节的计算力矩和实测力矩对比及其误差曲线如图 4-14~图 4-19 所示。

为验证参数辨识的有效性，根据误差的均方根来衡量辨识参数的好坏，表 4-2 列出了机器人各关节力矩值及其辨识误差的均方根值。

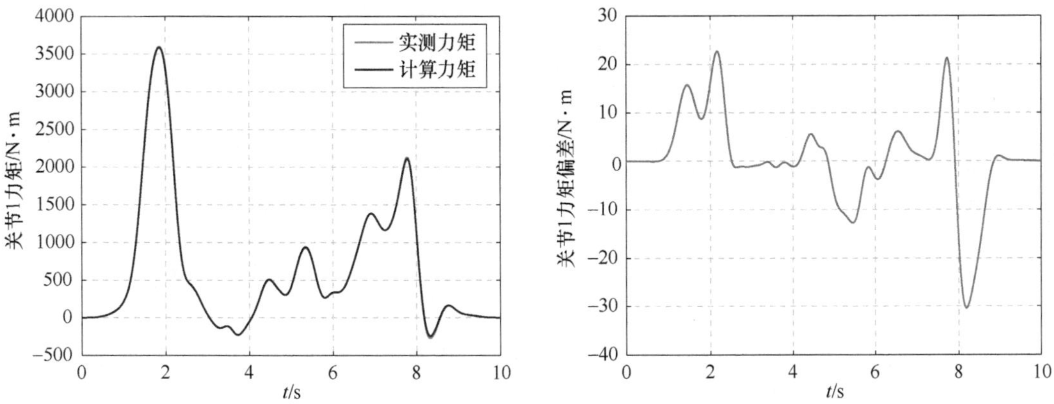

图 4-14　关节 1 的计算力矩和实测力矩对比及其误差曲线

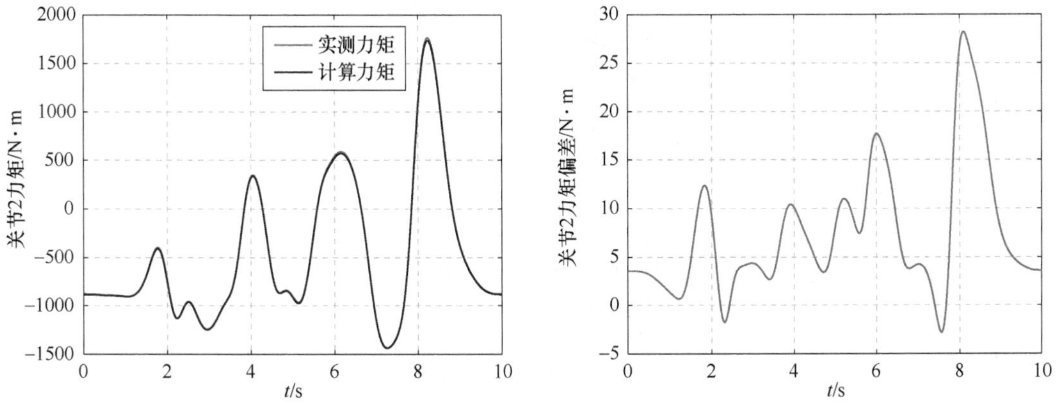

图 4-15　关节 2 的计算力矩和实测力矩对比及其误差曲线

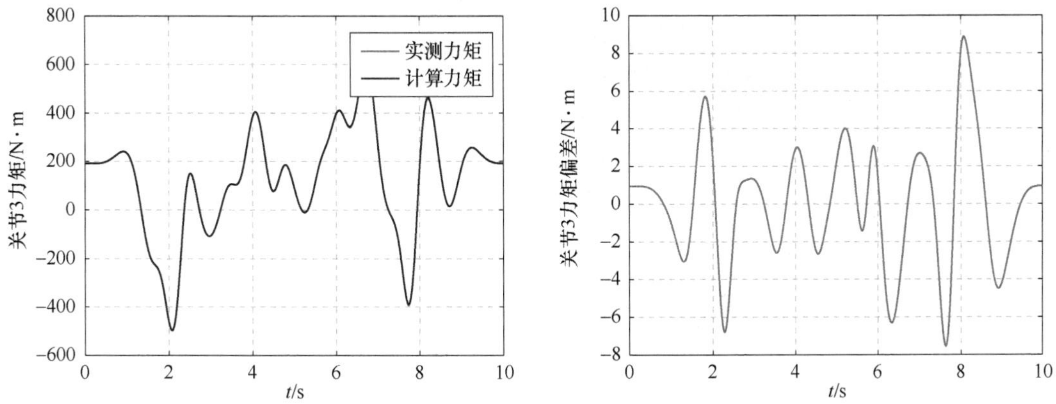

图 4-16　关节 3 的计算力矩和实测力矩对比及其误差曲线

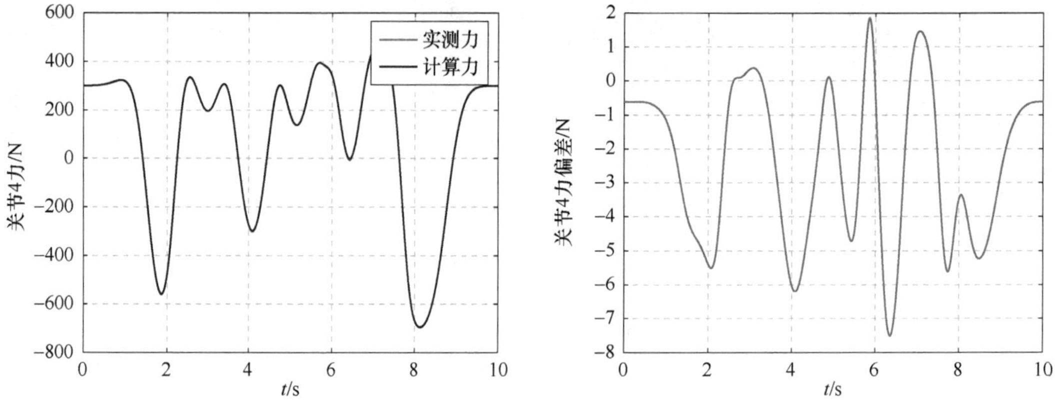

图 4-17　关节 4 的计算力和实测力对比及其误差曲线

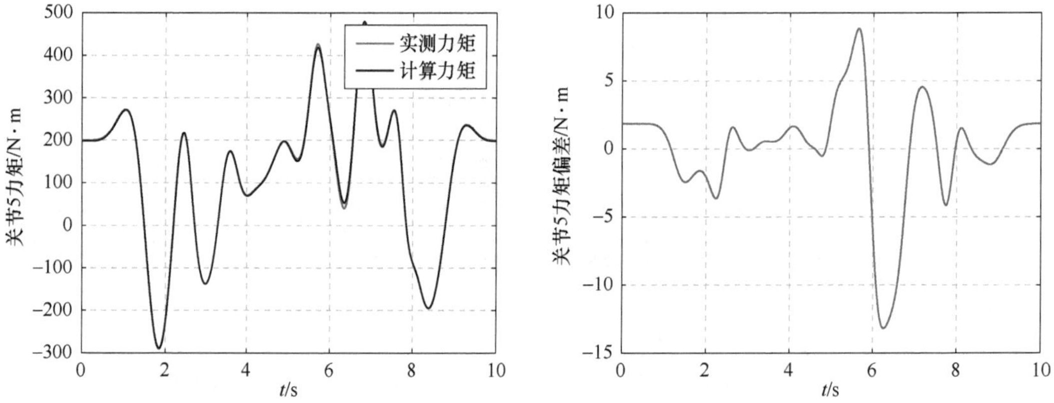

图 4-18　关节 5 的计算力矩和实测力矩对比及其误差曲线

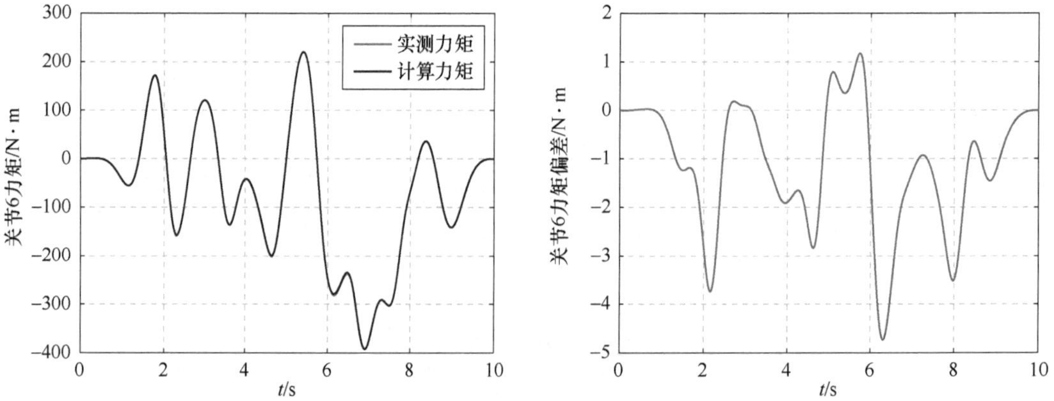

图 4-19　关节 6 的计算力矩和实测力矩对比及其误差曲线

表 4-2 机器人各关节力矩值及其辨识误差的均方根值

采样点	关节 1 力矩/N · m		关节 2 力矩/N · m		关节 3 力矩/N · m	
	计算	实测	计算	实测	计算	实测
0	0	0	-883.24	-879.67	191.39	192.33
1	212.24	213.88	-904.07	-902.71	234.26	233.27
2	3320.34	3336.27	-749.26	-739.99	-461.17	-458.77
3	30.55	29.47	-1238.75	-1234.39	-105.15	-103.89
4	-47.10	-48.26	318.50	328.59	384.61	387.49
5	425.81	418.60	-919.89	-911.45	85.72	88.09
6	334.19	330.80	523.43	541.11	397.77	399.32
7	1351.07	1352.37	-1146.29	-1142.04	281.27	283.95
8	1149.09	1133.09	1059.99	1086.55	170.76	178.87
9	81.15	82.19	-373.53	-365.31	170.65	166.31
10	0	0	-883.24	-879.67	191.39	192.33
RMS	7.27		11.32		3.28	

采样点	关节 4 力/N		关节 5 力矩/N · m		关节 6 力矩/N · m	
	计算	实测	计算	实测	计算	实测
0	300.61	300.00	198.14	200.00	0	0
1	317.98	316.81	269.79	270.99	-44.11	-44.26
2	-477.06	-482.45	-222.58	-224.68	49.19	46.34
3	196.48	196.84	-137.11	-137.21	120.91	121.00
4	-271.88	-277.91	69.28	70.85	-42.12	-44.02
5	173.18	172.55	182.16	184.63	25.75	26.34
6	338.63	338.33	248.51	242.11	-248.17	-249.52
7	449.54	450.93	353.35	356.74	-372.57	-373.83
8	-667.98	-671.45	-86.26	-85.55	-67.22	-70.71
9	67.31	64.58	151.42	150.86	-141.04	-142.26
10	300.61	300.00	198.14	200.00	0	0
RMS	2.85		2.60		1.63	

从 RMS 对比可以看出，本例验证轨迹的实测力矩和由辨识参数得到期望力矩曲线的大致趋势相同，差值与 RMS 均较小，证明了辨识模型的准确性。

4.5 机器人动力学的虚拟样机仿真

ADAMS 可以提供强大的建模和仿真环境，能够对机械系统进行各种动力学建模，而 Matlab/Simulink 则能提供强大的控制功能，能够对各种控制算法进行建模。两者结合起来使用既能够建立复杂的控制系统，又能够为机械系统研究提供便利。

首先，采用 ADAMS 软件建立某型柔性机械臂的虚拟样机，对各部件进行定义，通过状态变量的设置提供与 Matlab/Simulink 控制模块的数据接口；其次，在 Matlab/Simulink 中建立控制系统模块，设置机械臂系统模块使其成为控制系统的子模块；最后，针对机械臂接触操作等运动任务进行仿真，验证方法的正确性与可行性。

4.5.1 模块子系统建立

1. 机械臂子系统

利用 ADAMS 建立机械臂子系统，并作为控制系统的子模块进行仿真验证，主要有两种途径可实现：一种是利用 ADAMS/View 提供的控制工具包直接建立控制系统；另一种是利用 ADAMS/Control 插件提供与其他控制程序的数据接口，在其他软件模块中建立控制方案，在 ADAMS 环境中建立机械系统，实现机械系统与控制系统的数据交互。本例采用第二种方法进行设置，即利用 Control 插件在 ADAMS 中建立的机械臂系统子模块，通过数据接口进行与控制系统的联通，在 Matlab/Simulink 平台上建立控制系统，完成控制过程的实现。

针对机械臂模型系统，首先通过三维建模软件 SolidWorks 来建立机械臂模型，将其简化保存为 parasolid（.xmt）文件；其次，通过 ADAMS 软件中的 import 设置将简化后的完整模型导入 ADAMS 中建立机械臂的虚拟样机模型，如图 4-20 所示。

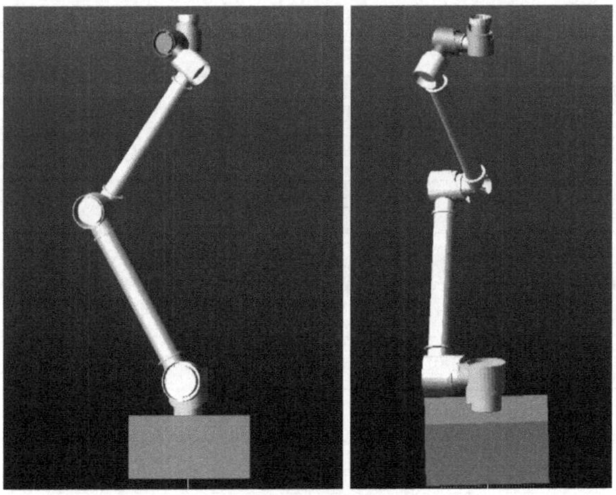

图 4-20 机械臂的虚拟样机模型

本节主要进行柔性机械臂末端接触操作期望接触力的阻抗控制分析，故对图 4-20 所示生成的机械臂刚性体模型进行柔性化处理。刚性体的离散柔性连接是把一个刚性构件划分为多个小刚性构件，小刚性构件之间通过柔性梁连接，离散柔性连接的变形是柔性连接之间的变形而非刚性构件的变形。本例机械臂臂杆的柔性体主要利用有限元技术，通过计算构件的自然频率和对应的模态，按照模态理论，将构件产生的变形看作是由构件模态通过线性计算得到的。

对于机械臂模型中连杆的柔性体，可以在 ADAMS 中直接用柔性体替换刚性体，替换后的刚性体上的运动副、载荷等会自动转移到柔性体上，这样替换后的柔性体会继承原来刚性臂杆的一些特征。通过工具栏的创建模块中的刚柔转换单元，完成柔性体替换刚性体。图 4-21 所示为柔性体替换刚性体的对话框。

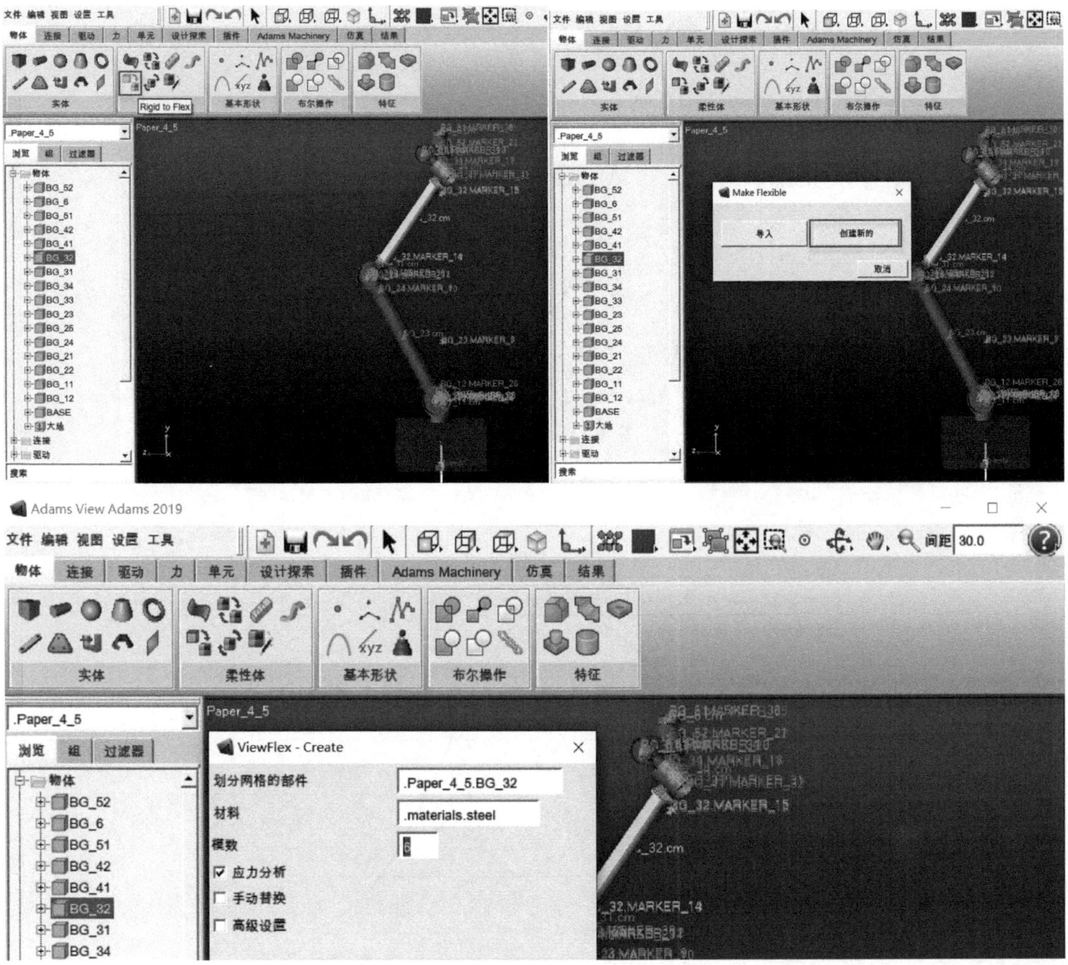

图 4-21　柔性体替换刚性体对话框

本节中机械臂臂杆之间的连接采用柔性关节，主要利用扭转弹簧来替代。柔性连接关系包括阻尼器、弹簧、卷曲弹簧、柔性梁和力场等。柔性连接关系并不减少两个构件之间的相对自由度，只是在两个构件产生相对位移和相对速度时，这两个构件就产生一对相对位移成正比的弹性力或力矩。本节中的柔性连接主要是卷曲弹簧，柔性连接只考虑作用力和力矩，而不考虑柔性连接的质量。

为了说明控制方法的适应性和联合仿真的可行性，在运动过程中不考虑机械臂末端腕关节的变化，即假设机械臂末端以固定姿态进行运动，在添加关节驱动力矩时只考虑在肩关节和肘关节的旋转约束上添加旋转驱动。为了验证所建立的机械臂模型的正确性，在 ADAMS 中对肩关节和肘关节分别添加驱动函数，设肩关节的驱动函数为 Motionj = 8d * sin(0.1 * time)，设置肘关节驱动函数为 Motionz = 10d * sin(0.2 * time)，设置仿真时间为 50s，仿真步数为 200 步。通过 ADAMS 仿真后的机械臂肩关节和肘关节的转矩分别如图 4-22 和图 4-23 所示。

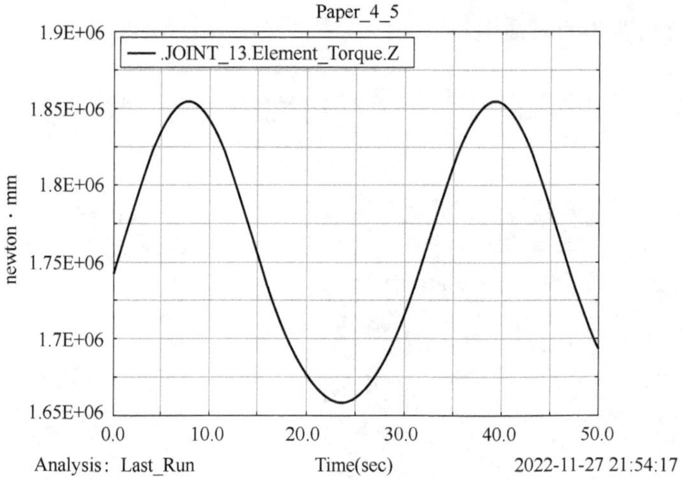

图 4-22　肩关节转矩

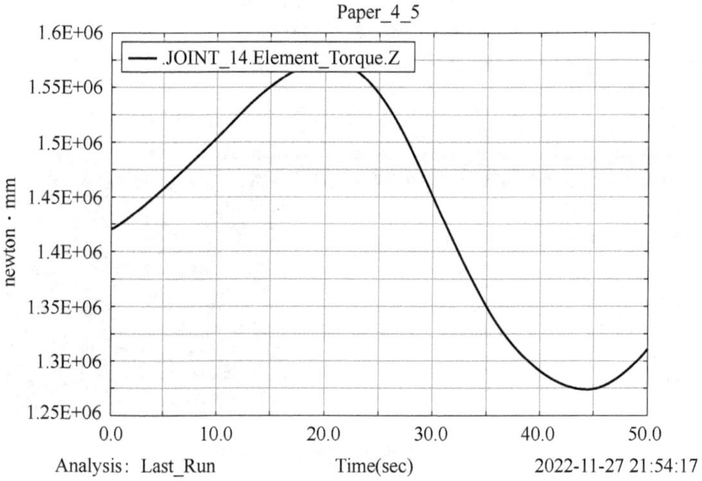

图 4-23　肘关节转矩

可见，机械臂能够按照给定的驱动函数来进行运动，从而可以为进一步的联合仿真提供基础。在联合仿真过程中，机械臂的驱动内容不会在 ADAMS 中直接指定，而是通过在 ADAMS 中建立状态变量，设置状态变量与驱动的关联。ADAMS 与控制系统之间的数据交换是通过状态变量实现的，而非通过设计变量实现，由 Simulink 对状态变量进行控制输入。图 4-24a 所示为 ADAMS/Controls 模块加载，图 4-24b、c 所示为状态变量输入设置和状态变量输出设置。

按以上步骤完成机械臂子系统的建立，设置机械臂子系统状态变量的输入和输出，再将状态变量输入与添加的关节驱动相关联，由控制系统直接驱动，即通过在 ADAMS 中对各个关节的 motion 进行修改设置，完成关节驱动与状态变量的相关联，最终通过状态变量实现控制子系统对机械臂子系统的直接控制。

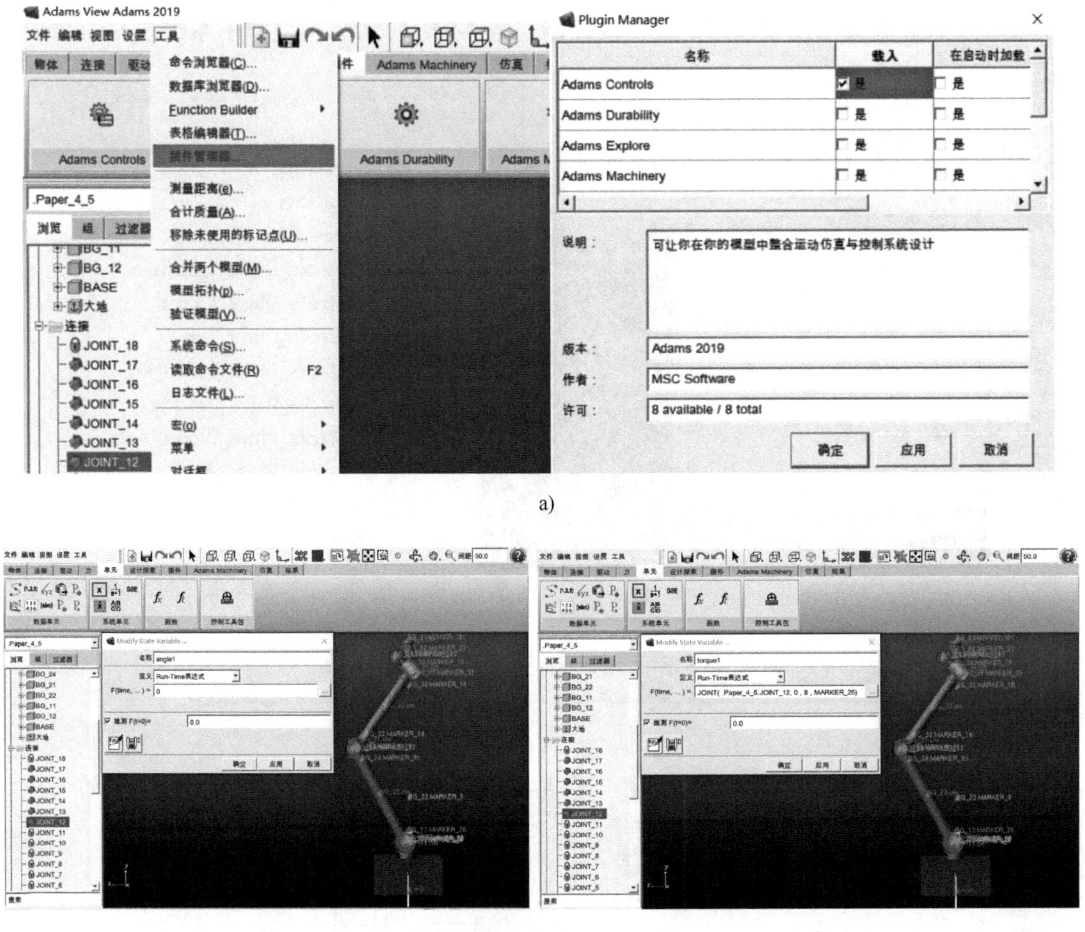

图 4-24　状态变量的设置

a）ADAMS/Controls 模块加载　b）状态变量输入设置　c）状态变量输出设置

2. 控制子系统

Simulink 作为 Matlab 软件环境下的一种图形可视化工具，可用于线性及非线性控制系统的建模。在联合仿真过程中，Simulink 作为控制模块子系统，对控制过程进行设置，为机械臂模块子系统提供驱动力矩的输入，同时机械臂模块输出的关节转角作为控制系统的输入进行调节。这里采用阻抗控制算法进行机械臂联合仿真控制，在实现过程中，主要以 S-function 函数编写控制算法。

图 4-25 所示为机械臂控制模块子系统的生成，在完成机械臂系统的定义后，对状态变量输入输出也需完成设置。在联合仿真中，需要将机械系统模型作为一个独立的模块导入 Matlab/Simulink 中进行计算。图 4-25a 所示为机械臂模块的导出，当更改输出目标软件为 Matlab 时，在 ADAMS 工作文件夹下生成三个文件（. adm 文件、. cmd 文件、. m 文件）。

设置 Matlab 的工作目录指向 ADAMS 的工作目录，可以看到通过 ADAMS 生成的文件将显示在 Matlab 的工作空间中，如图 4-25b 所示。在 Matlab/Simulink 中可以实现这些文件的调用与修改。同时在 Matlab 命令窗口输入 adams_sys 命令，可以看到通过 ADAMS 生成的控制模块框图，通过模块框图可实现对模型的控制。图 4-25c 所示为机械臂子系统在 Simulink 中的表示。

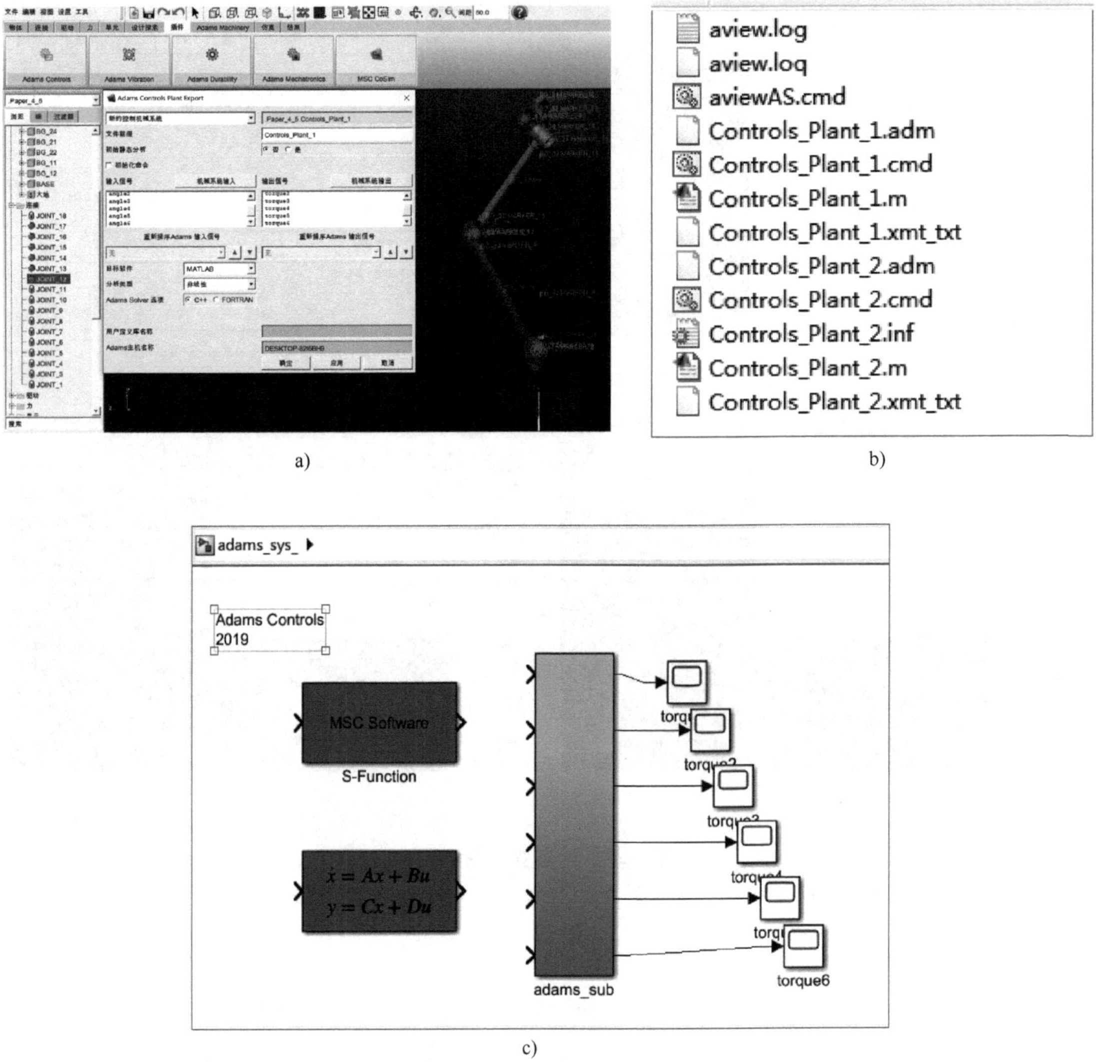

图 4-25　机械臂控制模块子系统的生成

a）ADAMS 机械臂模块导出　b）Matlab 生成文件　c）机械臂子系统在 Simulink 中的表示

通过在 ADAMS 中建立机械臂虚拟样机子系统，同时完成各状态变量的输入输出设置，再加载机械臂系统的控制模块，导出机械臂子系统，最终完成机械臂子系统在控制子系统中的模块表示，进而可以在控制子系统中进行编辑和修改。

4.5.2　联合仿真系统建立

完成上述机械臂子系统和控制子系统的建立后，本节主要完成机械臂系统和控制子系统的联合使用。ADAMS 与 Simulink 联合控制是在 ADAMS 中建立机械臂虚拟样机系统，输出系统动力学和运动学方程的有关参数，由 Simulink 读入 ADAMS 输出机械臂运动的相关信息并建立控制方案。在仿真过程中，ADAMS 与控制系统进行数据交换，由 ADAMS 求解机械系统方程，由 Simulink 控制系统求解控制过程方程，共同完成整个系统的控制过程计算。图 4-26 所示为联合仿真控制流程图。

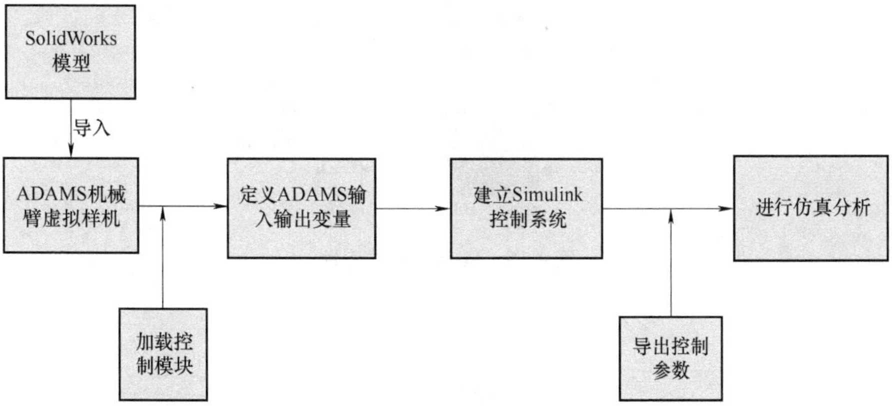

图 4-26　联合仿真控制流程图

图 4-27 所示为机械系统与控制系统的数据交换过程示意图，在 ADAMS 中建立机械臂系统，通过求解器求解系统动力学方程，为 Simulink 控制系统提供输入。同时通过控制流程为机械系统提供输入，最终通过 ADAMS/Control 模块形成与 Matlab 控制系统的接口，共同完成整个控制过程计算，形成一个闭环系统。

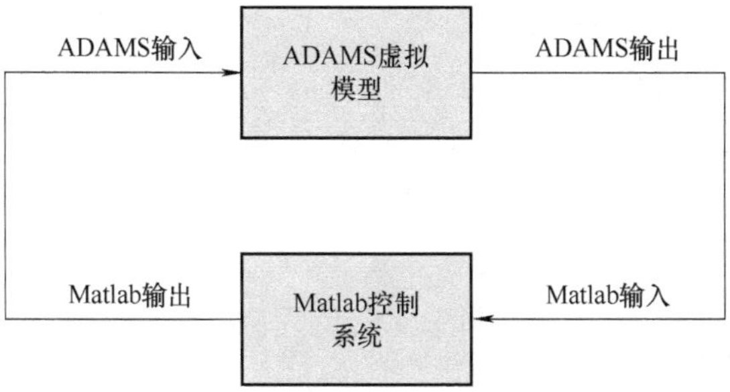

图 4-27　机械系统与控制系统的数据交换过程示意图

仿真过程中，通过 ADAMS 生成机械臂虚拟样机，导入 Simulink 控制系统中，直接利用软件本身的求解器进行，通过状态变量进行控制过程中的数据交换。根据图 4-25c 所示形成的模块，最终在 Simulink 中可搭建完整的控制流程图。图 4-28 所示为 Simulink 仿真图。

控制子系统通过设置给 adams_sub 模块输入电动机驱动力矩，在机械臂子系统进行动力学及运动学等的求解，输出机械臂关节转角，通过 S-function2 及 S-function3 计算机械臂末端运动的轨迹及速度，进而经过目标阻抗控制参数的调节达到理想的控制效果。在 adams_sub 中形成的机械臂子系统模块，如图 4-29 所示。

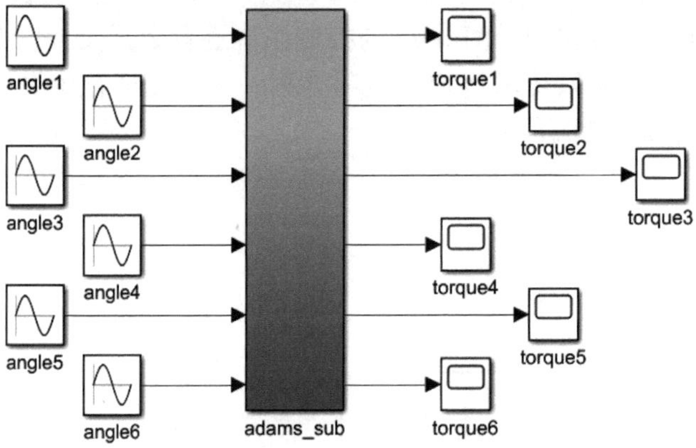

图 4-28　Simulink 仿真图

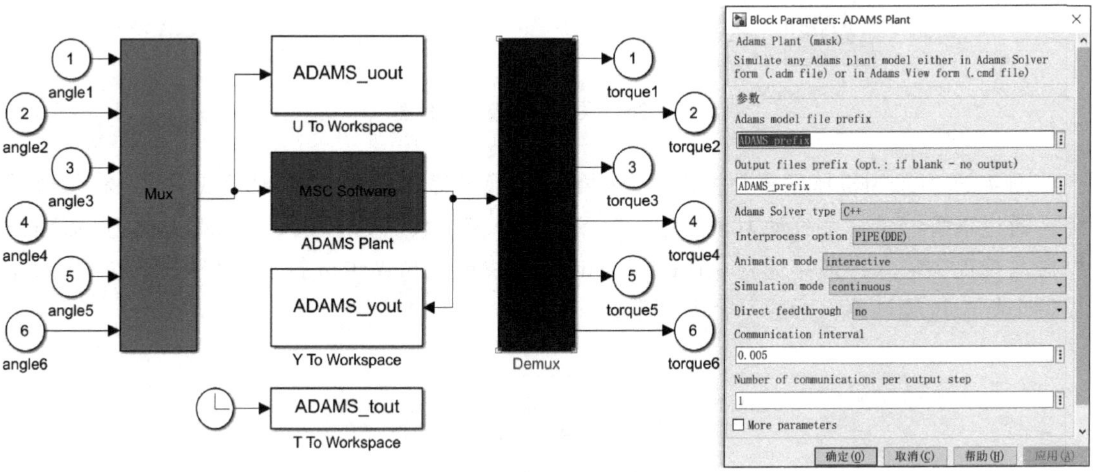

图 4-29　机械臂子系统模块

习题

4-1　如图 4-30 所示的简易双摆系统，杆长分别为 l_1 和 l_2，杆件与竖直方向的夹角分别为 φ_1 和 φ_2，试用凯恩方法求偏速度。

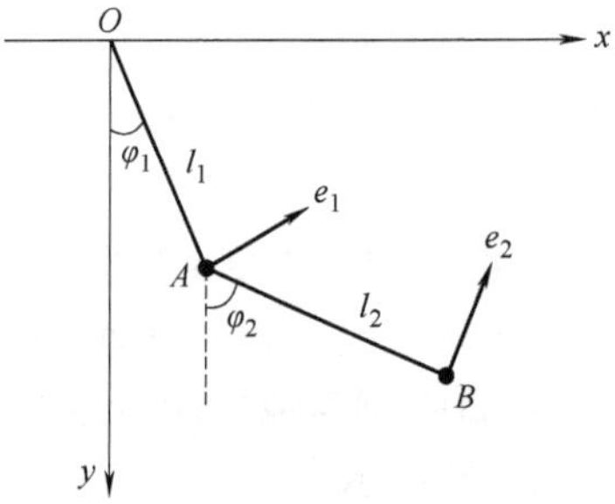

图 4-30　简易双摆系统

4-2　如图 4-31 所示的双摆系统，在 A 点有两个力矩，$M(t)$ 为输入力矩，M_{R1}为该点的摩擦力矩，摩擦系数为 R_{p1}；B 点只有摩擦力矩 M_{R2}，摩擦系数为 R_{p2}；杆 1 是质量为 m_1的均匀杆，杆 2 是质量为 m_2的均匀杆。试用拉格朗日方程建立动力学模型。

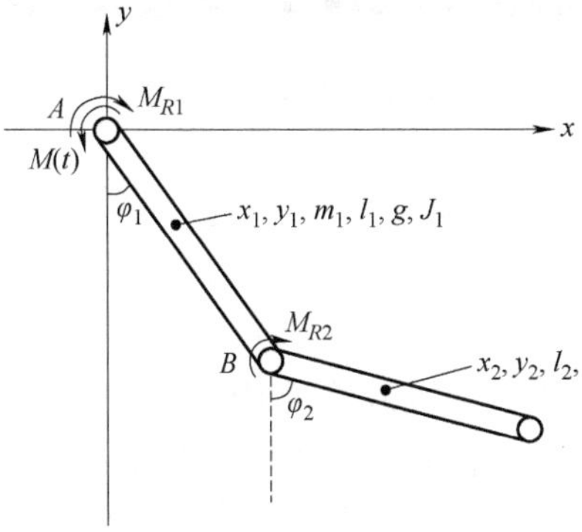

图 4-31　双摆系统

参 考 文 献

[1] 霍伟. 机器人动力学与控制 [M]. 北京：高等教育出版社，2005.
[2] 熊有伦. 机器人学：建模、控制与视觉 [M]. 武汉：华中科技大学出版社，2018.
[3] 熊有伦. 机器人学 [M]. 北京：机械工业出版社，1993.
[4] 哈尔滨工业大学理论力学教研室. 理论力学Ⅱ [M]. 8 版. 北京：高等教育出版社，2016.
[5] 战强. 机器人学：机构、运动学、动力学及运动规划 [M]. 北京：清华大学出版社，2019.

第 5 章 机器人系统的传感与控制

对于机械臂而言，控制的目的是使机械臂达到期望位置或跟踪期望轨迹。本章首先介绍在机器人系统中常用的执行器和传感器，这些器件与对应的机械本体机构集成即组成可控的机器人系统。为使机器人能执行外部输入的期望指令，反馈控制是最常用的控制手段，通过建立系统的传递函数模型或状态空间模型，选择适用于机器人系统的控制器，并通过分析系统的稳定性、快速性、准确性和抗扰性，最终完成控制器参数的确定。

按照是否考虑机器人的动力学特性，机器人的控制器设计可分为两大类。一类是不考虑机器人的动力学特性，只是按照机器人实际轨迹与期望轨迹之间的偏差进行负反馈控制，这类方法通常称为运动控制，其控制器通常采用 PD 或 PID 控制。该方法的优点是控制律简单、易实现，但难以实现机器人良好的静动态性能，且需要较大的控制能量。另一类是考虑机器人的动力学特性，基于机器人的动力学模型设计更精细的控制律，这类方法通常称为动态控制。该方法可使被控对象具有更好的静动态品质，克服了运动控制方法的缺点。

对于运动受限的机器人，由于机器人与环境接触，这时不仅要控制机器人手端位置，还要控制手端作用于环境的力，为此，本章还将介绍控制操作臂接触力的柔顺控制方法。

有必要指出，在工程实际中，要获得机器人系统的精确动力学模型是很困难的。因此，采用动态控制方法时，除了要对控制系统模型做一些合理近似，还需对机器人系统存在的不确定性和非线性等要素进行补偿。神经网络智能控制方法适合解决此类问题，故本章将给出一些典型的仿真案例，并在 Matlab/Simulink 环境下展示其实现过程。

5.1 执行器与传感器

5.1.1 执行器

执行器是机器人产生各种动作的动力源，通常包括电驱动和流体驱动两大类。

1. 直流伺服电动机

直流伺服电动机通过电刷和换向器产生的整流作用使磁场磁动势和电枢电流磁动势正交以产生转矩。与交流伺服电动机相比，直流伺服电动机起动转矩大，调速广且不受频率及极对数限制，其机械特性线性度好，从零转速至额定转速具备提供额定转矩的性能，功率损耗小，具有较高的响应速度、精度和频率。

由于直流电动机要产生额定负载下的恒定转矩，其电枢磁场与转子磁场需维持恒定的 90°，这就要借助电刷及换向器。电刷和换向器的存在增大了摩擦转矩，换向火花引起额外干扰，除了会造成组件损坏，其使用场合也受到限制，寿命较低，需要定期维修，使用维护较繁琐。

无刷直流电动机是集永磁电动机、微处理器、功率逆变器、检测元件、控制软件和硬件于一体的新型机电一体化产品。它采用功率电子开关和位置传感器代替电刷和换向器，既保留了直流电动机良好的运行性能，又具有交流电动机机构简单、维护方便和运行可靠等特点，在航空航天、数控装置、机器人、计算机外设、汽车电器、电动车辆和家用电器的驱动中获得了越来越广泛的应用。无刷直流电动机主要由永磁电动机本体、转子位置传感器和功率电子开关三部分组成。图 5-1 所示为无刷直流电动机的工作原理框图。

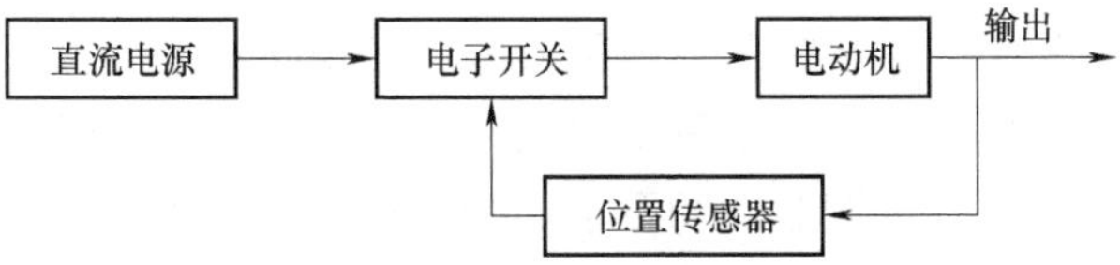

图 5-1　无刷直流电动机的工作原理框图

直流电源通过电子开关向电动机定子绕组供电，由位置传感器检测电动机转子位置，并发出电信号去控制功率电子开关的导通或关断，从而使电动机转动。图 5-2 所示为无刷直流电动机的实物结构，它是基于交流调速原理制造出来的，既有直流电动机起动转矩大、转速稳定和调速方便的优点，又有交流电动机结构简单和无易损件的优点。由于需要专门的驱动电路，故价格要比普通直流电动机高 3~4 倍。无刷直流电动机大部分自带驱动电路，只要接入额定电压并输入调速脉宽调制（pulse width modulation，PWM）信号就可以驱动。另外，因为无刷直流电动机有霍尔元件做反馈，其转速是稳定的。

2. 交流电动机

随着集成电路、电力电子技术和交流可变速驱动技术的发展，以及微处理器技术、大功率高性能半导体功率器件技术和电动机永磁材料制造工艺的发展，永磁交流伺服驱动技术有了突出进步。交流伺服驱动技术已经成为工业领域实现自动化的基础技术之一，交流伺服电动机及其驱动器也逐渐成为主导产品。图 5-3 所示为交流伺服电动机及其驱动器。电气厂商相继推出各自的交流伺服电动机和伺服驱动器系列产品，并不断完善和更新。

图 5-2　无刷直流电动机

图 5-3　交流伺服电动机及其驱动器

在控制方面，现代交流伺服系统一般都采用磁场矢量控制方式，它使交流伺服驱动系统完全达到了直流伺服驱动系统的性能。该系统具有以下特点：

① 系统在极低速度时仍能平滑地运转，而且具有很快的响应速度。

② 在高速区仍然具有较好的转矩特性，即电动机的输出特性“硬度”好。

③ 可将电动机的噪声和振动抑制到最低的限度。

④ 具有很高的转矩/惯量比，可实现系统的快速起动和制动。

⑤ 通过采用高精度的脉冲编码器作为反馈器件，采用数字控制技术，提高了系统的位置控制精度。

⑥ 驱动单元一般都采用大规模的专用集成电路，具有结构紧凑、体积小和可靠性高的优势。

采用永久磁铁的同步电动机不需要励磁电流控制，只需检测磁铁转子的位置即可，故比异步电动机容易控制，转矩产生机理与直流伺服电动机相同。其中，永磁同步电动机交流伺服系统在技术上已趋于成熟，具备了十分优良的低速性能，并可实现弱磁高速控制，拓宽了系统的调速范围，适应高性能伺服驱动的要求。随着永磁材料性能的大幅度提高和价格的降低，其在工业生产自动化领域中的应用将越来越广泛，目前已成为交流伺服系统的主流。

交流异步电动机即感应式伺服电动机，具有结构坚固、制造容易和价格低廉的优点，因而具有很好的发展前景，代表了将来伺服技术的发展方向。但由于该系统采用矢量变换控制，相对永磁同步电动机伺服系统而言，其控制技术比较复杂，而且电动机低速运行时还存在效率低和发热严重等问题，目前尚未得到普遍应用。

3. 液压马达

液压马达是将液体的压力能转换为机械能，再输出转矩和回转运动的一种执行元件。与电动机相比，液压马达具有以下独特的优点：

① 传动轴瞬间即可反向。

② 无论堵转多长时间，也不会造成损坏。

③ 由工作转速控制转矩。

④ 易于实现动态制动。

⑤ 传递同样大小的功率时，液压马达质量更小。

液压马达按其结构类型可分为齿轮式、叶片式、柱塞式和其他形式；按液压马达的额定转速，可分为高速和低速两大类；按所能传递的转矩大小，可分为小转矩、中转矩和大转矩三大类；根据旋转一周过程中工作副的作用次数，可分为单作用式和多作用式两大类。液压变量泵及变量马达在变量控制装置的作用下，根据工作需要能在一定范围内调整输出特性，具有代表性的工业产品为柱塞式变量泵，如图 5-4 所示。

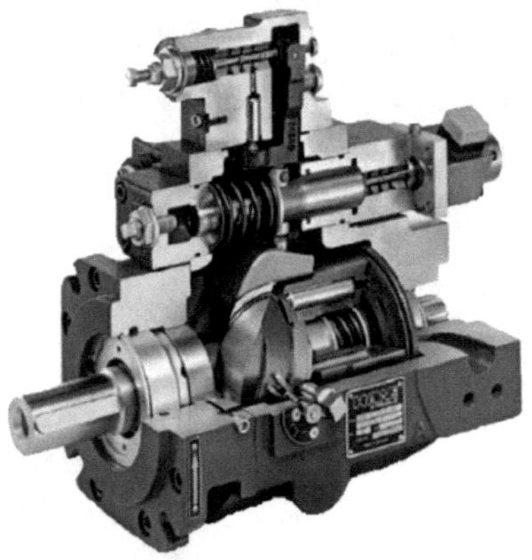

图 5-4　柱塞式变量泵

5.1.2　传感器

机器人的运动状态依靠传感器进行实时反馈，通常关注机器人的位置、速度和力等状态信息。

1. 位置传感器

精确而可靠地发出位置信号并检测被控对象的实际位置，是运动控制系统工作良好的基本保证。位置传感器将具体的直线或转角位移转换成模拟或数字电量，再通过信号处理电路或相应的算法，形成与控制器输入量相匹配的位置信号，然后根据位置偏差信号实施控制，最终消除偏差。

位置传感器的种类很多，常用的有以下几种：

（1）电位器

电位器是最简单的位移-电压传感器，可直接给出电压信号，价格便宜，使用方便，但滑臂与电阻间有滑动接触，容易磨损和接触不良，可靠性较差。

（2）基于电磁感应原理的位置传感器

属于这一类型的位置传感器有自整角机、旋转变压器、感应同步器等，是应用比较普遍的模拟式位置传感器，可靠性和精度都较高。

（3）光电编码器

光电编码器是检测转速或转角的元件，由光源、光栅码盘和光敏元件三部分组成。编码器与电动机相连，当电动机转动时，带动编码器旋转，产生转速或转角信号，直接输出数字式电脉冲信号，是现代数字运动控制系统主要采用的位置传感器。光电编码器有增量式和绝对值式两种，也有将两者结合为一体的混合式编码器。

1）增量式编码器。脉冲数直接与位移的增量成正比，常用的圆形增量式编码器，每转发出 500~5000 个脉冲，高精度编码器可达数万个脉冲。通过信号处理电路和可逆计数器输出位置增量信号，对位置增量进行累加即得位置信号。经过 M 法、T 法、M/T 法等测速算法计算后还可以给出转速信号。

2）绝对值式编码器。绝对值式编码器的码盘有固定的零点，每个位置对应着距零点不同的位置绝对值，常用于检测转角，若需得到转速信号，必须对转角进行微分。码盘又分二进制码盘和循环码盘两种，如图 5-5 所示。

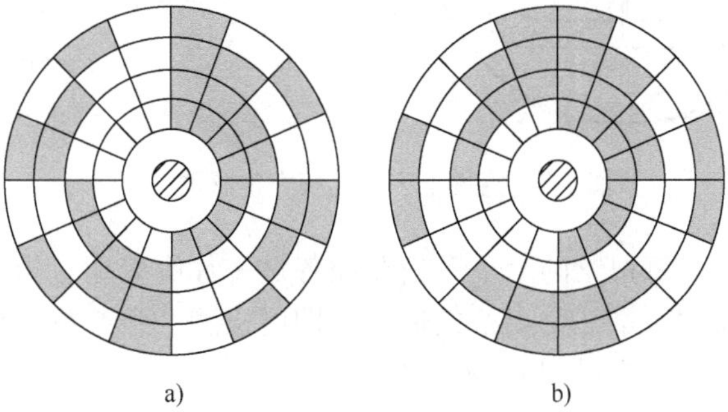

图 5-5　码盘示意图

a）二进制码盘　b）循环码盘

在二进制码盘中，码道从外到里按二进制刻制，外层为最低位，里层为最高位。码盘在转动时，可能出现两位以上的数字同时改变，容易导致“粗大误差”的产生。

循环码盘，又称格雷码盘，在相邻的两个码道之间只有一个码发生变化，可以从根本上消除“粗大误差”。在读出格雷码数值后必须先通过逻辑电路换算成自然二进制码，再参加运算。

2. 力传感器

力传感器是将力的量值转换为相关电信号的器件，包括应变式传感器、光学式传感器及压电式传感器等。

（1）六维力传感器

如图 5-6 所示，六维力传感器能同时将三维力和三维力矩信号转换为电信号，用于监测方向和大小不断变化的力与力矩、测量加速度或惯性力以及检测接触力的大小和作用点，在机器人力控制领域有广泛的应用。机器人感知外界物体的作用一般为六维力旋量，如控制装配力和力矩、控制加工力和力矩、进行表面跟踪、提供力的约束和协调工作等。传统的六维力传感器多采用电阻应变片作为其中的敏感元件，将被测件上的应变转换成电信号并作为传感器的输出量。

图 5-6 六维力传感器

（2）十字腕力传感器

图 5-7 所示为挠性十字梁式腕力传感器，用铝材切成十字框架，各悬臂梁外端插入圆形手腕框架的内侧孔中，悬臂梁端部与腕框架的接合部装有尼龙球，以使悬梁易于伸缩。此外，为了增加其灵敏性，在与梁相接处的腕框架上还切出窄缝。十字梁实际上是一个整体，其中央固定在手腕轴向。

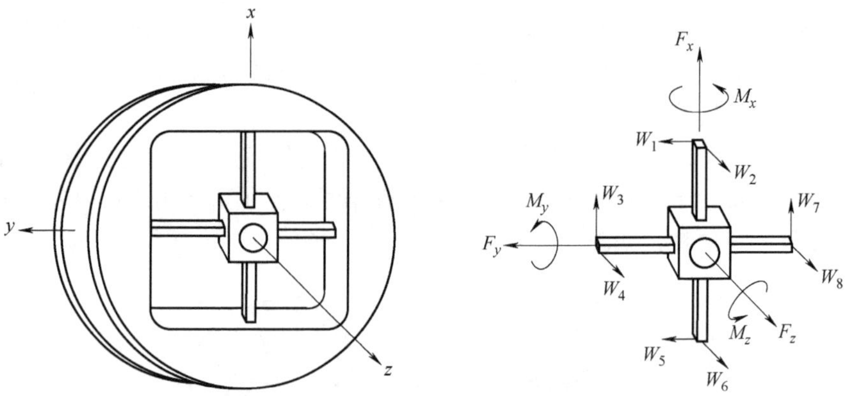

图 5-7 挠性十字梁式腕力传感器

十字梁上贴有应变片，每根梁的上下左右侧面各贴一片应变片。相对的两个面上的两片应变片构成一组半桥，通过测量一个半桥的输出，即可检测一个参数。整个手腕通过应变片可检测出 8 个参数，利用这些参数可计算出手腕顶端 x、y、z 方向的力 F_x、F_y、F_z 以及 x、y、z 方向的转矩 M_x、M_y、M_z。令 W_1，W_2，…，W_8 依次为应变片所测的 8 路信号，可求得传感器三个参考坐标轴的表达式为

$$
\begin{bmatrix} F_x \\ F_y \\ F_z \\ M_x \\ M_y \\ M_z \end{bmatrix} = \begin{bmatrix} 0 & 0 & K_{13} & 0 & 0 & 0 & K_{17} & 0 \\ K_{21} & 0 & 0 & 0 & K_{25} & 0 & 0 & 0 \\ 0 & K_{32} & 0 & K_{34} & 0 & K_{36} & 0 & K_{38} \\ 0 & 0 & 0 & K_{44} & 0 & 0 & 0 & K_{48} \\ 0 & K_{52} & 0 & 0 & 0 & K_{56} & 0 & 0 \\ K_{61} & 0 & K_{63} & 0 & K_{65} & 0 & K_{67} & 0 \end{bmatrix} \begin{bmatrix} W_1 \\ W_2 \\ W_3 \\ W_4 \\ W_5 \\ W_6 \\ W_7 \\ W_8 \end{bmatrix}
$$

式中，K_{ij}（$i=1, 2, 3, \cdots, 6$；$j=1, 2, 3, \cdots, 8$）为计算力或力矩的比例系数。

5.2　反馈与稳定性

5.2.1　反馈

自动控制系统一般由被控对象、传感器、执行器和控制器共同构成，其结构可简化为控制系统框图，图中的每一个方框代表一个具有特定功能的元器件。最常见的控制方式有三种：开环控制、闭环控制和复合控制。对于某一个具体的系统而言，采取何种控制手段最有效，应根据具体的用途和控制目的进行确定。

开环系统只有信号的前向通道而不存在由输出端到输入端的反馈通路。当系统的全部信息可知且准确时，开环控制完全可以达成控制目标。在图 5-8 所示的直流电动机转速开环控制系统中，给定一个参考电压 u_r，该电压经过电压放大器和功率放大器组成的控制装置后得到电压 u_a，用于控制电动机转速 ω。

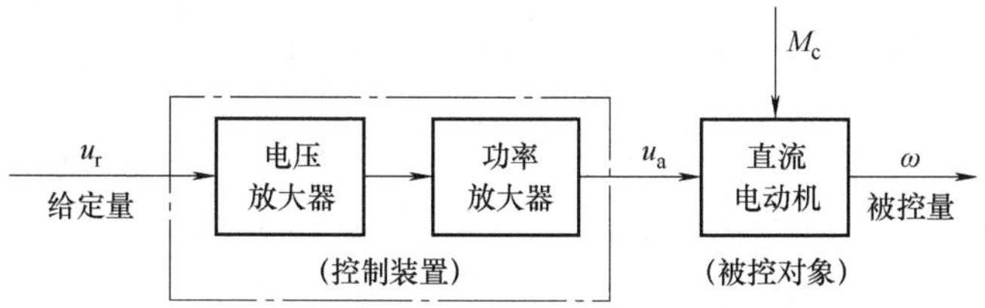

图 5-8　直流电动机转速开环控制系统

如果系统的输入输出模型不够准确，或者系统存在扰动，那么开环控制器将无法提供准确的控制量，此时应选择闭环控制器。为提高控制精度，应把输出端的信息反馈至输入端，比较输入值与输出值并产生偏差信号，据此得出合适的控制量，逐步减小以至消除偏差，从而实现所要求的控制性能。在图 5-8 所示的直流电动机转速开环控制系统中，加入一台测速发电机，便构成了如图 5-9 所示的直流电动机转速闭环控制系统。该测速发电机由电动机同轴带动，它将电动机的实际转速 ω（系统输出量）测量出来，并转换成电压 u_f，再反馈到系统的输入端与给定电压 u_r（系统输入量）进行比较，从而得出电压 $u_e=u_r-u_f$。由于该电压能间接地反映出误差的性质（即大小和正负方向），通常称之为偏差信号，简称偏差。偏差电压 u_e经放大器放大后成为 u_a，用以控制电动机转速 ω。

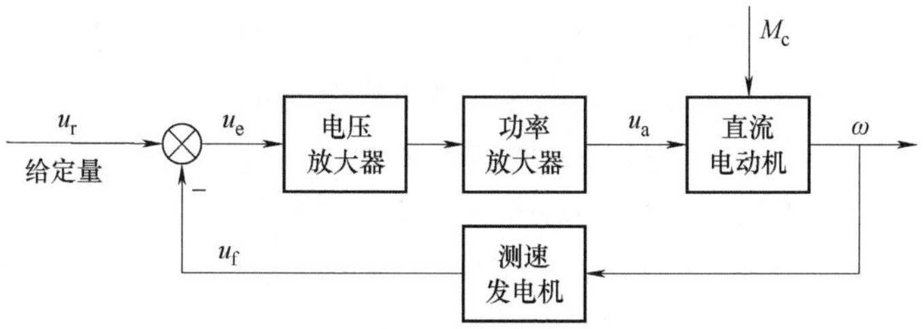

图 5-9　直流电动机转速闭环控制系统

将前馈控制和反馈控制结合起来可构成复合控制，能有效提高系统的控制精度。对于反馈控制系统而言，只有在外部作用（输入信号或干扰）对控制对象产生影响之后才能做出相应的调整，尤其当控制对象具有较大延迟时间时，反馈控制将无法及时调节输出的变化，此时会影响系统输出的平稳性。前馈控制能使系统及时感受输入信号，使系统在偏差即将产生之前就能纠正偏差。

在前述讨论的工业机器人操作臂模型中，每个关节由一个单独的驱动器施加力和力矩，各关节内部用一个位置传感器测量关节位移（角位移或线位移），有时还用速度传感器（如测速发电机）检测关节速度。关节的驱动和传动方式多种多样，大多数工业机器人的各个关节均由一个驱动器单独驱动。

驱动器是按期望指令驱动关节运动的，必须运用控制系统计算和发出适当的驱动指令，才能使关节实现所要求的运动轨迹。目前，几乎所有的工业机器人都采用反馈控制，根据关节传感器的信号计算所需的运动指令。

图 5-10 所示的机器人控制系统框图表示出了机器人本身、控制系统和轨迹规划器之间的关系。轨迹规划器生成期望位置 $\boldsymbol{q}_{\mathrm{d}}(t)$、速度 $\dot{\boldsymbol{q}}_{\mathrm{d}}(t)$ 和加速度 $\ddot{\boldsymbol{q}}_{\mathrm{d}}(t)$ 并传递给控制系统，机器人接收来自控制系统的关节力矩矢量 $\boldsymbol{\tau}$，传感器读出关节位置矢量 $\boldsymbol{q}$ 和关节速度矢量 $\dot{\boldsymbol{q}}$，并将其送入控制器。图 5-10 中的所有信号线均传送 $n\times1$ 维矢量，n 是操作臂的关节数目。

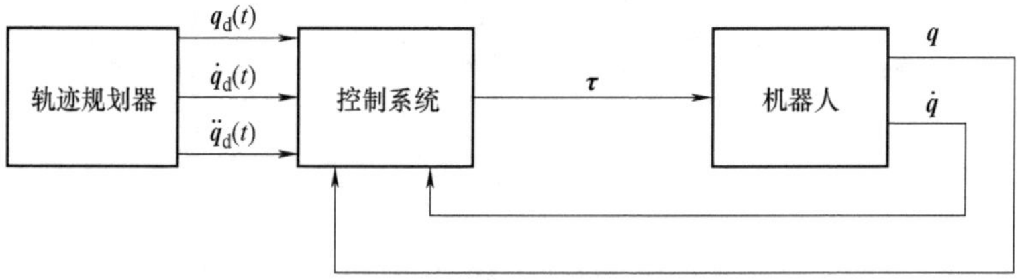

图 5-10　机器人控制系统框图

5.2.2　机器人系统的状态空间描述

控制系统的数学描述通常有两种基本形式：一种是基于输入、输出模型的外部描述，它将系统看成“黑箱”，只是反映输入与输出间的关系，而不去表征系统的内部结构和内部变量，如高阶微分方程或传递函数；另一种是基于状态空间模型的内部描述，状态空间模型反映了系统的内部结构与内部变量，由状态方程和输出方程两个方程组成。

状态方程反映系统内部变量 $\boldsymbol{x}$ 和输入变量 $\boldsymbol{u}$ 间的动态关系，具有一阶微分方程组或一阶差分方程组的形式；输出方程则表征系统输出向量 $\boldsymbol{y}$ 与内部变量 $\boldsymbol{x}$ 及输入变量 $\boldsymbol{u}$ 间的关系，具有代数方程的形式。

能完整描述和唯一确定系统时域行为或运行过程的一组独立（数目最小）的变量称为系统的状态。当状态表示成以各状态变量为分量组成的向量时，称为状态向量。系统的状态 $\boldsymbol{x}(t)$ 由 $t=t_0$时的初始状态 $\boldsymbol{x}(t_0)$ 及 $t\geqslant t_0$的输入 $\boldsymbol{u}(t)$ 唯一确定。

状态方程与输出方程的组合称为动态方程，其一般形式为

$$\begin{cases}\dot{\boldsymbol{x}}(t)=\boldsymbol{f}[\boldsymbol{x}(t),\boldsymbol{u}(t),t]\\ \boldsymbol{y}(t)=\boldsymbol{g}[\boldsymbol{x}(t),\boldsymbol{u}(t),t]\end{cases}\tag{5-1}$$

线性连续时间系统动态方程的一般形式为

$$\begin{cases}\dot{\boldsymbol{x}}(t)=\boldsymbol{A}(t)\boldsymbol{x}(t)+\boldsymbol{B}(t)\boldsymbol{u}(t)\\ \boldsymbol{y}(t)=\boldsymbol{C}(t)\boldsymbol{x}(t)+\boldsymbol{D}(t)\boldsymbol{u}(t)\end{cases}\tag{5-2}$$

线性定常系统的 $\boldsymbol{A}$，$\boldsymbol{B}$、$\boldsymbol{C}$、$\boldsymbol{D}$ 中的各元素全部是常数，即

$$\begin{cases}\dot{\boldsymbol{x}}(t)=\boldsymbol{A}\boldsymbol{x}(t)+\boldsymbol{B}\boldsymbol{u}(t)\\ \boldsymbol{y}(t)=\boldsymbol{C}\boldsymbol{x}(t)+\boldsymbol{D}\boldsymbol{u}(t)\end{cases}\tag{5-3}$$

动态方程对于系统的描述是充分的和完整的，即系统中的任何一个变量均可用状态方程和输出方程来描述。状态方程着眼于系统动态演变过程的描述，反映状态变量间的微积分约束；而输出方程则反映系统中变量之间的静态关系，着眼于建立系统中输出变量与状态变量间的代数约束，这也是非独立变量不能作为状态变量的原因之一。

5.2.3　控制系统的稳定性

稳定性是控制系统的基础，如果系统不稳定，其他的性能则无从说起。

首先来直观理解稳定性。图 5-11 所示为小球稳定性的原理示意，在图 5-11a 所示的一条轨道上选取 A、B、C 三个位置。其中，A 点和 B 点是光滑的，C 点则带有摩擦。$t=0$ 时刻，在 A、B、C 这三个位置上分别放置一个小球，它们都可以保持静止不动。设 $x(t)$ 为小球的位移，则 $\mathrm{d}x(t)/\mathrm{d}t=0$，$A$、$B$ 和 C 都是这个小球系统的平衡点。

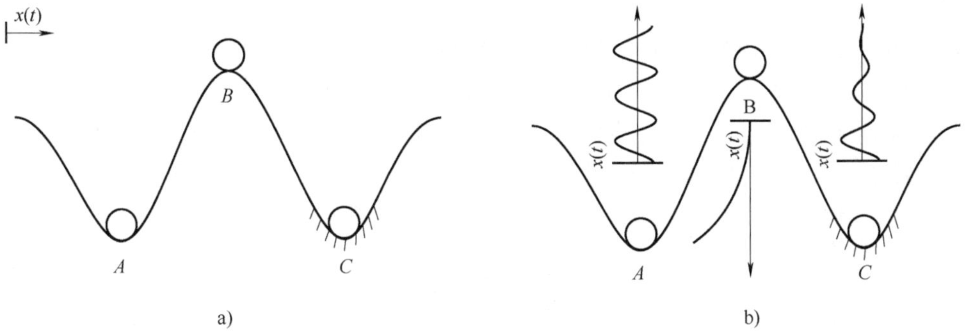

图 5-11　小球的稳定性

a）轨道位置示意　b）小球运动示意

当小球偏离平衡点后的情况，如图 5-11b 所示。对于 A 点，小球将在重力作用下始终围绕 A 点左右循环往复运动，运动轨迹是一条幅度和频率不变的正弦曲线。对于 B 点，小球会朝偏离的方向越走越远，不再回到 B 点。对于 C 点，它和 A 点类似，但是因为存在着摩擦，能量会有所损耗，所以，它的运动幅度会越来越小，最终小球在 C 点停止。

平衡点 A 是临界稳定的，小球在 A 点附近运行时始终有界，虽然小球不会停止；平衡点 B 是不稳定的，小球一旦受到扰动便会偏离 B 点，并且不再回来；平衡点 C 是稳定的，小球随时间流逝最终会停在 C 点。

下面将介绍稳定性的严谨数学定义。俄国学者李雅普诺夫建立了基于状态空间描述的稳定性理论，分别提出了依赖于线性系统微分方程的解来判断稳定性的第一方法（间接法）和利用经验和技巧来构造李雅普诺夫函数借以判断稳定性的第二方法（直接法）。这一理论是确定系统稳定性的一般理论，适用于单变量、多变量、线性、非线性、定常系统及时变系统，在现代控制系统的分析与设计中有着广泛的应用。

忽略输入后，非线性时变系统的状态方程为

$$\dot{\boldsymbol{x}}=\boldsymbol{f}(\boldsymbol{x},t) \tag{5-4}$$

式中，$\boldsymbol{x}$ 为 n 维状态向量；t 为时间变量；$\boldsymbol{f}(\boldsymbol{x},t)$ 为 n 维函数，其展开式为

$$\dot{x}_i=f_i(x_1,x_2,\cdots,x_n,t),i=1,\cdots,n$$

假定方程的解为 $\boldsymbol{x}(t;\boldsymbol{x}_0,t_0)$，$\boldsymbol{x}_0$和 t_0分别为初始状态向量和初始时刻，$\boldsymbol{x}(t;\boldsymbol{x}_0,t_0)=\boldsymbol{x}_0$。

1. 平衡状态

对于任意时间 t，满足

$$\dot{\boldsymbol{x}}_e=\boldsymbol{f}(\boldsymbol{x}_e,t)=0 \tag{5-5}$$

的状态 $\boldsymbol{x}_e$称为平衡状态，此时各状态量不再随时间变化。若已知状态方程，令 $\dot{\boldsymbol{x}}=0$ 所求得的解即是平衡状态。

对于线性定常系统 $\dot{\boldsymbol{x}}=\boldsymbol{A}\boldsymbol{x}$，令 $\dot{\boldsymbol{x}}=0$，即 $\boldsymbol{A}\boldsymbol{x}_e=0$，如果矩阵 $\boldsymbol{A}$ 非奇异，则系统有唯一的零解，即仅存在一个位于状态空间原点的平衡状态。至于非线性系统，$\boldsymbol{f}(\boldsymbol{x}_e,t)=0$ 的解可能有多个，由系统状态方程决定。

2. 李雅普诺夫稳定性定义

（1）李雅普诺夫意义下的稳定

如果对于任意小的 $\varepsilon>0$，均存在一个 $\delta(\varepsilon,t_0)>0$，当初始状态满足 $\|\boldsymbol{x}_0-\boldsymbol{x}_e\|<\delta$ 时，系统运动轨迹满足 $\lim\limits_{t\to 0}\|\boldsymbol{x}(t;\boldsymbol{x}_0,t_0)-\boldsymbol{x}_e\|\leqslant\varepsilon$，称平衡状态 $\boldsymbol{x}$ 是李雅普诺夫意义下的稳定，其中 $\|\boldsymbol{x}_0-\boldsymbol{x}_e\|$是欧几里得范数 $\|\boldsymbol{x}_0-\boldsymbol{x}_e\|=\sqrt{(x_{10}-x_{1e})^2+\cdots+(x_{n0}-x_{ne})^2}$。平面几何示意图如图 5-12a 所示，设系统初始状态 $\boldsymbol{x}_0$位于平衡状态以 $\boldsymbol{x}_e$为球心、半径为 δ 的闭球域 $S(\delta)$ 内，如果系统稳定，则状态方程的解 $\boldsymbol{x}(t;\boldsymbol{x}_0,t_0)=\boldsymbol{x}_0$在 $t\to\infty$ 的过程中，都位于以 $\boldsymbol{x}_0$为球心、半径为 ε 的闭球域 $S(\varepsilon)$ 内。

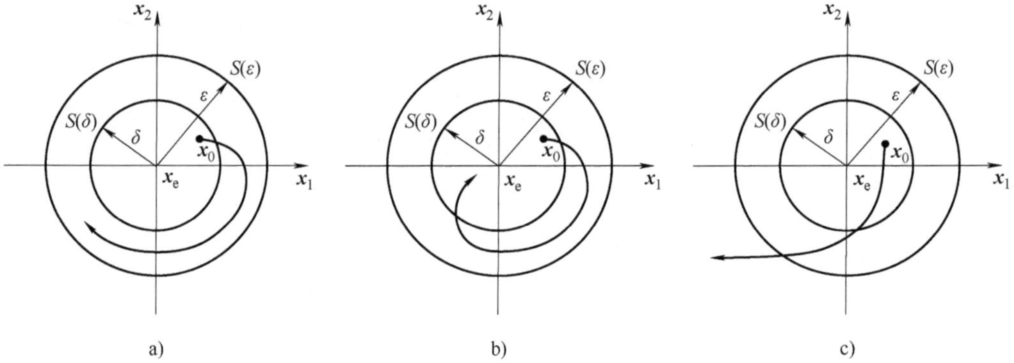

图 5-12 李雅普诺夫稳定性的平面几何表示

a）李雅普诺夫意义下的稳定 b）渐进稳定 c）不稳定

（2）一致稳定性

通常 δ 与 ε、t_0都有关。如果 δ 与 t_0无关，则称平衡状态是一致稳定的。对于定常系统，其 δ 与 t_0无关，因此，定常系统如果稳定，则一定是一致稳定的。

（3）渐进稳定

如果系统在李雅普诺夫稳定性的基础上还存在：

$$\lim_{t\to\infty}\|\boldsymbol{x}(t;\boldsymbol{x}_0,t_0)-\boldsymbol{x}_e\|\to 0 \tag{5-6}$$

则称此平衡状态是渐近稳定的。如图 5-12b 所示，状态的轨迹始终位于 $S(\varepsilon)$ 内，且当 $t\to\infty$ 时收敛于 $\boldsymbol{x}_e$ 或其附近。

（4）大范围稳定性

如果系统对于任意初始状态都具有稳定性，称此平衡状态是大范围稳定或全局稳定的。此时，$\delta\to\infty$，$S(\delta)\to\infty$，$\boldsymbol{x}\to\infty$。如果一个线性系统是渐近稳定的，则一定是大范围稳定的。

（5）不稳定

如图 5-12c 所示，对于任意小的 δ，存在一条超过 $S(\varepsilon)$ 的状态轨迹，则称此平衡状态是不稳定的。

如果系统做不衰减振荡运动（如线性系统的无阻尼自由振荡），其状态曲线是封闭的，只要不超过 $S(\varepsilon)$，依然是李雅普诺夫意义下的稳定状态。经典控制理论的稳定是指李雅普诺夫意义下的一致渐近稳定。

3. 李雅普诺夫稳定性直接判别法

根据物理学原理，若系统包含的能量随时间推移而衰减，系统迟早会到达平衡状态。李雅普诺夫直接法通过构造李雅普诺夫函数直接对平衡状态稳定性进行判断，适用于各种控制系统。李雅普诺夫函数是一种变量为 $x_1,\cdots,x_n$ 和 t 的广义能量函数，记作 $V(\boldsymbol{x},t)$，是标量函数，因为能量总大于零，故函数正定；当函数不显含 t 时，记作 $V(\boldsymbol{x})$。对于大多数系统，采用二次型函数 $\boldsymbol{x}^{\mathrm{T}}\boldsymbol{P}\boldsymbol{x}$ 的形式可以有效地构造李雅普诺夫函数。

设系统状态方程为 $\dot{\boldsymbol{x}}=\boldsymbol{f}(\boldsymbol{x},t)$，平衡状态为 $\boldsymbol{f}(0,t)=0$。令状态空间原点为平衡状态，并假设系统在原点邻域存在 $V=(\boldsymbol{x},t)$ 对 $\boldsymbol{x}$ 的连续一阶偏导数。李雅普诺夫直接法存在以下定理：

定理 1　若 $V=(\boldsymbol{x},t)$ 正定，$\dot{V}=(\boldsymbol{x},t)$ 负定，则能量随时间流逝而衰减，该状态是渐近稳定的。

定理 2　若 $V=(\boldsymbol{x},t)$ 正定，$\dot{V}=(\boldsymbol{x},t)$ 半负定，且在非零状态不恒为零，系统能量会“断断续续地”衰减，此时能量依然随时间流逝而衰减，原点是渐近稳定的。

定理 3　若 $V=(\boldsymbol{x},t)$ 正定，$\dot{V}=(\boldsymbol{x},t)$ 半负定，且在非零状态恒为零，则系统状态持续变化且能量不变，此时原点是李雅普诺夫意义下稳定的。

定理 4　若 $V=(\boldsymbol{x},t)$ 正定，$\dot{V}=(\boldsymbol{x},t)$ 正定，系统能量持续变大，原点不稳定。

李雅普诺夫函数的选取不是唯一的，只要找到一个适当的 $V=(\boldsymbol{x},t)$ 满足上述定理即可。李雅普诺夫方法是一种保守的稳定性判定方法，上述定理都是判断稳定性的充分条件。

4. 连续线性定常系统渐进稳定性的判别

设系统状态方程为 $\dot{\boldsymbol{x}}=\boldsymbol{A}x$，$\boldsymbol{A}$ 为非奇异矩阵，原点是唯一平衡状态。取正定二次型函数 $V(\boldsymbol{x})$ 作为李雅普诺夫函数，即

$$V(\boldsymbol{x})=\boldsymbol{x}^{\mathrm{T}}\boldsymbol{P}\boldsymbol{x} \tag{5-7}$$

求导并考虑状态方程：

$$\dot{V}(\boldsymbol{x})=\dot{\boldsymbol{x}}\boldsymbol{P}\boldsymbol{x}+\boldsymbol{x}^{\mathrm{T}}\boldsymbol{P}\dot{\boldsymbol{x}}=\boldsymbol{x}^{\mathrm{T}}(\boldsymbol{A}^{\mathrm{T}}\boldsymbol{P}+\boldsymbol{P}\boldsymbol{A})\boldsymbol{x} \tag{5-8}$$

令

$$\boldsymbol{A}^{\mathrm{T}}\boldsymbol{P}+\boldsymbol{P}\boldsymbol{A}=-\boldsymbol{Q} \tag{5-9}$$

则式（5-9）称为连续系统的李雅普诺夫代数方程，可得

$$\dot{V}(\boldsymbol{x})=-\boldsymbol{x}^{\mathrm{T}}\boldsymbol{Q}\boldsymbol{x} \tag{5-10}$$

定理 5　线性定常系统 $\dot{\boldsymbol{x}}=\boldsymbol{A}\boldsymbol{x}$ 渐近稳定的充分必要条件为：给定正定实对称矩阵 $\boldsymbol{Q}$，存在正定实对称矩阵 $\boldsymbol{P}$ 使式（5-9）成立。

在判定系统的稳定性时，先令 $\boldsymbol{Q}$ 矩阵为单位矩阵，结合系统的矩阵 $\boldsymbol{A}$ 由式（5-9）判断是否存在矩阵 $\boldsymbol{P}$，并判断其是否正定。当 $\boldsymbol{P}$ 矩阵正定时，系统渐近稳定；当 $\boldsymbol{P}$ 矩阵负定时，系统不稳定；当 $\boldsymbol{P}$ 矩阵不定时，系统非渐近稳定。系统具体的稳定性质，需要结合其他方法去判断，例如：系统可能是李雅普诺夫意义下稳定。

5.3　机械臂的位置控制

对于一个 n 关节机械臂，其动力学模型如下：

$$\boldsymbol{M}(\boldsymbol{q})\ddot{\boldsymbol{q}}+\boldsymbol{C}(\boldsymbol{q},\dot{\boldsymbol{q}})\dot{\boldsymbol{q}}+\boldsymbol{G}(\boldsymbol{q})+\boldsymbol{F}(\dot{\boldsymbol{q}})+\boldsymbol{\tau}_{\mathrm{d}}=\boldsymbol{\tau} \tag{5-11}$$

式中，$\boldsymbol{q}\in\mathbf{R}^n$ 为关节角位移；$\boldsymbol{M}(\boldsymbol{q})\in\mathbf{R}^{n\times n}$ 为惯性力项；$\boldsymbol{C}(\boldsymbol{q},\dot{\boldsymbol{q}})\in\mathbf{R}^n$ 为向心力和哥氏力项；$\boldsymbol{G}(\boldsymbol{q})\in\mathbf{R}^n$ 为重力项；$\boldsymbol{F}(\dot{\boldsymbol{q}})\in\mathbf{R}^n$ 为摩擦力项；$\boldsymbol{\tau}\in\mathbf{R}^n$ 为控制力矩；$\boldsymbol{\tau}_{\mathrm{d}}\in\mathbf{R}^n$ 为外加扰动。

机械臂系统存在如下动力学性质：

性质 1　$\boldsymbol{M}(\boldsymbol{q})-2\boldsymbol{C}(\boldsymbol{q},\dot{\boldsymbol{q}})$ 是一个斜对称矩阵。

性质 2　惯性矩阵 $\boldsymbol{M}(\boldsymbol{q})$ 是对称正定矩阵，存在正数 m_1 和 m_2，使得

$$m_1\|\boldsymbol{x}\|^2\leqslant\boldsymbol{x}^{\mathrm{T}}\boldsymbol{M}(\boldsymbol{q})\boldsymbol{x}\leqslant m_2\|\boldsymbol{x}\|^2 \tag{5-12}$$

性质 3　存在一个依赖于机械臂参数的参数向量，使得 $\boldsymbol{M}(\boldsymbol{q}),\boldsymbol{C}(\boldsymbol{q},\dot{\boldsymbol{q}}),\boldsymbol{G}(\boldsymbol{q}),\boldsymbol{F}(\dot{\boldsymbol{q}})$ 满足线性关系：

$$\boldsymbol{M}(\boldsymbol{q})\boldsymbol{\vartheta}+\boldsymbol{C}(\boldsymbol{q},\dot{\boldsymbol{q}})\boldsymbol{\rho}+\boldsymbol{G}(\boldsymbol{q})+\boldsymbol{F}(\dot{\boldsymbol{q}})=\boldsymbol{\Phi}(\boldsymbol{q},\dot{\boldsymbol{q}},\boldsymbol{\rho},\boldsymbol{\vartheta})\boldsymbol{P} \tag{5-13}$$

式中，$\boldsymbol{\Phi}(\boldsymbol{q},\dot{\boldsymbol{q}},\boldsymbol{\rho},\boldsymbol{\vartheta})\in\mathbf{R}^{n\times m}$ 为已知关节变量函数的回归矩阵，它是机械臂广义坐标及其各阶导数的已知函数矩阵；$\boldsymbol{P}\in\mathbf{R}^n$ 是描述机械臂质量特性的未知定常参数向量。

以下将研究图 5-13 所示的双关节刚性机械臂的控制问题。

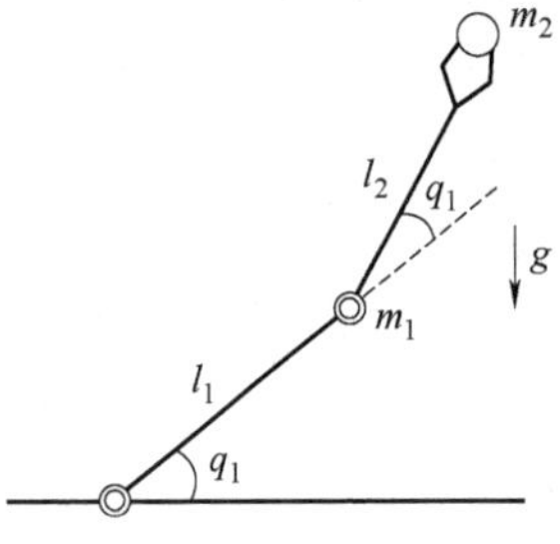

图 5-13　双关节刚性机械臂示意图

5.3.1　PD 控制

1. 控制律设计

不存在重力和外加干扰时，独立的 PD 控制可以取得较好的控制效果。图 5-14 所示为 PD 控制结构框图。

设 n 关节机械臂动力学模型为

$$\boldsymbol{D}(\boldsymbol{q})\ddot{\boldsymbol{q}}+\boldsymbol{C}(\boldsymbol{q},\dot{\boldsymbol{q}})\dot{\boldsymbol{q}}=\boldsymbol{\tau} \tag{5-14}$$

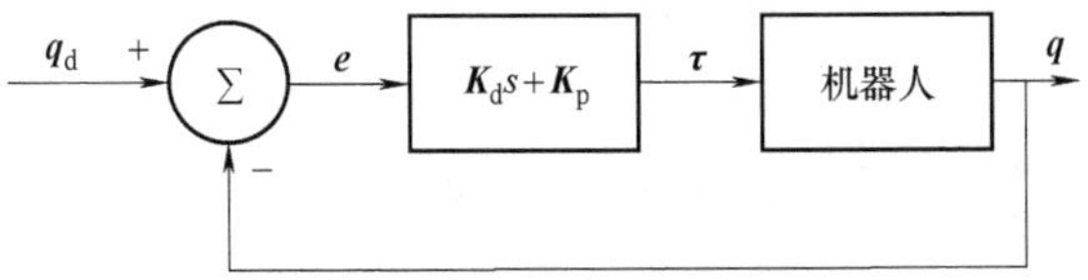

图 5-14　PD 控制结构框图

式中，$\boldsymbol{D}(\boldsymbol{q})$ 为 $n\times n$ 阶正定惯性矩阵；$\boldsymbol{C}(\boldsymbol{q},\dot{\boldsymbol{q}})$ 为 $n\times n$ 阶向心力和哥氏力项。

独立的 PD 控制律为

$$\boldsymbol{\tau}=\boldsymbol{K}_d\dot{\boldsymbol{e}}+\boldsymbol{K}_p\boldsymbol{e} \tag{5-15}$$

取跟踪误差为 $\boldsymbol{e}=\boldsymbol{q}_d-\boldsymbol{q}$，采用定点控制时，$\boldsymbol{q}_d$ 为一常数，即 $\dot{\boldsymbol{q}}_d=\ddot{\boldsymbol{q}}_d\equiv 0$。式（5-14）转化为

$$\boldsymbol{D}(\boldsymbol{q})(\ddot{\boldsymbol{q}}_d-\boldsymbol{q})+\boldsymbol{C}(\boldsymbol{q},\dot{\boldsymbol{q}})(\dot{\boldsymbol{q}}_d-\dot{\boldsymbol{q}})+\boldsymbol{K}_d\dot{\boldsymbol{e}}+\boldsymbol{K}_p\boldsymbol{e}=0 \tag{5-16}$$

即

$$\boldsymbol{D}(\boldsymbol{q})\ddot{\boldsymbol{e}}+\boldsymbol{C}(\boldsymbol{q},\dot{\boldsymbol{q}})\dot{\boldsymbol{e}}+\boldsymbol{K}_p\boldsymbol{e}=-\boldsymbol{K}_d\dot{\boldsymbol{e}} \tag{5-17}$$

尽管不受任何干扰的机械臂系统是不存在的，对独立的 PD 控制进行分析依然有重要意义。

取李雅普诺夫函数为

$$V=\frac{1}{2}\dot{\boldsymbol{e}}^{\mathrm{T}}\boldsymbol{D}(\boldsymbol{q})\dot{\boldsymbol{e}}+\frac{1}{2}\boldsymbol{e}^{\mathrm{T}}\boldsymbol{K}_p\boldsymbol{e} \tag{5-18}$$

由 $\boldsymbol{D}(\boldsymbol{q})$ 及 $\boldsymbol{K}_p$ 的正定性知，V 是全局正定的，对其求导得

$$\dot{V}=\dot{\boldsymbol{e}}^{\mathrm{T}}\boldsymbol{D}\ddot{\boldsymbol{e}}+\frac{1}{2}\dot{\boldsymbol{e}}^{\mathrm{T}}\dot{\boldsymbol{D}}\dot{\boldsymbol{e}}+\dot{\boldsymbol{e}}^{\mathrm{T}}\boldsymbol{K}_p\boldsymbol{e} \tag{5-19}$$

利用 $\dot{\boldsymbol{D}}-2\boldsymbol{C}$ 的斜对称性知 $\dot{\boldsymbol{e}}^{\mathrm{T}}\dot{\boldsymbol{D}}\dot{\boldsymbol{e}}=2\dot{\boldsymbol{e}}^{\mathrm{T}}\boldsymbol{C}\dot{\boldsymbol{e}}$，则

$$\dot{V}=\dot{\boldsymbol{e}}^{\mathrm{T}}\boldsymbol{D}\ddot{\boldsymbol{e}}+\dot{\boldsymbol{e}}^{\mathrm{T}}\boldsymbol{C}\dot{\boldsymbol{e}}+\dot{\boldsymbol{e}}^{\mathrm{T}}\boldsymbol{K}_p\boldsymbol{e}=\dot{\boldsymbol{e}}^{\mathrm{T}}(\boldsymbol{D}\ddot{\boldsymbol{e}}+\boldsymbol{C}\dot{\boldsymbol{e}}+\boldsymbol{K}_p\boldsymbol{e})=-\dot{\boldsymbol{e}}^{\mathrm{T}}\boldsymbol{K}_d\dot{\boldsymbol{e}}\leqslant 0$$

由于 $\dot{V}$ 是半负定的，且 $\boldsymbol{K}_d$ 为正定，则当 $\dot{V}\equiv 0$ 时，有 $\dot{\boldsymbol{e}}\equiv 0$，从而 $\ddot{\boldsymbol{e}}\equiv 0$。代入式（5-17），有 $\boldsymbol{K}_p\boldsymbol{e}=0$，再由 $\boldsymbol{K}_p$ 的可逆性知 $\boldsymbol{e}=0$。由 LaSalle 定理知，$(\boldsymbol{e},\dot{\boldsymbol{e}})=(0,0)$ 是受控机器人全局渐进稳定的平衡点，即从任意初始条件（$\boldsymbol{q}_0$，$\dot{\boldsymbol{q}}_0$）出发，均有 $\boldsymbol{q}\to\boldsymbol{q}_d$，$\dot{\boldsymbol{q}}\to 0$。

如果需要补偿重力对机械臂的干扰，则将控制律改为

$$\boldsymbol{\tau}=\boldsymbol{K}_d\dot{\boldsymbol{e}}+\boldsymbol{K}_p\boldsymbol{e}+\hat{\boldsymbol{G}}(\boldsymbol{q}) \tag{5-20}$$

式中，$\hat{\boldsymbol{G}}(\boldsymbol{q})$ 为对重力矩的估算值。

2. 仿真实例

选二关节机器人系统（不考虑重力、摩擦力和干扰），其动力学模型为

$$\boldsymbol{D}(\boldsymbol{q})\ddot{\boldsymbol{q}}+\boldsymbol{C}(\boldsymbol{q},\dot{\boldsymbol{q}})\dot{\boldsymbol{q}}=\boldsymbol{\tau}$$

式中

$$\boldsymbol{D}(\boldsymbol{q})=\begin{bmatrix} p_1+p_2+2p_3\cos q_2 & p_2+p_3\cos q_2 \\ p_2+p_3\cos q_2 & p_2 \end{bmatrix}$$

$$\boldsymbol{C}(\boldsymbol{q},\dot{\boldsymbol{q}})=\begin{bmatrix} -p_3\dot{q}_2\sin q_2 & -p_3(\dot{q}_1+\dot{q}_2)\sin q_2 \\ p_3\dot{q}_1\sin q_2 & 0 \end{bmatrix}$$

取 $\boldsymbol{p}=[2.90\quad 0.76\quad 0.87\quad 3.04\quad 0.87]^{\mathrm{T}}$，$\boldsymbol{q}_0=[0.0\quad 0.0]^{\mathrm{T}}$，$\dot{\boldsymbol{q}}_0=[0.0\quad 0.0]^{\mathrm{T}}$。

位置指令为 $\boldsymbol{q}_{\mathrm{d}}(0)=[1.0\quad 1.0]^{\mathrm{T}}$，在控制器式（5-15）中，取 $\boldsymbol{K}_{\mathrm{p}}=\begin{bmatrix}100 & 0\\ 0 & 100\end{bmatrix}$，$\boldsymbol{K}_{\mathrm{d}}=\begin{bmatrix}100 & 0\\ 0 & 100\end{bmatrix}$，仿真结果如图 5-15 和图 5-16 所示。

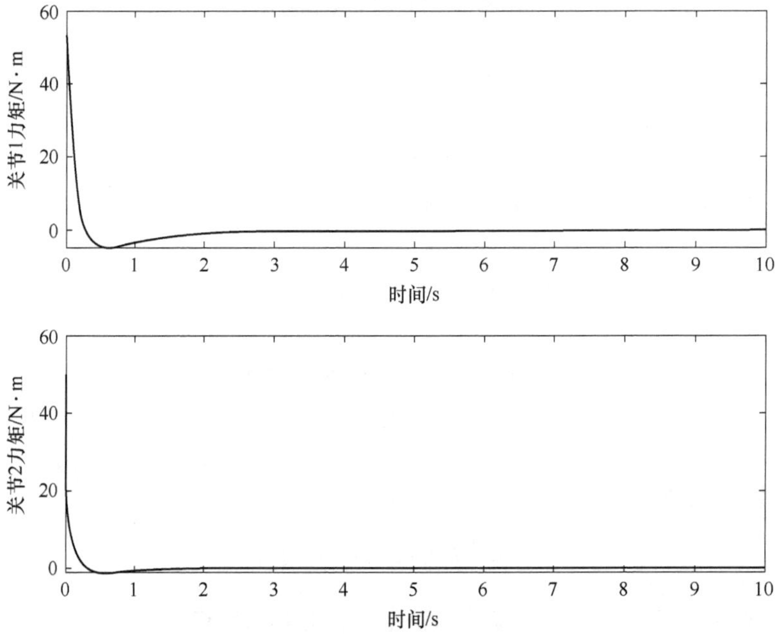

图 5-15　独立 PD 控制的控制输入

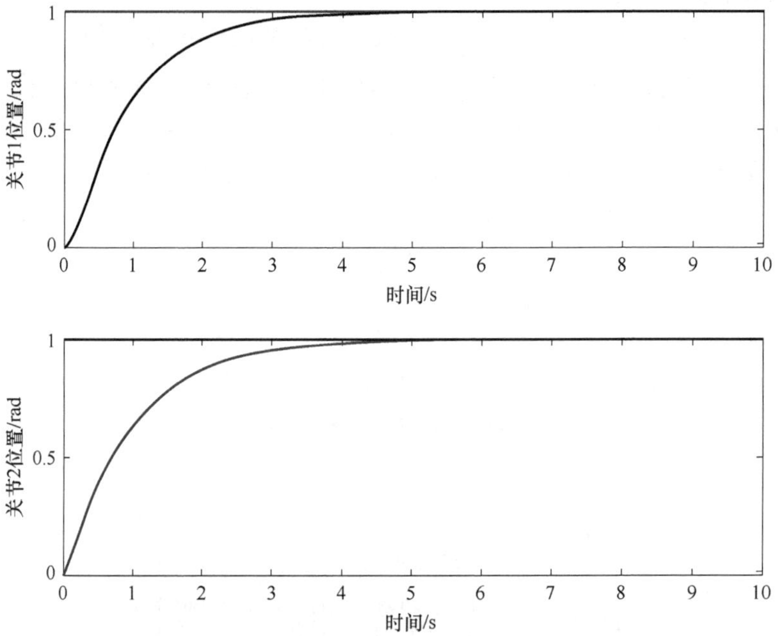

图 5-16　双力臂的阶跃响应

仿真过程中，当改变参数 K_p 和 K_d 时，只要满足 $K_p>0$，$K_d>0$，都能获得较好的仿真结果。

控制器的 Matlab 仿真主程序如下：

```
function [sys,x0,str,ts]=spacemodel(t,x,u,flag)
switch flag,
case 0,
    [sys,x0,str,ts]=mdlInitializeSizes;
case 3,
    sys=mdlOutputs(t,x,u);
case {2,4,9}
    sys=[];
otherwise
    error(['Unhandled flag=',num2str(flag)]);
end

function [sys,x0,str,ts]=mdlInitializeSizes
sizes=simsizes;
sizes.NumOutputs=2;
sizes.NumInputs=6;
sizes.DirFeedthrough=1;
sizes.NumSampleTimes=1;
sys=simsizes(sizes);
x0=[];
str=[];
ts=[0 0];

function sys=mdlOutputs(t,x,u)
R1=u(1);dr1=0;
R2=u(2);dr2=0;
x(1)=u(3);
x(2)=u(4);
x(3)=u(5);
x(4)=u(6);
e1=R1-x(1);
e2=R2-x(3);
e=[e1;e2];
de1=dr1-x(2);
de2=dr2-x(4);
de=[de1;de2];
```

```
Kp=[50 0;0 50];
Kd=[50 0;0 50];
tol=Kp*e+Kd*de;
sys(1)=tol(1);
sys(2)=tol(2);
```

5.3.2 计算力矩控制

独立的 PD 控制和具有重力补偿的 PD 控制可满足定点控制的要求，但更多时候要求机械臂能跟踪一条随时间变化的连续轨迹，此时简单的 PD 控制难以满足要求。采用计算力矩控制能实现对连续时变轨迹的跟踪，如图 5-17 所示的计算力矩法控制结构框图给出了计算力矩控制的基本原理。

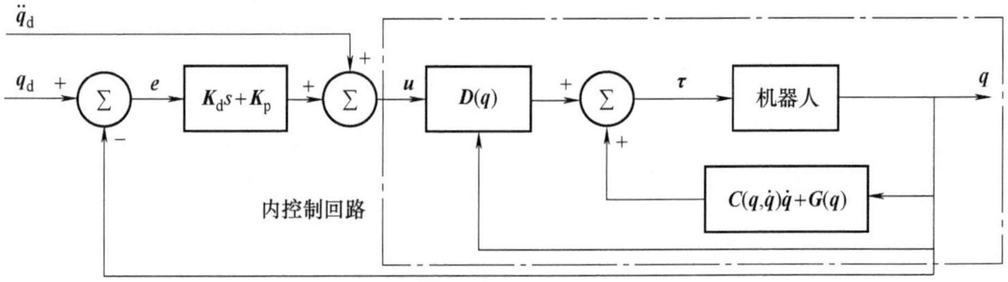

图 5-17 计算力矩法控制结构框图

计算力矩法先引入一种非线性补偿，使机器人转化为一种更易于控制的线性定常系统。假设能够计算动力学方程中的 $\boldsymbol{D}(\boldsymbol{q})$、$\boldsymbol{C}(\boldsymbol{q},\ \dot{\boldsymbol{q}})$、$\boldsymbol{G}(\boldsymbol{q})$，则先引入控制：

$$\boldsymbol{\tau}=\boldsymbol{D}(\boldsymbol{q})\boldsymbol{u}+\boldsymbol{C}(\boldsymbol{q},\dot{\boldsymbol{q}})\dot{\boldsymbol{q}}+\boldsymbol{G}(\boldsymbol{q}) \tag{5-21}$$

于是，机器人方程为

$$\boldsymbol{D}(\boldsymbol{q})\ddot{\boldsymbol{q}}+\boldsymbol{C}(\boldsymbol{q},\dot{\boldsymbol{q}})\dot{\boldsymbol{q}}+\boldsymbol{G}(\boldsymbol{q})=\boldsymbol{\tau}=\boldsymbol{D}(\boldsymbol{q})\boldsymbol{u}+\boldsymbol{C}(\boldsymbol{q},\dot{\boldsymbol{q}})\dot{\boldsymbol{q}}+\boldsymbol{G}(\boldsymbol{q}) \tag{5-22}$$

可得 $\boldsymbol{D}(\boldsymbol{q})\ddot{\boldsymbol{q}}=\boldsymbol{D}(\boldsymbol{q})\boldsymbol{u}$。如果 $\boldsymbol{D}(\boldsymbol{q})$ 可逆，则式（5-22）等价于

$$\ddot{\boldsymbol{q}}=\boldsymbol{u}$$

引入具有偏置的 PD 控制：

$$\boldsymbol{u}=\ddot{\boldsymbol{q}}_d+\boldsymbol{K}_d(\dot{\boldsymbol{q}}_d-\dot{\boldsymbol{q}})+\boldsymbol{K}_p(\boldsymbol{q}_d-\boldsymbol{q})=\ddot{\boldsymbol{q}}_d+\boldsymbol{K}_d\dot{\boldsymbol{e}}+\boldsymbol{K}_p\boldsymbol{e} \tag{5-23}$$

于是，得到闭环系统的误差方程为

$$\ddot{\boldsymbol{e}}+\boldsymbol{K}_d\dot{\boldsymbol{e}}+\boldsymbol{K}_p\boldsymbol{e}=0 \tag{5-24}$$

适当选取位置和速度反馈增益 $\boldsymbol{K}_d$ 和 $\boldsymbol{K}_p$ 的值，使它的特征根具有负实部，位置误差矢量 $\boldsymbol{e}$ 由此将渐近趋于零。

5.3.3 滑模控制

滑模变结构控制是一种特殊的非线性控制，与常规控制的根本区别在于控制的不连续性，即一种使系统“结构”随时间变化的开关特性，使得系统根据当前的状态按照预定的“滑动模态”运动以调整当前状态。滑动模态是可以设计的，且与系统的参数及扰动无关，

滑模控制本质上是基于李雅普诺夫第二方法对控制器进行设计，重新构造李雅普诺夫函数。采用滑模控制可使得系统具有良好的鲁棒性能。

1. 滑动模态及滑模变结构控制的定义

对于一个控制系统：

$$\dot{x}=f(x),x\in R^n \tag{5-25}$$

用一个超曲面 $s(x)=s(x_1,x_2,\cdots,x_n)=0$ 将状态空间分成上下两部分：$s>0$ 及 $s<0$。形成如图 5-18 所示切换面上的三种点 A、B、C。

1）通常点 A——系统状态到达切换面 $s=0$ 附近时会穿越此点。

2）起始点 B——系统状态到达切换面 $s=0$ 附近时会从切换面两边离开。

3）终止点 C——系统状态到达切换面 $s=0$ 附近时会从切换面的两边趋向于该点。

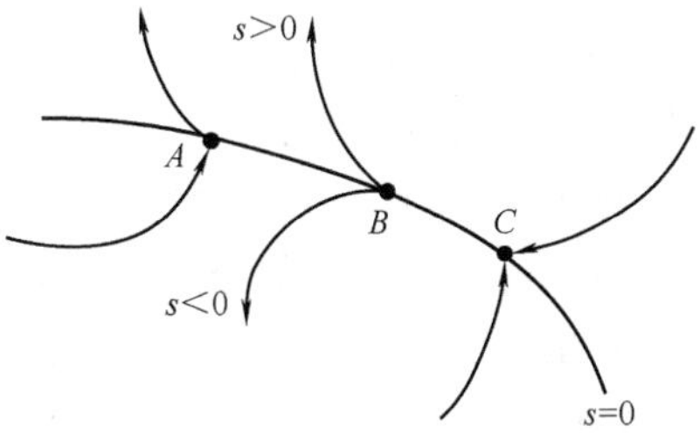

图 5-18　切换面上三种点的特性

如果在切换面上某一区域内所有的点都是终止点，则当系统状态趋近于该区域时，就被“吸引”在该区域内运动。在切换面 $s=0$ 上所有的运动点都是终止点的区域为“滑动模态区”，系统在其中的运动就为“滑模运动”。

用数学语言描述切换面 $s(x)=0$ 附近状态的变化为

$$\lim_{s\to0^+}\dot{s}\leqslant0\leqslant\lim_{s\to0^-}\dot{s} \tag{5-26}$$

也可写为

$$\lim_{s\to0}s\dot{s}\leqslant0 \tag{5-27}$$

此不等式对系统提出了一个形如

$$V(x_1,x_2,\cdots,x_n)=[s(x_1,x_2,\cdots,x_n)]^2 \tag{5-28}$$

的李雅普诺夫函数的必要条件。在切换面邻域内，函数式（5-28）是正定的，由式（5-27）知，$\dot{V}(x_1,x_2,\cdots,x_n)$ 是负半定的，所以滑模面附近系统能量逐渐衰减，因此，如果满足条件式（5-27），则式（5-28）是系统的一个条件李雅普诺夫函数，系统本身也就稳定于条件 $s=0$。

滑模变结构控制的定义如下：

设有一控制系统：

$$\dot{x}=f(x,u,t),x\in\mathbf{R}^n,u\in\mathbf{R}^m,t\in\mathbf{R} \tag{5-29}$$

需要确定切换函数：

$$s(x),s\in\mathbf{R}^m \tag{5-30}$$

求解控制函数：

$$u=\begin{cases}u^+(x),s(x)>0\\u^-(x),s(x)<0\end{cases} \tag{5-31}$$

式中，$u^+(x)\neq u^-(x)$，使得：

1）滑动模态存在，即式（5-31）成立。

2）满足可达性条件，在切换面 $s(x)=0$ 以外的运动点都将于有限的时间内到达切换面。

3）保证滑模运动的稳定性。

4）达到控制系统的动态品质要求。

2. 滑模面参数设计及趋近律

针对线性系统：

$$\dot{\boldsymbol{x}}=\boldsymbol{A}\boldsymbol{x}+\boldsymbol{b}u,\boldsymbol{x}\in\mathbf{R}^n,u\in\mathbf{R} \tag{5-32}$$

滑模面设计为

$$s(\boldsymbol{x})=\boldsymbol{C}^{\mathrm{T}}\boldsymbol{x}=\sum_{i=1}^{n}c_ix_i=\sum_{i=1}^{n-1}c_ix_i+x_n \tag{5-33}$$

式中，$\boldsymbol{x}$ 为状态向量；$\boldsymbol{C}=[c_1 \quad \cdots \quad c_{n-1} \quad 1]^{\mathrm{T}}$。

在滑模控制中，参数 $c_1,c_2,\cdots,c_{n-1}$ 应使多项式 $p^{n-1}+c_{n-1}p^{n-2}+\cdots+c_2p+c_1$ 满足 Hurwitz 条件，其中，p 为 Laplace 算子。

例如：当 $n=2$ 时，$s(\boldsymbol{x})=c_1x_1+x_2$，为了保证多项式 $p+c_1$ 满足 Hurwitz 条件，需要多项式 $p+c_1=0$ 的特征值实数部分为负，即 $c_1>0$。

又如：当 $n=3$ 时，$s(\boldsymbol{x})=c_1x_1+c_2x_2+x_3$，为了保证多项式 $p^2+c_2p+c_1$ 满足 Hurwitz 条件，需要多项式 $p^2+c_2p+c_1=0$、$p+c_1=0$ 的特征值实数部分为负。

不妨取 $p^2+2\lambda p+\lambda^2=0$，则 $(p+\lambda)^2=0$，取 $\lambda>0$ 可满足多项式 $p^2+c_2p+c_1=0$、$p+c_1=0$ 的特征值实数部分为负，对应可得 $c_2=2\lambda$、$c_1=\lambda^2$。

对于机械臂轨迹跟踪问题，可设计滑模函数为

$$s(t)=ce(t)+\dot{e}(t) \tag{5-34}$$

式中，$e(t)$ 和 $\dot{e}(t)$ 分别为跟踪误差及其变化率；c 必须满足 Hurwitz 条件，即 $c>0$。

当 $s(t)=0$ 时，$ce(t)+\dot{e}(t)=0$，即 $\frac{1}{e(t)}\dot{e}(t)=-c$，积分得 $\int_0^t\frac{1}{e(t)}\dot{e}(t)=\int_0^t-c\mathrm{d}t$，即 $\ln\frac{e(t)}{e(0)}=-ct$，从而收敛结果为

$$e(t)=e(0)\exp(-ct)$$

即当 $t\to\infty$ 时，误差会指数收敛于零。

滑模控制包括趋近运动和滑模运动两个过程。趋近运动是系统从任意初始状态运动至切换面的运动，即为 $s\to0$ 的过程。设计合适的趋近律可以改善趋近运动的动态品质。理想滑动模态如图 5-19 所示。

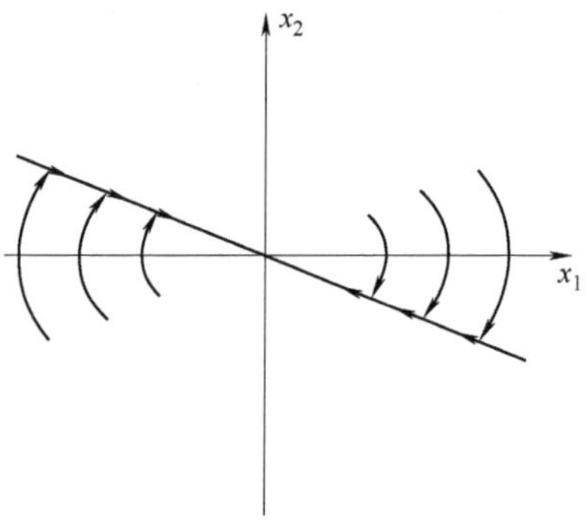

图 5-19　理想滑动模态

典型的趋近律有等速趋近律、指数趋近律、幂次趋近律、一般趋近律等形式。

等速趋近律为

$$\dot{s}=-\varepsilon\mathrm{sgn}s,\varepsilon>0 \tag{5-35}$$

式中，常数 ε 表示系统的运动点趋近切换面 $s=0$ 的速率。ε 小，趋近速度慢；ε 大，趋近速度大，此时易引起较大的抖振。

指数趋近律为

$$\dot{s}=-\varepsilon\mathrm{sgn}s-ks,\varepsilon>0,k>0 \tag{5-36}$$

式中，$\dot{s}=-ks$ 是指数趋近项，其解为 $s=s(0)e^{-kt}$。

指数项 $-ks$ 能保证当 s 较大时，系统状态能以较大的速度趋近于滑动模态。但只有指数项使得运动点渐进趋近于切换面而不能在有限时间到达，因此，要增加一个等速趋近律使趋近速度为 ε 而不是零，从而保证能在有限时间到达。指数趋近律适合解决具有大阶跃的控制响应问题。

使用指数趋近律时，应在增大 k 的同时减小 ε，从而在快速趋近的同时削弱抖振。

3. 基于计算力矩法的操作臂滑模控制

基于计算力矩法的滑模控制是利用机械臂模型中各项的估计值进行控制律的设计。机械臂模型为

$$\boldsymbol{D}(\boldsymbol{q})\ddot{\boldsymbol{q}}+\boldsymbol{C}(\boldsymbol{q},\dot{\boldsymbol{q}})\dot{\boldsymbol{q}}+\boldsymbol{G}(\boldsymbol{q})=\boldsymbol{\tau} \tag{5-37}$$

式中，$\boldsymbol{D}(\boldsymbol{q})$ 为正定质量惯性矩阵；$\boldsymbol{C}(\boldsymbol{q},\dot{\boldsymbol{q}})$ 为哥氏力、离心力；$\boldsymbol{G}(\boldsymbol{q})$ 为重力。

当机器人的惯性参数未知时，根据计算力矩法，取其控制律为

$$\boldsymbol{\tau}=\hat{\boldsymbol{D}}(\boldsymbol{q})\boldsymbol{v}+\hat{\boldsymbol{C}}(\boldsymbol{q},\dot{\boldsymbol{q}})\dot{\boldsymbol{q}}+\hat{\boldsymbol{G}}(\boldsymbol{q}) \tag{5-38}$$

式中，$\hat{\boldsymbol{D}}(\boldsymbol{q})$、$\hat{\boldsymbol{C}}(\boldsymbol{q},\dot{\boldsymbol{q}})$ 和 $\hat{\boldsymbol{G}}(\boldsymbol{q})$ 为利用惯性参数估计值 $\hat{\boldsymbol{p}}$ 计算出的 $\boldsymbol{D}$、$\boldsymbol{C}$ 和 $\boldsymbol{G}$ 估计值。于是，闭环系统方程式（5-37）转化为

$$\boldsymbol{D}(\boldsymbol{q})\ddot{\boldsymbol{q}}+\boldsymbol{C}(\boldsymbol{q},\dot{\boldsymbol{q}})\dot{\boldsymbol{q}}+\boldsymbol{G}(\boldsymbol{q})=\hat{\boldsymbol{D}}(\boldsymbol{q})\boldsymbol{v}+\hat{\boldsymbol{C}}(\boldsymbol{q},\dot{\boldsymbol{q}})\dot{\boldsymbol{q}}+\hat{\boldsymbol{G}}(\boldsymbol{q}) \tag{5-39}$$

即

$$\hat{D}\ddot{\boldsymbol{q}}=\hat{\boldsymbol{D}}(\boldsymbol{q})\boldsymbol{v}-[\tilde{\boldsymbol{D}}(\boldsymbol{q})\ddot{\boldsymbol{q}}+\tilde{\boldsymbol{C}}(\boldsymbol{q},\dot{\boldsymbol{q}})\dot{\boldsymbol{q}}+\tilde{\boldsymbol{G}}(\boldsymbol{q})]=\hat{D}(\boldsymbol{q})\boldsymbol{v}-\boldsymbol{Y}(\boldsymbol{q},\dot{\boldsymbol{q}},\ddot{\boldsymbol{q}})\tilde{\boldsymbol{p}} \tag{5-40}$$

式中，$\tilde{\boldsymbol{D}}=\boldsymbol{D}-\hat{\boldsymbol{D}}$；$\tilde{\boldsymbol{C}}=\boldsymbol{C}-\hat{\boldsymbol{C}}$；$\tilde{\boldsymbol{G}}=\boldsymbol{G}-\hat{\boldsymbol{G}}$；$\tilde{\boldsymbol{p}}=\boldsymbol{p}-\hat{\boldsymbol{p}}$。

若惯性参数的估计值 $\hat{\boldsymbol{p}}$ 使得 $\hat{\boldsymbol{D}}(\boldsymbol{q})$ 可逆，则闭环系统方程式（5-40）可写为

$$\ddot{\boldsymbol{q}}=\boldsymbol{v}-[\hat{\boldsymbol{D}}(\boldsymbol{q})]^{-1}\boldsymbol{Y}(\boldsymbol{q},\dot{\boldsymbol{q}},\boldsymbol{q})\tilde{\boldsymbol{p}}=\boldsymbol{v}-\boldsymbol{\varphi}(\boldsymbol{q},\dot{\boldsymbol{q}},\boldsymbol{q},\hat{\boldsymbol{p}})\tilde{\boldsymbol{p}} \tag{5-41}$$

定义

$$\boldsymbol{\varphi}(\boldsymbol{q},\dot{\boldsymbol{q}},\boldsymbol{q},\hat{\boldsymbol{p}})\tilde{\boldsymbol{p}}=\tilde{\boldsymbol{d}}$$

式中，$\tilde{\boldsymbol{d}}=[\tilde{d}_1,\cdots,\tilde{d}_n]^{\mathrm{T}}$；$\boldsymbol{d}=[d_1,\cdots,d_n]^{\mathrm{T}}$。

取滑动面：

$$\boldsymbol{s}=\dot{\boldsymbol{e}}+\boldsymbol{\Lambda}\boldsymbol{e}$$

式中，$\boldsymbol{e}=\boldsymbol{q}_{\mathrm{d}}-\boldsymbol{q}$；$\dot{\boldsymbol{e}}=\dot{\boldsymbol{q}}_{\mathrm{d}}-\dot{\boldsymbol{q}}$；$\boldsymbol{s}=[s_1,\cdots,s_n]^{\mathrm{T}}$；$\boldsymbol{\Lambda}$ 为正对角矩阵。则

$$\dot{\boldsymbol{s}}=\ddot{\boldsymbol{e}}+\boldsymbol{\Lambda}\dot{\boldsymbol{e}}=(\ddot{\boldsymbol{q}}_{\mathrm{d}}-\ddot{\boldsymbol{q}})+\boldsymbol{\Lambda}\dot{\boldsymbol{e}}=\ddot{\boldsymbol{q}}_{\mathrm{d}}-\boldsymbol{v}+\tilde{\boldsymbol{d}}+\boldsymbol{\Lambda}\dot{\boldsymbol{e}} \tag{5-42}$$

取

$$\boldsymbol{v}=\ddot{\boldsymbol{q}}_{\mathrm{d}}+\boldsymbol{\Lambda}\dot{\boldsymbol{e}}+\boldsymbol{d} \tag{5-43}$$

式中，$\boldsymbol{d}$ 为待设计的向量，则

$$\dot{\boldsymbol{s}}=\tilde{\boldsymbol{d}}-\boldsymbol{d} \tag{5-44}$$

选取

$$\boldsymbol{d}=(\bar{\boldsymbol{d}}+\boldsymbol{\eta})\operatorname{sgn}(\boldsymbol{s})$$

$$\|\tilde{\boldsymbol{d}}\|\leqslant\bar{\boldsymbol{d}} \tag{5-45}$$

式中，$\boldsymbol{\eta}>0$，则

$$\dot{s}s=(\tilde{d}-d)s=\tilde{d}s-\bar{d}\mathrm{sgn}(s)s-\eta\mathrm{sgn}(s)s\leqslant-\eta|s|\leqslant 0 \tag{5-46}$$

由式（5-38）和式（5-43），滑模控制律为

$$\tau=\hat{D}(q)v+\hat{C}(q,\dot{q})\dot{q}+\hat{G}(q) \tag{5-47}$$

式中，$v=\ddot{q}_{\mathrm{d}}+\Lambda\dot{e}+d$；$d=(\bar{d}+\eta)\mathrm{sgn}(s)$。

由控制律［式（5-47）］可知，参数估计值$\hat{p}$越准确，则$\|\tilde{p}\|$越小，$\bar{d}$越小，滑模控制产生的抖振越小。

5.4 机械臂的阻抗控制

若机械臂在执行作业任务过程中受到环境的约束，此时，既要进行精确的位置控制，还要适当地控制接触力以克服环境约束或依从环境，这种在完成作业任务过程中实时调节接触力以避免损害的控制模式称为柔顺控制。机械臂的柔顺控制方法主要有被动柔顺和主动柔顺两种。被动柔顺主要通过添加柔顺装置来实现机械臂运动过程中的柔顺性。主动柔顺则是通过安装在机械臂上的各种传感器进行在线实时测量，采用一定的控制算法调节关节电动机的输出力矩，并与期望的作用力或期望运动轨迹相叠加产生修正误差进行实时调整，达到反馈效果。根据控制策略的发展过程，主要分为基本柔顺控制和先进柔顺控制。在基本控制方法中，根据力的不同参与形式可分为很多类别，比较典型的控制方法是阻抗控制。

机械臂阻抗控制实现的效果是间接地控制机械臂和环境间的作用力，其设计思想是建立机械臂末端的作用力与其对应位置之间的动态关系，通过控制机械臂的位移进而达到控制末端作用力的目的，保证了机械臂在受约束的方向能保持期望的接触力。

1. 阻抗模型

图 5-20 所示为带有阻力约束的双关节机械臂示意图，机械臂末端接触到障碍物后，沿着垂直 x_1 的方向滑下，然后继续跟踪指令 $\boldsymbol{x}_{\mathrm{d}}$。机械臂的阻抗控制就是在阻力约束下的末端位置控制。

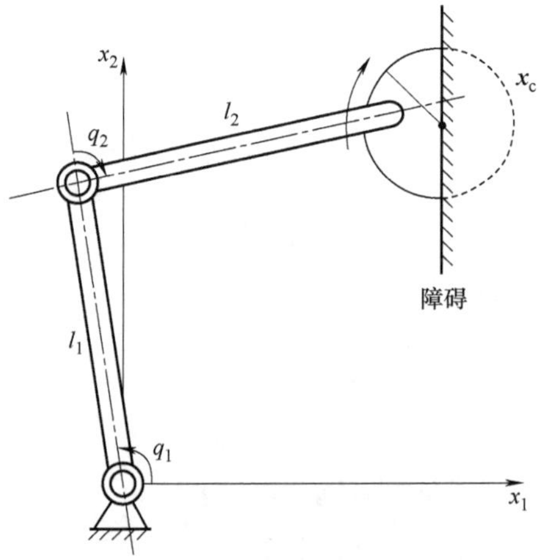

图 5-20 带有阻力约束的双关节机械臂

设 $\boldsymbol{x}$ 为机械臂末端位置向量，关节角度 $\boldsymbol{q}$ 与机械臂末端位置向量 $\boldsymbol{x}$ 关系为

$$\boldsymbol{x}=\boldsymbol{h}(\boldsymbol{q}) \tag{5-48}$$

且

$$\dot{\boldsymbol{x}}=\boldsymbol{J}(\boldsymbol{q})\dot{\boldsymbol{q}} \tag{5-49}$$

式中，$\boldsymbol{J}(\boldsymbol{q})$ 为机械臂末端端点速度与机械臂关节速度之间关系的雅可比矩阵。

为实现末端位置的控制，需将以关节角度变量为主的动力学方程转换为基于末端位置的动力学方程。在静平衡状态下，机械臂的末端力 $\boldsymbol{F}_x$ 与关节转矩 $\boldsymbol{\tau}$ 之间存在线性映射关系，通过虚功原理可知：

$$\boldsymbol{F}_x=\boldsymbol{J}^{-\mathrm{T}}(\boldsymbol{q})\boldsymbol{\tau} \tag{5-50}$$

由于 $\dot{\boldsymbol{x}}=\boldsymbol{J}\cdot\dot{\boldsymbol{q}}$，则 $\dot{\boldsymbol{q}}=\boldsymbol{J}^{-1}\dot{\boldsymbol{x}}$，$\ddot{\boldsymbol{x}}=\dot{\boldsymbol{J}}\dot{\boldsymbol{q}}+\boldsymbol{J}\ddot{\boldsymbol{q}}=\dot{\boldsymbol{J}}\boldsymbol{J}^{-1}\dot{\boldsymbol{x}}+\boldsymbol{J}\ddot{\boldsymbol{q}}$，从而有

$$\ddot{\boldsymbol{q}}=\boldsymbol{J}^{-1}(\ddot{\boldsymbol{x}}-\dot{\boldsymbol{J}}\boldsymbol{J}^{-1}\dot{\boldsymbol{x}})$$

将上式代入机械臂动力学方程，可得

$$\boldsymbol{D}(\boldsymbol{q})\boldsymbol{J}^{-1}(\ddot{\boldsymbol{x}}-\dot{\boldsymbol{J}}\boldsymbol{J}^{-1}\dot{\boldsymbol{x}})+\boldsymbol{C}(\boldsymbol{q},\dot{\boldsymbol{q}})\boldsymbol{J}^{-1}\dot{\boldsymbol{x}}+\boldsymbol{G}(\boldsymbol{q})=\boldsymbol{\tau}$$

整理得

$$\boldsymbol{D}(\boldsymbol{q})\boldsymbol{J}^{-1}\ddot{\boldsymbol{x}}+[\boldsymbol{C}(\boldsymbol{q},\dot{\boldsymbol{q}})-\boldsymbol{D}(\boldsymbol{q})\boldsymbol{J}^{-1}\dot{\boldsymbol{J}}]\boldsymbol{J}^{-1}\dot{\boldsymbol{x}}+\boldsymbol{G}(\boldsymbol{q})=\boldsymbol{\tau}$$

则

$$\boldsymbol{J}^{-\mathrm{T}}(\boldsymbol{q})\{\boldsymbol{D}(\boldsymbol{q})\boldsymbol{J}^{-1}\ddot{\boldsymbol{x}}+[\boldsymbol{C}(\boldsymbol{q},\dot{\boldsymbol{q}})-\boldsymbol{D}(\boldsymbol{q})\boldsymbol{J}^{-1}\dot{\boldsymbol{J}}]\boldsymbol{J}^{-1}\dot{\boldsymbol{x}}+\boldsymbol{G}(\boldsymbol{q})\}=\boldsymbol{J}^{-\mathrm{T}}(\boldsymbol{q})\boldsymbol{\tau}$$

从而有

$$\boldsymbol{D}_{\mathrm{x}}(\boldsymbol{q})\ddot{\boldsymbol{x}}+\boldsymbol{C}_{\mathrm{x}}(\boldsymbol{q},\dot{\boldsymbol{q}})\dot{\boldsymbol{x}}+\boldsymbol{G}_{\mathrm{x}}(\boldsymbol{q})=\boldsymbol{F}_{\mathrm{x}} \tag{5-51}$$

式中，$\boldsymbol{D}_{\mathrm{x}}(\boldsymbol{q})=\boldsymbol{J}^{-\mathrm{T}}(\boldsymbol{q})\boldsymbol{D}(\boldsymbol{q})\boldsymbol{J}^{-1}(\boldsymbol{q})$；$\boldsymbol{C}_{\mathrm{x}}(\boldsymbol{q},\dot{\boldsymbol{q}})=\boldsymbol{J}^{-\mathrm{T}}(\boldsymbol{q})[\boldsymbol{C}(\boldsymbol{q},\dot{\boldsymbol{q}})-\boldsymbol{D}(\boldsymbol{q})\boldsymbol{J}^{-1}(\boldsymbol{q})\dot{\boldsymbol{J}}(\boldsymbol{q})]\boldsymbol{J}^{-1}(\boldsymbol{q})$；$\boldsymbol{G}_{\mathrm{x}}(\boldsymbol{q})=\boldsymbol{J}^{-\mathrm{T}}(\boldsymbol{q})\boldsymbol{G}(\boldsymbol{q})$；且 $\boldsymbol{D}_{\mathrm{x}}(\boldsymbol{q})$ 对称正定，$\dot{\boldsymbol{D}}_{\mathrm{x}}(\boldsymbol{q})-2\boldsymbol{C}_{\mathrm{x}}(\boldsymbol{q},\dot{\boldsymbol{q}})$ 斜对称。

机械臂末端与外界环境的接触通常视为弹簧-阻尼系统，机械臂末端的接触阻力 $\boldsymbol{F}_{\mathrm{e}}$ 与位置误差（$\boldsymbol{x}_{\mathrm{c}}-\boldsymbol{x}$）有关，其动力学描述为

$$\boldsymbol{M}_{\mathrm{m}}(\ddot{\boldsymbol{x}}_{\mathrm{c}}-\ddot{\boldsymbol{x}})+\boldsymbol{B}_{\mathrm{m}}(\dot{\boldsymbol{x}}_{\mathrm{c}}-\dot{\boldsymbol{x}})+\boldsymbol{K}_{\mathrm{m}}(\boldsymbol{x}_{\mathrm{c}}-\boldsymbol{x})=\boldsymbol{F}_{\mathrm{e}} \tag{5-52}$$

式中，$\boldsymbol{x}_{\mathrm{c}}$ 为接触位置的指令轨迹，$\boldsymbol{x}(0)=\boldsymbol{x}_{\mathrm{c}}(0)$；$\boldsymbol{M}_{\mathrm{m}}$、$\boldsymbol{B}_{\mathrm{m}}$、$\boldsymbol{K}_{\mathrm{m}}$ 分别为质量、阻尼和刚度系数矩阵。

由于阻抗控制是在笛卡儿坐标系下完成的，为实现理想接触位置 $\boldsymbol{x}_{\mathrm{d}}$ 的轨迹跟踪，需通过关节角度空间的动力学方程求得笛卡儿空间内的动力学方程。带有接触阻力 $\boldsymbol{F}_{\mathrm{e}}$ 的笛卡儿坐标系下的双关节机械臂动力学方程为

$$\boldsymbol{D}_{\mathrm{x}}(\boldsymbol{q})\ddot{\boldsymbol{x}}+\boldsymbol{C}_{\mathrm{x}}(\boldsymbol{q},\dot{\boldsymbol{q}})\dot{\boldsymbol{x}}+\boldsymbol{G}_{\mathrm{x}}(\boldsymbol{q})+\boldsymbol{F}_{\mathrm{e}}=\boldsymbol{F}_{\mathrm{x}} \tag{5-53}$$

式中，$\boldsymbol{D}_{\mathrm{x}}(\boldsymbol{q})=\boldsymbol{J}^{-\mathrm{T}}(\boldsymbol{q})\boldsymbol{D}(\boldsymbol{q})\boldsymbol{J}^{-1}(\boldsymbol{q})$；$\boldsymbol{C}_{\mathrm{x}}(\boldsymbol{q},\dot{\boldsymbol{q}})=\boldsymbol{J}^{-\mathrm{T}}(\boldsymbol{q})(\boldsymbol{C}(\boldsymbol{q},\dot{\boldsymbol{q}})-\boldsymbol{D}(\boldsymbol{q})\boldsymbol{J}^{-1}(\boldsymbol{q})\dot{\boldsymbol{J}}(\boldsymbol{q}))\boldsymbol{J}^{-1}(\boldsymbol{q})$；$\boldsymbol{G}_{\mathrm{x}}(\boldsymbol{q})=\boldsymbol{J}^{-\mathrm{T}}(\boldsymbol{q})\boldsymbol{G}(\boldsymbol{q})$。

在阻抗模型中，控制目标定义为真实轨迹 $\boldsymbol{x}$ 完成对理想阻抗轨迹 $\boldsymbol{x}_{\mathrm{d}}$ 的跟踪，$\boldsymbol{x}_{\mathrm{d}}$ 可由下述模型求得：

$$\boldsymbol{M}_{\mathrm{m}}\ddot{\boldsymbol{x}}_{\mathrm{d}}+\boldsymbol{B}_{\mathrm{m}}\dot{\boldsymbol{x}}_{\mathrm{d}}+\boldsymbol{K}_{\mathrm{m}}\boldsymbol{x}_{\mathrm{d}}=-\boldsymbol{F}_{\mathrm{e}}+\boldsymbol{M}_{\mathrm{m}}\ddot{\boldsymbol{x}}_{\mathrm{c}}+\boldsymbol{B}_{\mathrm{m}}\dot{\boldsymbol{x}}_{\mathrm{c}}+\boldsymbol{K}_{\mathrm{m}}\boldsymbol{x}_{\mathrm{c}} \tag{5-54}$$

式中，$\boldsymbol{x}_{\mathrm{d}}(0)=\boldsymbol{x}_{\mathrm{c}}(0)$，$\dot{\boldsymbol{x}}_{\mathrm{d}}(0)=\dot{\boldsymbol{x}}_{\mathrm{c}}(0)$。

根据工作空间笛卡儿坐标与关节空间角度坐标之间的转换关系，以及机械臂关于末端点笛卡儿坐标（x_1，x_2）的动力学模型，设计加在关节末端节点的控制律 $\boldsymbol{F}_{\mathrm{x}}$，并通过 $\boldsymbol{F}_{\mathrm{x}}$ 与 $\boldsymbol{\tau}$ 之间的映射关系，求出实际的关节转矩 $\boldsymbol{\tau}$。

2. 控制器设计

设 $\boldsymbol{x}_{\mathrm{d}}(t)$ 是在工作空间中的理想轨迹，则 $\dot{\boldsymbol{x}}_{\mathrm{d}}(t)$ 和 $\ddot{\boldsymbol{x}}_{\mathrm{d}}(t)$ 分别是理想的速度和加速度。位置误差定义为

$$\boldsymbol{e}(t)=\boldsymbol{x}_{\mathrm{d}}(t)-\boldsymbol{x}(t)$$

采用基于前馈补偿和阻力补偿的 PD 控制方法，控制律设计为

$$\boldsymbol{F}_{\mathrm{x}}=\boldsymbol{D}_{\mathrm{x}}(\boldsymbol{q})\ddot{\boldsymbol{x}}_{\mathrm{d}}+\boldsymbol{C}_{\mathrm{x}}(\boldsymbol{q},\dot{\boldsymbol{q}})\dot{\boldsymbol{x}}_{\mathrm{d}}+\boldsymbol{G}_{\mathrm{x}}(\boldsymbol{q})+\boldsymbol{F}_{\mathrm{c}}+\boldsymbol{K}_{\mathrm{p}}\boldsymbol{e}+\boldsymbol{K}_{\mathrm{d}}\dot{\boldsymbol{e}} \tag{5-55}$$

式中，$\boldsymbol{K}_{\mathrm{p}}>0$，$\boldsymbol{K}_{\mathrm{d}}>0$。

将控制律（5-55）代入式（5-51），得

$$\boldsymbol{D}_{\mathrm{x}}(\boldsymbol{q})\ddot{\boldsymbol{x}}+\boldsymbol{C}_{\mathrm{x}}(\boldsymbol{q},\dot{\boldsymbol{q}})\dot{\boldsymbol{x}}+\boldsymbol{G}_{\mathrm{x}}(\boldsymbol{q})+\boldsymbol{F}_{\mathrm{e}}=\boldsymbol{D}_{\mathrm{x}}(\boldsymbol{q})\ddot{\boldsymbol{x}}_{\mathrm{d}}+\boldsymbol{C}_{\mathrm{x}}(\boldsymbol{q},\dot{\boldsymbol{q}})\dot{\boldsymbol{x}}_{\mathrm{d}}+\boldsymbol{G}_{\mathrm{x}}(\boldsymbol{q})+\boldsymbol{F}_{\mathrm{e}}+\boldsymbol{K}_{\mathrm{p}}\boldsymbol{e}+\boldsymbol{K}_{\mathrm{d}}\dot{\boldsymbol{e}}$$

则

$$\boldsymbol{D}_{\mathrm{x}}(\boldsymbol{q})\ddot{\boldsymbol{e}}+\boldsymbol{C}_{\mathrm{x}}(\boldsymbol{q},\dot{\boldsymbol{q}})\dot{\boldsymbol{e}}+\boldsymbol{K}_{\mathrm{p}}\boldsymbol{e}=-\boldsymbol{K}_{\mathrm{d}}\dot{\boldsymbol{e}}$$

即

$$\boldsymbol{D}_{\mathrm{x}}(\boldsymbol{q})\ddot{\boldsymbol{e}}+[\boldsymbol{C}_{\mathrm{x}}(\boldsymbol{q},\dot{\boldsymbol{q}})+\boldsymbol{K}_{\mathrm{d}}]\dot{\boldsymbol{e}}+\boldsymbol{K}_{\mathrm{p}}\boldsymbol{e}=0$$

控制目标为 $\boldsymbol{e}\to 0$ 和 $\dot{\boldsymbol{e}}\to 0$。

稳定性分析如下：

取李雅普诺夫函数为

$$V=\frac{1}{2}\dot{\boldsymbol{e}}^{\mathrm{T}}\boldsymbol{D}_{\mathrm{x}}(\boldsymbol{q})\dot{\boldsymbol{e}}+\frac{1}{2}\boldsymbol{e}^{\mathrm{T}}\boldsymbol{K}_{\mathrm{p}}\boldsymbol{e} \tag{5-56}$$

由 $\boldsymbol{D}_{\mathrm{x}}(\boldsymbol{q})$ 及 $\boldsymbol{K}_{\mathrm{p}}$ 的正定性知，V 是全局正定的，则

$$\dot{V}=\dot{\boldsymbol{e}}^{\mathrm{T}}\boldsymbol{D}_{\mathrm{x}}\ddot{\boldsymbol{e}}+\frac{1}{2}\dot{\boldsymbol{e}}^{\mathrm{T}}\dot{\boldsymbol{D}}_{\mathrm{x}}\dot{\boldsymbol{e}}+\dot{\boldsymbol{e}}^{\mathrm{T}}\boldsymbol{K}_{\mathrm{p}}\boldsymbol{e}$$

利用 $\dot{\boldsymbol{D}}_{\mathrm{x}}-2\boldsymbol{C}_{\mathrm{x}}$ 的斜对称性知 $\dot{\boldsymbol{e}}^{\mathrm{T}}\dot{\boldsymbol{D}}_{\mathrm{x}}\dot{\boldsymbol{e}}=2\dot{\boldsymbol{e}}^{\mathrm{T}}\boldsymbol{C}_{\mathrm{x}}\dot{\boldsymbol{e}}$，则

$$\dot{V}=\dot{\boldsymbol{e}}^{\mathrm{T}}\boldsymbol{D}_{\mathrm{x}}\ddot{\boldsymbol{e}}+\dot{\boldsymbol{e}}^{\mathrm{T}}\boldsymbol{C}_{\mathrm{x}}\dot{\boldsymbol{e}}+\dot{\boldsymbol{e}}^{\mathrm{T}}\boldsymbol{K}_{\mathrm{p}}\boldsymbol{e}=\dot{\boldsymbol{e}}^{\mathrm{T}}(D_{\mathrm{x}}\ddot{\boldsymbol{e}}+C_{\mathrm{x}}\dot{\boldsymbol{e}}+\boldsymbol{K}_{\mathrm{p}}\boldsymbol{e})=-\dot{\boldsymbol{e}}^{\mathrm{T}}\boldsymbol{K}_{\mathrm{d}}\dot{e}\leqslant 0$$

由于 $\dot{V}$ 是半负定的，且 $\boldsymbol{K}_{\mathrm{d}}$ 为正定，则当 $\dot{V}\equiv 0$ 时，有 $\dot{\boldsymbol{e}}\equiv 0$，从而 $\ddot{\boldsymbol{e}}\equiv 0$。由于 $\boldsymbol{K}_{\mathrm{p}}\boldsymbol{e}\equiv 0$，由 $\boldsymbol{K}_{\mathrm{p}}$ 的可逆性知 $\boldsymbol{e}\equiv 0$。由 LaSalle 定理知，$(\boldsymbol{e},\dot{\boldsymbol{e}})=(0,0)$ 是受控机械臂全局渐进稳定的平衡点，即从任意初始条件（$\boldsymbol{x}_0$，$\dot{\boldsymbol{x}}_0$）出发，均有 $t\to\infty$ 时，$\boldsymbol{x}\to\boldsymbol{x}_{\mathrm{d}}$，$\dot{\boldsymbol{x}}\to\dot{\boldsymbol{x}}_{\mathrm{d}}$。

3. 仿真实例

仿真对象为平面两关节机械臂，其动力学方程为

$$\boldsymbol{D}(\boldsymbol{q})\ddot{\boldsymbol{q}}+\boldsymbol{C}(\boldsymbol{q},\dot{\boldsymbol{q}})\dot{\boldsymbol{q}}+\boldsymbol{G}(\boldsymbol{q})=\boldsymbol{\tau}$$

其中

$$\boldsymbol{D}(\boldsymbol{q})=\begin{bmatrix} m_1+m_2+2m_3\cos q_2 & m_2+m_3\cos q_2 \\ m_2+m_3\cos q_2 & m_2 \end{bmatrix}$$

$$\boldsymbol{C}(\boldsymbol{q},\dot{\boldsymbol{q}})=\begin{bmatrix} -m_3\dot{q}_2\sin q_2 & -m_3(\dot{q}_1+\dot{q}_2)\sin q_2 \\ m_3\dot{q}_1\sin q_2 & 0.0 \end{bmatrix}$$

$$\boldsymbol{G}(\boldsymbol{q})=\begin{bmatrix} m_4 g\cos q_1+m_5 g\cos(q_1+q_2) \\ m_5 g\cos(q_1+q_2) \end{bmatrix}$$

式中，m_i 的值由式 $\boldsymbol{M}=\boldsymbol{P}+p_l\boldsymbol{L}$ 给出，有

$$\boldsymbol{M}=[m_1 \quad m_2 \quad m_3 \quad m_4 \quad m_5]^{\mathrm{T}}$$

$$\boldsymbol{P}=[p_1 \quad p_2 \quad p_3 \quad p_4 \quad p_5]^{\mathrm{T}}$$

$$L=[l_1^2 \quad l_2^2 \quad l_1 l_2 \quad l_1 \quad l_2]^T$$

式中，p_l为负载；l_1和l_2分别为关节 1 和关节 2 的长度；$\boldsymbol{P}$ 为机械臂自身的参数向量。机械臂实际参数为 $p_l=0.50$，$\boldsymbol{P}=[1.66 \quad 0.42 \quad 0.63 \quad 3.75 \quad 1.25]^T$，$l_1=l_2=1$。

在笛卡儿空间中的理想跟踪轨迹取 $x_{c1}=1.0-0.2\cos\pi t$，$x_{c2}=1.0+0.2\sin\pi t$，该轨迹为半径为 0.2 且圆心在$(x_1,x_2)=(1.0,1.0)$的圆。初始条件为$\boldsymbol{x}(0)=[0.85 \quad 1.05]$，$\dot{\boldsymbol{x}}(0)=[0.0 \quad 0.0]$。

由于跟踪轨迹为工作空间中的笛卡儿坐标，而不是关节空间中的角位置，应将工作空间中的末端笛卡儿坐标（x_1，x_2）转为关节角位置（q_1，q_2）。

仿真中，首先求 $\boldsymbol{F}_e$，然后求 $\boldsymbol{x}_d$。接触面在 $x_1=1.0$ 处，存在以下两种情况：

1）当 $x_1 \leqslant 1.0$ 时，机械臂末端没有接触障碍物，$\boldsymbol{F}_e=[0 \quad 0]^T$。

2）当 $x_1 \geqslant 1.0$ 时，机械臂末端停留在障碍物上，此时 $x_1=1.0$，$\dot{x}_1=0$，$\ddot{x}_1=0$。

障碍物的阻尼参数为 $\boldsymbol{M}_m=\mathrm{diag}[1.0]$，$\boldsymbol{B}_m=\mathrm{diag}[10]$ 和 $\boldsymbol{K}_m=\mathrm{diag}[50]$。

控制器的增益选为 $\boldsymbol{K}_p=\begin{bmatrix}30 & 0\\ 0 & 30\end{bmatrix}$，$\boldsymbol{K}_d=\begin{bmatrix}30 & 0\\ 0 & 30\end{bmatrix}$。仿真结果如图 5-21～图 5-25 所示。

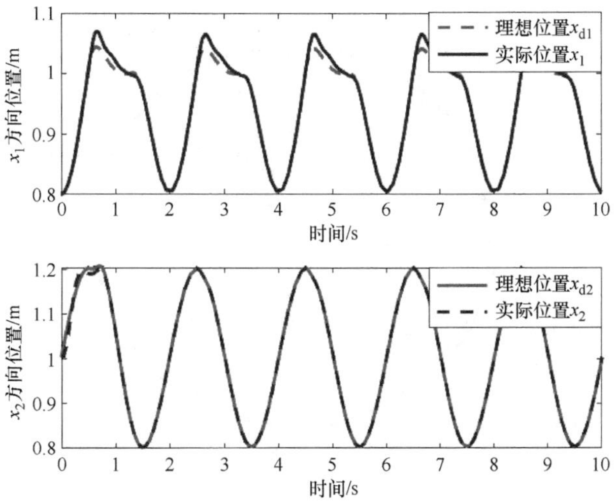

图 5-21　末关节节点位置跟踪

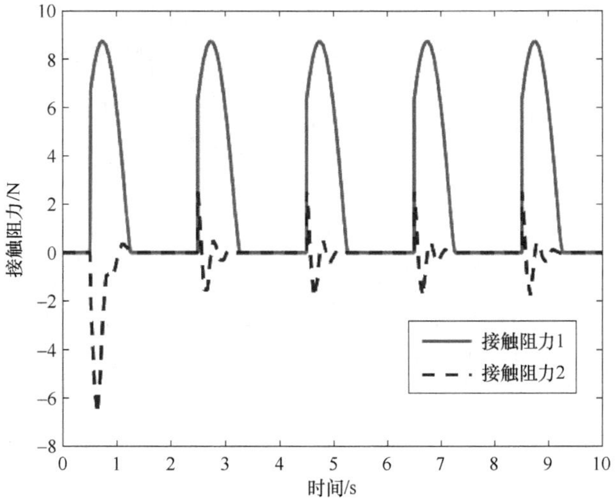

图 5-22　末关节节点外力

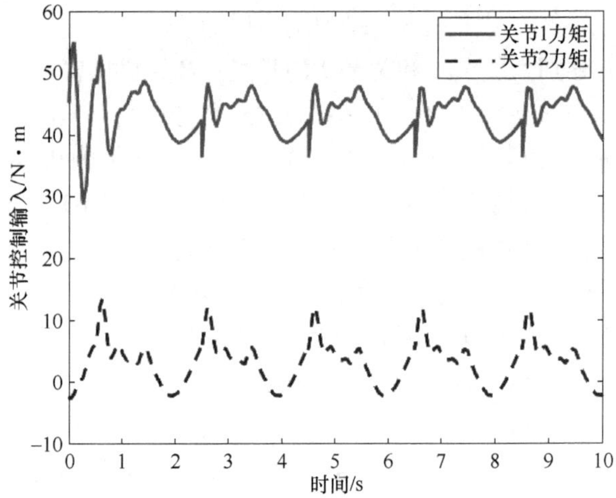

图 5-23　关节实际控制输入 τ

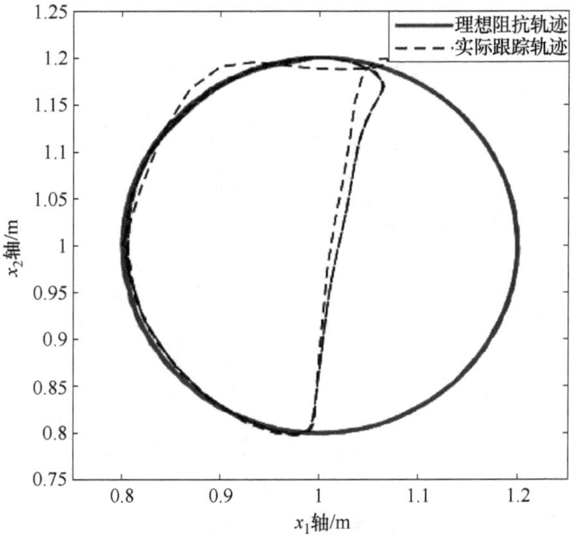

图 5-24　对 x_d 的轨迹跟踪效果

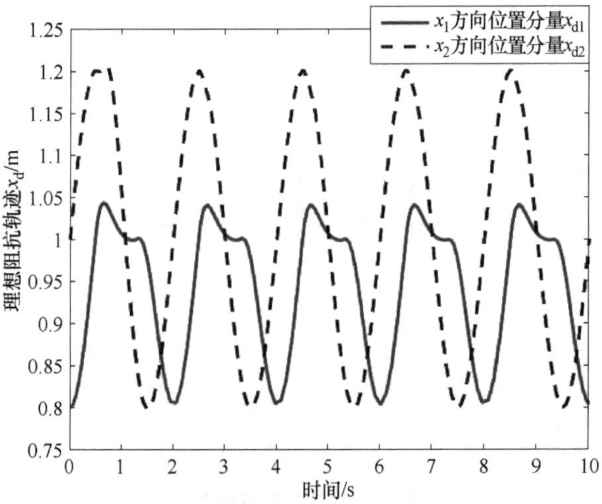

图 5-25　生成的 x_d 轨迹

控制器的 Matlab 仿真主程序如下：

```
function[sys,x0,str,ts]=s_function(t,x,u,flag)
switch flag,
case 0,
    [sys,x0,str,ts]=mdlInitializeSizes;
case 1,
    sys=mdlDerivatives(t,x,u);
case 3,
    sys=mdlOutputs(t,x,u);
case {2,4,9 }
    sys=[];
otherwise
    error(['Unhandled flag=',num2str(flag)]);
end
function[sys,x0,str,ts]=mdlInitializeSizes
sizes=simsizes;
sizes.NumContStates=4;
sizes.NumDiscStates=0;
sizes.NumOutputs=8;
sizes.NumInputs=16;
sizes.DirFeedthrough=1;
sizes.NumSampleTimes=0;
sys=simsizes(sizes);
x0=[0.8 0 1.0 0.2*pi];  %xd(0)=xc(0),dxd(0)=dxc(0)
str=[];
ts=[];
function sys=mdlDerivatives(t,x,u)
xc=[1.0-0.2*cos(pi*t)1.0+0.2*sin(pi*t)]';
dxc=[0.2*pi*sin(pi*t)0.2*pi*cos(pi*t)]';
ddxc=[0.2*pi^2*cos(pi*t)-0.2*pi^2*sin(pi*t)]';

Mm=[1 0;0 1];
Bm=[10 0;0 10];
Km=[50 0;0 50];

x1=u(7);dx1=u(8);ddx1=u(9);
x2=u(10);dx2=u(11);ddx2=u(12);
```

```
xp=[x1 x2]';
dxp=[dx1 dx2]';
ddxp=[ddx1 ddx2]';

if x1>=1.0
    xp=[1.0 xp(2)]';dxp=[0 dxp(2)]';ddxp=[0 ddxp(2)]';
end

Fe=Mm*(ddxc-ddxp)+Bm*(dxc-dxp)+Km*(xc-xp);
if x1<=1.0
    Fe=[0 0]';
end
xd=[x(1);x(3)];
dxd=[x(2);x(4)];
ddxd=inv(Mm)*((-Fe+Mm*ddxc+Bm*dxc+Km*xc)-Bm*dxd-Km*xd);

sys(1)=x(2);
sys(2)=ddxd(1);
sys(3)=x(4);
sys(4)=ddxd(2);

function sys=mdlOutputs(t,x,u)
xc=[1.0-0.2*cos(pi*t)1.0+0.2*sin(pi*t)]';
dxc=[0.2*pi*sin(pi*t)0.2*pi*cos(pi*t)]';
ddxc=[0.2*pi^2*cos(pi*t)-0.2*pi^2*sin(pi*t)]';

Mm=[1 0;0 1];
Bm=[10 0;0 10];
Km=[40 0;0 40];

x1=u(7);dx1=u(8);ddx1=u(9);
x2=u(10);dx2=u(11);ddx2=u(12);

xp=[x1 x2]';
dxp=[dx1 dx2]';
ddxp=[ddx1 ddx2]';

if x1>=1.0
   xp=[1.0 xp(2)]';dxp=[0 dxp(2)]';ddxp=[0 ddxp(2)]';
end
```

```
Fe=Mm*(ddxc-ddxp)+Bm*(dxc-dxp)+Km*(xc-xp);
if x1<=1.0
   Fe=[0 0]';
end

xd=[x(1);x(3)];
dxd=[x(2);x(4)];
S=inv(Mm)*((-Fe+Mm*ddxc+Bm*dxc+Km*xc)-Bm*dxd-Km*xd);

sys(1)=x(1);
sys(2)=x(2);
sys(3)=S(1);
sys(4)=x(3);
sys(5)=x(4);
sys(6)=S(2);
sys(7)=Fe(1);
sys(8)=Fe(2);
```


5.5 动力学非线性补偿控制

5.5.1 神经网络

神经网络是模拟人脑思维方式的数学模型，神经网络与控制理论相结合发展起来的智能控制方法为解决复杂的非线性、不确定、不确知系统的控制问题开辟了新途径。

神经网络能逼近任意非线性函数，便于进行信息的并行分布式处理与存储，可以多输入、多输出，便于用超大规模集成电路、光学集成电路系统或用现有的计算机技术实现。

单神经元结构模型如图 5-26 所示。图中，u_i为神经元的内部状态，θ_i为阈值，$x_j(j=1,\cdots,n)$ 为输入信号，ω_{ij}表示从单元 u_j到单元 u_i的连接权系数，s_i为外部输入信号。

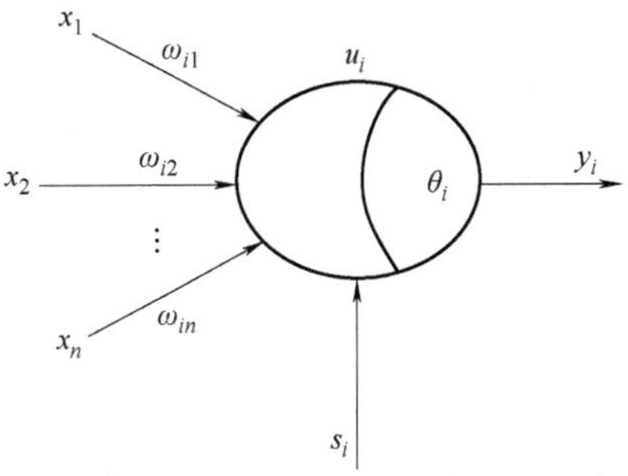

图 5-26　单神经元结构模型

图 5-26 所示的模型可描述为

$$\mathrm{net}_i = \sum_j \omega_{ij}x_j + s_j - \theta_i \tag{5-57}$$

$$u_i = f(\mathrm{net}_i) \tag{5-58}$$

$$y_i = g(u_i) = h(\mathrm{net}_i) \tag{5-59}$$

通常情况下，取 $g(u_i)=u_i$，即 $y_i=f(\mathrm{net}_i)$。

常用神经元非线性特性包含阈值型、分段线性型和函数型，其中，代表性的函数型特性有 Sigmoid 型和高斯型。Sigmoid 型表达式为

$$f(\mathrm{net}_i)=\frac{1}{1+\mathrm{e}^{-\frac{\mathrm{net}_i}{T}}} \tag{5-60}$$

目前，神经网络的学习算法按有无导师，可分为有导师学习、无导师学习和再励学习等。

有导师学习方式将网络的输出和期望的输出进行比较，根据两者的差异按一定方式调整网络的权值，最终使差异变小。无导师学习方式使神经网络在学习过程中按照一种预先设定的规则自动调整权值。再励学习是介于上述两者之间的一种学习方式。

传统的权值调节方法包括 Hebb 规则和 Delta 规则。在控制系统设计中，更先进的方法是通过李雅普诺夫稳定性理论来获取权值调节律。Hebb 规则根据神经元连接间的激活水平改变权值，数学描述为

$$\omega_{ij}(k+1)=\omega_{ij}(k)+I_iI_j \tag{5-61}$$

式中，$\omega_{ij}(k)$ 为连接从神经元 i 到神经元 j 的当前权值；I_i 和 I_j 分别为神经元 i 和 j 的激活水平。

Delta 规则设计了误差准则函数：

$$E=\frac{1}{2}\sum_{p=1}^{P}(d_p-y_p)^2=\sum_{p=1}^{P}E_p \tag{5-62}$$

式中，d_p 为期望的输出（即导师信号）；y_p 为网络实际输出，$y_p=(\boldsymbol{W}^{\mathrm{T}}\boldsymbol{X}_p)$，$\boldsymbol{W}$ 为网络所有权值组成的向量，即

$$\boldsymbol{W}=[\omega_0 \quad \omega_1 \quad \cdots \quad \omega_n]^{\mathrm{T}} \tag{5-63}$$

$\boldsymbol{X}_p$ 为输入模式，即

$$\boldsymbol{X}_p=[x_{p0} \quad x_{p1} \quad \cdots \quad x_{pn}]^{\mathrm{T}} \tag{5-64}$$

式中，训练样本数为 $p=1，2，\cdots，P$。

神经网络会在学习的过程中调整权值 $\boldsymbol{W}$，使误差准则函数最小。可采用梯度下降法沿着 E 的负梯度方向不断调整 $\boldsymbol{W}$ 值，使 E 达到最小，数学描述为

$$\begin{cases}\Delta\boldsymbol{W}=\eta\left(-\dfrac{\partial E}{\partial W_i}\right)\\ \dfrac{\partial E}{\partial W_i}=\displaystyle\sum_{p=1}^{P}\dfrac{\partial E_p}{\partial W_i}\end{cases} \tag{5-65}$$

式中，

$$E_p=\frac{1}{2}(d_p-y_p)^2 \tag{5-66}$$

令网络输出为 $\theta_p=\boldsymbol{W}^{\mathrm{T}}\boldsymbol{X}_p$，则 $y_p=f(\theta_p)$，有

$$\frac{\partial E_p}{\partial W_i}=\frac{\partial E_p}{\partial\theta_p}\frac{\partial\theta_p}{\partial W_i}=\frac{\partial E_p}{\partial y_p}\frac{\partial y_p}{\partial\theta_p}X_{ip}=-(d_p-y_p)f'(\theta_p)X_{ip} \tag{5-67}$$

$\boldsymbol{W}$ 的修正规则为

$$\Delta\omega=\eta\sum_{p=1}^{P}(d_p-y_p)f'(\theta_p)X_{ip} \tag{5-68}$$

5.5.2 典型神经网络模型

典型的神经网络模型有 BP 网络和 RBF 网络。

1. BP 网络

误差反向传播神经网络，简称 BP（Back Propagation）网络，隐层使用 Sigmoid 函数，

基于梯度下降法，通过梯度搜索不断降低网络的实际输出值与期望输出值的误差均方值。图 5-27 所示为含一个隐层的 BP 神经网络结构，其中 i 为输入层，j 为隐层，o 为输出层。

BP 算法包含正向传播和反向传播两个过程。正向传播过程逐层计算网络的下一层输出，如果在输出层不能得到期望的输出，则进行反向传播，将误差信号（理想输出与实际输出之差）按连接通路反向计算，由梯度下降法调整各层神经元的权值，使误差信号减小。

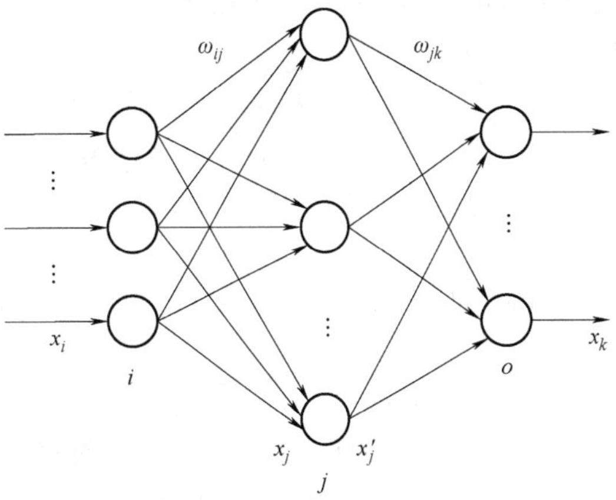

图 5-27　含一个隐层的 BP 神经网络结构

（1）前向传播，计算网络的输出

隐层神经元的输出为所有输入的加权，即

$$x_j = \sum_i \omega_{ij} x_i \tag{5-69}$$

隐层神经元的输出采用 Sigmoid 函数激发：

$$x_j' = f(x_j) = \frac{1}{1+e^{-x_j}} \tag{5-70}$$

则

$$\frac{\partial x_j'}{\partial x_j} = x_j'(1-x_j') \tag{5-71}$$

输出层神经元输出为

$$y_n(k) = \sum_j \omega_{jo} x_j' \tag{5-72}$$

网络输出与理想输出误差为

$$e(k) = y(k) - y_n(k) \tag{5-73}$$

误差性能指标函数为

$$E = \frac{1}{2} e(k)^2 \tag{5-74}$$

（2）反向传播，采用 Delta 算法调整权值

输出及隐层连接权值 ω_{j2} 学习算法为

$$\Delta\omega_{jo} = -\eta \frac{\partial E}{\partial \omega_{jo}} = \eta \cdot e(k) \cdot \frac{\partial y_n}{\partial \omega_{jo}} = \eta \cdot e(k) \cdot x_j' \tag{5-75}$$

式中，η 为学习速率，$\eta \in [0,\ 1]$。

$k+1$ 时刻的网络权值为

$$\omega_{j0}(k+1) = \omega_{j0}(k) + \Delta\omega_{j2} \tag{5-76}$$

隐层及输入层连接权值 $\Delta\omega_{ij}$ 的学习算法为

$$\Delta\omega_{ij} = -\eta \frac{\partial E}{\partial \omega_{ij}} = \eta \cdot e(k) \cdot \frac{\partial y_n}{\partial \omega_{ij}} \tag{5-77}$$

式中，$\frac{\partial y_n}{\partial \omega_{ij}} = \frac{\partial y_n}{\partial x_j'} \cdot \frac{\partial x_j'}{\partial x_j} \cdot \frac{\partial x_j}{\partial \omega_{ij}} = \omega_{jo} \frac{\partial x_j'}{\partial x_j} x_i = \omega_{jo} x_j'(1-x_j') x_i$

$k+1$ 时刻的网络权值为

$$\omega_{ij}(k+1)=\omega_{ij}(k)+\Delta\omega_{ij} \tag{5-78}$$

为避免权值的学习过程发生振荡，需要考虑上次权值变化对本次权值变化的影响，加入动量因子 $\alpha\in[0,1]$：

$$\begin{aligned}\omega_{jo}(k+1)&=\omega_{jo}(k)+\Delta\omega_{jo}+\alpha[\omega_{jo}(k)-\omega_{jo}(k-1)]\\ \omega_{ij}(k+1)&=\omega_{ij}(k)+\Delta\omega_{ij}+\alpha[\omega_{ij}(k)-\omega_{ij}(k-1)]\end{aligned} \tag{5-79}$$

对象输出对输入的敏感度 $\partial y(k)/\partial u(k)$ 称为 Jacobian 信息，其值可由神经网络辨识而得。辨识算法如下：

取 BP 网络的第一个输入为 $u(k)$，即 $x_1=u(k)$，则

$$\frac{\partial y(k)}{\partial u(k)}\approx\frac{\partial y_n(k)}{\partial u(k)}=\frac{\partial y_n(k)}{\partial x_j'}\cdot\frac{\partial x_j'}{\partial x_j}\cdot\frac{\partial x_j}{\partial x_1}=\sum_j\omega_{jo}x_j'(1-x_j')\omega_{1j} \tag{5-80}$$

BP 网络属于全局逼近算法，只要有足够多的隐层和隐层节点就可以逼近任意的非线性函数，因此，具有较强的泛化能力和较高的容错性。但过多的调节参数易导致速度慢和实时性差，且梯度下降法容易陷入局部极小值。

2. RBF 网络

径向基函数（Radial Basis Function，RBF）神经网络是具有单隐层的 3 层前馈网络，能以任意精度逼近任意连续函数。BP 网络属于全局逼近网络，而 RBF 网络属于局部逼近网络。与 BP 网络的学习过程类似，RBF 网络的隐层使用高斯基函数，其值在输入空间的有限范围内为非零值。图 5-28 所示为多输入单输出 RBF 神经网络结构。

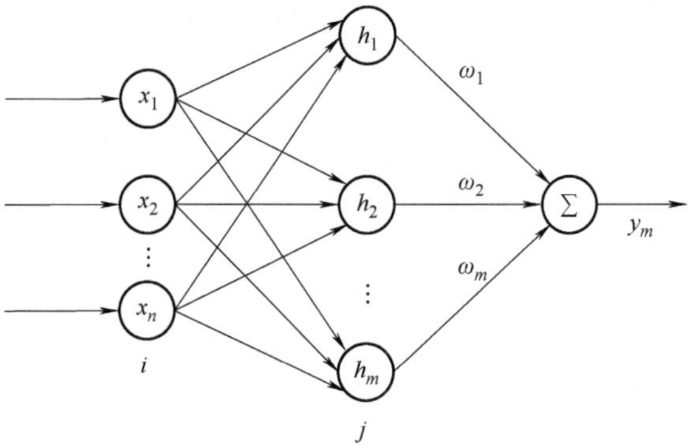

图 5-28　多输入单输出 RBF 神经网络结构

在 RBF 神经网络中，$\boldsymbol{x}=[x_1\quad x_2\quad\cdots\quad x_n]^{\mathrm{T}}$ 为网络输入，h_j 是隐层第 j 个神经元的输出，即

$$h_j=\exp\left(-\frac{\|\boldsymbol{x}-\boldsymbol{c}_j\|^2}{2b_j^2}\right),\ j=1,2,\cdots,m \tag{5-81}$$

式中，$\boldsymbol{c}_j=[c_{j1}\quad\cdots\quad c_{jn}]^{\mathrm{T}}$ 为第 j 个神经元的中心点向量值，即中心点坐标，反映了高斯基函数的映射范围，要根据 RBF 网络输入值的实际变化范围来确定。

高斯基函数的宽度向量为

$$\boldsymbol{b}=[b_1\quad b_2\quad\cdots\quad b_m]^{\mathrm{T}} \tag{5-82}$$

式中，$b_j>0$ 为隐层神经元 j 的高斯基函数的宽度，反映了该高斯基函数的灵敏度，要根据输出函数与输入变量 $\boldsymbol{x}$ 的变化快慢来确定。

网络的权值为

$$\boldsymbol{\omega}=[\omega_1\quad\omega_2\quad\cdots\quad\omega_m]^{\mathrm{T}} \tag{5-83}$$

RBF 网络的输出为

$$y_m(t)=\omega_1h_1+\omega_2h_2+\cdots+\omega_mh_m \tag{5-84}$$

网络逼近的误差指标为

$$E(t)=\frac{1}{2}[y(t)-y_m(t)]^2 \tag{5-85}$$

根据梯度下降法，权值按以下方式调节：

$$\begin{cases}\Delta\omega_j(t)=-\eta\dfrac{\partial E}{\partial\omega_j}=\eta[y(t)-y_m(t)]h_j\\ \omega_j(t)=\omega_j(t-1)+\Delta\omega_j(t)+\alpha[\omega_j(t-1)-\omega_j(t-2)]\end{cases} \tag{5-86}$$

式中，$\eta\in(0,1)$ 为学习速率；$\alpha\in(0,1)$ 为动量因子。

在设计 RBF 网络时，需将 $\boldsymbol{c}$ 和 $\boldsymbol{b}$ 的取值设计在网络输入的有效映射范围内，从而实现有效映射。RBF 网络的逼近误差和神经元节点数有关，节点数增加，逼近误差下降。为防止梯度下降法的过度调整造成学习过程发散，应适当降低学习速率 η。

可通过如下 RBF 网络算法对未知函数 $f(x)$ 进行逼近估计：

$$\begin{cases}h_j=g(\|\boldsymbol{x}-\boldsymbol{c}_{ij}\|^2/b_j^2)\\ f=\boldsymbol{W}^*\boldsymbol{h}(\boldsymbol{x})+\varepsilon\end{cases} \tag{5-87}$$

式中，$\boldsymbol{x}$ 为网络输入；i 为输入层节点；j 为隐层节点；$\boldsymbol{h}=[h_1,h_2,\cdots,h_n]^{\mathrm{T}}$ 为隐层的输出；$\boldsymbol{W}^*$ 为理想权值；ε 为网络的逼近误差；$\varepsilon\leqslant\varepsilon_{\mathrm{N}}$。

将系统状态作为网络输入，得到网络输出为

$$\hat{f}(\boldsymbol{x})=\hat{\boldsymbol{W}}^{\mathrm{T}}\boldsymbol{h}(\boldsymbol{x}) \tag{5-88}$$

式中，$\hat{\boldsymbol{W}}$ 为估计权值，可通过闭环李雅普诺夫函数的稳定性分析进行调节设计。

RBF 网络只调节权值，因此具有算法简单和运行时间快的优点。但由于 RBF 网络的输入空间到输出空间是非线性的，而隐含空间到输出空间是线性的，因而其非线性能力不如 BP 网络。

5.5.3　RBF 网络模型参考自适应控制

神经网络模型参考自适应控制中，给定了一个被控对象的参考模型，控制器的作用是补偿被控对象与参考模型之间的差异，使参考模型和被控对象输出之差为最小，闭环控制系统的期望性能由一个参考模型来描述。图 5-29 所示为基于 RBF 网络的模型参考自适应控制框图。

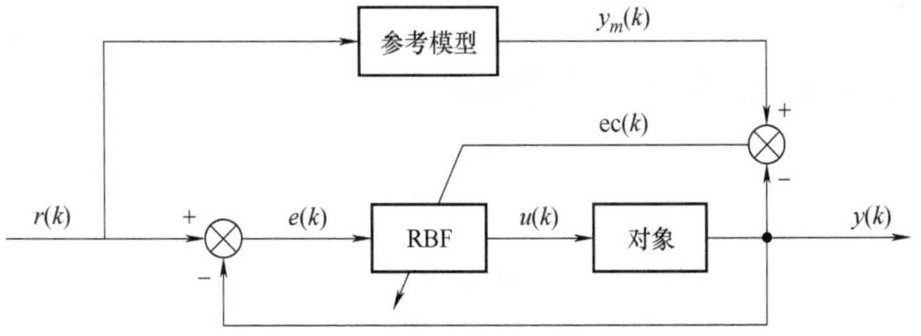

图 5-29　基于 RBF 网络的模型参考自适应控制框图

设参考模型输出为 $y_m(k)$，在系统中添加 RBF 的目的是使对象的输出 $y(k)$ 尽可能跟踪参考模型的输出 $y_m(k)$，跟踪误差为

$$\mathrm{ec}(k)=y_m(k)-y(k) \tag{5-89}$$

控制目标函数为

$$E(k)=\frac{1}{2}\mathrm{ec}(k)^2 \tag{5-90}$$

控制器为 RBF 网络的输出：

$$u(k)=h_1\omega_1+\cdots+h_j\omega_j+\cdots+h_m\omega_m \tag{5-91}$$

式中，m 为隐层神经元的个数；ω_j为第 j 个隐层神经元与输出层之间的权重；h_j为第 j 个隐层神经元的输出。

在 RBF 网络结构中，$\boldsymbol{X}=[x_1,\ \cdots,\ x_n]^{\mathrm{T}}$为网络的输入向量，RBF 网络的径向基向量为 $\boldsymbol{H}=[h_1,\ \cdots,\ h_m]^{\mathrm{T}}$，$h_j$为高斯基函数，即

$$h_j=\exp\left(-\frac{\|\boldsymbol{X}-\boldsymbol{C}_j\|^2}{2b_j^2}\right) \tag{5-92}$$

式中，$j=1,\ \cdots,\ m$；b_j为节点 j 的基宽参数，构成宽度向量，$\boldsymbol{B}=[b_1,\ \cdots,\ b_m]^{\mathrm{T}}$，$b_j>0$；$\boldsymbol{C}_j$为网络第 j 个节点的中心向量，$\boldsymbol{C}_j=[c_{j1},\ \cdots,\ c_{ji},\ \cdots,\ c_{jm}]^{\mathrm{T}}$。

网络的权向量为

$$\boldsymbol{W}=[\omega_1,\cdots,\omega_m]^{\mathrm{T}} \tag{5-93}$$

根据梯度下降法设计学习算法：

$$\begin{cases}\Delta\omega_j(k)=-\eta\dfrac{\partial E(k)}{\partial\omega}=\eta ec(k)\dfrac{\partial y(k)}{\partial u(k)}h_j\\ \omega_j(k)=\omega_j(k-1)+\Delta\omega_j(k)+\alpha\Delta\omega_j(k)\end{cases} \tag{5-94}$$

式中，η 为学习速率；α 为动量因子。

同理，隐层神经元参数 $\boldsymbol{C}_j$和 $\boldsymbol{B}$ 的学习算法为

$$\Delta b_j(k)=-\eta\frac{\partial E(k)}{\partial b_j}=\eta ec(k)\frac{\partial y(k)}{\partial u(k)}\frac{\partial u(k)}{\partial b_j}=\eta ec(k)\frac{\partial y(k)}{\partial u(k)}\omega_j h_j\frac{\|\boldsymbol{x}-c_{ij}\|^2}{b_j^3} \tag{5-95}$$

$$b_j(k)=b_j(k-1)+\eta\Delta b_j(k)+\alpha[b_j(k-1)-b_j(k-2)] \tag{5-96}$$

$$\Delta c_{ij}(k)=-\eta\frac{\partial E(k)}{\partial c_{ij}}=\eta ec(k)\frac{\partial y(k)}{\partial u(k)}\frac{\partial u(k)}{\partial c_{ij}}=\eta ec(k)\frac{\partial y(k)}{\partial u(k)}\omega_j h_j\frac{x_i-c_{ij}}{b_j^2} \tag{5-97}$$

$$c_{ij}(k)=c_{ij}(k-1)+\eta\Delta c_{ij}(k)+\alpha[c_{ij}(k-1)-c_{ij}(k-2)] \tag{5-98}$$

为降低算法复杂性，可用$\partial y(k)/\partial u(k)$ 的正负号来代替$\partial y(k)/\partial u(k)$，造成的影响可通过调整权值来补偿。

5.5.4 机械臂的动力学非线性补偿控制

1. 基本原理

设 n 关节机械臂的动力学方程为

$$\boldsymbol{D}(\boldsymbol{q})\ddot{\boldsymbol{q}}+\boldsymbol{C}(\boldsymbol{q},\dot{\boldsymbol{q}})\dot{\boldsymbol{q}}+\boldsymbol{G}(\boldsymbol{q})=\boldsymbol{\tau}+\boldsymbol{d} \tag{5-99}$$

式中，$\boldsymbol{D}(\boldsymbol{q})$为 $n\times n$ 阶正定惯性矩阵；$\boldsymbol{C}(\boldsymbol{q},\dot{\boldsymbol{q}})$为 $n\times n$ 阶惯性矩阵；$\boldsymbol{G}(\boldsymbol{q})$为 $n\times 1$ 阶惯性向量。

在外界干扰 $\boldsymbol{d}=0$ 且模型精确的情况下，可设计控制律：

$$\boldsymbol{\tau}=\boldsymbol{D}(\boldsymbol{q})(\ddot{\boldsymbol{q}}_{\mathrm{d}}-\boldsymbol{k}_{\mathrm{v}}\dot{\boldsymbol{e}}-\boldsymbol{k}_{\mathrm{p}}\boldsymbol{e})+\boldsymbol{C}(\boldsymbol{q},\dot{\boldsymbol{q}})\dot{\boldsymbol{q}}+\boldsymbol{G}(\boldsymbol{q}) \tag{5-100}$$

代入式（5-99）中，得到稳定的闭环系统为

$$\ddot{\boldsymbol{e}}+\boldsymbol{k}_{\mathrm{v}}\dot{\boldsymbol{e}}+\boldsymbol{k}_{\mathrm{p}}\boldsymbol{e}=0 \tag{5-101}$$

$\boldsymbol{q}_{\mathrm{d}}$为期望的角位移，$\boldsymbol{e}=\boldsymbol{q}-\boldsymbol{q}_{\mathrm{d}}$，$\dot{\boldsymbol{e}}=\dot{\boldsymbol{q}}-\dot{\boldsymbol{q}}_{\mathrm{d}}$。

在工程实际中，因无法精确获得模型中的$\boldsymbol{D}(\boldsymbol{q})$、$\boldsymbol{C}(\boldsymbol{q},\ \dot{\boldsymbol{q}})$ 和 $\boldsymbol{G}(\boldsymbol{q})$ 项，其建立的模

型只能是名义模型 $\boldsymbol{D}_0(\boldsymbol{q})$、$\boldsymbol{C}_0(\boldsymbol{q},\dot{\boldsymbol{q}})$ 和 $\boldsymbol{G}_0(\boldsymbol{q})$。据此设计控制律：

$$\boldsymbol{\tau}=\boldsymbol{D}_0(\boldsymbol{q})(\ddot{\boldsymbol{q}}_{\mathrm{d}}-\boldsymbol{k}_v\dot{\boldsymbol{e}}-\boldsymbol{k}_{\mathrm{p}}\boldsymbol{e})+\boldsymbol{C}_0(\boldsymbol{q},\dot{\boldsymbol{q}})\dot{\boldsymbol{q}}+\boldsymbol{G}_0(\boldsymbol{q}) \tag{5-102}$$

代入式（5-99）中，得

$$\boldsymbol{D}(\boldsymbol{q})\ddot{\boldsymbol{q}}+\boldsymbol{C}(\boldsymbol{q},\dot{\boldsymbol{q}})\dot{\boldsymbol{q}}+\boldsymbol{G}(\boldsymbol{q})=\boldsymbol{D}_0(\boldsymbol{q})(\ddot{\boldsymbol{q}}_{\mathrm{d}}-\boldsymbol{k}_{\mathrm{v}}\dot{\boldsymbol{e}}-\boldsymbol{k}_{\mathrm{p}}\boldsymbol{e})+\boldsymbol{C}_0(\boldsymbol{q},\dot{\boldsymbol{q}})\dot{\boldsymbol{q}}+\boldsymbol{G}_0(\boldsymbol{q})+\boldsymbol{d} \tag{5-103}$$

取 $\Delta\boldsymbol{D}=\boldsymbol{D}_0-\boldsymbol{D}$，$\Delta\boldsymbol{C}=\boldsymbol{C}_0-\boldsymbol{C}$，$\Delta\boldsymbol{G}=\boldsymbol{G}_0-\boldsymbol{G}$，则

$$\ddot{\boldsymbol{e}}+\boldsymbol{k}_{\mathrm{v}}\dot{\boldsymbol{e}}+\boldsymbol{k}_{\mathrm{p}}\boldsymbol{e}=\boldsymbol{D}_0^{-1}(\Delta\boldsymbol{D}\ddot{\boldsymbol{q}}+\Delta\boldsymbol{C}\dot{\boldsymbol{q}}+\Delta\boldsymbol{G}+\boldsymbol{d}) \tag{5-104}$$

式（5-104）表明，模型的不精确项会影响控制系统的性能，对其进行逼近可改善控制系统品质。

取 $\boldsymbol{x}=[\boldsymbol{e}\quad\dot{\boldsymbol{e}}]^{\mathrm{T}}$，建模的不精确部分为 $\boldsymbol{f}=\boldsymbol{D}_0^{-1}$（$\Delta\boldsymbol{D}\ddot{\boldsymbol{q}}+\Delta\boldsymbol{C}\dot{\boldsymbol{q}}+\Delta\boldsymbol{G}+\boldsymbol{d}$），则可将式（5-104）转化为如下误差状态方程：

$$\dot{\boldsymbol{x}}=\boldsymbol{A}\boldsymbol{x}+\boldsymbol{B}\boldsymbol{f} \tag{5-105}$$

式中，$\boldsymbol{A}=\begin{bmatrix}0 & \boldsymbol{I}\\ -\boldsymbol{k}_{\mathrm{p}} & -\boldsymbol{k}_{\mathrm{v}}\end{bmatrix}$，$\boldsymbol{B}=\begin{bmatrix}0\\ \boldsymbol{I}\end{bmatrix}$，$\boldsymbol{I}$ 为单位阵。

已知不确定项 $\boldsymbol{f}$ 时，则可将控制律修正为

$$\boldsymbol{\tau}=\boldsymbol{D}_0(\boldsymbol{q})(\ddot{\boldsymbol{q}}_{\mathrm{d}}-\boldsymbol{k}_{\mathrm{v}}\dot{\boldsymbol{e}}-\boldsymbol{k}_{\mathrm{p}}\boldsymbol{e})+\boldsymbol{C}_0(\boldsymbol{q},\dot{\boldsymbol{q}})\dot{\boldsymbol{q}}+\boldsymbol{G}_0(\boldsymbol{q})-\boldsymbol{D}_0(\boldsymbol{q})\boldsymbol{f} \tag{5-106}$$

代入式（5-99）中，则得到稳定的闭环系统式（5-101）。

2. 不确定部分的 RBF 逼近

在工程实际中，对于未知的模型不确定项 $\boldsymbol{f}$，可使用 RBF 网络对其进行自适应逼近，RBF 网络输入输出算法为

$$\begin{cases}\phi_i=g(\|\boldsymbol{x}-\boldsymbol{c}_i\|^2/b_i^2),i=1,2,\cdots,n\\ y=\boldsymbol{\theta}^{\mathrm{T}}\boldsymbol{\varphi}(\boldsymbol{x})\end{cases} \tag{5-107}$$

式中，$\boldsymbol{x}$ 为网络的输入信号；$\boldsymbol{\varphi}=[\phi_1,\cdots,\phi_n]$ 为高斯基函数的输出；$\boldsymbol{\theta}$ 为神经网络权值。

假设以下条件成立：

1）神经网络输出 $\hat{\boldsymbol{f}}(\boldsymbol{x},\boldsymbol{\theta})$ 是连续的。

2）理想的神经网络输出 $\hat{\boldsymbol{f}}(\boldsymbol{x},\boldsymbol{\theta}^*)$ 应足够逼近模型的不精确部分，存在一个非常小的正实数 ε_0，使得

$$\max\|\hat{\boldsymbol{f}}(\boldsymbol{x},\boldsymbol{\theta}^*)-\boldsymbol{f}(\boldsymbol{x})\|\leqslant\varepsilon_0 \tag{5-108}$$

ε_0 越小，表明神经网络逼近效果越好。

可将误差状态方程式（5-105）写为

$$\dot{\boldsymbol{x}}=\boldsymbol{A}\boldsymbol{x}+\boldsymbol{B}\{\hat{\boldsymbol{f}}(\boldsymbol{x},\boldsymbol{\theta}^*)+[\boldsymbol{f}(\boldsymbol{x})-\hat{\boldsymbol{f}}(\boldsymbol{x},\boldsymbol{\theta}^*)]\} \tag{5-109}$$

式中，$\boldsymbol{\theta}^*=\arg\min\limits_{\theta\in\beta(M_\theta)}\{\sup\limits_{x\in\varphi(M_x)}\|\boldsymbol{f}(\boldsymbol{x})-\hat{\boldsymbol{f}}(\boldsymbol{x},\boldsymbol{\theta})\|\}$，$\boldsymbol{\theta}^*$ 为 $n\times n$ 阶矩阵，表示对 $\boldsymbol{f}(\boldsymbol{x})$ 最佳逼近的神经网络权值。

取 $\|\boldsymbol{\theta}^*\|_{\mathrm{F}}\leqslant\boldsymbol{\theta}_{\max}$，由于 $\boldsymbol{f}(\boldsymbol{x})$ 有界，则 $\boldsymbol{\theta}^*$ 有界。式（5-109）可写为

$$\dot{\boldsymbol{x}}=\boldsymbol{A}\boldsymbol{x}+\boldsymbol{B}[\hat{\boldsymbol{f}}(\boldsymbol{x},\boldsymbol{\theta}^*)+\boldsymbol{\eta}] \tag{5-110}$$

式中，$\boldsymbol{\eta}$ 为神经网络理想逼近误差，即

$$\boldsymbol{\eta}=\boldsymbol{f}(\boldsymbol{x})-\hat{\boldsymbol{f}}(\boldsymbol{x},\boldsymbol{\theta}^*) \tag{5-111}$$

逼近误差 $\boldsymbol{\eta}$ 为有界，其界为

$$\boldsymbol{\eta}_0=\sup\|\boldsymbol{f}(\boldsymbol{x})-\hat{\boldsymbol{f}}(\boldsymbol{x},\boldsymbol{\theta}^*)\| \tag{5-112}$$

神经网络输出$\hat{f}(\cdot)$ 的最佳估计值为

$$\hat{\boldsymbol{f}}(\boldsymbol{x},\boldsymbol{\theta}^*)=\boldsymbol{\theta}^{*\mathrm{T}}\boldsymbol{\varphi}(\boldsymbol{x}) \tag{5-113}$$

则式（5-110）可写为

$$\dot{\boldsymbol{x}}=\boldsymbol{Ax}+\boldsymbol{B}[\boldsymbol{\theta}^{*\mathrm{T}}\boldsymbol{\varphi}(\boldsymbol{x})+\boldsymbol{\eta}] \tag{5-114}$$

3. 控制器设计

将控制律设计为名义模型控制律与不确定逼近项的叠加：

$$\boldsymbol{\tau}=\boldsymbol{\tau}_1+\boldsymbol{\tau}_2 \tag{5-115}$$

其中

$$\begin{cases}\boldsymbol{\tau}_1=\boldsymbol{D}_0(\boldsymbol{q})(\ddot{\boldsymbol{q}}_{\mathrm{d}}-\boldsymbol{k}_{\mathrm{v}}\dot{\boldsymbol{e}}-\boldsymbol{k}_{\mathrm{p}}\boldsymbol{e})+\boldsymbol{C}_0(\boldsymbol{q},\dot{\boldsymbol{q}})\dot{\boldsymbol{q}}+\boldsymbol{G}_0(\boldsymbol{q})\\ \boldsymbol{\tau}_2=-\boldsymbol{D}_0(\boldsymbol{q})\hat{\boldsymbol{f}}\end{cases} \tag{5-116}$$

式中，$\hat{\boldsymbol{f}}=\hat{\boldsymbol{\theta}}^{\mathrm{T}}\boldsymbol{\varphi}(\boldsymbol{x})$，$\hat{\boldsymbol{\theta}}$ 为 $\boldsymbol{\theta}^*$ 的估计值。

将控制律式（5-115）代入动力学方程式（5-99）中，得

$$\begin{aligned}&\boldsymbol{D}(\boldsymbol{q})\ddot{\boldsymbol{q}}+\boldsymbol{C}(\boldsymbol{q},\dot{\boldsymbol{q}})\dot{\boldsymbol{q}}+\boldsymbol{G}(\boldsymbol{q})\\ &=\boldsymbol{D}_0(\boldsymbol{q})(\ddot{\boldsymbol{q}}_{\mathrm{d}}-\boldsymbol{k}_{\mathrm{v}}\dot{\boldsymbol{e}}-\boldsymbol{k}_{\mathrm{p}}\boldsymbol{e})+\boldsymbol{C}_0(\boldsymbol{q},\dot{\boldsymbol{q}})\dot{\boldsymbol{q}}+\boldsymbol{G}_0(\boldsymbol{q})-\boldsymbol{D}_0(\boldsymbol{q})\hat{\boldsymbol{f}}(\boldsymbol{x},\boldsymbol{\theta})+\boldsymbol{d}\end{aligned} \tag{5-117}$$

将 $\boldsymbol{D}_0(\boldsymbol{q})\ddot{\boldsymbol{q}}+\boldsymbol{C}_0(\boldsymbol{q},\dot{\boldsymbol{q}})\dot{\boldsymbol{q}}+\boldsymbol{G}_0(\boldsymbol{q})$ 分别减去式（5-117）两边，得

$$\begin{aligned}&\Delta\boldsymbol{D}(\boldsymbol{q})\ddot{\boldsymbol{q}}+\Delta\boldsymbol{C}(\boldsymbol{q},\dot{\boldsymbol{q}})\dot{\boldsymbol{q}}+\Delta\boldsymbol{G}(\boldsymbol{q})+\boldsymbol{d}\\ &=\boldsymbol{D}_0(q)\ddot{\boldsymbol{q}}-\boldsymbol{D}_0(\boldsymbol{q})(\ddot{\boldsymbol{q}}_{\mathrm{d}}-\boldsymbol{k}_{\mathrm{v}}\dot{\boldsymbol{e}}-\boldsymbol{k}_{\mathrm{p}}\boldsymbol{e})+\boldsymbol{D}_0(\boldsymbol{q})\hat{\boldsymbol{f}}(\boldsymbol{x},\boldsymbol{\theta})\end{aligned} \tag{5-118}$$

即

$$\Delta\boldsymbol{D}(\boldsymbol{q})\ddot{\boldsymbol{q}}+\Delta\boldsymbol{C}(\boldsymbol{q},\dot{\boldsymbol{q}})\dot{\boldsymbol{q}}+\Delta\boldsymbol{G}(\boldsymbol{q})+\boldsymbol{d}=\boldsymbol{D}_0(\boldsymbol{q})[\ddot{\boldsymbol{e}}+\boldsymbol{k}_{\mathrm{v}}\dot{\boldsymbol{e}}+\boldsymbol{k}_{\mathrm{p}}\boldsymbol{e}+\hat{\boldsymbol{f}}(\boldsymbol{x},\boldsymbol{\theta})] \tag{5-119}$$

则

$$\ddot{\boldsymbol{e}}+\boldsymbol{k}_{\mathrm{v}}\dot{\boldsymbol{e}}+\boldsymbol{k}_{\mathrm{p}}\boldsymbol{e}+\hat{\boldsymbol{f}}(\boldsymbol{x},\boldsymbol{\theta})=\boldsymbol{D}_0^{-1}(q)[\Delta\boldsymbol{D}(\boldsymbol{q})\ddot{\boldsymbol{q}}+\Delta\boldsymbol{C}(\boldsymbol{q},\dot{\boldsymbol{q}})\dot{\boldsymbol{q}}+\Delta\boldsymbol{G}(\boldsymbol{q})+\boldsymbol{d}] \tag{5-120}$$

即

$$\ddot{\boldsymbol{e}}+\boldsymbol{k}_{\mathrm{v}}\dot{\boldsymbol{e}}+\boldsymbol{k}_{\mathrm{p}}\boldsymbol{e}+\hat{\boldsymbol{f}}(\boldsymbol{x},\boldsymbol{\theta})=\boldsymbol{f}(\boldsymbol{x}) \tag{5-121}$$

式中，$\boldsymbol{f}(\boldsymbol{x})=\boldsymbol{D}_0^{-1}(\Delta\boldsymbol{D}\ddot{\boldsymbol{q}}+\Delta\dot{\boldsymbol{q}}+\Delta\boldsymbol{G}+\boldsymbol{d})$。

由式（5-121）得

$$\dot{\boldsymbol{x}}=\boldsymbol{Ax}+\boldsymbol{B}[\boldsymbol{f}(\boldsymbol{x})-\hat{\boldsymbol{f}}(\boldsymbol{x},\boldsymbol{\theta})] \tag{5-122}$$

式中，$\boldsymbol{A}=\begin{bmatrix}0 & 1\\ -\boldsymbol{k}_{\mathrm{p}} & -\boldsymbol{k}_{\mathrm{v}}\end{bmatrix}$，$\boldsymbol{B}=\begin{bmatrix}0\\ \boldsymbol{I}\end{bmatrix}$。

由于

$$\begin{aligned}\boldsymbol{f}(\boldsymbol{x})-\hat{\boldsymbol{f}}(\boldsymbol{x},\boldsymbol{\theta})&=\boldsymbol{f}(\boldsymbol{x})-\hat{\boldsymbol{f}}(\boldsymbol{x},\boldsymbol{\theta}^*)+\hat{\boldsymbol{f}}(\boldsymbol{x},\boldsymbol{\theta}^*)-\hat{\boldsymbol{f}}(\boldsymbol{x},\boldsymbol{\theta})\\ &=\boldsymbol{\eta}+\boldsymbol{\theta}^{*\tau}\boldsymbol{\varphi}(\boldsymbol{x})-\hat{\boldsymbol{\theta}}^{\mathrm{T}}\boldsymbol{\varphi}(\boldsymbol{x})=\boldsymbol{\eta}+\tilde{\boldsymbol{\theta}}^{\mathrm{T}}\boldsymbol{\varphi}(\boldsymbol{x})\end{aligned} \tag{5-123}$$

则

$$\dot{\boldsymbol{x}}=\boldsymbol{Ax}+\boldsymbol{B}[\boldsymbol{\eta}+\hat{\boldsymbol{\theta}}^{\mathrm{T}}\boldsymbol{\varphi}(\boldsymbol{x})] \tag{5-124}$$

式中，$\hat{\boldsymbol{\theta}}=\boldsymbol{\theta}^*-\hat{\boldsymbol{\theta}}$。

构造李雅普诺夫函数：

$$V=\frac{1}{2}\boldsymbol{x}^{\mathrm{T}}\boldsymbol{P}\boldsymbol{x}+\frac{1}{2\gamma}\|\tilde{\boldsymbol{\theta}}\|_F^2 \tag{5-125}$$

式中，$\gamma>0$。

由于 $\boldsymbol{A}$ 矩阵特征根实部为负，则存在正定阵 $\boldsymbol{P}$ 和 $\boldsymbol{Q}$ 满足以下李雅普诺夫方程：

$$\boldsymbol{PA}+\boldsymbol{A}^{\mathrm{T}}\boldsymbol{P}=-\boldsymbol{Q} \tag{5-126}$$

经过一系列控制系统的稳定性分析计算，可得

$$\dot{V}=-\frac{1}{2}\boldsymbol{x}^{\mathrm{T}}\boldsymbol{Q}\boldsymbol{x}+\frac{1}{\gamma}\mathrm{tr}(\gamma\boldsymbol{B}^{\mathrm{T}}\boldsymbol{P}\boldsymbol{x}\boldsymbol{\varphi}^{\mathrm{T}}(\boldsymbol{x})\tilde{\boldsymbol{\theta}}+\dot{\tilde{\boldsymbol{\theta}}}^{\mathrm{T}}\tilde{\boldsymbol{\theta}})+\boldsymbol{\eta}^{\mathrm{T}}\boldsymbol{B}^{\mathrm{T}}\boldsymbol{P}\boldsymbol{x} \tag{5-127}$$

由于 $\dot{\tilde{\boldsymbol{\theta}}}=-\dot{\hat{\boldsymbol{\theta}}}$，因此取权值的自适应率为

$$\dot{\hat{\boldsymbol{\theta}}}=\gamma\boldsymbol{\varphi}(\boldsymbol{x})\boldsymbol{x}^{\mathrm{T}}\boldsymbol{PB} \tag{5-128}$$

设 $\lambda_{\min}(\boldsymbol{Q})$ 为矩阵 $\boldsymbol{Q}$ 特征值的最小值，$\lambda_{\max}(\boldsymbol{P})$ 为矩阵 $\boldsymbol{P}$ 特征值的最大值，则

$$\dot{V}\leqslant-\frac{1}{2}\|\boldsymbol{x}\|[\lambda_{\min}(\boldsymbol{Q})\|\boldsymbol{x}\|-2\boldsymbol{\eta}_0\lambda_{\max}(\boldsymbol{P})] \tag{5-129}$$

要使得 $\dot{V}\leqslant 0$，需要 $\lambda_{\min}(\boldsymbol{Q})\geqslant\dfrac{2\lambda_{\max}(\boldsymbol{P})}{\|\boldsymbol{x}\|}\boldsymbol{\eta}_0$，由于当且仅当 $\boldsymbol{x}=\dfrac{2\lambda_{\max}(\boldsymbol{P})}{\lambda_{\min}(\boldsymbol{Q})}$时，$\dot{V}=0$，即当 $\dot{V}\equiv 0$ 时，$\boldsymbol{x}\equiv\dfrac{2\lambda_{\max}(\boldsymbol{P})}{\lambda_{\min}(\boldsymbol{Q})}$。根据 LaSalle 不变性原理，闭环系统为渐近稳定，即当 $t\to\infty$ 时，$\boldsymbol{x}\to\dfrac{2\lambda_{\max}(\boldsymbol{P})}{\lambda_{\min}(\boldsymbol{Q})}$，系统的收敛速度取决于 $\lambda_{\min}(\boldsymbol{Q})$。

由于 $V\geqslant 0$，$\dot{V}\leqslant 0$，则当 $t\to\infty$ 时，V 有界，从而 $\tilde{\boldsymbol{\theta}}$ 有界。

当 $\boldsymbol{Q}$ 的特征值越大，$\boldsymbol{P}$ 的特征值越小，神经网络建模误差 $\boldsymbol{\eta}$ 的上界 $\boldsymbol{\eta}_0$ 越小，则 $\boldsymbol{x}$ 的收敛半径越小，跟踪效果越好。

4. 仿真实例

选取两关节机械臂系统（不考虑摩擦力），其动力学模型为

$$\boldsymbol{D}(\boldsymbol{q})\ddot{\boldsymbol{q}}+\boldsymbol{C}(\boldsymbol{q},\dot{\boldsymbol{q}})\dot{\boldsymbol{q}}+\boldsymbol{G}(\boldsymbol{q})=\boldsymbol{\tau}+\boldsymbol{d}$$

式中，

$$\boldsymbol{D}(\boldsymbol{q})=\begin{bmatrix} v+q_{01}+2\gamma\cos(q_2) & q_{01}+q_{02}\cos(q_2) \\ q_{01}+q_{02}\cos(q_2) & q_{01}\end{bmatrix}$$

$$\boldsymbol{C}(\boldsymbol{q},\dot{\boldsymbol{q}})=\begin{bmatrix} -q_{02}\dot{q}_2\sin(q_2) & -q_{02}(\dot{q}_1+\dot{q}_2)\sin(q_2) \\ q_{02}\dot{q}_1\sin(q_2) & 0\end{bmatrix}$$

$$\boldsymbol{G}(\boldsymbol{q})=\begin{bmatrix} 15g\cos q_1+8.75g\cos(q_1+q_2) \\ 8.75g\cos(q_1+q_2)\end{bmatrix}$$

式中，$v=15$，$q_{01}=10$，$q_{02}=8$，$g=9.8$。

上述模型可写为

$$(\boldsymbol{D}_0(\boldsymbol{q})-\Delta\boldsymbol{D}(\boldsymbol{q}))\ddot{\boldsymbol{q}}+(\boldsymbol{C}_0(\boldsymbol{q},\dot{\boldsymbol{q}})-\Delta\boldsymbol{C}(\boldsymbol{q},\dot{\boldsymbol{q}}))\dot{\boldsymbol{q}}+(\boldsymbol{G}_0(\boldsymbol{q})-\Delta\boldsymbol{G}(\boldsymbol{q}))=\boldsymbol{\tau}+\boldsymbol{d}$$

即

$$\boldsymbol{D}_0\ddot{\boldsymbol{q}}+\boldsymbol{C}_0\dot{\boldsymbol{q}}+\boldsymbol{G}_0=\boldsymbol{\tau}+\boldsymbol{d}+\Delta D\ddot{\boldsymbol{q}}+\Delta\boldsymbol{C}\dot{\boldsymbol{q}}+\Delta\boldsymbol{G}$$

由 $\boldsymbol{f}$ 的定义可得

$$\ddot{\boldsymbol{q}}=\boldsymbol{D}_0^{-1}(\boldsymbol{\tau}-\boldsymbol{C}_0\dot{\boldsymbol{q}}-\boldsymbol{G}_0)+\boldsymbol{f}$$

仿真过程中用上式描述被控对象。

设误差扰动为

$$d_1=\sin(5\pi t),d_2=2.5\cos(15\pi t),d_3=5$$

$$\omega=d_1+d_2\|\boldsymbol{e}\|+d_3\|\dot{\boldsymbol{e}}\|$$

位置指令为

$$\begin{cases}q_{1d}=1+0.3\sin(0.5\pi t)\\q_{2d}=1-0.3\cos(0.5\pi t)\end{cases}$$

被控对象初值为 $[q_1\quad q_2\quad q_3\quad q_4]^{\mathrm{T}}=[0.5\quad 0.2\quad 0.4\quad 0.2]^{\mathrm{T}}$，控制参数取

$$\boldsymbol{Q}=\begin{bmatrix}50&0&0&0\\0&50&0&0\\0&0&50&0\\0&0&0&50\end{bmatrix},\boldsymbol{k}_{\mathrm{p}}=\begin{bmatrix}8&0\\0&8\end{bmatrix},\boldsymbol{k}_{\mathrm{v}}=\begin{bmatrix}4&0\\0&4\end{bmatrix}$$

根据 RBF 网络输入 $\boldsymbol{x}=[\boldsymbol{e}\quad\dot{\boldsymbol{e}}]^{\mathrm{T}}$ 的范围，$\boldsymbol{c}_i$ 和 b 分别取为 $[-3\quad -1.5\quad 0\quad 1.5\quad 3]$ 和3.5。

仿真结果如图5-30~图5-33所示。

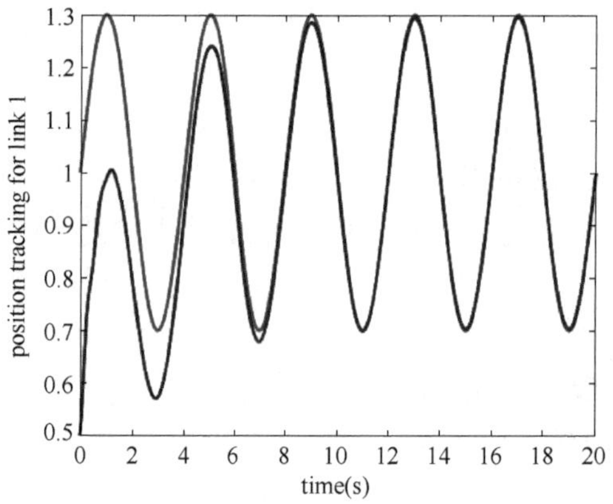

图 5-30　关节 1 的位置跟踪

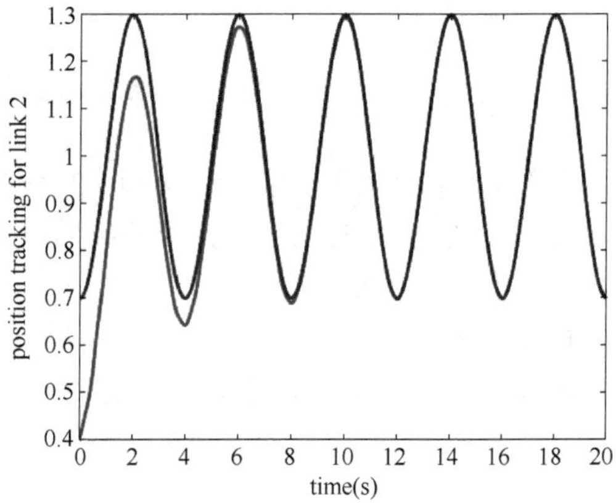

图 5-31　关节 2 的位置跟踪

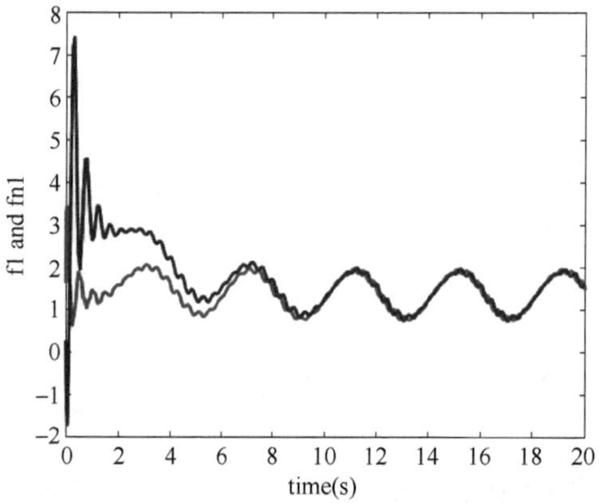

图 5-32　关节 1 的建模不精确部分及其逼近

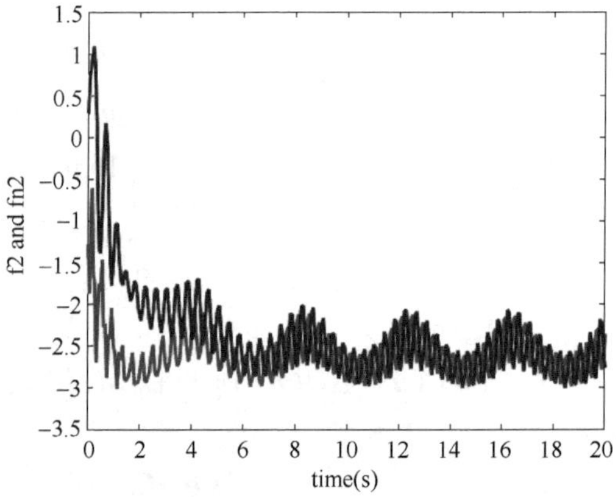

图 5-33　关节 2 的建模不精确部分及其逼近

控制器的 Matlab 仿真主程序如下：

```
function[sys,x0,str,ts]=spacemodel(t,x,u,flag)
switch flag,
case 0,
    [sys,x0,str,ts]=mdlInitializeSizes;
case 1,
    sys=mdlDerivatives(t,x,u);
case 3,
    sys=mdlOutputs(t,x,u);
case {2,4,9}
    sys=[];
otherwise
    error(['Unhandled flag=',num2str(flag)]);
end

function[sys,x0,str,ts]=mdlInitializeSizes
global c b kv kp
sizes=simsizes;
sizes.NumContStates=10;
sizes.NumDiscStates=0;
sizes.NumOutputs=6;
sizes.NumInputs=8;
sizes.DirFeedthrough=1;
sizes.NumSampleTimes=1;
sys=simsizes(sizes);
x0=0.1*ones(1,10);                    %1行10列的初始状态向量
str=[];
ts=[0 0];

%c=0.60*ones(4,5);
%c是高斯函数参数,正态均值
c=[-3-1.5 0 1.5 3;
    -3-1.5 0 1.5 3;
    -3-1.5 0 1.5 3;
    -3-1.5 0 1.5 3];
%b是高斯函数参数,正态方差开方后的标准差
b=3.5*ones(5,1);
```

```
kp=[8 0;
    0 8];
kv=[4 0;
    0 4];
function sys=mdlDerivatives(t,x,u)
global c b kv kp
% eye()主对角线元素为1的矩阵,nxn或nxm
A=[zeros(2)eye(2);
   -kp-kv];
B=[0 0;0 0;1 0;0 1];

Q=[50   0   0    0;
   0   50   0    0;
   0    0  50    0;
   0    0   0   50];
P=lyap(A',Q);

%[V,D]=eig(A):
% 求矩阵A的全部特征值,构成对角阵D
% 并产生矩阵V,V各列是相应的特征向量
eig(P);

qd1=u(1);
d_qd1=0.3*0.5*pi*cos(0.5*pi*t);
qd2=u(2);
d_qd2=0.3*0.5*pi*sin(0.5*pi*t);
  q1=u(3);dq1=u(4);q2=u(5);dq2=u(6);
e1=q1-qd1;
e2=q2-qd2;
de1=dq1-d_qd1;
de2=dq2-d_qd2;
% 权值
th=[x(1)x(2)x(3)x(4)x(5);x(6)x(7)x(8)x(9)x(10)]';
% 神经网络输入层
xi=[e1;e2;de1;de2];
% 神经网络隐层
h=zeros(5,1);
for j=1:1:5
    h(j)=exp(-norm(xi-c(:,j))^2/(2*b(j)*b(j)));
```

```
end
gama=10;
% 神经网络权值的自适应率,基于李雅普诺夫稳定性分析
S=gama*h*xi'*P*B;
% '表示共轭转置
% .'表示普通转置
% 参数为实数时两者效果相同
S=S';
for i=1:1:5
    sys(i)=S(1,i);
    sys(i+5)=S(2,i);
end

function sys=mdlOutputs(t,x,u)
global c b kv kp
qd1=u(1);
d_qd1=0.3*0.5*pi*cos(0.5*pi*t);
dd_qd1=-0.3*(0.5*pi)^2*sin(0.5*pi*t);
  qd2=u(2);
d_qd2=0.3*0.5*pi*sin(0.5*pi*t);
dd_qd2=0.3*(0.5*pi)^2*cos(0.5*pi*t);
dd_qd=[dd_qd1;dd_qd2];
  q1=u(3);dq1=u(4);
q2=u(5);dq2=u(6);
ddq1=u(7);ddq2=u(8);
ddq=[ddq1;ddq2];

e1=q1-qd1;
e2=q2-qd2;
de1=dq1-d_qd1;
de2=dq2-d_qd2;
e=[e1;e2];
de=[de1;de2];

v=15;
q01=10;
q02=8;
g=9.8;
```

```
D0=[v+q01+2*q02*cos(q2)q01+q02*cos(q2);
    q01+q02*cos(q2)q01];
C0=[-q02*dq2*sin(q2)-q02*(dq1+dq2)*sin(q2);
    q02*dq1*sin(q2)  0];
G0=[15*g*cos(q1)+8.75*g*cos(q1+q2);
    8.75*g*cos(q1+q2)];

dq=[dq1;dq2];
tol1=D0*(dd_qd-kv*de-kp*e)+C0*dq+G0;

d_D=0.2*D0;
d_C=0.2*C0;
d_G=0.2*G0;
d1=sin(5*pi*t);d2=2.5*cos(15*pi*t);d3=5;
d=[d1+d2*norm([e1,e2])+d3*norm([de1,de2])];
%d=[20*sin(2*t);20*sin(2*t)];
f=inv(D0)*(d_D*ddq+d_C*dq+d_G+d);

xi=[e1;e2;de1;de2];
h=zeros(5,1);
for j=1:1:5
    h(j)=exp(-norm(xi-c(:,j))^2/(2*b(j)*b(j)));
end

M=3;
if M==1                 %Nominal model based controller
    fn=[0 0];
    tol=tol1;
elseif M==2             %Modified computed torque controller
    fn=[0 0];
    tol2=-D0*f;
    tol=tol1+tol2;
elseif M==3             %RBF compensated controller
    th=[x(1)x(2)x(3)x(4)x(5);x(6)x(7)x(8)x(9)x(10)]';
    fn=th'*h;
    tol2=-D0*fn;
    tol=tol1+1*tol2;
end
```

```
sys(1)=tol(1);
sys(2)=tol(2);
sys(3)=f(1);
sys(4)=fn(1);
sys(5)=f(2);
sys(6)=fn(2);
```

习题

5-1　已知系统框图如图 5-34 所示，试判断使系统渐进稳定的 K 值范围。

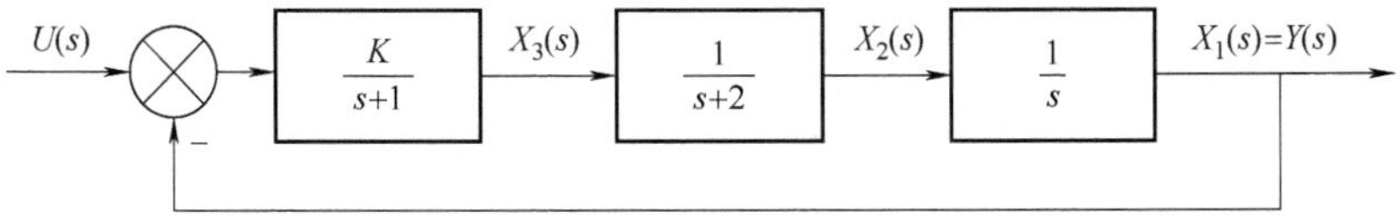

图 5-34　系统框图

5-2　已知某平面两自由度刚性机械手，如图 5-35 所示，两个关节的转角分别定义为 q_1 和 q_2，连杆 1 和连杆 2 的长度分别为 l_1 和 l_2，且 $l_1=l_2=1\text{m}$，给定该机械手的动力学方程为

$$\boldsymbol{D}(\boldsymbol{q})=\begin{bmatrix} m_1+m_2+2m_3\cos q_2 & m_2+m_3\cos q_2 \\ m_2+m_3\cos q_2 & m_2 \end{bmatrix}$$

$$\boldsymbol{C}(\boldsymbol{q},\dot{\boldsymbol{q}})=\begin{bmatrix} -m_3\dot{q}_2\sin q_2 & -m_3(\dot{q}_1+\dot{q}_2)\sin q_2 \\ m_3\dot{q}_1\sin q_2 & 0.0 \end{bmatrix}$$

$$\boldsymbol{G}(\boldsymbol{q})=\begin{bmatrix} m_4 g\cos q_1+m_5 g\cos(q_1+q_2) \\ m_5 g\cos(q_1+q_2) \end{bmatrix}$$

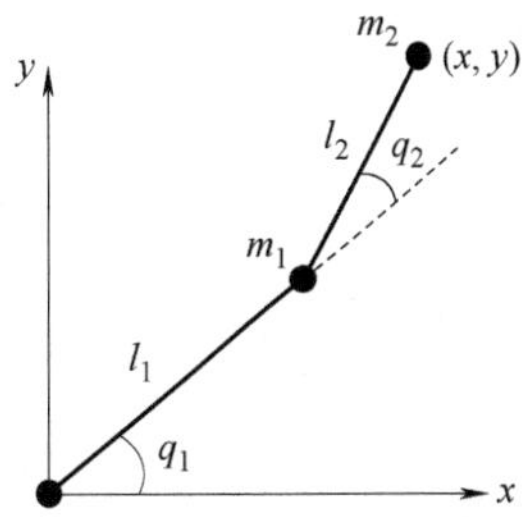

图 5-35　平面两自由度刚性机械手

式中，m_i值由式 $\boldsymbol{M}=\boldsymbol{P}+p_l\boldsymbol{L}$ 给出，且 $\boldsymbol{M}=[m_1\quad m_2\quad m_3\quad m_4\quad m_5]^{\mathrm{T}}$，$\boldsymbol{P}=[p_1\quad p_2\quad p_3\quad p_4\quad p_5]^{\mathrm{T}}$，$\boldsymbol{L}=[l_1^2\quad l_2^2\quad l_1 l_2\quad l_1\quad l_2]^{\mathrm{T}}$，$p_l=1$ 为负载，机械手自身的参数向量 $\boldsymbol{P}=[3\quad 8\quad 1.1\quad 7.5\quad 2.5]^{\mathrm{T}}$。

机械手末端点的坐标为（x，y），在笛卡儿空间中的理想轨迹取 $x_{\mathrm{d}}=\cos t$，$y_{\mathrm{d}}=\sin t$，即该轨迹为一个半径为 1.0、圆心在 $(x,y)=(1.0,1.0)$ 的圆。初始条件为 $(x,y)=(1.0,1.0)$，$(\dot{x},\dot{y})=(0,0)$。试设计末端轨迹跟踪的 PD 控制器。

5-3　某角度跟踪动力学系统的二阶微分方程为 $\ddot{\theta}=f(\theta,\dot{\theta})+u$，式中，$\theta$ 为转动角度，u 为控制输入。若重新定义状态变量 $x_1=\theta$ 和 $x_2=\dot{\theta}$，则二阶微分方程可写成状态方程形式：

$$\begin{cases} \dot{x}_1=x_2 \\ \dot{x}_2=f(x)+u \end{cases}$$

取 $f(x)=10x_1x_2+15x_2\sin(t)$，设期望的位置指令为 $x_{\mathrm{d}}=\sin(\pi t)$，试使用 RBF 神经网络自适应控制对位置指令进行跟踪。

参考文献

[1] 郭彤颖，张辉. 机器人传感器及其信息融合技术［M］. 北京：化学工业出版社，2017.

[2] 黄志坚. 机器人驱动与控制及应用实例［M］. 北京：化学工业出版社，2016.

[3] 卢京潮. 自动控制原理［M］. 2 版. 西安：西北工业大学出版社，2009.

[4] 刘金锟. 机器人控制系统的设计与 MATLAB 仿真［M］. 北京：清华大学出版社，2008.

[5] 刘金琨. 滑模变结构控制 MATLAB 仿真：基本理论与设计方法［M］. 北京：清华大学出版社，2015.

[6] 刘金琨. 先进 PID 控制 MATLAB 仿真［M］. 4 版. 北京：电子工业出版社，2016.

[7] 刘金琨. 智能控制［M］. 4 版. 北京：电子工业出版社，2017.

第 6 章 数字孪生系统架构及引擎

在“中国制造 2025”战略与“工业 4.0”的协同发展下，我国制造业已经实现了由传统人工作业到人与机器人协同作业的过渡，并向完全自动化作业方向发展，工业生产逐渐走向了自动化道路。欧盟工业 5.0 架构的提出，更加快了制造业的智能化进程。为了保证高效率生产制造，各类型协作机器人被广泛开发并投入使用。然而，若使用者缺乏对机器人的状态感知手段，在人机协作过程中一旦发生设备故障，可能对人造成不可预计的危险。数字孪生技术的出现，为解决人机协作场景下的机器人状态监测问题提供了新的思路。

本章第一节阐述数字孪生体系的一般架构，并分析数字孪生的技术体系；第二节讲解数字孪生引擎系统；第三节设计了可视化应用，安排了 Unity 的基础项目练习。本章各节都提供了实际项目案例，帮助读者加深对相关概念的理解。

6.1 系统架构及技术体系

6.1.1 一般架构设计

在 Michael Grieves 教授发表的关于数字孪生的白皮书中，数字孪生的概念模型包括三部分：实体空间中的物理产品、虚拟空间中的虚拟产品以及将虚拟产品和物理产品联系在一起的数据和信息的连接。近年来，随着相关技术的发展与应用需求的更新，关于数字孪生的相关研究成果也不断更新。数字孪生的发展表现出以下趋势：①加入新一代信息技术；②模型与数据融合；③多维多层次动态模型；④工业互联相关应用；⑤智能计算服务；⑥应用领域不断扩展。

北京航空航天大学的陶飞教授提出了数字孪生五维模型，包括物理实体、虚拟实体、服务、孪生数据以及各部分之间的连接。在传统的数字孪生三维模型中，第三维是指虚拟空间中的虚拟产品以及将虚拟产品和物理产品联系在一起的数据和信息的连接，其中已经包含着五维模型中的孪生数据以及各部分之间的连接。对比可知，五维模型新增的部分实际是指“服务”。功能服务层指的是数字孪生系统所提供的功能，具体内涵因系统而异。数字孪生本身并不是一种技术，而是一个体系或一个架构。它并不局限于单独某个领域，而是可以在各个领域内得到广泛的应用，它适用于产品开发、产品制造、产品检测及追踪、产品优化、故障分析与处理等全生命周期，数字孪生的最大特点就是以模型来反映物理实体，模型代表的就是真实世界中的物理实体。

目前的数字孪生基本都采用五维模型的概念。五维模型分为五个层次：物理实体层、虚拟模型层、数据层、连接层、功能服务层。各层的具体含义如下：

1）物理实体是现实世界中客观存在的实体，是数字孪生系统的构成基础。按照物理实体的复杂程度不同，物理实体在构成上可以向下细分为多级子系统。例如：对于机器人系统，低一级为组成机器人的各个部件（如电动机、减速器、连杆机构等），这些部件组合在一起构成了高一级的机器人。在构建数字孪生系统时，需要根据需求及管理粒度来划分物理实体。

2）虚拟模型是针对物理实体所建立的数字模型，数字模型需要真实反映物理实体状态，将物理实体的几何外形、物理特性、行为特征及规则特征等真实呈现。几何外形的体现依赖于对物理实体的三维建模，一般在三维建模软件中实现，建模时需要将物理实体的特征一致地体现出来，如外形尺寸、颜色等。物理特性是指物理实体的受力、材质、约束、结构等信息。行为特征是指物理实体在实际运转过程中，由外部环境和内部因素等综合作用下表现出来的行为，如正常运转、性能退化、故障等。规则特征是指物理实体遵循的客观规律，这些规律可以来源于经验，可以来源于领域标准规范甚至来源于自我学习。

3）数据是系统中传输的数据。数据不仅来源于物理实体上的各传感器，还可能来自系统服务功能对原始数据进行加工、融合之后输出的数据。数据是数字孪生系统的支撑，也是数字孪生架构的核心。

4）连接是各个层次之间的连接，主要是数据的流通。系统中各个层次都需要获取数据，数据的通信需要依赖通信协议和传输规范，以满足系统对数据实时性及可靠性的要求。

5）功能服务是系统所带来的各种功能，按照服务范围可以划分为对内服务和对外服务两方面。对内服务是指系统内自用的，如各层级之间连接的接口、数据传输与存储服务等。对外服务是系统使用者能够使用的功能，如虚实随动、健康状态评估、数据可视化呈现、虚拟员工培训、远程指导维修并进行虚拟现实等沉浸式交互服务等。

从最新的数字孪生研究成果来看，学者们围绕服务模块提出了很多创新的数字孪生应用，并针对不同的场景采用不同的算法，以实现不同的服务。对于其他四个层次，它们的基本过程和原理都非常接近，区别在于物理实体的区别、建模方法的区别、实现连接的方式不同以及数据的传输、存储方式的选择。而对于功能服务层，需要针对不同情景或不同条件来设计不同的服务架构和算法。数字孪生五维模型架构如图 6-1 所示。

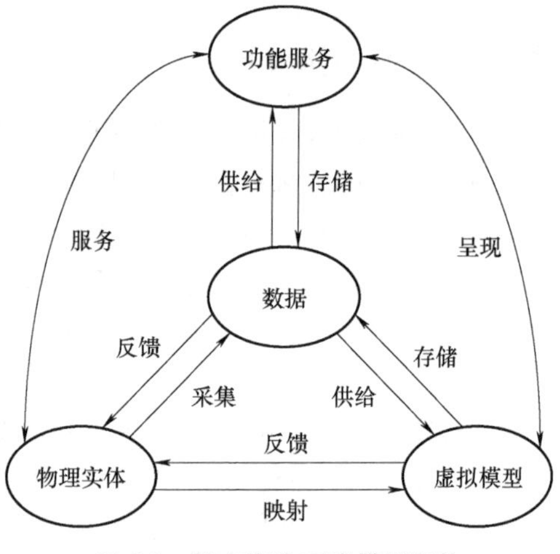

图 6-1 数字孪生五维模型架构

6.1.2 数字孪生技术体系

实体数字孪生和场景数字孪生是数字孪生的两个主要类别。

对于实体数字孪生，它的功能是将不同的信息集成在一起，如监视信息、感测信息、服务信息以及有关其他物理行为的信息。物理实体将具有与其对应的虚拟双胞胎，二者状态、运行轨迹和行为特征等完全相同。对于数字孪生场景，在虚拟空间中用静态和动态信息表示物理场景。静态信息包括空间布局、设备和地理位置，动态信息涉及环境、能耗、设备运行、动态过程等。数字孪生可以模拟物理场景中的各种活动。

在数字孪生的实际应用中，存在多个需要注意的要点：

1）数字孪生的核心部分在于高保真的虚拟模型。建模是一个复杂且反复的过程。一个好的虚拟模型应具备高度标准化、模块化、轻量级和鲁棒性的特点。

2）模型和服务的操作全部由数据驱动。数据需要经过一系列步骤，根据数字孪生的特征进行重组，才能完成从原始数据到知识的转化。数字孪生的一大特征就是它不仅可以处理物理世界的数据，还能融合虚拟模型生成的数据，使得到的结果更加可靠。

3）数字孪生的最终目标是为用户提供增值服务，如监视、仿真、验证、虚拟实验、优化等。

数字孪生的各个关键部分并不是孤立的，其中包含着一系列技术，是对各类技术的综合应用，因而各个部分是有着内在联系的，其技术体系如图 6-2 所示。

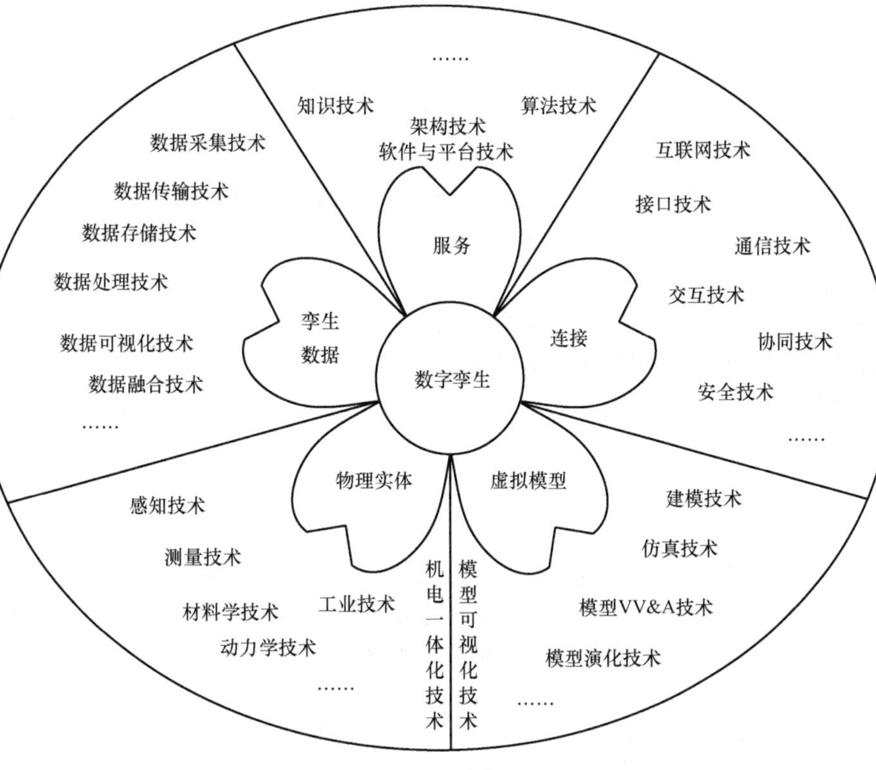

图 6-2　技术体系

对于物理实体而言，能对物理世界做到充分了解是实现数字孪生的前提，它涉及多门学科知识，具体包括动力学、结构力学、声学、热学、电磁学、材料学、控制理论等。结合各种知识、传感和测量技术，将物理实体和过程映射到虚拟空间，使模型更精确和更贴近实际。

对于虚拟模型，其准确性直接影响数字孪生的有效性。因此，各种建模技术至关重要，需通过校验、验证和确认技术对模型进行验证，并使用优化算法对其进行优化。此外，仿真和追溯技术可以实现质量缺陷的快速诊断和可行性验证。模型演化技术可以驱动模型更新，以应对虚拟模型与物理世界中的变化和发展。

在数字孪生操作期间，会产生大量数据。为了从原始数据中提取有用的信息，需要先进的高级数据建模、分析和融合技术。该过程涉及对数据的各种操作，如数据收集、传输、存储、处理、融合和可视化等。与数字孪生相关的服务包括应用程序服务、资源服务、知识服务和平台服务等。为了提供这些服务，需要应用软件与平台架构技术、面向服务的架构技术和知识技术等。

最后，需将数字孪生的物理实体、虚拟模型、数据和服务进行连接，以实现各部分之间的交互，具体涉及互联网技术、交互技术、网络安全技术、接口技术、通信协议等。

6.1.3 实例

以六轴协作机器人为操作对象，根据数字孪生五维模型及系统设计目标搭建数字孪生系统，以实现对协作机器人的实时状态监测。

在系统架构方面存在两种主流架构。一种是浏览器到服务器的架构，称为 B/S 架构。它是通过浏览器网页借助 WebGL 等技术进行 3D 呈现，优点在于环境配置简单方便，不需要额外安装软件，仅借助浏览器即可，缺点是个性化能力弱，响应速度较慢，受浏览器性能影响较大。另一种是客户端到服务器的架构，称为 C/S 架构。它通过安装专业软件进行系统的开发和呈现。相较于 B/S 架构，C/S 架构具有响应速度快、安全性强、个性化能力强等特点，借助于客户端强大的扩展能力，可实现更可靠、更丰富的功能。为了满足实时状态监测功能的要求，实时呈现实体机器人的运动状态，并能进行虚拟现实场景的高效制作与开发，本实例采用 C/S 架构，客户端利用 Unity 3D 软件进行制作，服务器端使用 Java 和 Python 语言进行搭建。

根据数字孪生五维模型建立数字孪生系统，以协作机器人为操作对象，不仅涉及机器人连杆机构数据映射和运动映射以保持运动虚实一致，还需要对机器人关键部件（如关节驱动电动机、控制系统等）的运行参数进行映射，整体系统比较复杂，因此，需要对系统总体框架进行设计。

1. 设计目标

建立面向状态监测的协作机器人数字孪生系统，为实现其状态监测的核心功能并兼具数据存储、数据分析、数据可视化及沉浸式交互功能，主要设计目标包括：

1）实现多源数据的采集与融合。数字孪生系统为了能反映物理实体的真实运行情况需要多维数据同时作用，涉及多源数据融合问题，系统应具备多源数据的采集与融合能力，保证满足系统服务功能的需要。

2）保证数据的高可用性。随着系统的运行，系统处理和储存的数据会越来越多，这些数据应带有时间戳，以方便在需要时按时间点或时间段进行读取。

3）实现功能服务的多样性及准确性。数字孪生的目标是建立一个虚拟空间中“真实的”物理实体，以帮助使用者更方便快捷地了解物理实体的各状态，更多样及准确的功能服务是数字孪生系统有效性的体现。

4）保证功能服务的可扩展性。每一个功能服务的实现代码之间需要高度解耦，要遵循开闭原则和面向对象的原则，保证代码的可重用性以减少重复代码的反复编写。

5）具有健壮性。系统运行受主机状态及网络波动等因素的影响，一旦网络故障，会丢失部分数据，为提高系统的健壮性，需完成数据采集后在本地建立数据缓存，待网络恢复后，可从缓存中将数据同步至数据库，保障数据安全。

2. 设计原则

数字孪生系统设计需要遵循软件设计原则，并在实际开发过程中尽量贴近该原则，具体包括：

1）架构层面应满足可靠性、安全性、可扩展性和可维护性等要求。软件架构的设计关系到软件未来的发展空间，随着使用时长的增加与数据的增多，系统模块和功能也会增加，软件架构应能够支持这样的变化，以满足长时间可靠使用的要求。

2）功能层面应满足功能代码高内聚及低耦合特点，满足功能模块内部功能集中而模块之间独立程度较高的要求。

3. 系统架构设计

协作机器人数字孪生系统架构设计的主要内容包括：

1）针对数据层，基于机器人控制系统主机和传感器搭建实时数据处理系统，包括数据采集、处理、传输、存储等。

2）针对虚拟模型层，基于机器人物理实体建立机器人的数字孪生模型，并利用边折叠算法简化模型，在保证物理实体特征的前提下对模型进行轻量化处理。

3）针对连接层，除去各层之间固有的数据通信，还要通过数据与模型的融合实时可视化呈现出实体机器人的运行状态数据。

4）针对功能服务层，实现机器人的状态监测功能，结合历史数据和当前数据，引入基于多级模糊综合评价的协作机器人健康度评估方法。

机器人数字孪生系统架构如图 6-3 所示。

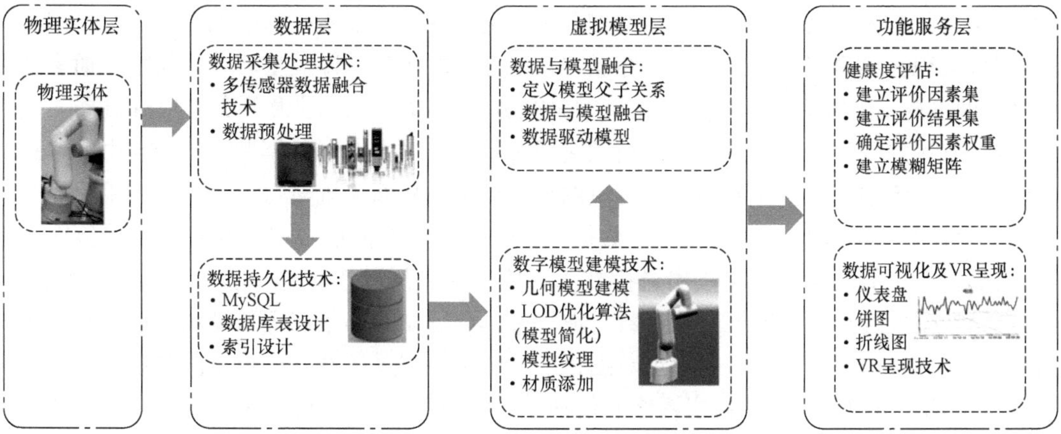

图 6-3　机器人数字孪生系统架构

该系统的软件架构采用 C/S 三层架构划分法，共分为呈现系统交互界面的表示层、提供系统功能实现的业务层和提供系统数据存储的持久层，每层功能互相独立又互相联系。表示层是系统功能的展示层，是用户与系统的接口，用户通过表示层的交互界面与系统进行交互从而使用系统功能。为表示层提供数据的是业务层。业务层是系统的功能提供者，实现系统功能的逻辑代码都是在业务层中完成的。持久层则是系统数据的存储层，系统数据最终都要通过持久化进入持久层的数据库中。在使用系统时，用户请求首先通过表示层到达业务层，业务层得到表示层的请求后，首先调用系统功能代码分析请求的数据类型，然后去持久层请求用户所需要的数据，持久层返回数据后，数据在业务层再经过一次处理，最后将处理结果返回给表示层，用户即可得到想要的结果。

4. 关键技术

数字孪生关键技术囊括了数据处理、模型制作及状态监测等一系列技术。

1）数据层：主要包括数据采集和数据存储技术。数据采集方面，对机器人转角、转速、驱动电流、振动等数据的采集主要依赖机器人的内置或外置传感器。由于协作机器人通常不安装力矩传感器，因而可通过仿真手段（如多体动力学仿真软件 ADAMS）对机器人各关节的受力情况进行获取，以完善数据源。数据存储方面，由于数据的多源特性，可采用面向对象的思想，按照机器人实体各部件进行数据存储，例如：电动机类包含电动机电流、电压、温度、转速等数据，将这些数据按照电动机类统一存储至 MySQL 数据库中。MySQL 数据库在数据库表的设计原则中遵循了面向对象的原则，适用于数字孪生系统的数据存储。另外，MySQL 数据库技术发展至今，提供了标准的数据库操作语言 SQL 语句，利用 SQL 语句可方便地操作数据库，且 MySQL 数据库提供了容灾机制、事务机制、索引机制等，在最大程度上保证了系统数据的安全与快速访问。

2）虚拟模型层：主要包括三维建模、模型轻量化技术、数据与模型融合技术。在三维建模方面，虚拟模型应以物理实体为基础进行建立，需要对物理实体各部分特征都加以呈现。在构建数字孪生系统时，首先需要建立三维虚拟模型，建模过程中不仅要考虑虚实之间外形尺寸的一致性，还要对模型添加材质和纹理，从而保证虚实之间的高度一致性。在模型轻量化方面，考虑到动画依靠一定的帧率来实现，模型太大会导致计算机系统资源消耗过多，从而影响数据的传输速度和动画的实时性，故数字孪生系统在保持虚拟动作一致性时，应对模型进行轻量化处理。在满足模型细节不失真和使用功能不受影响的条件下，采用模型简化手段实现三维模型在几何特征和存储容量等方面的精简，即模型轻量化技术，通常达到 30 帧/s 即可满足人眼要求。在数据与模型融合方面，为了使三维模型实时呈现机器人实体的位姿，按照物理实体各自由度定义模型父子关系，按自由度划分模型，每个自由度单独编写脚本，通过脚本接收机器人各关节变量的输入数据，从而实现对每一个自由度单独控制。

3）连接层：涉及数据通信技术。数据通信依赖于数据传输协议，高效的数据传输是系统低延迟、高性能的保障。在数据通信技术方面，主要用到串口通信技术和 TCP/IP 通信。串口通信按位发送和接收数据，通过特定波特率、数据位和停止位等传输和获取数据，串口通信是一种异步通信方式，可以保证数据传输的快速性和灵活性，还可以简单地实现较长距离的数据传输。TCP/IP 是计算机网络通信的一种协议簇，实现或者满足该协议簇的计算机之间可以互相连接和通信，在通信时，需要在报文首部中添加源主机地址和目标主机地址，然后发送给通信线路，待双方成功连接后即可进行数据通信。

4）功能服务层：主要包括数据可视化技术、健康状态评估技术、虚拟模型的运动跟随和虚拟现实技术。在数据可视化方面，可利用饼图、折线图、仪表盘等图表对实时数据进行呈现，用户通过图表可以直观看到数据历史和走向，从而更快地分析数据。在健康状态评估技术方面，由于机器人状态受多个参数综合影响，涉及多维度数据，可利用多级模糊综合评价法对协作机器人状态进行评估。在虚拟模型的运动跟随方面，通过把数据和虚拟模型进行融合按照机器人运动学的方式驱动虚拟模型运动，从而实现虚拟模型跟随物理实体实时运动。在虚拟现实技术方面，为了给系统使用者提供更真实、更全面及更方便的交互体验，采用虚拟现实技术制作虚拟现实场景，提供身临其境的观感交互体验。

6.2　数字孪生引擎

数字孪生引擎主要分为两方面。一方面是实现物理系统和虚拟系统实时连接同步驱动的引擎；另一方面是数字孪生系统中智能算法和智能计算的核心引擎。在功能上，数字孪生引擎主要包括交互驱动和智能计算部分。数字孪生引擎用于连接物理实体和虚拟模型，是实现数字孪生系统的核心模块之一，虚拟模型+数字孪生引擎=数字孪生体。

6.2.1　一般引擎系统

数字孪生引擎的基本组成框图如图 6-4 所示，共包括五个单元：连接交互单元、数据操作单元、模型管理单元、模型/数据融合单元及计算分析单元。

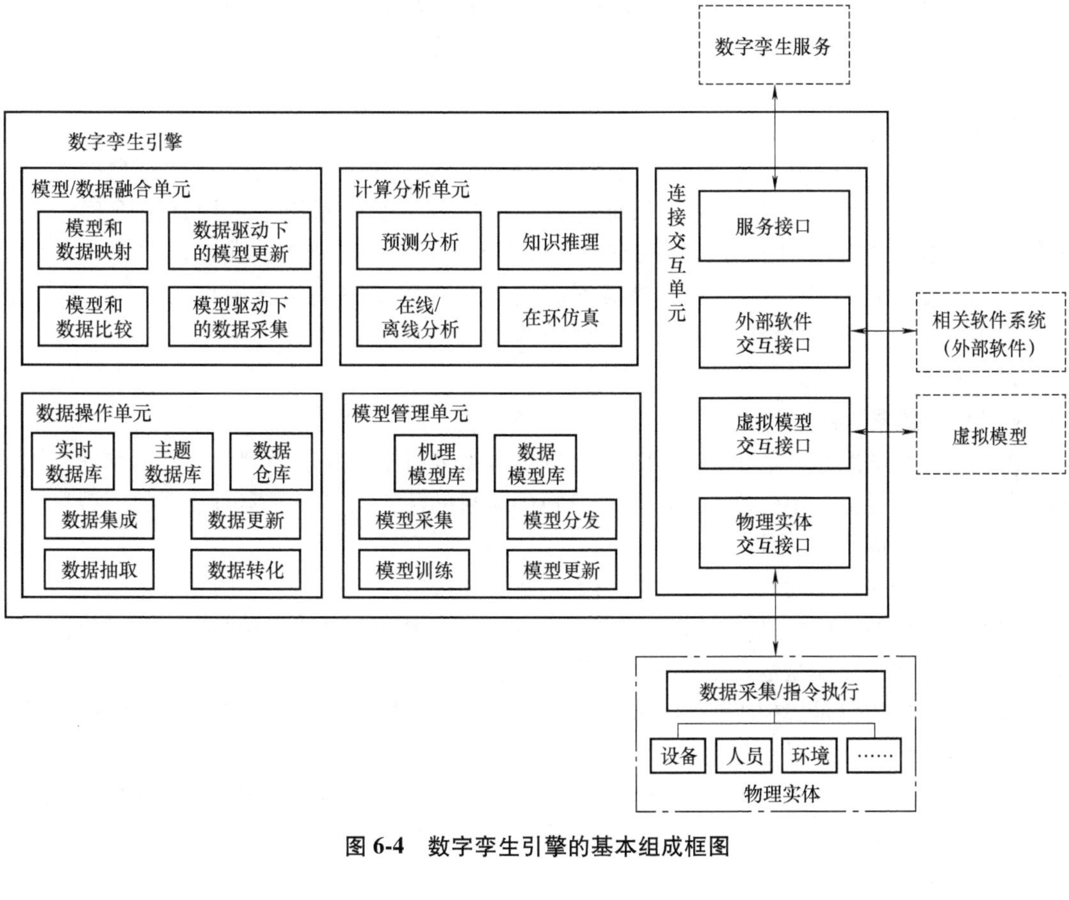

图 6-4　数字孪生引擎的基本组成框图

1. 连接交互单元

连接交互单元是数字孪生引擎用来连接各个相关系统核心的模块，包括物理实体交互接口、虚拟模型交互接口、外部软件交互接口和服务接口。

物理实体交互接口是从物理实体采集实时数据以及传送给物理实体的指令执行接口。传统的信息系统应用中也包括了对物理实体的数据采集和指令下达部分，但由于数字孪生系统模型和数据融合的需求，需要更多的数据及更精准的指令，因此需要提供额外的接口，实现数字孪生的增强功能。

虚拟模型交互接口是数字孪生系统的一个主要接口。模型、数据及其他的计算结果均通过该接口进入引擎。

外部软件交互接口是指除去物理实体和数字孪生体本身的一些软件，为数字孪生提供软件环境。外部软件可以为数字孪生系统提供运行的参考信息及功能支撑。例如：对于一个数字孪生车间，它主要的软件系统是制造执行系统（MES），则企业资源规划（ERP）及生命周期管理（PLM）等软件系统都可以看作这个数字孪生车间系统的外部软件。

服务接口是数字孪生引擎为数字孪生服务模块提供各类模型和数据访问的接口，大多根据实际系统的需求进行定义。

2. 数据操作单元

对数据的操作是数字孪生引擎运行的重要支撑，包括存储和管理两大基本操作。数字孪生的数据操作包括针对虚拟模型信息及孪生引擎数据的存储和管理两大部分。虚拟模型的信息系统虽包括了物理实体运行的相关数据，但这些数据并不能完全满足数字孪生系统运行的全部数据需求，因此在已有信息之外，数字孪生系统还需要定义独有的数据存储和管理等操作内容。

3. 模型管理单元

模型管理的对象主要包括机理模型和数据模型。在虚拟模型中已经包含的模型无须在引擎中重建，但是需要进行跟踪，保证这些模型在数字孪生系统中可用且可管理。模型采集是指根据数字孪生计算分析和模型/数据融合的需要，选择相关虚拟模型导入到数字孪生引擎模型库的过程。模型训练是根据应用需要从数据中训练新模型的过程。模型更新是对模型进行完善和更新的过程。模型分发是根据服务需求，对相关模型分发过程进行管理的模块。

4. 模型/数据融合单元

模型与数据的融合是数字孪生的基本特征。数据分析不能脱离模型，要依据物理实体的基本逻辑和应用场景，不然就会导致数据分析的无目的性；而离开了实时数据的模型只能作为静态应用，不能指导实际运行。

模型和数据映射是使相关模型和实时数据建立相关关系。例如：利用三维几何模型，可以构建实时数据的空间关系，支持数据在三维空间中的展示；对仿真模型引入实时数据，可以完善仿真参数，让模型运行更加贴合实际过程。

模型和数据比较是虚拟模型运行结果和系统实际运行结果的比较，据此能对管控方案进行评估，也能评估参数设定是否合理。

数据驱动下的模型更新是对传统建模过程中参数不确定的补充手段。在物理实体运行前，很多仿真参数都是假设的，或者是理论模型，不能和实际运行状况吻合。通过数据分析的结果来完善模型参数，让模型更拟实，是数字孪生的一个基本功能。

模型驱动下的数据采集是利用机理模型来指导数据分析的基础。传统大数据的一个特点就是价值密度低，其含义就是有价值的信息占比很小。而在工业领域，由于传感器的部署都是需要成本的，采集超大量的数据往往不切实际。利用机理模型分析需求来指导数据采集过程，有限成本下部署更有效的数据获取点，是孪生应用顺利开展的一个基础。

数据和模型是数字孪生系统的两个基本面。数据代表了物理实体，是从物理实体运行过程采集而来，代表实际；模型代表虚拟，是从数字模型分析仿真而来。模型和数据的融合就是虚实融合。

5. 计算分析单元

计算分析单元是数字孪生引擎的“马达”，通过该单元实现服务所需的各类功能。

预测分析是在现有历史数据的基础上，按照一定方法或规律对物理实体的运行过程进行预测。它可以是一个运行规律的计算，也可以是对几种方案的仿真评估。总体来看，预测分析能给出虚拟模型运行趋势的推断，为未来物理模型的运行提供建议和指导。

知识推理是在已有的知识模型基础上推断出未知结果的过程。从已知的一些事实出发，得到新的事实。它一般用于规律已知情况下的判断和决策。

在线/离线分析是利用已有的计算模型进行在线或离线分析，根据需要可选择在线或离线模式。大量的非实时性计算可采用离线模式，实时明确的判断可使用在线模式。

在环仿真是指硬件或软件的在环仿真。对于一个物理实体，其规划设计和安装调试过程通常是十分复杂的。利用硬件在环仿真，可以对控制器软件设计进行测试，而软件在环仿真可以对所控制硬件的安装进行评估和验证。

6.2.2　实例

本节以协作机器人作为实例，讲解数字孪生系统中数字孪生引擎的设计问题，主要包括交互驱动和智能计算部分。数据层包括数据采集、传输和存储，具体包括需要采集哪些数据、如何采集这些数据、这些数据如何传输和这些数据如何存储四个问题；虚拟模型层包括数字模型的建立和模型轻量化两个问题。

1. 数据层设计

协作机器人的数据大致可分为两种。一种是非时变的，如协作机器人的自由度、精度、负载等，对于非时变数据不需要实时获取，为了减轻数据传输压力，加快数据读取，可以预先由数据库加载至数字孪生系统中；另一种是随机器人运动而不断变化的，称为时变数据，如各关节转角、转速等，时变数据需要通过实时采集来获取。

非时变数据主要包括设备类型、设备编号、精度、负载等。非时变数据见表 6-1。这一类数据是机器人的静态参数数据，预先存放至 MySQL 数据库中，不需要通过数据传输流程进行传输，可加快该类数据的获取速度，减轻数据传输压力。

表 6-1　非时变数据

数据名称	数据值	数据类型
设备类型	MyCobot 协作机器人	String
设备编号	MyCobot-Pi	String
自由度	6	Integer
有效工作半径/mm	280	Integer
负载/kg	0.25	Float
重复定位精度/(°)	±0.5	Float
自重/kg	850	Integer
工作环境温度/℃	−5~45	String

时变数据主要包括协作机器人控制系统主机、协作机器人驱动电动机两大部分的数据，在对机器人数据进行采集时，主要涉及机器人驱动电动机的转角、电压、电流、温度、振动

数据，以及机器人控制系统主机的 CPU 使用率、内存使用率、磁盘使用率、SWAP 使用率、网卡流量等数据的采集。时变数据见表 6-2。

表 6-2 时变数据

数据来源	数据名称	数据类型
机器人控制系统主机	CPU 使用率	Float
	内存使用率	Float
	磁盘使用率	Float
	SWAP 使用率	Float
	网卡流量	Float
机器人驱动电机	转角	Float
	电压	Float
	电流	Float
	温度	Float
	振动	Float

设计一套针对物理实体数据的采集、处理、存储及传输系统是数字孪生数据层的要求，也是实现数字孪生系统功能的关键所在。数据采集依赖于传感器和上位机软件，根据数据类型和系统功能决定数据处理、存储和传输手段。数据采集平台整体架构如图 6-5 所示。

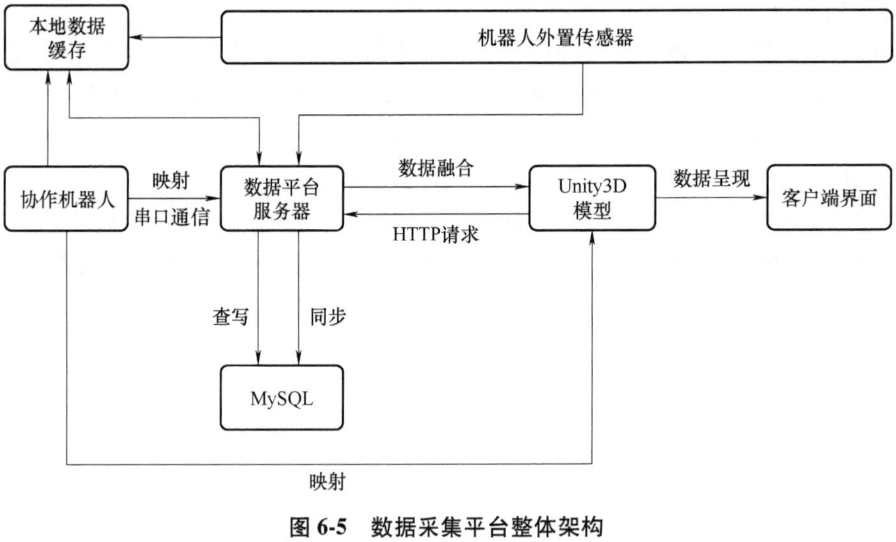

图 6-5 数据采集平台整体架构

2. 数据采集

数据是整个数字孪生系统最关键的部分。对于数据的采集要实时、全面及精准，多一维数据就可能更充分地分析物理实体状态。传统专家系统采用的数据一般不是设备的最新数据，这会导致分析或反映出的物理实体状态滞后。数字孪生系统需要采集的数据主要分为两大类。一类是机器人驱动电动机的数据，主要包括电动机转角、电压、电流、温度、振动等，其中，电动机转角数据通过电动机磁编码器获取，电压、电流及温度数据通过机器人的内置传感器获取，电动机转轴的径向振动和机器人转角偏差由 IMU 测控单元获取；另一类是机器人控制系统的主机数据，主要包括 CPU 使用率、内存使用率、磁盘使用率 SWAP 使用率和网卡流量等，这类数据通过操作系统命令即可实时获取。数据采集手段如图 6-6 所示。

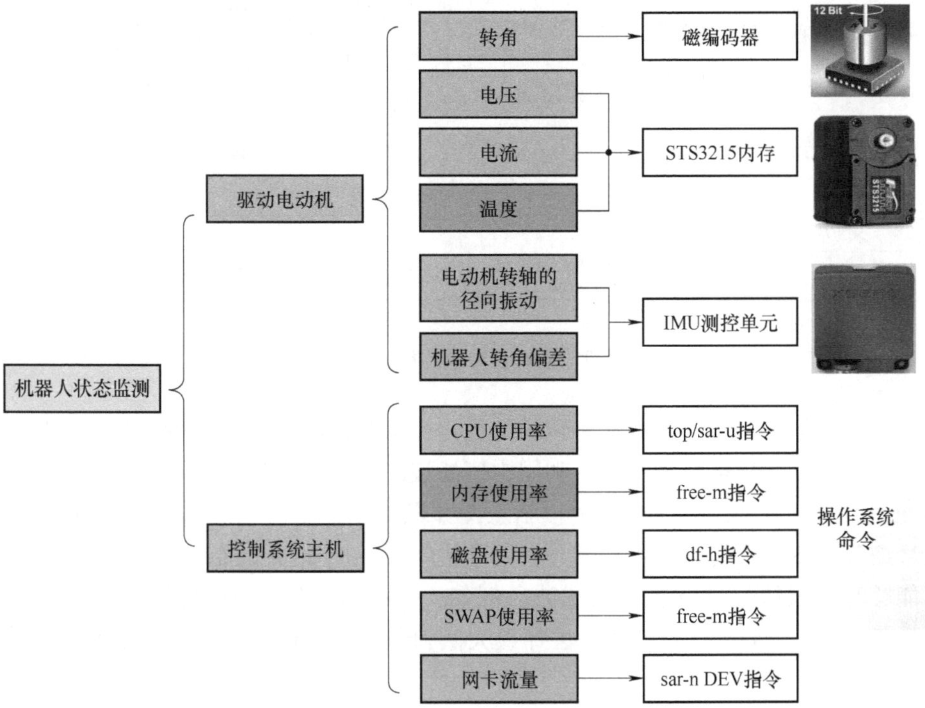

图 6-6　数据采集手段

需要采集的控制系统主机数据通过 TCP/IP 获取，驱动电动机数据通过与 ESP32 开发板串口通信获取。串口通信数据包如图 6-7 所示，主机数据获取如图 6-8 所示，电动机转轴的径向振动数据如图 6-9 所示。

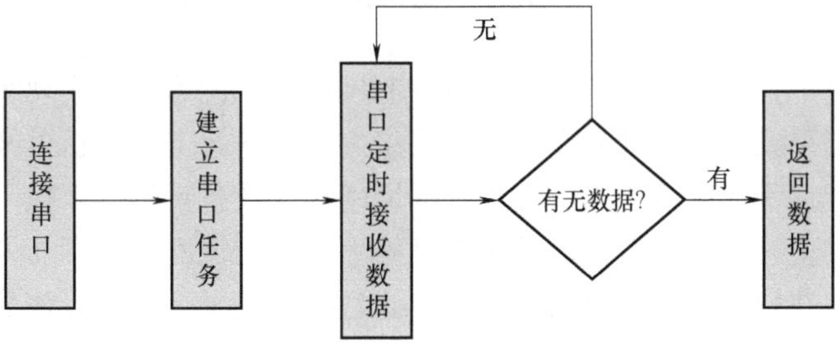

图 6-7　串口通信数据包

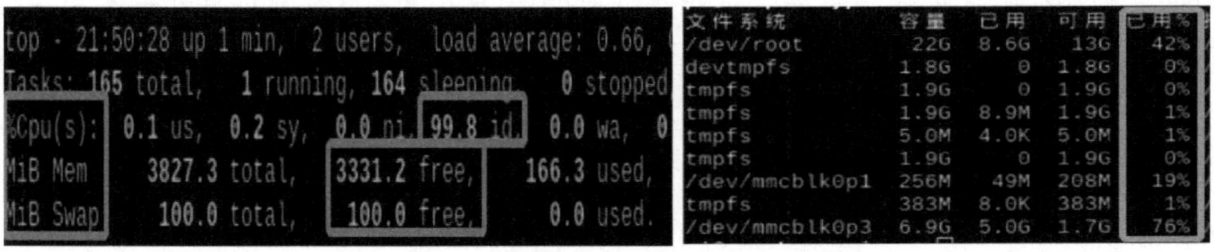

图 6-8　主机数据获取（框中为具体数据值）

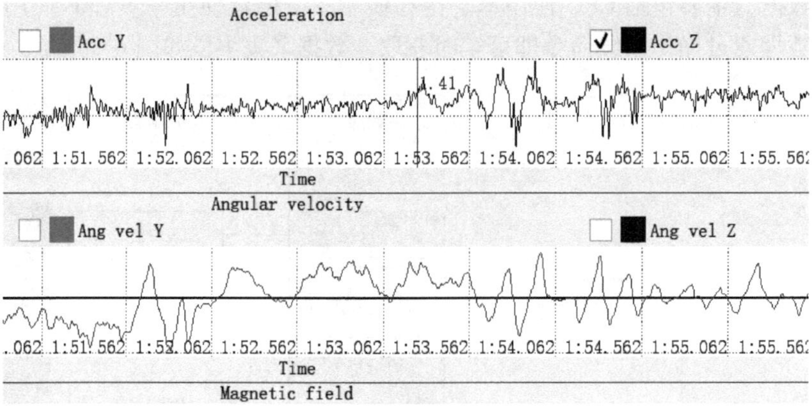

图 6-9　电动机转轴的径向振动数据

在外部传感器采集机器人电动机转轴的径向振动数据时，为了减少数据采集过程中外界等因素的干扰，保证数据准确性，可利用中值滤波结合算术平均滤波手段对采集到的数据进行滤波处理。外部传感器数据滤波过程示意图如图 6-10 所示。中值滤波可消除椒盐噪声并保留信号细节，算术平均滤波可对信号中的随机干扰和周期性干扰进行过滤，结合两种滤波方式，能够对数据信号进行有效的滤波。例如：数据采集频率为 100Hz，采集窗口的大小 $L=5$，对窗口中 5 个数据进行处理，去掉最大值和最小值，再对剩余的数据取平均值，得到的结果即为最终输出。

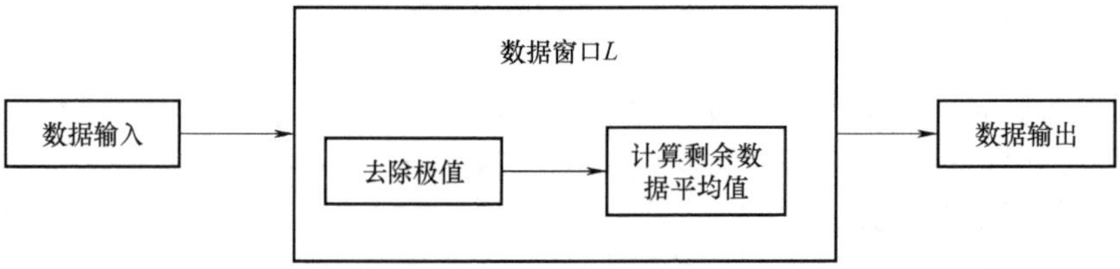

图 6-10　外部传感器数据滤波过程示意图

在实际生产环境中，厂房都具有一个工业控制网络，该网络用来实现现场设备之间的通信和数据传输，数据采集服务端即处在该工控网络之下。通过上文分析可知，数字孪生客户端是供设备管理者或远程专家使用的，使用者的网络并非设备现场的工控网络，而为了保证现场设备数据信息安全，现场设备使用的工控网络大多为局域网，并不与外界网络相连。为保证远程客户端能够获取现场设备数据，需要建立数据采集平台，并以该数据采集平台作为数据中心，为设备数据输出提供唯一出口，以实现安全的数据访问功能。数据采集平台为数字孪生系统提供安全可靠的数据读写服务，网络数据流向如图 6-11 所示。

数据平台在接收数据的同时需要对外提供数据访问功能，不仅要具有处理多源数据的能力，还应为满足客户端的需求提供对应的访问接口，供客户端调用从而获取数据。此外，为了保证数据安全和容灾，还应对数据进行本地缓存，在网络抖动或其他意外情况发生时可保障数据不丢失，待网络恢复后，可以从本地缓存同步数据至数据库，提高数据平台的可靠性和健壮性。数据平台的功能包括三方面：接收数据对数据的处理、提供对外访问接口、利用数据缓存技术保障数据安全。

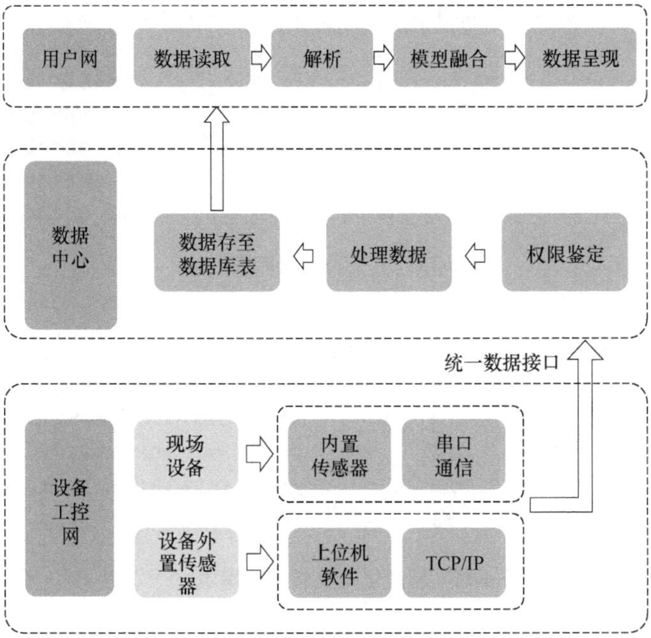

图 6-11　网络数据流向

3. 数据存储

不同类型的数据需要与 MySQL 数据库中不同的表完全对应，才能实现有效存储和随时读取。机器人运行过程中，数据采集程序通过各数据通信协议与 MySQL 数据库服务器进行通信，将数据写入数据库表，如图 6-12 所示。该数据库表的设计遵循面向对象的原则，大致分为两类：一类是控制系统主机表，对应主机状态各参数，主要包括 CPU 使用率、内存使用率、磁盘使用率、SWAP 使用率、网卡流量等字段；另一类是电动机类，分为六个子类，分别对应六个自由度的驱动电动机，每个子类包含转角、电压、电流、温度、转速等字段。在获取连接时，通过数据库用户名和密码、数据库服务器 IP、端口号、数据库名，找到对应数据库表中的对应字段，即可成功连接。

表名	字段名	数据类型	单位	备注
host	id	int	无	自增id
	cpuUse	float	%	CPU使用率
	memoryUse	float	%	内存使用率
	diskUse	float	%	磁盘使用率
	swapUse	float	%	SWAP使用率
	networkFlow	float	kb	网卡流量
	time	date	无	时间

表名	字段名	数据类型	单位	备注
motor1	id	int	无	自增id
	ang	float	度	转角
	v	float	V	电压
	i	float	mA	电流
	tem	float	℃	温度
	speed	float	度/秒	转速

图 6-12　数据库表设计

图 6-12 中，表名代表实际数据库表名，字段名代表数据库中的列名，数据类型代表数据以何种类型存至数据库表中，单位代表实际数据的物理单位，备注代表各字段所代表的实际数据名。根据上述数据库表的设计思路，主机类和驱动电动机类数据库表分别如图 6-13 和图 6-14 所示。

id	cpuUse	memoryUse	diskUse	swapUse	networkFlow	time
1	0.2	4.3	42	0	100	2021-10-25 22:59:00
2	0.3	4.7	42	0	105	2021-10-25 23:00:29
3	0.2	5.1	42	0	110	2021-10-25 23:00:31
4	0.4	4.7	42	0	120	2021-10-25 23:00:34
5	0.2	4.4	42	0	100	2021-10-25 23:00:37
6	0.3	4.3	42	0	105	2021-10-25 23:00:40

图 6-13　主机类数据库表

id	ang	v	i	tem	dev	time
1	12.31	7.2	6.5	24	12.19	2021-10-25 23:1
2	25.36	7.3	6.5	24	25.51	2021-10-25 23:1
3	39.08	7.4	13	24	39.21	2021-10-25 23:1
4	55.03	7.4	13	24	54.95	2021-10-25 23:1
5	27.65	7.4	6.5	25	27.74	2021-10-25 23:1

图 6-14　驱动电动机类数据库表

考虑系统长时间运行后数据库中数据量会持续增加，而在读取数据时需要对全表进行扫描，故数据量越大扫描耗时也就越长，这会导致数据读写效率降低，因此，需要为数据库添加索引。数据库索引是按照特殊的数据结构进行存储的，其目的是加快数据的读取速度。针对 300 万条数据的实测结果表明：无索引查询需要 21.3s，有索引查询仅需要 1.1s，且数据量越大，速度提升越明显。数据库索引的缺点在于索引也是实际存在的，也需要进行存储、更新及占用额外的磁盘空间，但在磁盘空间充足的情况下，该缺点可忽略不计。驱动电动机和主机数据库表的索引分别如图 6-15 和图 6-16 所示。

Table	Non_unique	Key_name	Seq_in_index	Column_name
motor1	0	PRIMARY	1	id
motor1	1	time_get	1	time
motor1	1	ang_get	1	ang
motor1	1	dev_get	1	dev

图 6-15　驱动电动机数据库表索引

Table	Non_unique	Key_name	Seq_in_index	Column_name
host	0	PRIMARY	1	id
host	1	cpuUse_get	1	cpuUse
host	1	time_get	1	time
host	1	memoryUse_ge	1	time

图 6-16　主机数据库表索引

4. 健康监测

对协作机器人进行健康状态评估，从使用者的角度看，有助于实时了解机器人状态，对可能发生的故障提前预警；从工厂的角度看，可以统筹规划全厂设备使用强度和使用计划，从而降低机器人故障发生概率，在故障发生时也可以第一时间组织维修，减小设备故障时间占比，降低工厂损失。随着机器人功能的不断增加，机器人的结构和系统也越来越复杂，很难通过一种检测指标对其进行健康状态评估，而模糊综合评价法就是一种可以融合多维数据信息的综合评价方法。该方法以多维数据输入作为评价因素，充分考虑各因素对评价结果的影响，最终通过模糊计算得出定量评价结果，对于机器人这种复杂的系统来说比较适用。以多级模糊综合评价法为基础，对评价过程中各影响因素的权重进行划分，并结合实时数据修正隶属度函数，由此对系统健康度做出评估。

协作机器人是一个由机械系统、主控系统、电气系统等构成的复杂设备，本案例中的协作机器人是主从控制架构，由主机上位机软件进行整体控制，而从机控制所有关节的输出转角、转速等上位机指令信息。整体机器人系统可分为控制系统和执行单元两部分。

对于机器人健康状态评估来说，主要考量控制系统和执行单元两部分。控制系统主要考虑上位机软件的运行环境即主机的运行状态因素，执行单元主要考虑各关节的驱动电动机状态因素，综合上述两方面因素可对机器人健康状态进行总体评估。在对具体评价因素的选取上，采用故障模式及危害性分析，选取最能表征机器人健康状态的参数。

（1）失效模式与影响分析

失效模式与影响分析（failure mode and effect analysis，FMEA）的目的是分析出机器人产生某种故障时，可能会导致的后果。根据分析结果可以找出影响系统的关键因素。硬件法和综合法是 FMEA 分析的两种基本方法。硬件法是从产品硬件的角度考虑系统各关键硬件的故障模式和故障影响；功能法是按照产品功能进行划分，将产品的各个功能一一列出，并对它们进行故障模式和故障影响分析。在分析复杂系统时，可将两种方式结合使用。首先，对机器人系统故障的严酷度等级进行划分，见表 6-3。

表 6-3　严酷度等级划分

严酷度类别	严酷度定义
Ⅰ类（灾难的）	危及人员安全
Ⅱ类（致命的）	损伤人员或机器人
Ⅲ类（临界的）	轻度影响机器人任务完成或轻度影响人员
Ⅳ类（轻度的）	无影响或影响很小

根据统计经验，设备各故障模式是有固定发生概率的，故障发生概率与多种因素有关，可根据概率的大小分为 A、B、C、D、E 五种，每个层级的故障发生概率等级划分见表 6-4。

表 6-4　故障发生概率等级划分

等级划分	故障模式概率
A（经常发生）	>20%
B（有时发生）	10%~20%
C（偶尔发生）	1%~10%
D（很少发生）	0.1%~1%
E（极少发生）	<0.1%

伺服电动机是机器人系统的核心部件，是各自由度运动的驱动装置。电动机长时间运转会导致机体温度过高，而机体温度升高容易导致电动机内的各部件机械应力增加，进而导致磨损加剧、定子绕组短路及转子偏心等问题，在机器人负载过大或长期运行过程中，机器人机械结构会发生相应问题，如应力变形、螺钉松动等。机器人机械结构及电动机故障模式见表 6-5。

表 6-5　机器人机械结构及电动机故障模式

元器件	故障模式	故障产生原因	故障后果	严酷度	故障概率
轴承	过度磨损、间隙	零部件磨损	剧烈振动、碎裂、变形	Ⅲ类	C 级
滚珠	过度磨损、脱落	零部件磨损	冲击、剧烈振动	Ⅲ类	B 级
螺钉	松动、断裂	冲击、振动	剧烈冲击、剧烈振动	Ⅲ类	B 级
定子	线圈损伤	绝缘劣化	短路	Ⅲ类	C 级
转子	转子偏心	负载过大	支承轴承劣化	Ⅱ类	D 级
磁体	磁体退化	高温、剧烈振动	磁体脱落、电动机故障	Ⅱ类	D 级

控制系统主机运行上位机软件，通过上位机软件编写操作指令控制机器人运行，主机还负责对操作指令代码进行编译并传输给从机进行解析，然后控制机器人运动。在程序编写有漏洞、网络故障或长时间运行的情况下，主机 CPU 可能超负荷甚至烧毁，而内存等存储部件有可能出现空间不足。主机是整个机器人系统的管理员，一旦出现故障，机器人在运行过程中可能会发生程序卡死、死机等问题。机器人控制系统主机故障模式见表 6-6。

表 6-6　机器人控制系统主机故障模式

元器件	故障模式	故障产生原因	故障后果	严酷度	故障概率
CPU	频率降低、烧毁	针脚接触不良、风扇故障	无法启动	Ⅰ类	D 级
磁盘	磁盘坏道、磁头故障	非法关机、剧烈冲击	文件丢失、无法读写数据	Ⅲ类	B 级
内存条	表面氧化、异常脱落	腐蚀性液体浸入、冲击	蓝屏死机、无法启动	Ⅰ类	C 级
网卡	网卡异常	信号衰耗、短路	无法接入因特网	Ⅱ类	B 级

当表 6-5 中故障模式发生时，可能导致电动机损坏、零部件变形、减速器失效等问题，造成电动机无动力输出或输出功率不足，进而引起机器人运动误差过大，因此，可对电动机电流、电压、温度、转角偏差、径向振动等参数进行监控，以获取电动机各元器件故障模式的发生状态。当表 6-6 中故障模式发生时，可能导致机器人无法控制、网络连接失败、程序运行失败甚至不能开机的状态出现。对主机 CPU 使用率、硬盘使用率、内存使用率，网卡流量等参数进行监控，可以有效获取主机状态，通过上述参数的监测，即可监测机器人状态。

（2）故障树分析

故障树分析（fault tree analysis，FTA）是在 FMEA 的基础上，对机器人各元器件的故障模式进行深入分析，通过定量与定性分析，求解出各基本事件的概率重要度和相对概率重要度，据此求得影响机器人系统的关键部件和关键因素。对机器人进行故障树分析后，即可找出最能反映机器人状态的参数指标。机器人运动误差过大的故障树如图 6-17 所示。

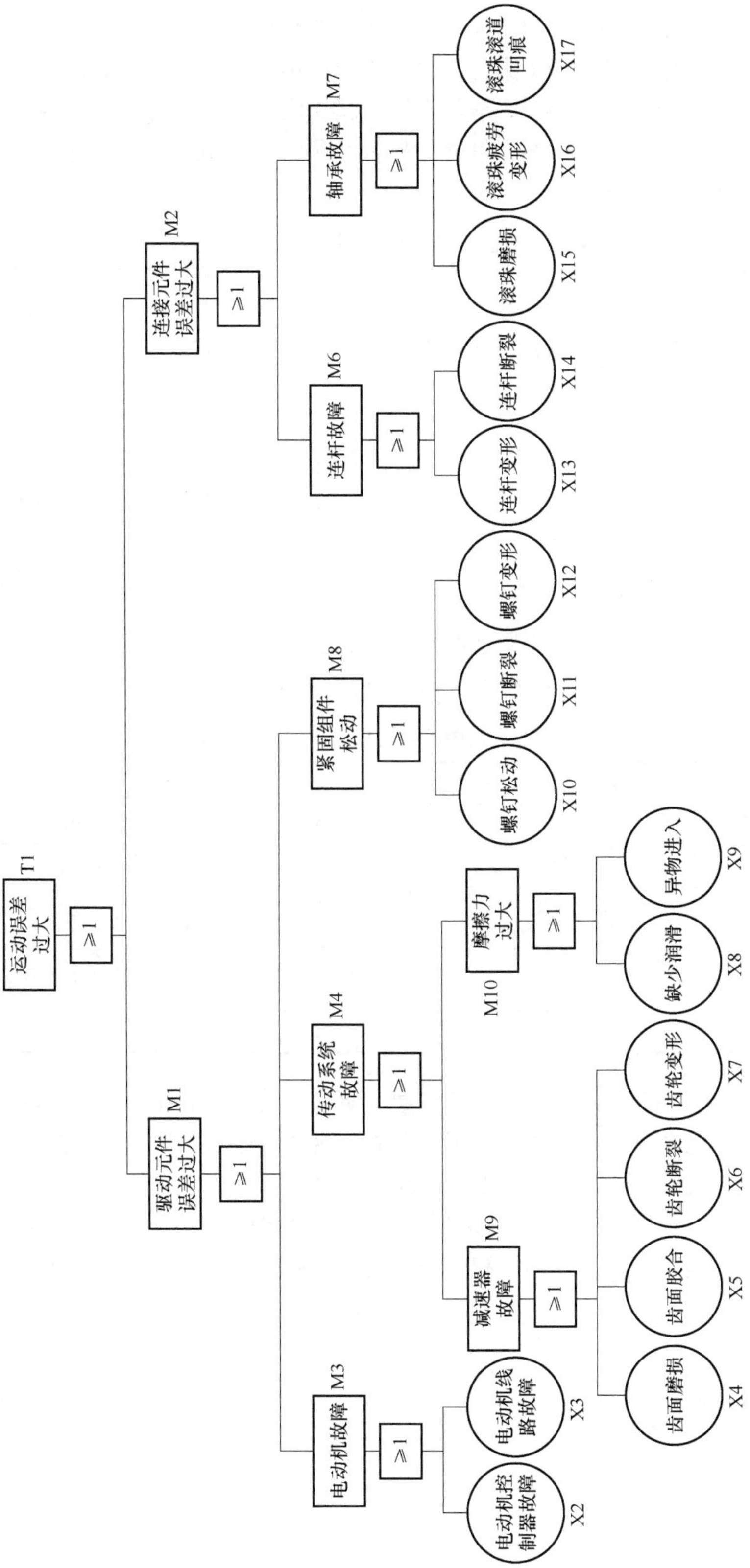

图 6-17　机器人运动误差过大的故障树

对故障树进行定性分析的目的是求解各顶事件的最小割集，从而对顶事件的故障类型进行分析和划分。对于一个故障树来说，如果树中底事件的某个集合中的事件都发生了，那么顶事件就肯定会发生，则可以称这个集合为故障树的割集。如果存在某割集，其中的事件必须要同时发生且满足集合中有任何一个事件不发生那么顶事件就不发生，则称它为故障树的最小割集，即最小可让顶事件发生的底事件的集合就称为最小割集。对顶事件 T1 机器人运动误差过大的最小割集见表 6-7。

表 6-7　机器人运动误差过大的最小割集

序号	最小割集	序号	最小割集
X2	电动机控制器故障	X10	螺钉松动
X3	电动机线路故障	X11	螺钉断裂
X4	齿面磨损	X12	螺钉变形
X5	齿面胶合	X13	连杆变形
X6	齿轮断裂	X14	连杆断裂
X7	齿轮变形	X15	滚珠磨损
X8	缺少润滑	X16	滚珠疲劳变形
X9	异物进入	X17	滚珠滚道凹痕

机器人控制系统主机宕机的故障树如图 6-18 所示。

故障树顶事件 T1 机器人控制系统主机宕机的最小割集见表 6-8。

表 6-8　机器人控制系统主机宕机的最小割集

序号	最小割集	序号	最小割集
X1	CPU 烧毁	X7	磁盘 IO 达到 100%
X2	磁盘故障	X8	软件数据文件误删
X3	内存条故障	X9	磁盘损坏
X4	多软件同时运行	X10	系统文件误删
X5	内存条损坏	X11	系统配置错误
X6	CPU 占用 100%		

综合 FMEA 和 FTA，选取控制系统主机参数、驱动电动机参数作为机器人健康状态评估的参数，具体包括：电动机转角偏差、电压、电流、温度、振动数据，以及控制系统主机的 CPU 使用率、SWAP 使用率、磁盘使用率、内存使用率、网卡流量参数。

根据机器人运动过程中实时采集的数据和机器人厂家提供的设备精度表，确定各项评价因素数据指标的数据范围，驱动电动机和控制系统主机数据范围分别见表 6-9 和表 6-10。

表 6-9　驱动电动机数据范围

评价因素	驱动电动机转角偏差/(°)	驱动电动机电压/V	驱动电动机电流/mA	驱动电动机温度/℃	驱动电动机振动/g
最小值	3.1	3.2	65	24	3.3
标准值	0	7.4	150	30	—
最大值	5.2	9.6	195	38	6.4

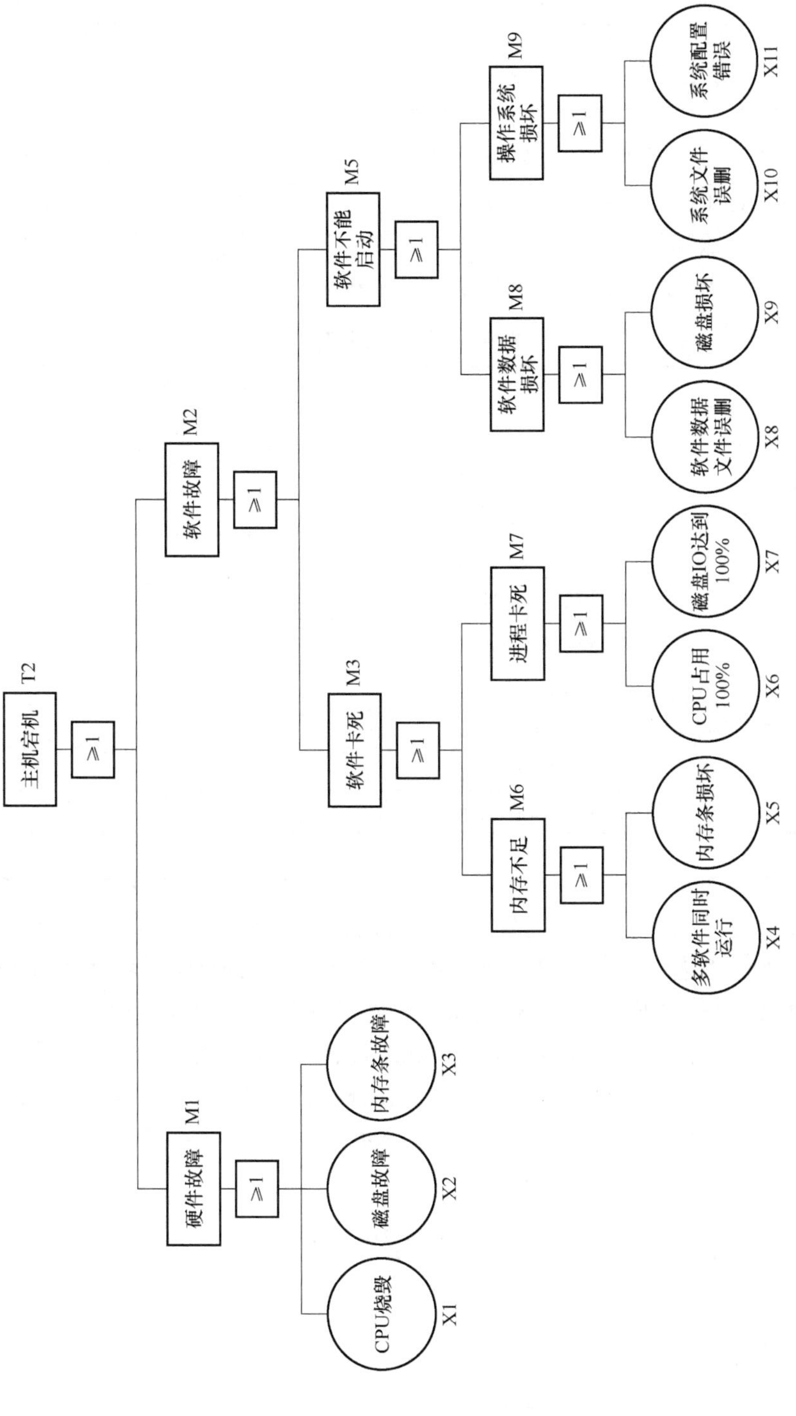

图 6-18 机器人控制系统主机宕机的故障树

表 6-10　控制系统主机数据范围

评价因素	主机 CPU 使用率	主机内存使用率	主机磁盘使用率	主机 SWAP 使用率	主机网卡流量/(KB/s)
最小值	0%	4.3%	42%	5.6%	0.1
标准值	—	—	—	—	—
最大值	90%	85.2%	76%	74.4%	686

根据上述分析结果，采用二级模糊综合评价，对机器人状态进行评估。评估指标根据分析结果选取：一级评价指标为控制系统主机状态、驱动电动机状态，二级评价指标为转角、电压、电流、温度、振动数据以及控制系统主机的 CPU 使用率、SWAP 使用率、磁盘使用率、内存使用率、网卡流量数据。评价因素集见表 6-11。

表 6-11　评价因素集

综合指标	评价指标
A 系统主机（0.5）	a1 主机 CPU 使用率
	a2 主机内存使用率
	a3 主机磁盘使用率
	a4 主机 SWAP 使用率
	a5 主机网卡流量
B 驱动电机（0.5）	b1 驱动电动机转角偏差
	b2 驱动电动机电压
	b3 驱动电动机电流
	b4 驱动电动机温度
	b5 驱动电动机振动

设备健康状态描述是指按设备当前的运行状态相较于设备正常运行状态的偏离程度，对设备健康状态等级进行划分，即建立机器人健康状态评估的评价结果集。在对机器人状态进行健康等级划分时，考虑到设备从健康到故障之间有着漫长的退化过程，传统的健康状态二分法已不能满足当前评估的需要，仅凭健康与故障两种状态不能完全描述机器人状态。目前，常用的健康等级划分方法为九分法和五分法，即将健康状态划分为九个或五个等级。九分法在机器人健康状态划分时过于细致，不仅存在各状态之间划分不明确的问题，而且会加大算法复杂度。可采用健康状态五分法，将机器人状态划分为健康、良好、注意、异常、严重异常五个状态，评价等级划分见表 6-12。

表 6-12　评价等级划分

评价等级	描述
健康	机器人完全健康，运动状态完好
良好	机器人状态正常，出现故障的可能性较小
注意	机器人状态一般，需注意可能有故障发生
异常	机器人状态异常，很大概率出现故障
严重异常	机器人严重异常，已经出现故障

传统评价因素权重的确定方式一般采用层次分析法。层次分析法是一种主观赋值法，通过一一比较各因素间的相对重要程度得出各因素权重，虽然通过构造判断矩阵进行一致性检验，但是仍然受主观影响较大，有不客观的缺点。可采用变异系数法和熵值法组合赋权进行权重分配。

变异系数法是通过数据中各评价因素的变异程度来进行指标权重的划分。在进行各评价因素的变异程度比较时，如果某项因素的数值在各评价对象中差异较大，换言之，如果某项数值的波动较大，说明该因素在评价过程中的“变异概率”较大，需要重点关注，因此需要分配较大的权重。而如果某项因素的数值在各评价对象中差异较小，那么该因素在评价过程中的“变异概率”就相对较小，只需要给该因素分配相对较小的权重。变异系数法是根据各评价对象的具体数值和差异大小，通过客观计算而确定权重比例的一种方法，不受主观因素影响。该方法的计算方式是首先求得各评价因素多个评价对象的均值和标准差，然后通过标准差和均值的比值得出变异系数，最后得到各评价因素的权重。

信息熵一词来源于热力学，用于解决系统信息的量化问题，反映的是一个系统无序程度的高低。在使用信息熵进行评价因素权重划分时，评价对象某因素数值的差异性越大，信息熵就越小，从信息量的角度考虑，该因素所包含的信息量就越大，则该因素需要分配较大的权重；而如果某因素数值的差异性越小，信息熵就越大，该因素所包含的信息量就越小，则该因素需要分配较小的权重。

为减少单一赋权法所得指标权重的片面性，可利用组合赋权的方式尽量消除单一赋权法对评价结果的影响。分别利用上述两种算法求出各指标权重，例如：变异系数法求得指标权重为 $\boldsymbol{W}_1$，熵值法求出指标权重为 $\boldsymbol{W}_2$，则组合赋权法得到最终权重为

$$\boldsymbol{W}=\frac{\boldsymbol{W}_1}{\boldsymbol{W}_1+\boldsymbol{W}_2}\boldsymbol{W}_1+\frac{\boldsymbol{W}_2}{\boldsymbol{W}_1+\boldsymbol{W}_2}\boldsymbol{W}_2 \tag{6-1}$$

关于模糊关系矩阵的确定，一般采用模糊分布法。模糊分布法是以模糊分布为基础进行模糊矩阵的确定，而模糊分布需要选择合适的隶属度函数，进而计算模糊关系矩阵。目前，有许多经过验证的经典隶属度函数，如高斯隶属度函数、三角形隶属度函数、抛物线形隶属度函数、梯形隶属度函数等。在机器人运行过程中，随着使用时间的增加，某些评价因素的值会在正常限度内发生变化。例如：随着系统的运行，机器人控制系统的磁盘使用率可能从50%升至60%，这时如果使用50%时得到的隶属度函数来评价60%时的状态，就会出现不准确的结果，因此，可使用实时数据来修正高斯隶属度函数，以提高隶属度函数的准确性。

高斯隶属度函数表达式如下：

$$f(x,\sigma,c)=\mathrm{e}^{-\frac{(x-c)^2}{2\sigma^2}} \tag{6-2}$$

对于某次的评价对象 x，需通过隶属度函数来计算其隶属于各评价结果的隶属度，隶属度函数中 c 和 σ 的取值由最近 50 次历史数据求得，所以对于每一个输入 x，都会对隶属度函数进行实时数据修正，以确保函数的准确性，利用隶属度函数求出模糊关系矩阵 $\boldsymbol{R}$。

$$\boldsymbol{R}=\begin{bmatrix}\boldsymbol{R}_1 & | & u_1\\ \boldsymbol{R}_2 & | & u_2\\ \cdots & & \cdots\\ \boldsymbol{R}_p & | & u_p\end{bmatrix}=\begin{bmatrix}r_{11} & r_{12} & \cdots & r_{1m}\\ r_{21} & r_{22} & \cdots & r_{2m}\\ \cdots & \cdots & \cdots & \cdots\\ r_{p1} & r_{p2} & \cdots & r_{pm}\end{bmatrix} \tag{6-3}$$

矩阵 $\boldsymbol{R}$ 中的某元素 r_{ij} 表示某个被评对象 x 从因素 u_i 来看对模糊子集的隶属度。

得到模糊关系矩阵 $\boldsymbol{R}$ 和隶属度矩阵 $\boldsymbol{W}$ 后，即可通过模糊关系合成算子（简称模糊算子），运算后得出结果。常用的模糊算子有四种，分别为主因素决定型、主因素突出型、取小上界和型、加权平均型。其中，加权平均算子能够充分考虑各评价因素和隶属度的综合影响，能确切地表明机器人健康度的综合情况。利用模糊综合评价法进行求解，其健康等级隶属度矩阵 $\boldsymbol{HL}=\boldsymbol{W}\cdot\boldsymbol{R}$，根据最大隶属度原则，依据 $\boldsymbol{HL}$ 中的最大值就可以确定机器人健康状态。

6.3 可视化应用

6.3.1 VR/AR/MR 技术

虚拟现实（VR）/增强现实（AR）/混合现实（MR）技术（合称 3R 技术）是通过计算机技术创建 3D 动态沉浸式虚拟场景，允许参与者与虚拟对象进行交互，从而可以突破空间、时间和其他客观限制，实现对真实世界的模拟和体验。VR 展示图如图 6-19 所示。

VR 技术是利用计算机图形技术生成一个三维空间的虚拟世界，用户借助头盔显示器等显示设备获得画面信息，利用数据手套、运动捕获装置等传感设备与数字化环境中的对象进行交互，产生亲临真实环境的感受和体验。VR 系统主要关注感知、用户界面、背景软件和硬件。

图 6-19 VR 展示图

AR 技术是在 VR 技术的基础上将真实世界信息和虚拟世界信息“无缝”集成的技术，在真实环境中增添或者移除由计算机实时生成的可交互的虚拟物体或信息，是虚拟空间与物理空间之间的融合。AR 系统通过人机交互技术、三维实时动画技术、计算机图形技术和配准跟踪技术，构建虚拟的三维环境模型，并将虚拟模型映射到现实世界中，用户处于融合的环境中能够获得全新的体验。

MR 技术是通过全息图在现实世界、虚拟世界和用户之间搭起一个交互反馈的信息回路，可以看作是 VR 与 AR 技术的混合。MR 技术的目标是无缝集成虚拟和现实，以形成一个新的虚拟世界，其中包括虚拟对象及真实环境的特征。在 MR 系统中，物理对象和数字虚拟对象可以实时共存和交互，通过一些关键技术，如注册跟踪技术、手势识别技术、三维交互技术、语音交互技术等，实现信息交互。

3R 技术提供深度沉浸的交互方式，使得数字化的世界在感官和交互体验上更加接近物理世界，使得数字孪生应用超越了虚实交互的多种限制。无论是 VR、AR 还是 MR 技术，在数字孪生的各个场景中都有巨大的应用潜力。VR 技术实现虚拟模型对物理实体属性、行为、规则等方面层次细节的可视化动态逼真显示；AR 与 MR 技术实现虚拟模型与物理实体在时空上的同步与融合，通过虚拟模型补充增强物理实体在检测、验证及引导等方面的功能。

数字孪生结合 VR/AR/MR 技术给制造业的设计、生产、管理、服务、销售、营销等关键环节带来了深刻的变化。例如：协同设计、机器人路径规划、工厂布局、维护、CNC 仿真和使用 3R 工具和技术进行装配。集成 3R 技术的数字孪生装配，是实现三维可视化装配、提高装配质量和效率并降低装配成本的有效办法，使用户具有真实的交互感体验，能更好地了解装配过程，并通过实时人机交互系统来控制装配过程。

6.3.2　关于 Unity

Unity 是一款非常适合开发虚拟仿真应用、虚拟现实作品、实时三维影片等多种可交互内容的跨平台、综合型开发工具。Unity 有一套完整的软件解决方案，能够实现 2D/3D 内容的实时互动及创作运营，是一种非常便捷的开发工具。

本书选用 Unity 作为数字孪生模型的开发工具，能够实现多维数据信息实时获取，还能够通过挂载在不同物体上的 C#脚本对应处理不同数据，也具有较高的刷新帧率，能够实现可视化信息的实时更新。这些特质能够有效地将虚拟世界和真实世界以一种较高效率的方式对应起来。

1. Unity 激活安装

若想安装并方便管理各种不同版本的 Unity 软件，可以登录 unity. cn 官网，Unity Hub 下载如图 6-20 所示，支持多种系统。Unity 获取个人版许可证界面如图 6-21 所示。单击安装 Unity 编辑器，建议安装长期支持版本（LTS），便于后期的修改和再开发。Unity 版本选择界面如图 6-22 所示。

图 6-20　Unity Hub 下载

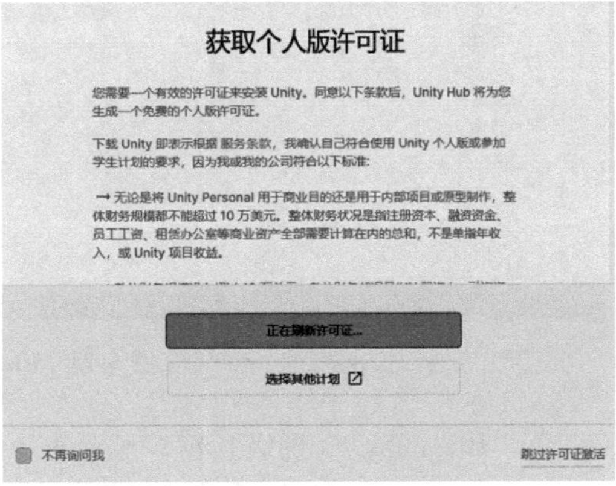

图 6-21　Unity 获取个人版许可证界面

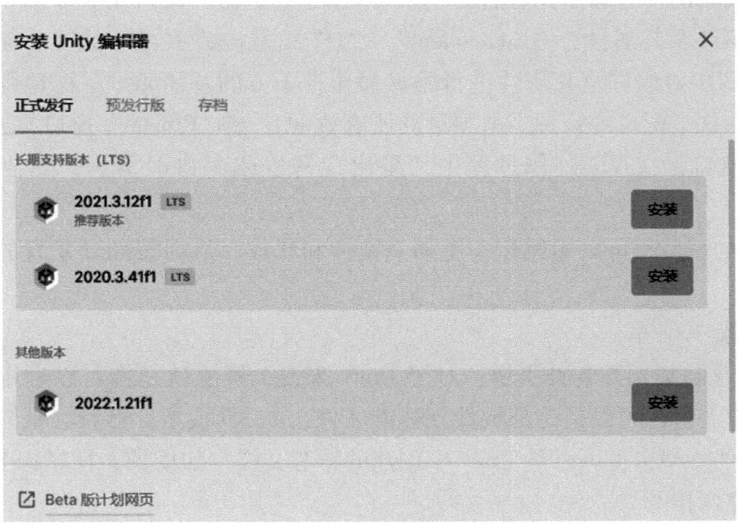

图 6-22　Unity 版本选择界面

2. Unity 界面介绍

创建一个 Unity 工程，可以在 Unity 启动后出现的对话框中单击“New”，输入项目名称和选择保存位置，然后选择项目类型（例如 2D 或 3D）。Unity 界面如图 6-23 所示。

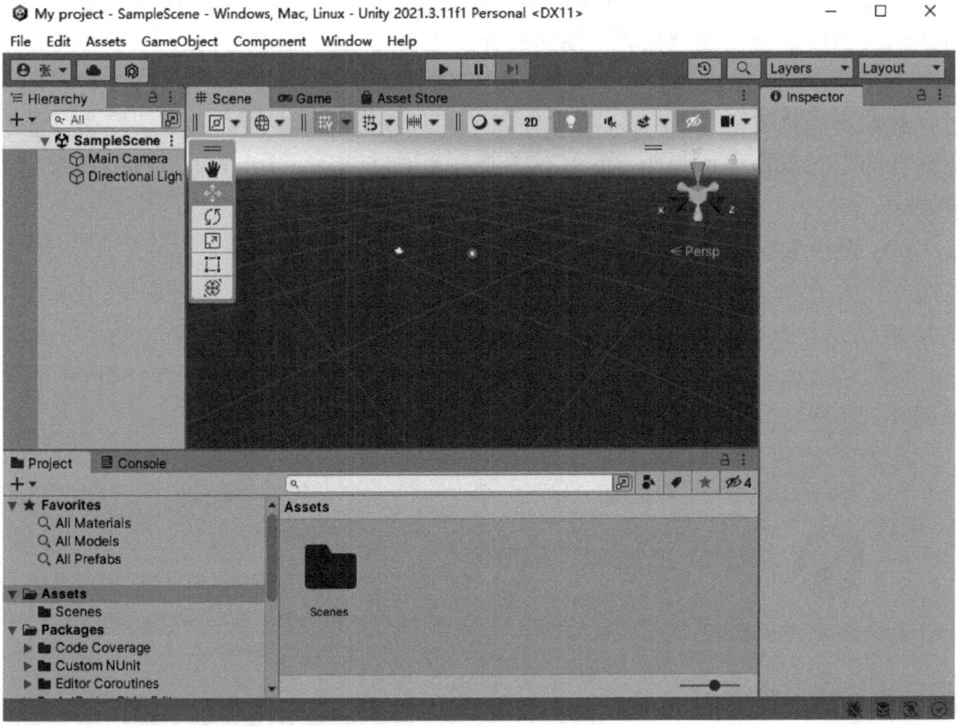

图 6-23 Unity 界面

左上角“Hierarchy”（层级）窗口显示的是当前场景中所有项目对象的列表；中上位置的“Scene”（场景）窗口为场景编辑界面，可以在这个窗口中观察和编辑当前场景中的所有项目对象；与“Scene”窗口重叠的“Game”窗口是预览界面，可以在这个窗口中以操作者的视角观察场景的实时画面；右边的“Inspector”（检视）窗口用于展示场景中某个被选中对象的所有组件及其属性，“Component”（组件）是构成项目对象的功能单元，可以在“Inspector”窗口中对组件及其属性进行编辑操作；下方的“Project”窗口则为项目资源管理窗口，可以在这个窗口中管理当前项目的所有资源；与“Project”窗口重叠的“Console”窗口为控制台窗口，在 VR 制作过程中如果出现警告或者错误信息，都会显示在这个窗口中。

Unity 所有的窗口都可以用鼠标左键随意拖拽和释放，从而按照开发者的意愿排布窗口的位置。

3. 资源获取

一个 Unity 项目离不开各种资源。对于 Unity 来说，资源就是指可以运用在虚拟现实项目中的一切文件。资源可以是外部软件创建的文件，如 3D 模型、音频、视频、图片等任何 Unity 支持的文件类型；也可以是 Unity 中创建的特有文件，如场景、程序脚本、预制体、动画控制器、寻路网格等。

Unity 软件具有“Assets Store”（在线资源商店），商店中提供了极其丰富的各类资源，既有 Unity 公司的免费官方资源，也有广大 Unity 用户提供的免费或者收费的优秀资源。任何一个 Unity 开发者都可以从资源库中购买并下载项目所需资源，也可以将自己在开发项目过程中创作的资源放到资源商店中出售。

有些资源如果是通过网络上的其他途径获得，那么就需要一个导入的过程。可以在已经打开项目的情况下，在“Project”窗口中用右键菜单中的“Import”命令来导入“unitypackage”文件。

4. Visual Studio 安装

由于需要对挂载在操作对象上的 C#脚本进行编辑以实现功能设计，因此需要安装 Visual Studio 编辑器，建议使用 2019 以上版本。Visual Studio 安装内容如图 6-24 所示。

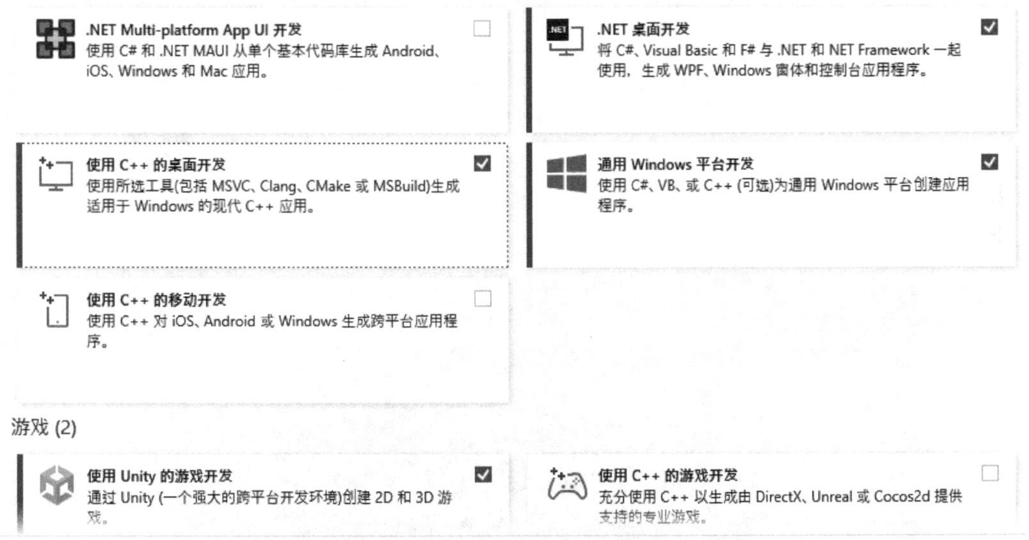

图 6-24　Visual Studio 安装内容

6.3.3 Unity 实例开发

对于 Unity 初学者来说，Roll a ball 是一个类似“Hello World”标准的小项目——操作者控制小球拾取金币。本节通过创建对象、添加脚本、控制相机跟随、旋转对象、碰撞检测、显示文本等几个过程来对 Unity 3D 项目开发过程中的场景、Plane、Sphere、Cube 对象、脚本、碰撞检测、UI 以及程序发布等问题进行学习和训练。

1. 创建对象

学习内容包括掌握在 Unity 3D 中创建项目、场景、Plane 和 Sphere 等，以及掌握在 Unity 3D 中材质的应用。

① 新建项目，选择项目模板为 3D，输入项目名称，设置项目存储路径，项目创建步骤如图 6-25 所示。

② 单击“创建项目”进入 Unity 3D 界面，右上角“Default”的“Delete Layout”中可以快速修改布局，可根据习惯选择，此处采用初始布局，如图 6-26 所示。

③ 新版的 Unity 项目建好之后会带有一个建好的 Scene，选择“Rename”将其重命名为“Main”，作为当前场景。重命名和存储后加载成功分别如图 6-27 和图 6-28 所示。

图 6-25　项目创建步骤

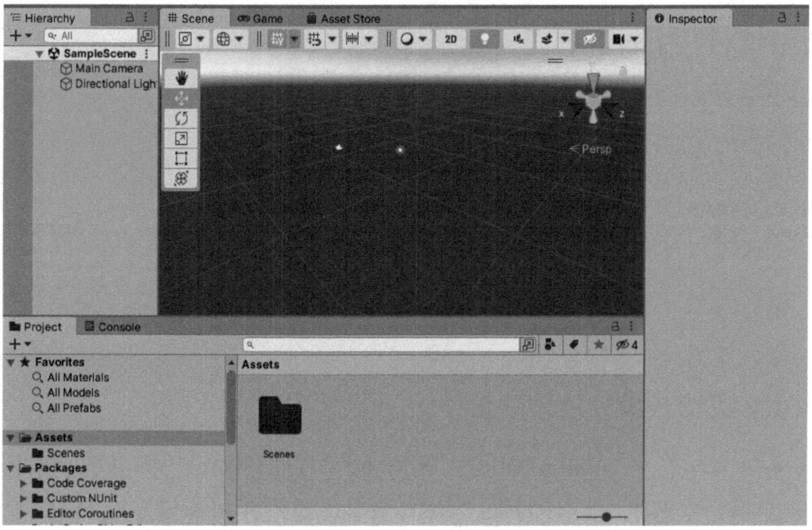

图 6-26　初始布局图

④ 在“Hierarchy”窗口中创建地面，右击选择“3D Object”|“Plane”，将其命名为“Ground”。地面创建如图 6-29 所示。

⑤ 选中 Ground 对象，在“Inspector”窗口的“Transform”右侧的选项栏中选择“Reset”，将 Ground 对象放置在坐标系原点。设置位置如图 6-30 所示。

⑥ 若想修改该 Ground 对象表面颜色，需要为其添加材质。在“Project”窗口中新建文件夹名为“Materials”，存储材质，在“Materials”文件夹中新建“Material”材质文件，命名为“Ground”。创建材质如图 6-31 所示。

⑦选中 Ground 材质，在“Inspector”窗口中修改“Albedo”颜色为淡蓝色。修改颜色如图 6-32 所示。

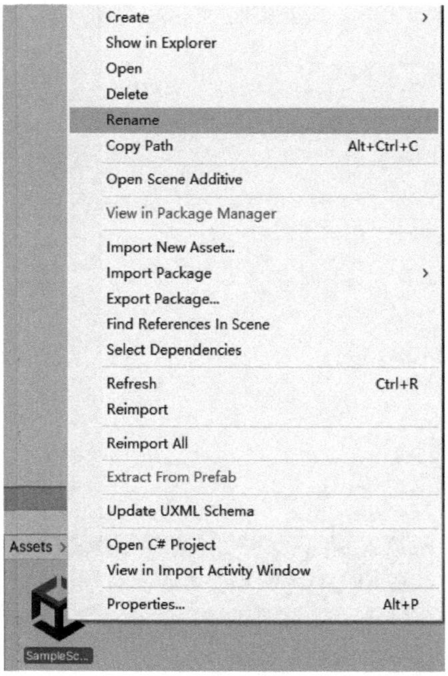

图 6-27　重命名

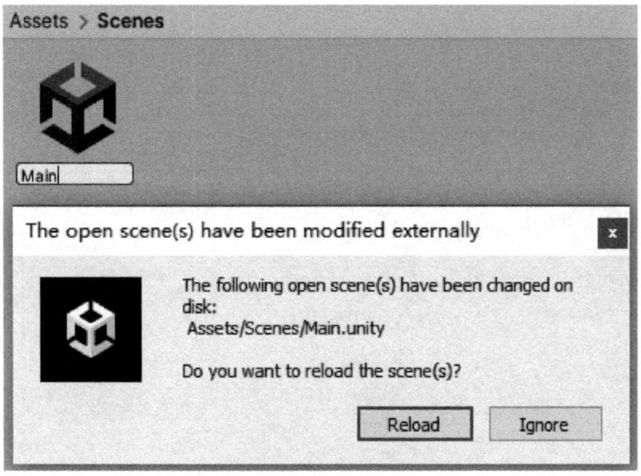

图 6-28　存储后加载成功

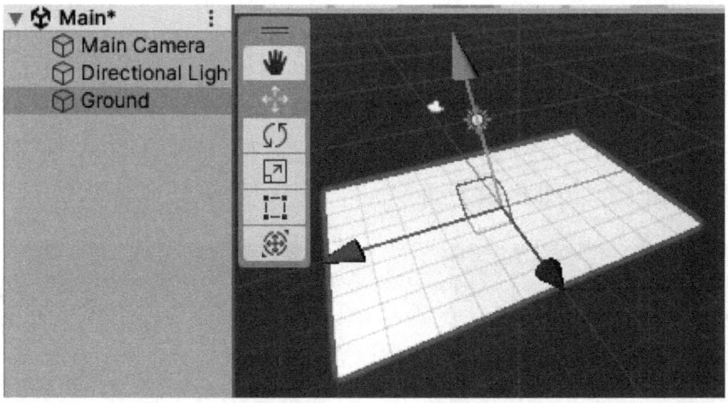

图 6-29　地面创建

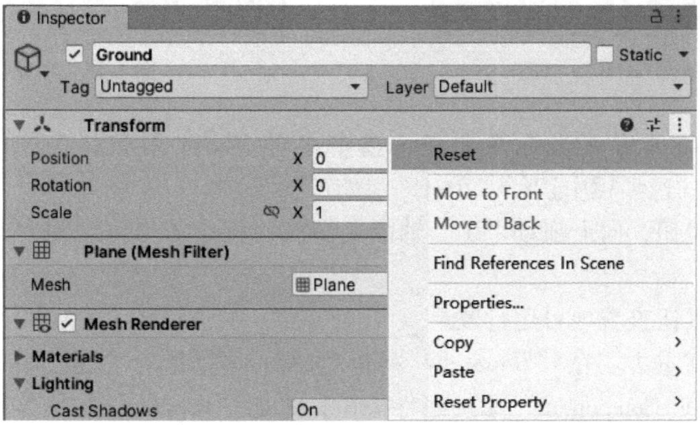

图 6-30　设置位置

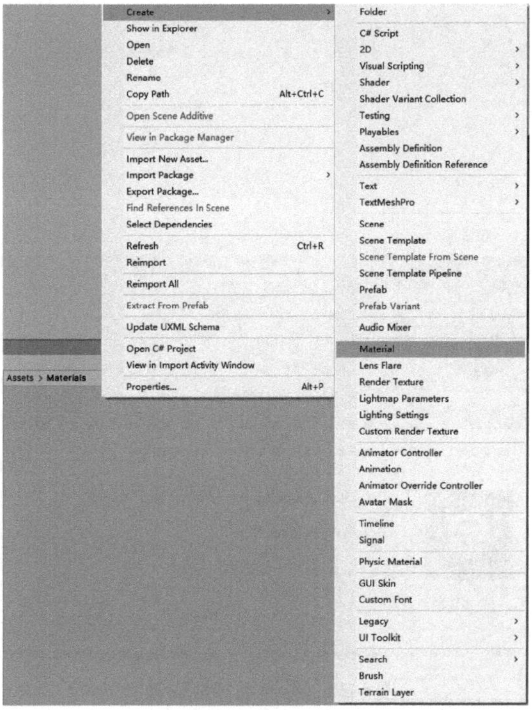

图 6-31　创建材质

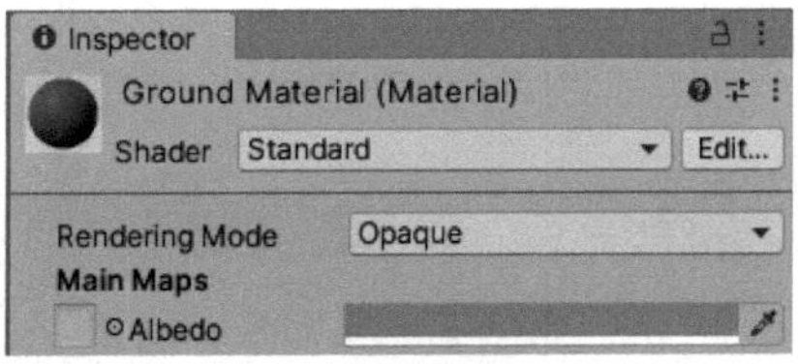

图 6-32　修改颜色

⑧ 将该材质与 Plane 进行关联，将 Ground 材质用鼠标左键拖动到“Hierarchy”窗口中的 Ground 对象上。修改 Ground 材质如图 6-33 所示。

⑨ 在“Hierarchy”窗口创建小球操作者，右击选择“3D Object”|“Sphere”，并将其命名为“Player”。创建操作者如图 6-34 所示。

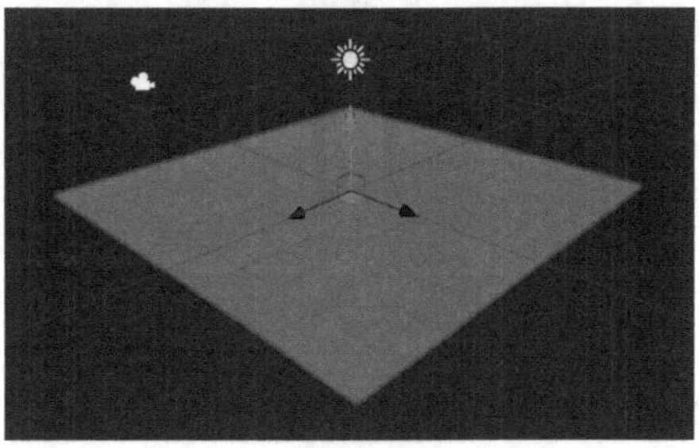

图 6-33　修改 Ground 材质

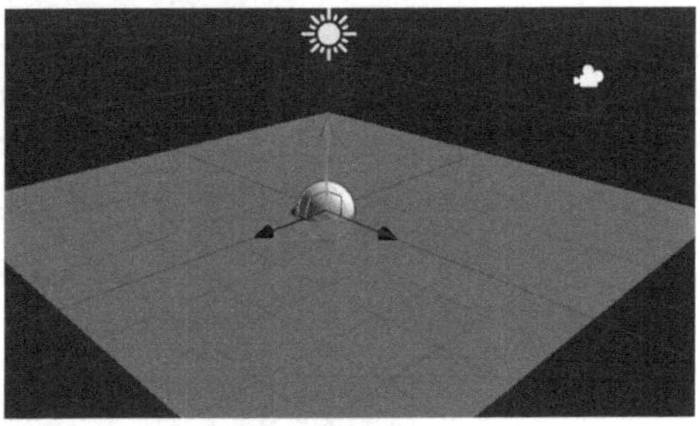

图 6-34　创建操作者

⑩ 将小球对象放置在坐标系原点，选中小球 Player 对象，在“Inspector”窗口的“Transform”右侧的选项栏中选择“Reset”（如步骤⑤）。

⑪ 选择移动按钮，向上拖动“Y”轴绿色箭头，将小球拖到地面上方。移动操作者如图 6-35 所示。

⑫ 单击播放按钮查看项目运行效果。

⑬ 为小球添加重力。在“Hierarchy”窗口选择小球 Player 对象，在“Inspector”窗口单击最下面的“Add Component”添加组件按钮，添加“Rigidbody”刚体组件。创建刚体组件如图 6-36 所示。

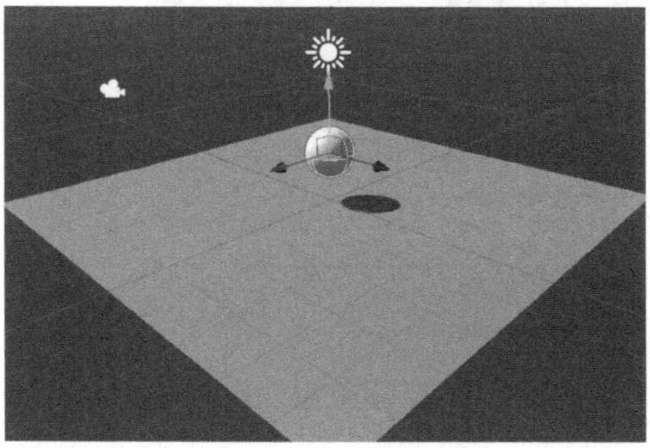

图 6-35　移动操作者

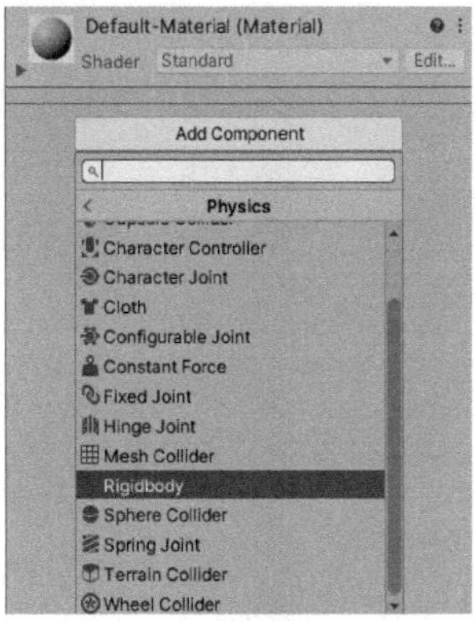

图 6-36　创建刚体组件

⑭ 单击播放按钮查看其与未加刚体组件时的区别，查看状态如图 6-37 所示。

2. 添加脚本

学习在 Unity 3D 中创建脚本以及修改对象的属性。创建脚本使小球运动起来，并用键盘控制小球的运动。

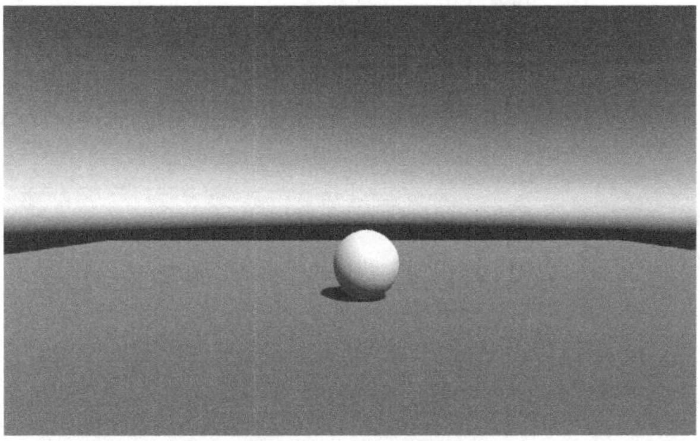

图 6-37　查看状态

① 为使小球运动起来，要为小球对象添加脚本文件。在“Project”窗口中新建文件夹“Scripts”，存储脚本文件，在“Hierarchy”窗口中选择小球 Player 对象，在“Inspector”窗口单击最下面的“Add Component”添加组件按钮，选择“New Script”，命名为“player”，“Language”选择默认的“C Shape”，单击“Create and Add”创建 C#脚本文件，如图 6-38 所示。

② 在小球选中状态下将“Project”窗口中的“player”程序文件拖进“Inspector”窗口，然后将“player”脚本文件拖入“Scripts”文件夹中。脚本挂载如图 6-39 所示。

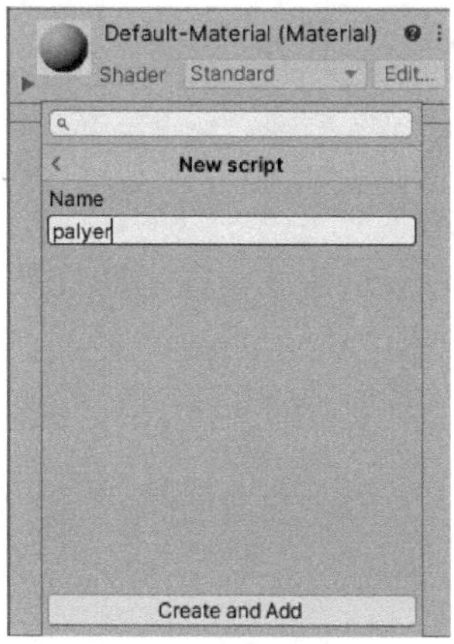

图 6-38　创建 C#脚本文件

图 6-39　脚本挂载

③ 双击“player”脚本文件，自动进入 Visual Studio 编辑器，如图 6-40 所示。

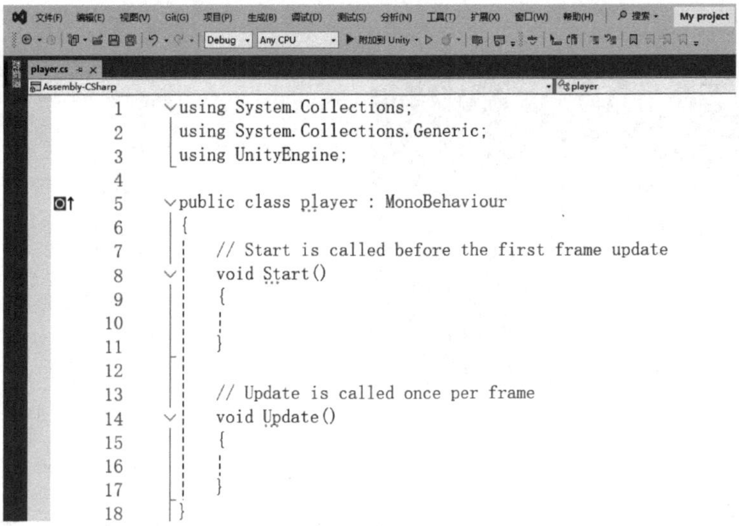

图 6-40　进入 Visual Studio 编辑器

④ 为使小球运动起来，需要先得到小球刚体，并对刚体施加一个方向的力，具体代码如下：

```
using UnityEngine;
using System.Collections;
public class player:MonoBehaviour
{
    private Rigidbody rd;                          //定义刚体对象
    void Start()
    {
        rd=GetComponent<Rigidbody>();              //取得小球的刚体
    }
    void Update()
    {
        rd.AddForce(new Vector3(1,0,0));           //对小球刚体施加一个单位 X 轴
                                                     正向的力
    }
}
```

⑤ 保存代码后，在 Unity 中单击播放，查看小球运动状态。

⑥ 将上例中的 Vector3(1，0，0) 修改为 Vector3(-1，0，0) 播放查看运动效果，或者修改为 Vector3(0，0，1) 和 Vector3(0，0，-1) 分别查看效果。

⑦ 用键盘控制小球的移动，需要先取得输入，再通过输入控制小球的移动，修改 Update 代码：

```
void Update()
{
    float h=Input.GetAxis("Horizontal");       //取得键盘的水平输入
    rd.AddForce(new Vector3(h,0,0));
}
```

⑧ 单击播放，试着按键盘的左右方向或者<A><D>键控制小球的水平方向移动，修改 Update 代码，实现控制小球四个方向的移动：

```
void Update()
{
    float h=Input.GetAxis("Horizontal");     //取得键盘的水平输入
    float v=Input.GetAxis("Vertical");       //取得键盘的垂直输入
    rd.AddForce(new Vector3(h,0,v) * 3);
}
```

至此，可以用键盘实现对小球的方向控制。如果想使小球运动得更快，可以对施加的力所乘系数进行修改，如上部分代码中的“3”。

⑨ 也可将力的系数设为公共变量，这样随时可以在 Unity 3D 界面修改系数的值，代码如下：

```
using UnityEngine;
using System.Collections;
public class player :MonoBehaviour
{
    private Rigidbody rd;
    public int force=3;             //定义公共变量 force,为施加力的系数
    //初始化
    void Start()
    {
        rd=GetComponent<Rigidbody>();
    }
    //每帧更新一次
    void Update()
    {
        float h=Input.GetAxis("Horizontal");
        float v=Input.GetAxis("Vertical");
        rd.AddForce(new Vector3(h,0,v) * force);  //对施加的力乘以
                                                    系数
    }
}
```

设置公共变量之后，在 Player 对象的“Inspector”窗口可以看到，“player”脚本中多了“Force”值，如图 6-41 所示。这样随时可以在 Unity 3D 界面修改力的系数值。

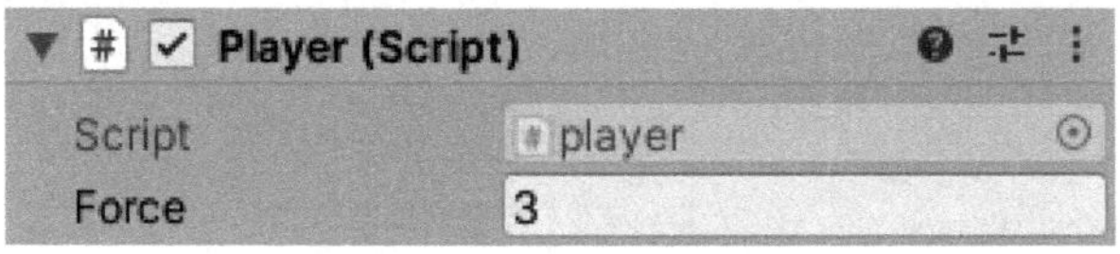

图 6-41　公共变量修改

⑩ 增大地面面积。在“Hierarchy”窗口中选择 Ground 对象，在“Inspector”窗口的“Transform”中修改“Scale”值，将“X”“Z”都修改为 2，可以看到地面面积增大了。

3. 控制相机

学会在 Unity 3D 中移动和选择对象等操作及了解控制相机跟随的方法，完成控制相机跟随小球移动。

① 单击移动按钮，选择相机对象，向上拖动“Y”轴，将其拖动到稍高一点的位置，每次调整相机时，在右下角会出现相机预览图，以便观察其视野，如图 6-42 所示。单击“Scene”中的旋转按钮，旋转相机角度，如图 6-43 所示，使其面向小球。

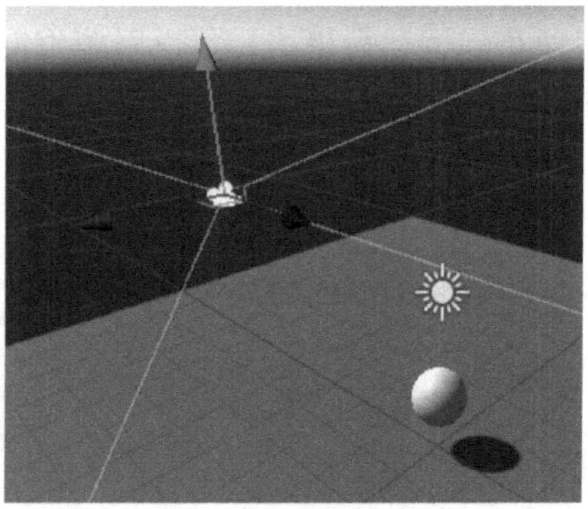

图 6-42 移动相机位置

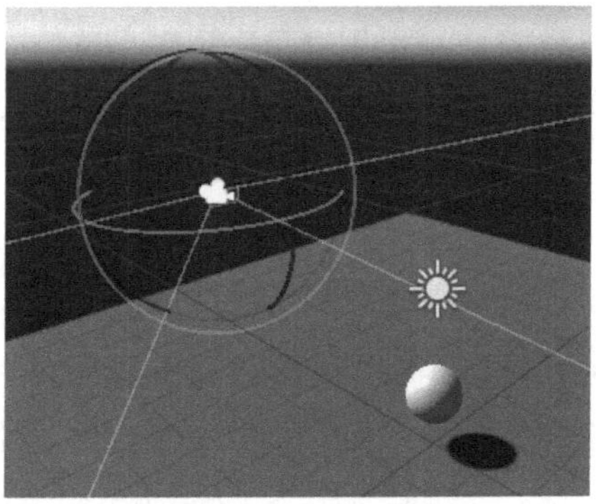

图 6-43 旋转相机角度

② 若想相机跟随小球运动，需要为相机添加脚本。在“Hierarchy”窗口中选择“Main Camera”对象，在“Inspector”窗口中单击最下面的“Add Component”添加组件按钮，选择“New Script”，命名为“follow”，选择默认的“C Shape”语言，单击“Creat and Add”创建脚本文件。

③ 将“follow”脚本文件拖入“Scripts”文件夹中。若想相机跟随小球运动，需要相机与小球的距离保持不变。首先，在“follow”脚本中要取得小球的位置信息。代码如下：

```
using UnityEngine;
using System.Collections;

public class follow :MonoBehaviour
{
    public Transform playerTransform;  //定义公共变量记录小球的位置信息
    //初始化
    void Start()
    {
    }
    //每帧更新一次
    void Update()
    {
    }
}
```

④ 公共变量定义好后，在“Main Camera”对象的“Inspector”窗口中可以看到，“follow”脚本中多了“Player Transform”，将“Hierarchy”窗口中的小球 Player 对象拖到“Player Transform”上，使“Player Transform”绑定小球的位置信息，如图 6-44 所示。

图 6-44 绑定小球的位置信息

⑤ 取得小球的位置信息后，添加代码实现相机跟随小球移动，代码如下：

```
using UnityEngine;
using System.Collections;

public class follow :MonoBehaviour
{
    public Transform playerTransform;   //定义公共变量记录小球的位置信息
    private Vector3 offset;             //定义相机和小球之间的距离
    //初始化
    void Start()
    {
        offset=transform.position-playerTransform.position;
                                        //计算相机和小球之间距离
    }
    //每帧更新一次
    void Update()
    {
        transform.position=playerTransform.position + offset;
                                        //保持距离
    }
}
```

⑥ 此时单击运行按钮，可以看到相机自动跟随小球运动。

4. 旋转对象

学会在 Unity 3D 中创建 cube 对象并了解旋转对象的方法。控制小球移动范围并加入可旋转的金币。

① 创建地面边界墙，在“Hierarchy”窗口中创建 cube 对象，右击选择“3D Object”|“Cube”，选中 Cube 对象，在“Inspector”窗口的“Transform”中修改“Position”的“X”“Y”“Z”分别为 0、0、10，“Scale”的“X”“Y”“Z”分别为 20、2、1。墙体创建如图 6-45 所示。

② 在“Hierarchy”窗口中选中 Cube 对象，按<Ctrl+D>复制 cube 对象，分别创建其

他三面墙体。三面墙体的“Transform”参数分别如下：“Position”的“X”“Y”“Z”为0、0、-10，“Scale”的“X”“Y”“Z”为20、2、1；“Position”的“X”“Y”“Z”为10、0、0，“Scale”的“X”“Y”“Z”为1、2、20；“Position”的“X”“Y”“Z”为-10、0、0，“Scale”的“X”“Y”“Z”为1、2、20。全部创建完成如图6-46所示。

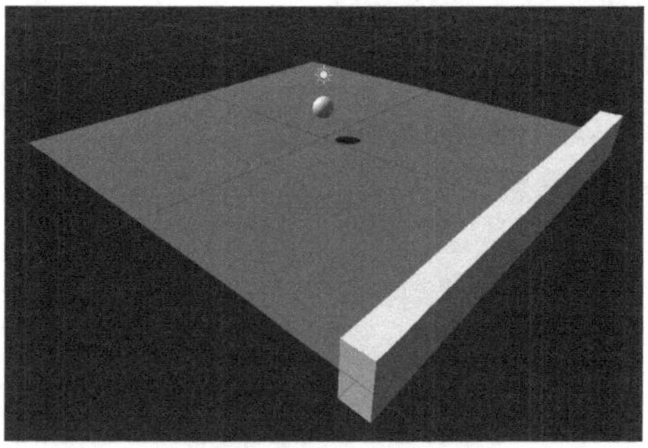

图6-45　墙体创建

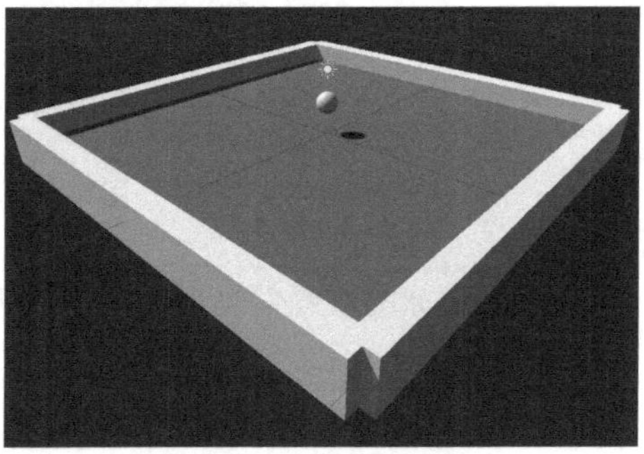

图6-46　全部创建完成

③ 在“Hierarchy”窗口中，将创建好的四个Cube墙体对象拖动到Ground对象上，形成Cube与Ground父子关系，如图6-47所示。

④ 创建可收集的金币。在“Hierarchy”窗口中新建Cube对象，命名为“Pickup”，选中Cube对象，在“Inspector”窗口的“Transform”中修改“Rotation”的“X”“Y”“Z”分别为45、45、45，“Scale”的“X”“Y”“Z”分别为0.5、0.5、0.5。单击“Local”按钮，切换成全局坐标系，调整该Cube对象的高度，使其立在地面上，同时可移动Cube至便于观察的位置。创建可收集的金币如图6-48所示。

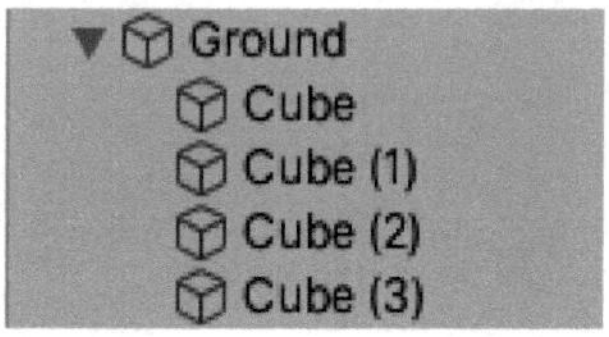

图6-47　Cube与Ground父子关系

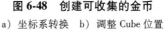

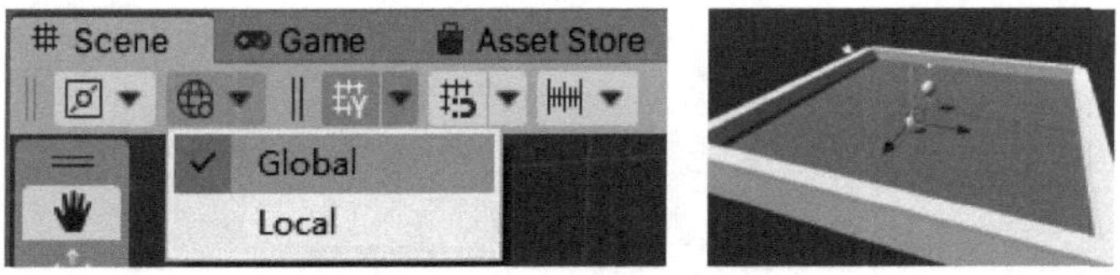

a)　　b)

图6-48　创建可收集的金币

a）坐标系转换　b）调整Cube位置

⑤ 在“Materials”文件夹中新建“Material”，将“Material”命名为“Pickup”，选中“Pickup”材质，在“Inspector”窗口中修改“Albedo”颜色为金色，并将该材质与Pickup对象关联。

⑥ 因为还要创建很多个Pickup对象，所以把Pickup对象做成预制体。在“Project”窗口中新建文件夹“Prefabs”，存储预制体，将“Hierarchy”窗口中的Pickup对象用鼠标左键拖动到该文件夹内。

⑦ 将“Prefabs”文件夹中的Pickup对象拖到左侧的舞台上，调整高度，使其立于地面上，选中Pickup对象，并按<Ctrl+D>键复制多个。鼠标中键拖动调整观察位置，右键拖动调整观察视角，视角调制合适位置，调整方块位置如图6-49所示。

⑧ 在“Hierarchy”窗口中，创建空的物体“Create Empty”，命名为“Pickups”，并将该物体放到原点，将所有的Pickup放到该物体上。物体绑定如图6-50所示。

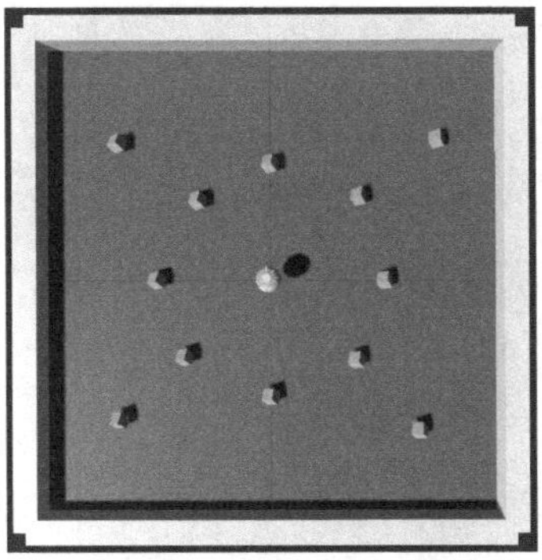

图 6-49 调整方块位置

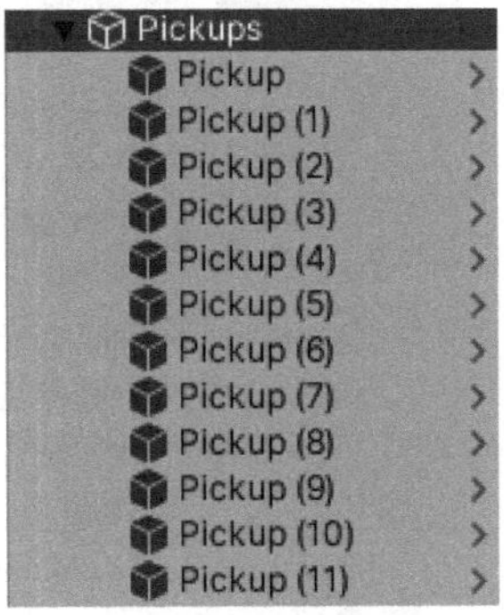

图 6-50 物体绑定

⑨ 为了使所有的 Pickup 都旋转，选择“Project”窗口下“Prefabs”文件夹中的 Pickup，在“Inspector”窗口中单击最下面的“Add Component”添加组件按钮，选择“New Script”，命名为“pickup”，选择默认的“C Shape”语言，单击“Creat and Add”创建脚本文件，并将该脚本放在“Scripts”文件夹下。双击进入该脚本，添加如下代码，使金币旋转起来。

```
using UnityEngine;
using System.Collections;
public class pickup :MonoBehaviour
{
  //初始化
  void Start()
  {
   }
  //每帧更新一次
  void Update()
  {
      transform.Rotate(new Vector3(0,1,0));   //使对象绕 Y 轴旋转
  }
}
```

⑩ 保存代码后，单击播放，项目运行如图 6-51 所示，图中小方块不停旋转。

5. 碰撞检测

学会在 Unity 3D 中为对象设置标签以及了解碰撞检测的方法，实现小球吃掉金币效果。

① 为了检测小球碰撞到金币还是墙体，为金币 Pickup 对象设置标签。选择“Project”窗口下“Prefabs”文件夹中的“Pickup”，在“Inspector”窗口的“Tag”下拉菜单中选择“Add Tag”。单击“+”，添加标签“Pickup”。再次选择“Project”窗口下“Prefabs”文件夹中的“Pickup”，在“Inspector”窗口的“Tag”下拉菜单中选择“Pickup”。Tag 添加如图 6-52 所示。

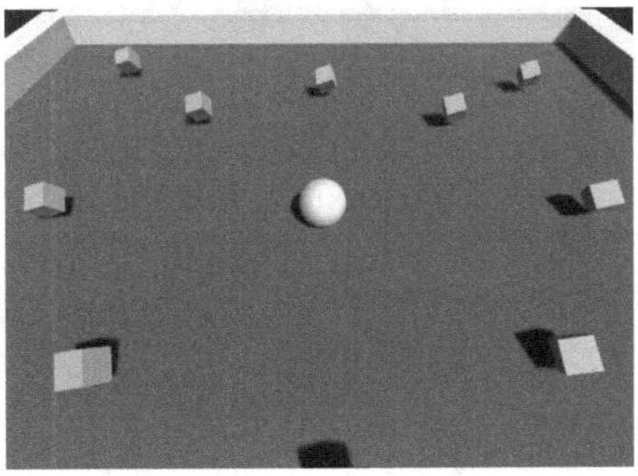

图 6-51 项目运行

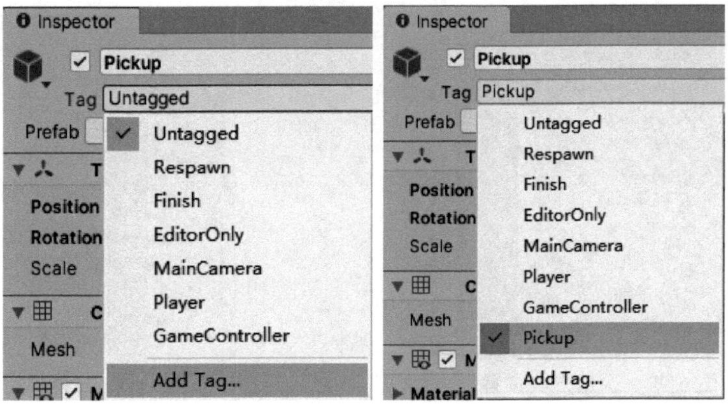

图 6-52　Tag 添加

② 为了实现小球碰撞金币使金币消失，打开“Player”脚本，修改代码如下：

```
using UnityEngine;
using System.Collections;

public class player :MonoBehaviour
{
    private Rigidbody rd;
    public int force=5;
    //初始化
    void Start()
    {
        rd=GetComponent<Rigidbody>();
    }
    //每帧更新一次
    void Update()
    {
        float h=Input.GetAxis("Horizontal");
        float v=Input.GetAxis("Vertical");
        rd.AddForce(new Vector3(h,0,v) * force);
    }
    void OnCollisionEnter(Collision collision)
    {//碰撞检测函数
        if(collision.collider.tag=="Pickup")
        {//判断小球是否碰到金币
            Destroy(collision.collider.gameObject);  //使金币消失
        }
    }
}
```

运行效果如图 6-53 所示，此时小方块被碰到后会消失。

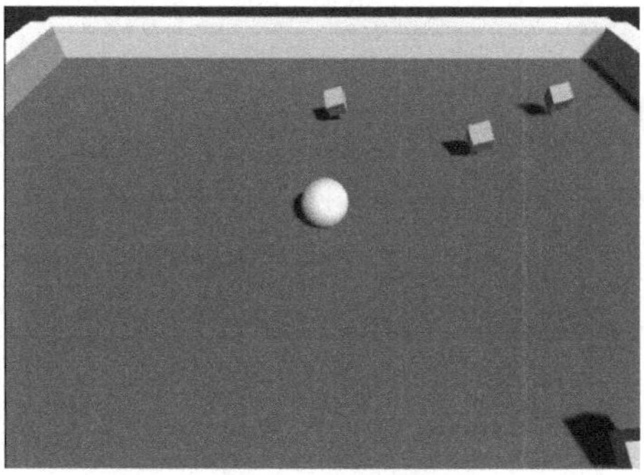

图 6-53　运行效果

6. 显示文本

了解在 Unity 3D 环境下 UI 中 Text 控件的使用方法。在小球吃掉金币时显示分数以及吃光所有金币后显示胜利。

① 如果想在小球吃掉金币时加分，并实时显示分数，修改 Player 代码如下：

```
using UnityEngine;
using System.Collections;
public class player :MonoBehaviour
{
    private Rigidbody rd;
    public int force=3;
    private int score=0;  //定义分数变量
    //初始化
    void Start()
    {
        rd=GetComponent<Rigidbody>();
    }
    //每帧更新一次
    void Update()
    {
        float h=Input.GetAxis("Horizontal");
        float v=Input.GetAxis("Vertical");
        rd.AddForce(new Vector3(h,0,v) * force);
    }
    void OnCollisionEnter(Collision collision)
    {//碰撞检测函数
        if(collision.collider.tag=="Pickup")
        {//判断小球是否碰到金币
            score++;
```

```
            Destroy(collision.collider.gameObject);  //使金币消失
        }
    }
}
```

② 若想在操作时显示分数，需要加入 UI，在“Hierarchy”窗口中，右击选择“UI”|“Text”。选择 Text 对象，在“Inspector”窗口的“Rect Transform”中，单击左侧方框，选择左上角的方框，文本位置如图 6-54 所示。（注意，这里创建的一定是 Text，而不是 Text Mesh Pro。）

③ 修改 Text 的 position 参数，使其位于 game 界面左上角。调整文本位置如图 6-55 所示。

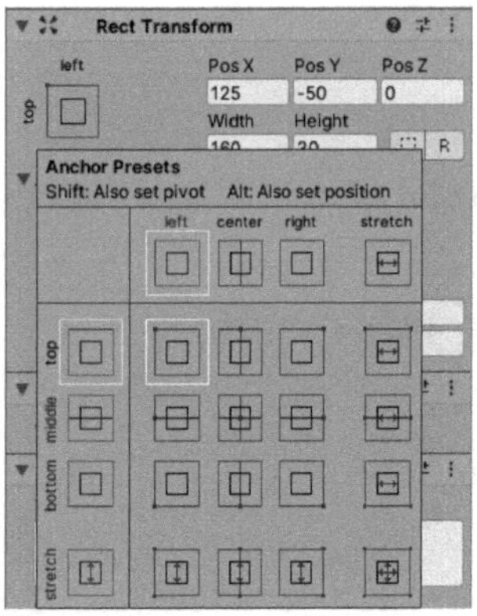

图 6-54　文本位置

图 6-55　调整文本位置

④ 为了在 Text 对象中显示分数，需要将 Text 对象与“Player”脚本关联，在“Player”中添加文本关联位置，修改代码：

引用的位置添加：using UnityEngine. UI；

在定义变量的位置添加对 Text 的定义：public Text text；

此时可以在“Player”程序段组件中看到关联文本的位置，将 Text 拖入关联框完成关联。关联文本如图 6-56 所示。

⑤ 通过拖动已经在“Player”中取得了 Text 对象，然后将分数传递给 Text，修改“Player”代码如下：

在检测碰撞部分添加：text. text = score. ToString( )；

运行项目，完成项目设计效果如图 6-57 所示。

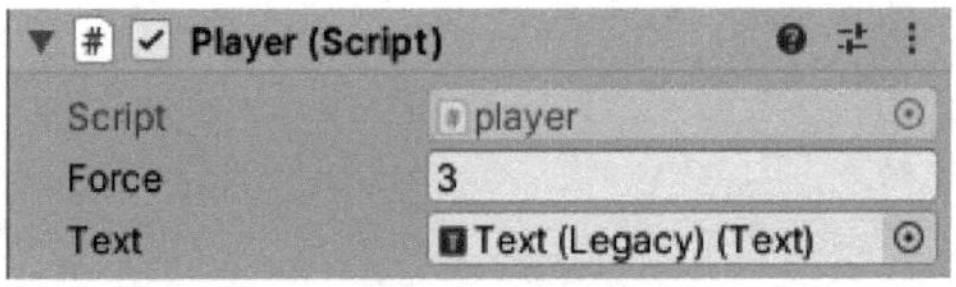

图 6-56　关联文本

图 6-57　完成项目设计效果

习题

6-1　如何修改程序使得获取金币时的物理反弹效果消失？（提示：利用 Trigger 组件。）

6-2　如何利用 TEXT 组件添加“胜利”显示？应该在哪一程序段中添加结束逻辑？

6-3　根据习题 6-1 和习题 6-2 完善 Unity 项目，通过添加三维模型等方式设计更加复杂的地形，生成一个更加具有挑战性的 Roll a ball 小项目。

参 考 文 献

[1] GRIEVES M. Digital twin：manufacturing excellence through virtual factory replication [J]. White paper，2014，1：1-7.

[2] 陶飞，刘蔚然，张萌，等. 数字孪生五维模型及十大领域应用 [J]. 计算机集成制造系统，2019，25 (1)：1-18.

[3] 陶飞. 数字孪生及车间实践 [M]. 北京：清华大学出版社，2021.

[4] LU Y，LIU C，KEVIN I，et al. Digital Twin-driven smart manufacturing：Connotation，reference model，applications and research issues [J]. Robotics and Computer-Integrated Manufacturing，2020，61：101837.

[5] QI Q，TAO F，HU T，et al. Enabling technologies and tools for digital twin [J]. Journal of Manufacturing Systems，2021，58：3-21.

[6] 陆剑峰，张浩，赵荣泳. 数字孪生技术与工程实践 [M]. 北京：机械工业出版社，2022.

[7] 侯添伟. 基于状态监测的加工中心换刀机械手健康状态评估与故障预测研究 [D]. 长春：吉林大学，2020.

[8] SHERMAN W R，CRAIG A B. Understanding Virtual Reality：Interface，Application，and Design [M]. San Francisco：Morgan Kaufmann Publishers Inc.，2002.

[9] AZUMA R T. A survey of augmented reality [J]. Presence：teleoperators & virtual environments，1997，6 (4)：355-385.

[10] MILGRAM P，KISHINO F. A taxonomy of mixed reality visual displays [J]. IEICE Transactions on Information and Systems，1994，77 (12)：1321-1329.

[11] NEE A Y C，ONG S K，CHRYSSOLOURIS G，et al. Augmented reality applications in design and manufacturing [J]. CIRP annals，2012，61 (2)：657-679.

[12] 李永亮. 虚拟现实交互设计 [M]. 北京：人民邮电出版社，2020.

第 7 章 人机共融的数字孪生系统

随着信息化技术与制造业的深度融合，个性化制造成为智能制造中最具特色的制造模式。为满足个性化需求的同时实现高效率制造，工业机器人大规模应用于制造业，它们代替人类完成各种任务，把工人从简单重复或不利于身体健康的工作中解脱出来。在工业制造中部署机器人的直接结果就是机器人和人在同一工作场所的共享空间中一起工作。

对于机器人而言，其常规工作模式是通过离线编程预先设定工作逻辑，因而与复杂多变的真实工作环境缺乏交互，这使得人机共融条件下发生意外事故的风险变大。当前，工业上处理该风险的方式是将工业机器人与操作人员的共享工作空间进行明确的分区，在机器人运转期间，操作人员无法进入其工作区域，唯有在机器人处于停机或者非自动运行状态时，操作人员方可进入其工作空间，完成相应的人工操作。该工作模式大大降低了车间作业的生产率和灵活性，且空间分割导致车间场地资源占用过多，相应提升了生产线配置成本。同时，区域分割的安全性需通过工作人员的合规操作进行保障，若工人安全意识松懈或出现突发状况，仍有发生生产事故的可能性，故无法从根本上规避人机协作的风险。

本章将讨论基于数字孪生技术的人机协作安全感知系统开发，首先建立机器人及人体动作的虚实映射模型，再通过安全感知算法实现对人机协作过程中的最小安全距离的判断。

7.1 结构化环境建模

7.1.1 人机孪生系统架构

基于数字孪生五维模型实现协作机器人状态监测系统的构建，具体包括物理实体层、虚拟模型层、数据层、连接层和功能服务层五部分。基于实体机器人搭建数据层和虚拟模型层。针对数据层建立数据采集与存储平台，明确实体机器人的数据种类和采集方法，实现接收和处理数据、提供对外数据访问接口和缓存数据保证快速读取等功能。针对虚拟模型层，建立 1∶1 虚拟模型，保证在仿真环境中最大程度模拟实体机器人的状态。

通过数字孪生技术可解决协作机器人的状态实时监测问题和人在虚拟环境中的非结构化数据建模问题。人机共融系统架构如图 7-1 所示。

虚拟模型和物理实体之间不仅应外形相似，更应注重借助虚拟模型呈现物理实体的实时状态，相应的数字孪生系统将实时感知的人机最小安全距离对应至不同安全等级，并给机器人实体发送控制信号，实现通过虚拟模型控制物理实体的虚实映射目标。

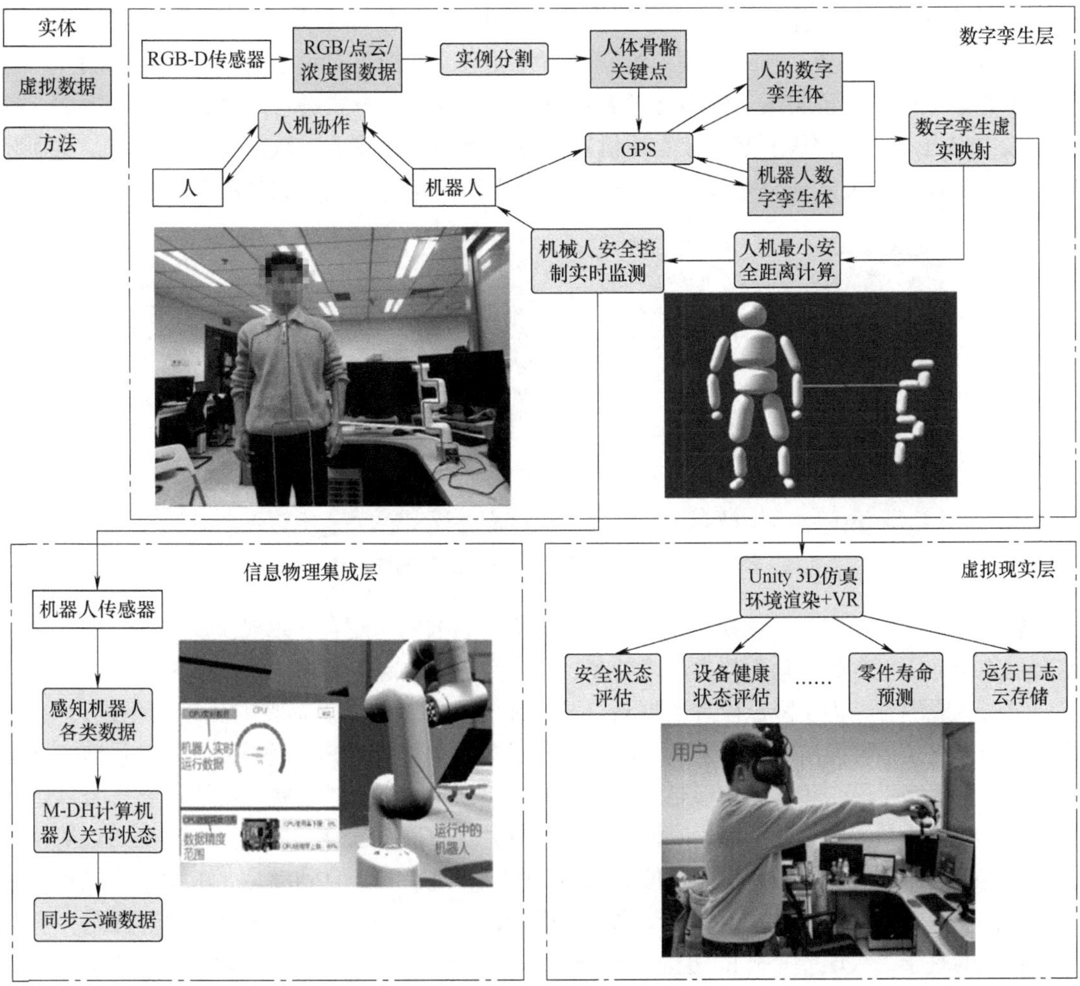

图 7-1　人机共融系统架构

1）数据层：机器人的多源监测数据通过 MySQL 数据库存储至云端，并依靠 MySQL 数据库具备的容灾机制、事务机制和索引机制等功能保证系统数据的安全与快速访问。引入 Redis 缓存数据库，将近期的机器人数据进行缓存，基于 Redis 的内存与多路复用机制实现数据的快速存取，在后续的数据建模、动作回放、距离计算等过程中可提高系统的处理效率，为安全性保障提供基础。

2）虚拟模型层：通过三维建模、模型轻量化技术及数据与模型融合技术保持机器人的物理实体与其数字孪生模型的高度一致性。

3）连接层：数据通信依赖数据传输协议，故高效的数据传输是实现系统低延迟和高性能的保障手段。在数据通信技术方面，主要采用串口通信和 TCP/IP 通信。

4）功能服务层：主要实现数据可视化、安全状态评估和虚拟模型的运动跟随功能。

7.1.2　机器人虚拟模型

本系统采用 Unity 3D 软件作为客户端，进行机器人虚拟数字模型的搭建与展示。当数字模型采用机器人厂家提供的 .step 格式三维模型时，需对原始模型进行处理。首先，将模型格式转化为 Collada 的 .dae 格式文件，保证不损失 3D 模型的转换信息；然后，为保证数字模型实时呈现机器人实体的位姿，按照物理实体的各个自由度定义其数字模型的父子关系，并按照自由度划分模型，则只需输入机器人的各关节变量即可对每个自由度单独控制。

首先定义模型父子关系。模型父子关系采用脚本控制的方式进行划分，系统运行后，模型层级进行自动划分，从上至下按实体机器人自由度分别设置上一自由度的父模块，从而将虚拟模型整体父子关系划分完成。系统运行前后虚拟模型各模块对比如图 7-2 所示。

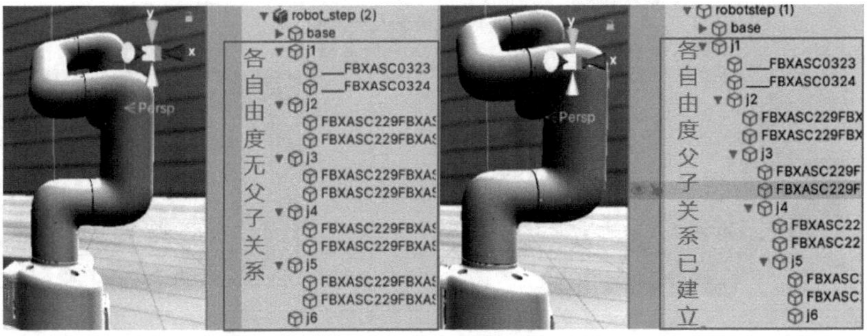

图 7-2　系统运行前后虚拟模型各模块对比

在计算机图形学中，三维模型是由多个三角面片组成的。随着三维建模技术的发展，模型越来越复杂，所包含的三角面片也越来越多，所含数据量也越来越大，这就给模型的存储、传输、渲染造成困难。为了降低模型数据量，减少系统性能消耗，就需要对三维模型进行简化。网格模型简化是一种简单有效的手段，属于计算机图形学领域中的重点研究方向。目前在网格简化方面有很多手段，包含三角形删除、顶点删除、顶尖聚类、边折叠、半边折叠等方式。其中，边折叠算法是按照一定的手段对模型中的边折叠代价进行衡量，折叠代价越小的边简化后的模型越接近原模型。按照边折叠代价的大小不断进行边折叠，直到满足要求为止。这种算法的优点在于可以根据要求制作不同细节水平的模型，可以较好地保留原模型的细节特点。

传统的基于二次误差矩阵的边折叠算法是由 Garland 提出的。Garland 算法以其简化质量高、运行速度快的优点而成为一种经典的边折叠算法。该算法首先对模型中边折叠后的误差进行衡量，采用顶点到与该顶点相关联平面几何距离的平方和。对于一个还未进行折叠的初始顶点，由于它处于与其相关联的所有平面上，故初始误差为 0，引入二次误差度量对模型所有边进行折叠代价计算和衡量，排列出折叠代价序列，再以边折叠代价的大小为依据，不断进行边折叠，直到达到算法设定值后结束边折叠过程，得到简化模型。算法步骤如图 7-3 所示。

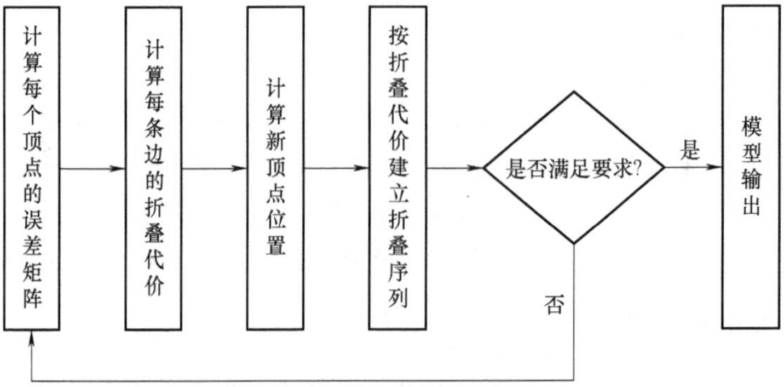

图 7-3　算法步骤

基于二次误差矩阵的边折叠算法，其重点在于利用顶点到与其相关联平面集的距离的二次方作为依据，以此来确定模型简化时的边折叠顺序和新顶点的位置。在模型较为复杂多变的情况下，单独依靠距离这个评价指标，将难以满足模型简化时需较多地保留原模型细节特点的要求。采用边折叠算法进行边折叠时，折叠边的实质就是对三角面片的删除，因此，可引入三角形的总曲率对每条边关联的三角形进行度量，通过添加三角形的总曲率参数作为权重来优化原算法。

下面通过对经典兔子模型和机器人模型的简化来对比原算法和优化算法。原始经典兔子模型包含 69630 个三角面片，分别使用原算法和优化算法对其进行简化，当取 34815 和 13926 两个不同数量的三角面片时，随着三角面片的减少，原算法的细节失真多于优化算法。对机器人模型进行同样的对比试验，也得到相同的结论。模型简化对比见表 7-1。

表 7-1　模型简化对比

模型	初始三角面片数	简化后三角面片数	原算法		优化算法	
			平均误差	耗时/s	平均误差	耗时/s
兔子	69630	34815	0.0333	3.371	0.0321	3.422
		13926	0.0397	3.641	0.0355	3.687
机器人	680333	340166	0.0475	32.299	0.0418	33.344
		136066	0.0746	39.435	0.0596	40.867

根据对比结果可见，优化算法有相对更低的误差，在保留模型细节方面具有较大的优势，但由于总曲率的计算增加了算法复杂度，导致算法耗时增加。兔子模型简化结果对比如图 7-4 所示。

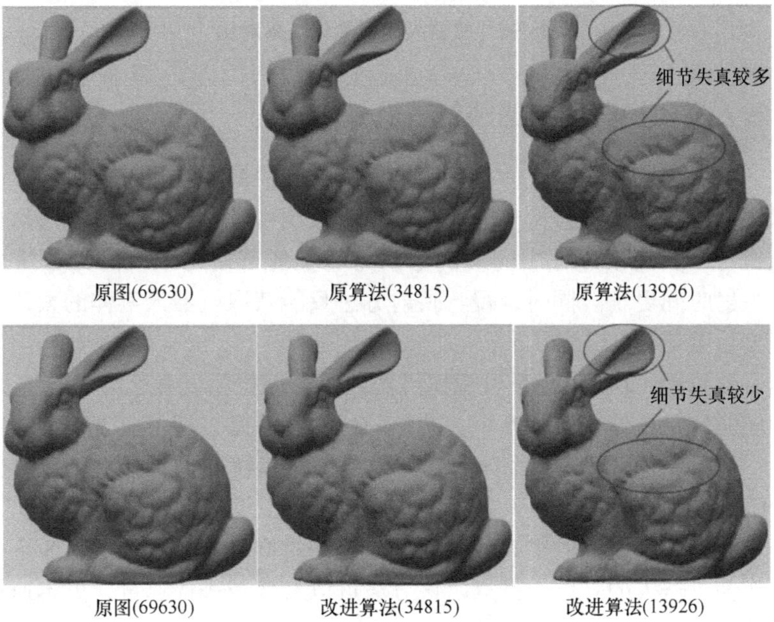

图 7-4　兔子模型简化结果对比

通过对比模型简化结果图可见，原算法简化后的兔子模型在耳朵部位和身体上有较大程度的失真，模型表面变得更尖锐且有更明显的棱角感。而机器人模型简化结果对比如图 7-5 所示，在机器人各关节处和连杆处的失真较为明显，表面出现了波纹形失真。而优化算法虽然也同样有细节失真现象出现，但是同部分对比来看失真程度较低，在细节保持方面相对较好。

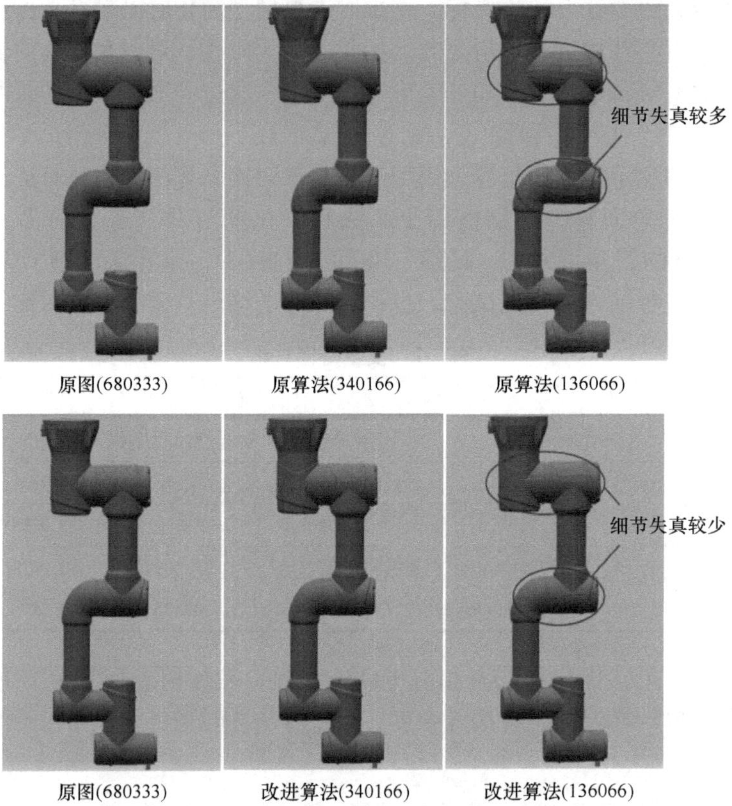

图 7-5 机器人模型简化结果对比

7.1.3 机器人虚实模型的快速映射

机器人是人机协作场景中与人体发生密切交互的建模对象，快速实时获取其运动状态信息是完成人机协同数字孪生场景构建的关键步骤。采用视觉点云扫描的方法对机器人物理实体进行数字建模时，其建模过程中的实例分割与渲染环节使得主机的计算量大大增加，对每一个状态的映射时间更长。同时，视觉映射方法只能获取机器人实体的大致范围，而无法获取精确的模型位置信息。

类比人体骨骼模型，DH 坐标系可视作机器人的骨骼模型，在已知各连杆几何尺寸的前提下，只需要实时测量机器人实体 6 个关节角的位置和速度，即可实现机器人虚实模型的快速映射。以图 7-6 所示的 myCobot 六自由度机器人作为建模实例，建立如图 7-7 所示机器人位姿模型的 DH 坐标系。利用机器人各关节内置的码盘，能实时测量各关节的位置和速度，由此更新机器人数字孪生模型的空间位置和速度，同时推导出组成机器人 8 个关节段的 9 个端点，并以此作为机器人的骨骼关键点。该方法可以有效减小计算量，更迅速更准确地实现机器人的虚实映射。

由于在人机协作过程中，对于实时性的要求高于间歇数据包的偶发性缺失要求，故机器人的数据传输协议优先采用 UDP，确保在数据传输过程中延迟小和数据传输效率高，以保证操作者安全及感知数据的实时性和精确性。数字孪生环境与真实物理环境下的数据交互采用 TCP/IP 进行传输，确保传输过程中的信息安全和可靠，且可在数据传输过程中配合加密和数字签名技术对数据进行签名认证，保证数据的安全性。

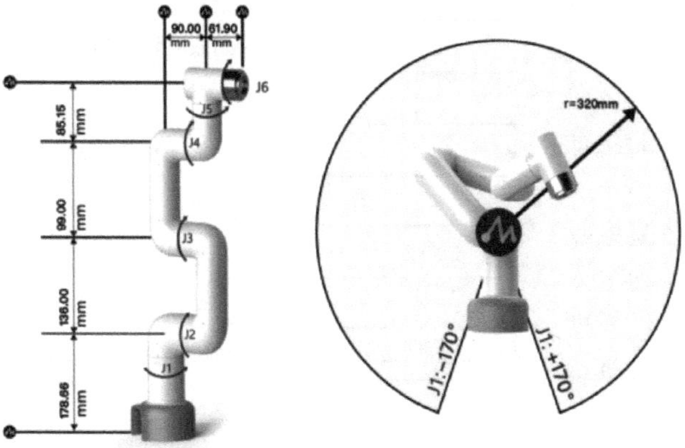

图 7-6　myCobot 六自由度机器人

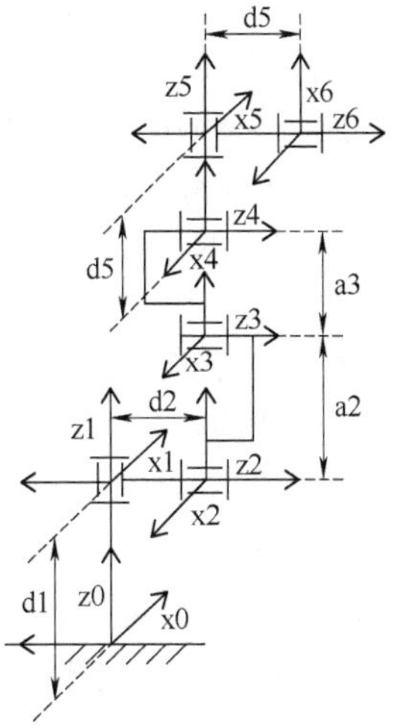

图 7-7　机器人位姿模型的 DH 坐标系

7.1.4　模型与数据融合的虚实运动跟随

在 Unity 3D 中，已经对模型按自由度定义了父子关系，即可按照自由度使数据与模型融合。这里讨论的模型与数据融合主要考虑实体机器人的各自由度转动数据，而对于机器人内部电机和控制系统的主机数据，主要通过数据可视化的方式和机器人健康状态评估的手段与模型进行融合。

模型与数据融合时，对于数字模型各自由度需要单独控制，模型数据的来源是数据库对应的数据库表。在 Unity 3D 中，控制模型运动有两种实现方式：一种是使用菜单栏工具通过鼠标控制模型运动，一般在调试时使用，可扩展性和连续性较弱；另一种是使用脚本，通过运行脚本在脚本中调用 Unity 3D 中 Transform 类中的方法来控制模型，Transform 类中提供了大量的模型控制方法，可通过不同参数控制模型，这种方式相对鼠标控制较为复杂，需要手动编写脚本，但优点在于可扩展性强，能够实现更复杂的运行控制。

Unity 3D 中是以坐标系来确定物体位置的，以整个虚拟场景为基准的坐标系是世界坐标系，而以具体某物体为基准的坐标系则为本地坐标系。世界坐标系是基于整个场景世界的，而本地坐标系是基于当前物体的，不同坐标系之间可以进行转换。由于模型父子关系已经定义，故采用基于父模型的本地坐标系进行相对运动的控制，可采用 Transform 类中的 Rotate 方法通过输入绕 x、y、z 轴旋转的角度来控制模型各自由度的旋转运动。脚本使用 C#语言进行编写。C#语言采用面向对象的编程方式，着重考虑对象的特性和行为，因而具有松耦合、简单、稳定和安全的优点，被广泛应用于计算机和通信领域。脚本有两个作用，一个是读取数据库获取实时数据，一个是将数据作为参数赋值给模型，通过 Unity 3D 中的物理控制函数来驱动模型运动。

在编写 Unity 3D 脚本的过程中，需要引入数据库连接的 jar 包，然后在程序中添加用户的个人身份认证信息和数据库参数，即可与数据库通信，不同数据库所添加的数据库连接 jar 包也不相同。对于 MySQL 数据库而言，需要添加 MySQL. Data. dll 文件到 Unity 3D 脚本根目录下，然后在程序中添加数据库的连接的协议、URL、端口号、编码字符集等相关信息，再通过编写查询数据的 SQL 语句，待脚本运行鉴权成功后就可以获取数据库中的数据了。

在使用 Unity 3D 脚本时需要注意脚本的生命周期，例如：Awake 方法在脚本初始化时被调用且只调用一次，而 OnGUI 方法是在遇到用户的所有 GUI 相关操作时才会被调用。利用脚本的生命周期可以更合理地区分代码功能和管理代码。Unity 3D 脚本的生命周期如图 7-8 所示。

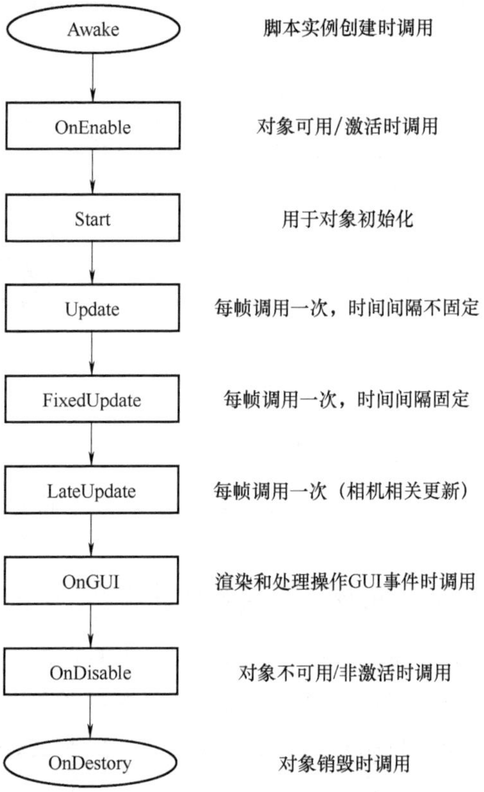

图 7-8　Unity 3D 脚本的生命周期

在控制模型运动时，需要周期性渲染场景，每一次场景的渲染都是对模型运动输入数据的获取与赋值。Unity 3D 脚本中可周期性调用的函数有两种：Update 和 FixedUpdate。Update 是以不固定的时间间隔被周期性调用，调用周期根据设备和场景不同而不同，即完成一次渲染所消耗的时间不固定。而 FixedUpdate 是在启动脚本后，以固定时间间隔进行调用，默认为 0.02s，如果程序在 0.02s 内不能执行完一次即会报错。本案例采用 Update 函数对场景进行周期性渲染，以防止系统在场景更复杂之后频频报错，提高系统稳定性。脚本挂载在机器人模型第五自由度示例如图 7-9 所示。

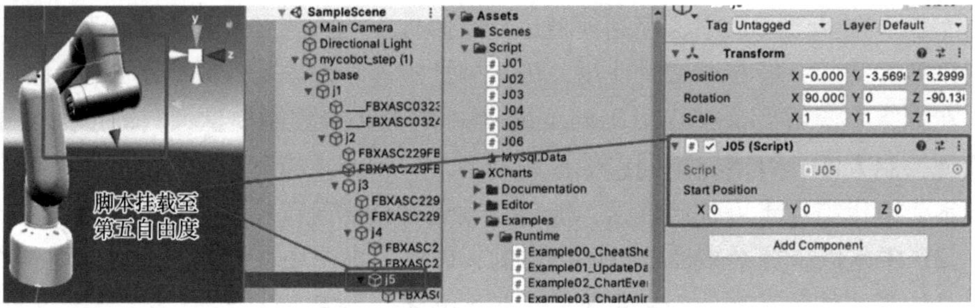

图 7-9　脚本挂载在机器人模型第五自由度示例

将脚本拖动到待控制物体上，待该物体的组件中显示出所挂载脚本时即表明挂载成功。对于数据的实时读取是通过脚本来实现的。数据从获取到与模型进行融合具体实现步骤的获取数据伪代码如下：

```
    //①添加数据库连接信息
    string constring="data source=localhost;database=unity;";
    using(MySqlConnection msc=new MySqlConnection(constring))
    {
        //②写入 SQL 语句
        string sql="select id,rotation_x ,rotation_y,rotation_z,status
from J02";
```

```
//③创建命令对象
MySqlCommand cmd=new MySqlCommand(sql,msc);
//④打开数据库连接
MySqlDataReader reader=null;
try
{
    msc.Open();
    reader=cmd.ExecuteReader();
    while(reader.Read())
    {
        //⑤获取实时数据
        float a=reader.GetInt32(1);
        float b=reader.GetInt32(2);
        float c=reader.GetInt32(3);
        //⑥数据与模型融合
        transform.Rotate(a,b,c);
```

7.2　非结构化环境的视觉重建

7.2.1　人体骨骼模型处理

本系统选用 MicroSoft 公司的 Azure Kinect 深度相机进行视觉重建，如图 7-10 所示。该深度相机经过几代更新，在人体骨骼识别方面具有很大的优势，它携带了微软的 SDK，其中包含已开发好的人体骨骼模型识别功能，能够实时获取人体骨骼模型数据。考虑到视频流的传输过程易受到影响，可对获取的数据进行滤波处理，去除噪声影响和不合理的数据点，获得有效的骨骼模型关键点，实现三维人体动作的实时捕捉。

图 7-10　Azure Kinect 深度相机

人体动作的识别主要依靠 Azure Kinect 相机以及它自带的 SDK。在基础 Azure Kinect SDK 包中，可实时获取和显示深度视频流、RGB 视频流以及传声器阵列采集的 7 条轨道声音信息。图 7-11 所示为深度视频流和 RGB 视频流的实时显示，其中，在右上角显示的图像是根据已有的 RGB 图像对照深度图像来获得的三维点云模型。

在身体跟踪 Azure Kinect Body Tracking SDK 中集成了经过微软深度学习训练的模型，可结合 RGB 图像从深度图像中分割出人体模型，获得骨骼模型关键点坐标。骨骼模型的人形骨架包括 32 个关节，关节层次结构按照流向分布从人体主干流向四肢。每个骨骼将父关节与子关节连接起来。图 7-12 所示为人体模型关节位置及命名。表 7-2 列出了人体模型关节对应中文。

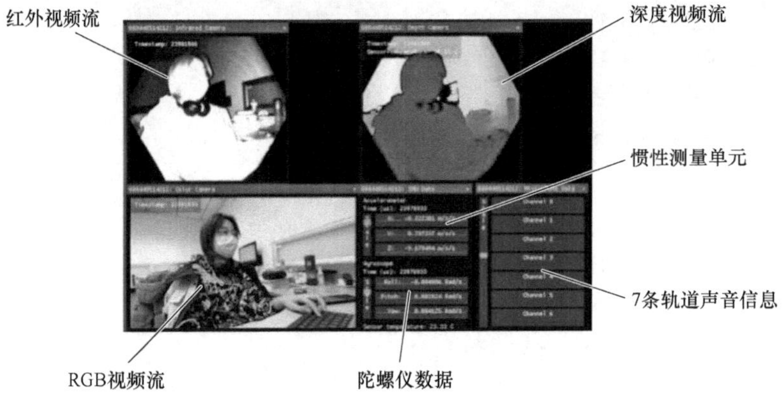

图 7-11 深度视频流和 RGB 视频流的实时显示

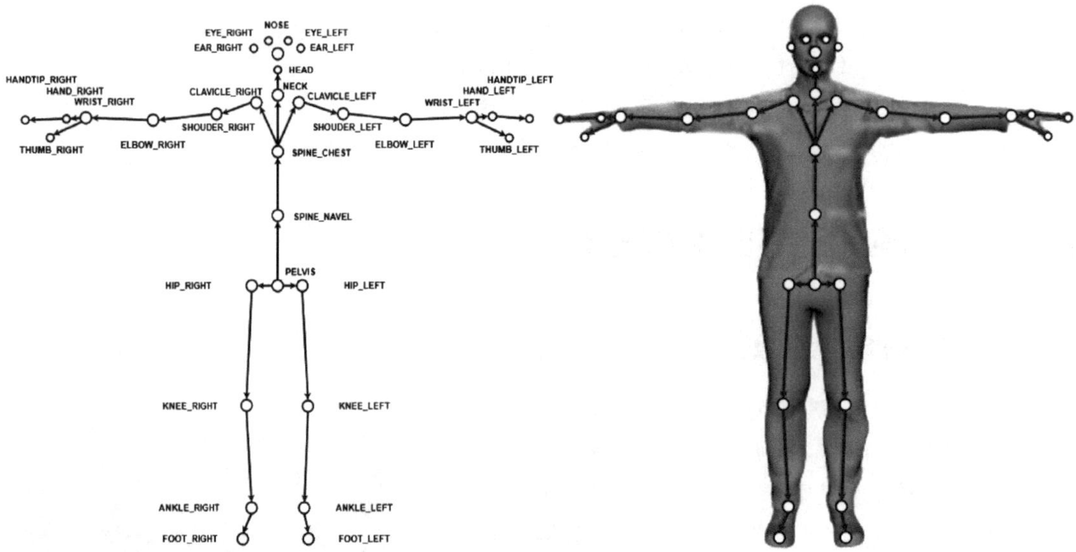

图 7-12 人体模型关节位置及命名

表 7-2 人体模型关节对应中文

中心线关节	对应中文	对称关节（左/右）	对应中文
NOSE	鼻子	CLAVICLE	锁骨
HEAD	头	SHOULDER	肩膀
NECK	脖子	ELBOW	肘部
CHEST	胸部	WRIST	手腕
NAVEL	肚脐	HAND	手
PELVIS	骨盆	HIP	髋部
		KNEE	膝盖
		ANKLE	脚腕
		FOOT	脚

由于采用Unity环境进行数字孪生模型的搭建，因此，需要将已有的SDK移植到Unity的C#脚本中，并进行相应的模型构建，以三维形式来显示获得的骨骼模型数据。

在每帧更新一次的Update函数中，获取相机当前识别到的骨骼模型位置数据的数组，当有新数据获得时，根据数据在Unity场景里构建动态模型。

部分代码如下：

```
    public void UpdateUserGestures(ulong userId,KinectManager kinect-
Manager)
    {
        // 检查当前的动作状态
        CheckForGestures(userId,kinectManager);
        // 检查已有的动作状态
        List<GestureData> gesturesData=playerGesturesData[userId];
        int userIndex=kinectManager.GetUserIndexById(userId);
        for(int g=0;g < gesturesData.Count;g++)
        {
            GestureData gestureData=gesturesData[g];
    ……// 检测动作差距范围
                else if(gestureData.progress >=0.1f)
                {
                    foreach (GestureListenerInterface listener in ges-
tureListeners)
                    {
                        if(listener ! =null)
                        {// 动作更新
                            listener.GestureInProgress(userId,userIndex,
gestureData.gesture,gestureData.progress,(KinectInterop.JointType)ges-
tureData.joint,gestureData.screenPos);
    ……
```

在实际的人机协作生产环境中，操作者的行为动态时变，属于典型的非结构化建模对象，而人体动作的突变会造成人体骨骼关键点的跳变。因Azure Kinect相机采集到的人体骨骼关键点是以一定的帧率进行输出，在采集过程中，会由于骨骼追踪数据出现抖动而使得稳定性下降。若直接使用原始的人体骨骼关键点数据，易导致计算精度低，为人机协作带来安全隐患，故需要引入平滑滤波算法对骨骼关键点数据进行预处理。

平滑滤波算法通常包括一次移动平均法、二次移动平均法、一次指数平滑法、布朗单一参数线性指数平滑法和霍尔特（Holt）双参数线性指数平滑法。移动平均法必须存储大量的过去观察值，且过去观察值的所有权值都相等，而人体骨骼行为数据中往往是最近的观察数据包含更大的权重。一次指数平滑法能够对离预测期较近的观察值赋予更大的权重，且权重由近到远按照指数规律递减，但是当存在变化趋势时，一次指数平滑法的平滑效果较差。布朗单一参数线性指数平滑法的一次和二次平滑值均滞后于实际值。霍尔特双参数线性指数平滑法可直接对变化趋势进行平滑处理，精度高且不存在滞后。考虑到人机协作过程中安全感知的实时性需求，若平滑滤波算法存在滞后数据将会造成安全隐患，故采用霍尔特双参数线性指数平滑法进行骨骼数据的平滑滤波处理。

霍尔特双参数线性指数平滑算法为

$$S_t = \alpha x_t + (1-\alpha)(S_{t-1} + b_{t-1}) \tag{7-1}$$

$$b_t = \gamma(S_t - S_{t-1}) + (1-\gamma) b_{t-1} \tag{7-2}$$

式中，α 和 γ 为平滑指数，且赋予不同的权重；x_t为当前帧的实际观察值；S_t为当前骨骼帧的平滑值；b_t为当期骨骼帧的趋势值。式（7-1）利用前一帧的趋势值 b_{t-1}对当前骨骼帧的平滑值 S_t进行修正，将前一骨骼帧的平滑值 S_{t-1}与当前的趋势值 b_{t-1}相加，进而消除滞后现象，更新到当前最新的 S_t。式（7-2）利用相邻两次平滑值之差来共同修正当前骨骼帧的趋势值 b_t。预测方程为

$$F_{t+T} = S_t + b_t T \tag{7-3}$$

式中，T 为预测步长，即当前帧与预测帧的距离；F_{t+T}是通过当前帧的平滑值 S_t和当前帧的趋势值 b_t对 $t+T$ 时刻得到的预测值。初始值通常设置为 $S_1 = x_1$，$b_1 = x_2 - x_1$。

若单纯使用滤波算法来保证骨骼帧的平滑性，往往会忽略人体的运动学结构，如人体骨长的不变性。Azure Kinect 相机识别人身体部分的关键点较精确，故以人体躯干和四肢相连关节的骨骼长度作为约束，可在骨骼帧平滑的基础上保证精度在一定的范围内。因采用了霍尔特双参数线性指数平滑算法消除关键点抖动，且以骨骼长度为约束条件筛选人体骨骼关键点坐标，极大提高了 Azure Kinect 相机获取关键点空间位置的准确率，进而提升了人机协作过程中的安全感知精度。基于霍尔特线性指数平滑滤波的骨骼帧处理、骨骼帧坐标平滑处理局部分布和平滑滤波处理骨骼数据耗时分布分别如图 7-13、图 7-14 和图 7-15 所示。骨骼数据平滑处理耗时均低于 22μs，满足实时性和快速性要求。

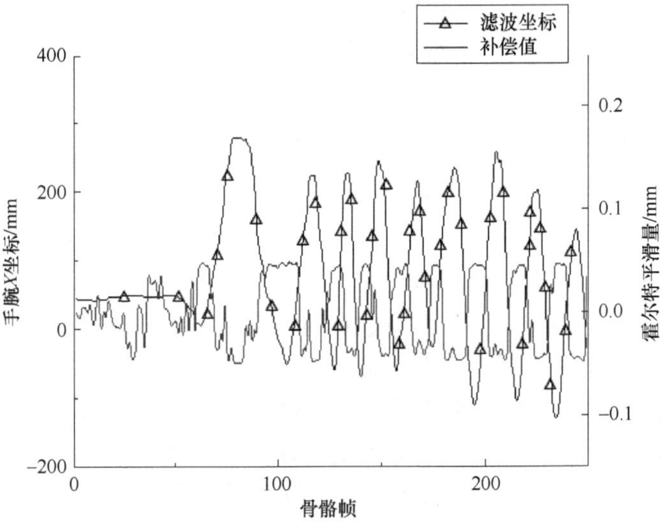

图 7-13 基于霍尔特线性指数平滑滤波的骨骼帧处理

图 7-16 所示为骨骼模型动作跟踪效果图，最终在搭建的 Unity 孪生系统中实现操作者动作和位置的实时跟踪。

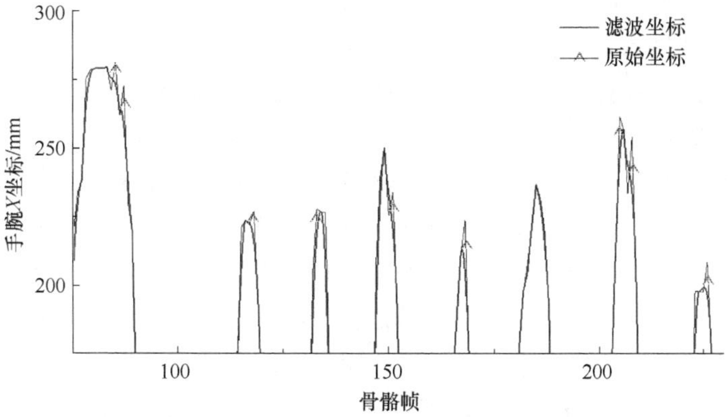

图 7-14　骨骼帧坐标平滑处理局部分布

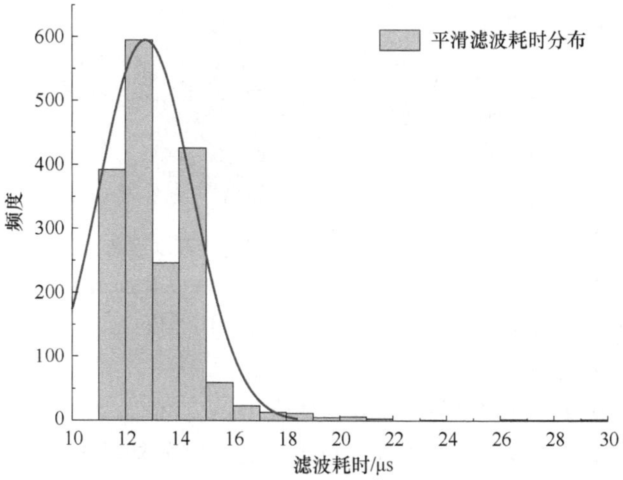

图 7-15　平滑滤波处理骨骼数据耗时分布

图 7-16　骨骼模型动作跟踪效果图

7.2.2　虚拟现实交互系统

采用虚拟现实技术对系统进行虚拟现实场景的制作以实现沉浸式交互，用于机器人的远程云端控制和数字孪生系统的可视化状态监测，是构建远程智能车间的有效手段。

可以利用 Unity 3D、高性能仿真计算机、myCobot 机器人、高性能计算服务器、HTC 虚拟现实眼镜和 Azure Kinect 相机完成物理和虚拟仿真环境的构建。Unity 3D 引擎用于构建人机协作的可视化仿真环境，包括机器人的数字孪生体和人体的数字孪生体。通过配置为 RTX 5000、32GB RAM、Windows 10 操作系统的高性能仿真计算机运行仿真环境，配置为 AMD Ryzen-7 5800H CPU、32GB RAM 和 NVIDIA RTX 3060 GPU 的高性能计算服务器作为数据处理服务器，采用 TCP/IP 实现可视化环境、计算服务器、虚拟现实子系统之间的数据通信，采用 UDP 实现服务器和 myCobot 机器人之间的数据通信。

前面已经完成对协作机器人数字孪生模型的建立，并且完成了模型父子关系定义和数据融合等过程，最终通过数据格式转换后导入 Unity 3D 软件中进行呈现。虚拟现实技术也可借助 Unity 3D 软件进行实现，由于模型已经在 Unity 3D 软件中制作完成，在虚拟现实场景制作时，只需把已存在于 Unity 3D 中的虚拟模型导入虚拟现实场景即可。在虚拟现实场景制作时利用 SteamVR 插件进行场景搭建，利用 SteamVR 制作的虚拟现实场景并不支持市面上所有的虚拟现实眼镜，只有实现了 SteamVR 插件的厂家生产的虚拟现实眼镜才适用，如 HTC VIVE、Oculus Rift 等。

虚拟现实场景的搭建主要有两部分，一部分是场景和物体的制作与搭建，另一部分是人机交互的设计与实现。在场景和物体的制作方面，机器人虚拟模型已创建完成，可以直接使用，另外通过搭建地板、墙壁、灯光等制作虚拟现实场景。在人机交互方面，为方便用户在虚拟现实场景中移动和操作数据平台，进行角色瞬移功能和碰撞检测功能的制作。角色瞬移交互方式的实现依赖虚拟定位技术，通过操作手柄发出射线定位到角色移动位置上的瞬移点即可完成瞬移。碰撞检测功能是依赖控制手柄按下 trigger 按键时与按钮进行接触碰撞实现的。

选用的虚拟现实开发设备是 HTC VIVE Cosmos 系列，如图 7-17 所示，设备由一个头戴显示设备和两个操作手柄组成。

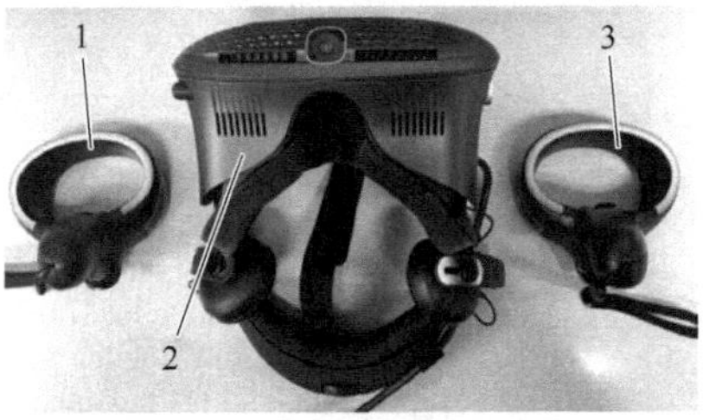

图 7-17　虚拟现实开发设备

1—左手无线操作手柄　2—头戴显示设备
3—右手无线操作手柄

瞬移是指虚拟现实场景中角色的瞬间移动行为。由于角色在虚拟现实场景的移动对标于用户在现实世界的真实移动，因此在虚拟现实场景较大的情况下，现实中也需要有较大的空间才能使角色正常地在虚拟现实场景中移动。这就要求用户在现实世界有足够的空间，如果在较为拥挤的办公室则难以满足系统对于空间的要求，因此开发角色瞬移功能，使角色在虚拟空间中的移动可以靠瞬移来完成，极大地节省了现实世界中使用系统需要的空间。

瞬移行为的成功实现包括两部分，一部分是地面上的瞬移标记点，另一部分是操作手柄射出的射线。在操作过程中，按下手柄上的 trigger 键发出射线，当与瞬移标记点重合后松开 trigger 键，即可成功完成瞬移。地面上的瞬移标记点及其设置如图 7-18 所示。当没有射线指向标记点时，标记点呈蓝色，当有射线指向时，标记点呈绿色。颜色的设置与更改可通过 Unity 3D 中瞬移标记点模块完成。

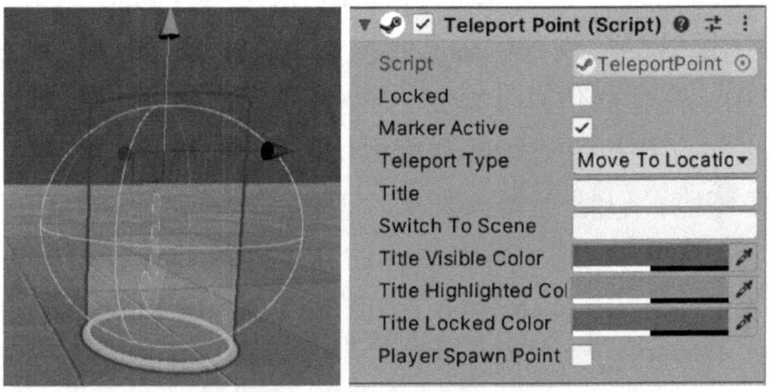

图 7-18　瞬移标记点及其设置

瞬移功能实现的底层是通过获取瞬移标记点的坐标，然后将角色的坐标转换为瞬移标记点的坐标来实现的。瞬移前后对比如图 7-19 所示。

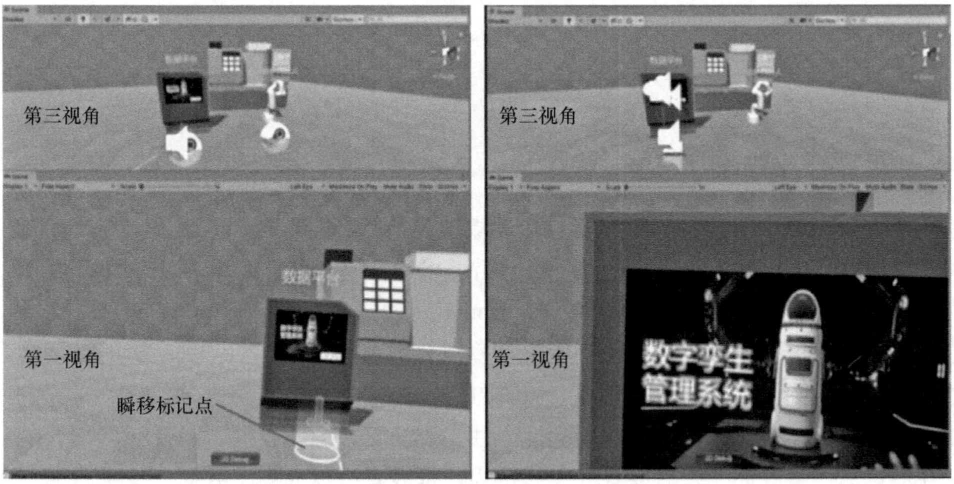

图 7-19　瞬移前后对比

碰撞检测主要用在用户与操作面板的按钮设置方面，如图 7-20 所示，主要表现在按钮的颜色变化和手柄的振动反馈。当角色触手与按钮发生碰撞时，按钮的颜色会发生变化提示用户此时已经碰到按钮，并伴随着手柄的振动反馈使用户感受到真正按到物理按钮的感觉，之后用户按下 trigger 键即可成功触发按钮功能。

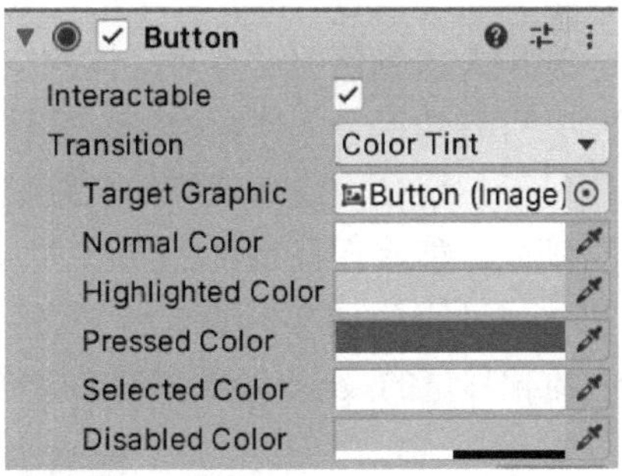

图 7-20　按钮设置

当虚拟场景中角色的触手还未接触到按钮时，按钮呈现白色，当接触之后呈现黄色，按下的瞬间按钮会呈现红色。图 7-21 所示为按钮触碰效果实操示例（第一视角）。

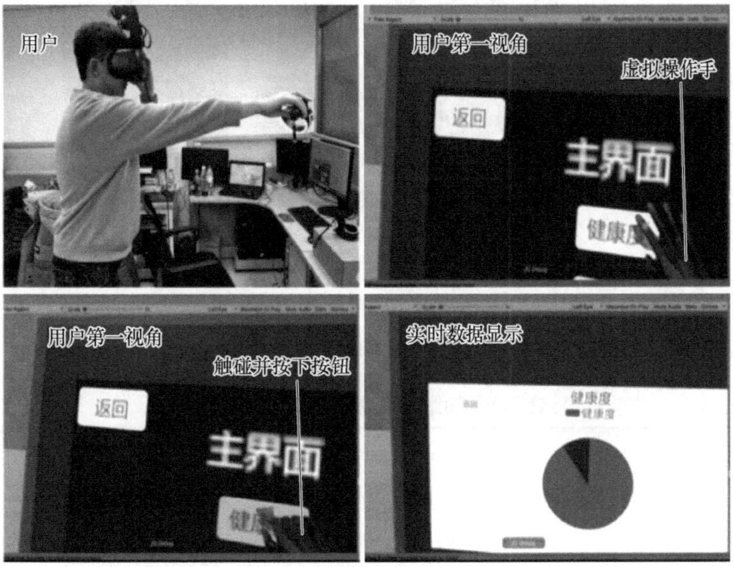

图 7-21　按钮触碰效果实操示例（第一视角）

7.3 人机安全交互关键技术

7.3.1 安全感知算法

在人机协作过程中，安全感知的实时性是最重要的考虑因素之一。当距离在规定的危险范围内时，向机器人发送与安全相关的减速或者停止命令。基于视觉原理实现物体测距的代表性方法有点云距离直接计算、点云体素（voxelization）法、点云凸包（convex hull）检测法。

在算力要求方面，基于三维点云的距离计算需要强大的计算能力，且计算的精度受到滤波算法处理能力的限制。在内存占用方面，三维点云需要的内存空间相比于关键点坐标的内存空间超出若干个量级，若应用在数字孪生环境中并实现云端数据库存储，需要耗费更多的云空间资源。在信息承载量方面，若需要获取人体行为数据或者机器人姿态数据，三维点云需配合一系列的实例分割和三维目标识别算法。另外，由于点云数据是基于视觉可见部分对物体表面轮廓进行识别，在实际数据表示中只能对相机可见区域进行显示，而物体背对相机的一侧则无法获取到轮廓信息，故在复杂的车间环境中就需要对相机的摆放位置和角度有特殊要求。

采用人体骨骼关键点对人体的空间关系进行表征，保留其位置信息的同时还能组成拓扑结构，可有效提升人体数据的有效性和自适应性。为模拟操作者和机器人的三维实体轮廓，利用基于三维柱面或半球等的三维偏移量技术建立机器人和操作者的三维偏移量模型，如图7-22所示，能在保证精度的同时大大减少计算过程中的数据量，由此提升计算速度，保证人机协作过程中的实时性。针对数字孪生环境中的机器人孪生体和操作者孪生体，采用基于三维偏移量的最小安全距离实时感知算法，能实时快速地计算人机协作中的最小安全距离。

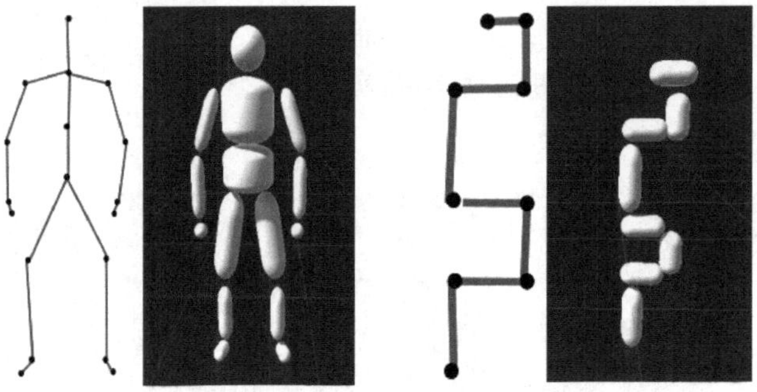

图 7-22　三维偏移量模型

a）操作者　b）机器人

表 7-3 列出了操作者和机器人三维偏移量算法的参数说明。式（7-4）和式（7-5）则描述了将空间中关节段的两个端点转换为空间向量的方法。

表 7-3　三维偏移量算法的参数说明

参数	参数描述
$\boldsymbol{J}_i^R$	机器人第 i 个关节段
$\boldsymbol{J}_j^H$	人体骨骼的第 j 个关节
$\boldsymbol{P}_0$	机器人某关节段上的起始端点
$\boldsymbol{P}_1$	机器人某关节段上的终止端点

（续）

参数	参数描述
$\boldsymbol{Q}_0$	人体骨骼某关节上的起始端点
$\boldsymbol{Q}_1$	人体骨骼某关节上的终止端点
m	点在机器人关节段向量上某位置的系数
n	点在骨骼关节向量上某位置的系数
$\boldsymbol{P}(m)$	机器人某关节段关于 m 的向量表达式
$\boldsymbol{Q}(n)$	人体骨骼关节关于 n 的向量表达式
$\boldsymbol{w}(m,n)$	距离函数
$\boldsymbol{p}$	机器人某关节段向量
$\boldsymbol{q}$	人体骨骼某关节段向量
${}^{r}\mathbf{J}_i^R$	机器人第 i 关节段的三维偏移半径
${}^{r}\mathbf{J}_j^H$	人体骨骼第 j 关节段的三维偏移半径
D	机器人第 i 关节段与人体第 j 关节段之间的最短距离

机器人所有关节段的定义关系：

$$\begin{cases}\boldsymbol{P}_0=\{x_0,y_0,z_0\}\\ \boldsymbol{P}_1=\{x_1,y_1,z_1\}\\ \boldsymbol{J}_i^R=\boldsymbol{P}_0+m(\boldsymbol{P}_1-\boldsymbol{P})=P_0+m\boldsymbol{p}(0\leqslant m\leqslant 1)\end{cases} \tag{7-4}$$

人体骨骼所有关节段的定义关系：

$$\begin{cases}\boldsymbol{Q}_0=\{x_2,y_2,z_2\}\\ \boldsymbol{Q}_1=\{x_3,y_3,z_3\}\\ \boldsymbol{J}_j^H=\boldsymbol{Q}_0+n(\boldsymbol{Q}_1-\boldsymbol{Q}_0)=\boldsymbol{Q}_0+n\boldsymbol{q}(0\leqslant n\leqslant 1)\end{cases} \tag{7-5}$$

式中，为保证所有参与距离计算的点都在关节段上，m 和 n 的取值范围为［0，1］。

空间中两个向量之间的距离可用向量差二范数的最小值来表示，用 $\boldsymbol{w}(m,n)$ 表示机器人和人体不同关节段上所有点的距离：

$$\boldsymbol{w}(m,n)=\boldsymbol{P}(m)-\boldsymbol{Q}(n) \tag{7-6a}$$

式（7-6a）可进一步简化为

$$\begin{cases}\boldsymbol{w}_0=\boldsymbol{P}_0-\boldsymbol{Q}_0\\ \boldsymbol{w}(m_c,n_c)=\boldsymbol{P}(m_c)-\boldsymbol{Q}(n_c)=\boldsymbol{w}_0+m_c\boldsymbol{p}-n_c\boldsymbol{q}\end{cases} \tag{7-6b}$$

最小距离计算需满足：

$$\begin{cases}\boldsymbol{p}\cdot\boldsymbol{w}(m_c,n_c)=0\\ \boldsymbol{q}\cdot\boldsymbol{w}(m_c,n_c)=0\end{cases} \tag{7-7}$$

于是，得

$$\begin{cases}(\boldsymbol{p}\cdot\boldsymbol{p})m_c-(\boldsymbol{p}\cdot\boldsymbol{q})n_c=-\boldsymbol{p}\cdot\boldsymbol{w}_0\\ (\boldsymbol{q}\cdot\boldsymbol{p})m_c-(\boldsymbol{q}\cdot\boldsymbol{q})n_c=-\boldsymbol{q}\cdot\boldsymbol{w}_0\end{cases} \tag{7-8}$$

式中，m_c 和 n_c 是当前计算距离的两段关节上满足式（7-9）的条件参数。令 $a=\boldsymbol{p}\cdot\boldsymbol{p}$，$b=\boldsymbol{p}\cdot\boldsymbol{q}$，$c=\boldsymbol{q}\cdot\boldsymbol{q}$，$d=\boldsymbol{p}\cdot\boldsymbol{w}_0$，$e=\boldsymbol{q}\cdot\boldsymbol{w}_0$，进行化简，由式（7-8）可得

$$m_c=\frac{be-cd}{ac-b^2},\ n_c=\frac{ae-bd}{ac-b^2} \tag{7-9}$$

$$ac-b^2=|\boldsymbol{p}|^2|\boldsymbol{q}|^2-(|\boldsymbol{p}||\boldsymbol{q}|\cos\theta)^2\leqslant(|\boldsymbol{p}||\boldsymbol{q}|\sin\theta)^2 \tag{7-10}$$

由于 m 和 n 的取值范围为［0，1］，需要根据 m_c 和 n_c 的计算结果分情况讨论：

1）若 $0<m_c<1$ 且 $0<n_c<1$，最短距离首尾端点在关节上，可直接计算。

2）若 $m_c \geqslant 1$ 或 $n_c \geqslant 1$，不可直接赋值为 1，否则会造成局部最优，需分别计算 $m_c=1$ 与 $n_c=1$ 的输出，取较小值。以 $m_c=1$ 为例，根据式（7-9）可得到 $n_c=d/b=e/c$，再根据式（7-11）进行下一步计算。

3）若 $m_c \leqslant 0$ 或 $n_c \leqslant 0$，也需分别考虑 $m_c=0$ 和 $n_c=0$ 的输出，取距离较小值。

在确定参数 m 和 n 以后，使用三维偏移量来简化模型轮廓的计算数据量，可得到当前帧的人机最小距离为

$$\boldsymbol{w}_{i,j}(m_c,n_c)=|\boldsymbol{P}(m_c)-\boldsymbol{Q}(n_c)|-r_{J_i^R}-r_{J_j^H} \tag{7-11}$$

7.3.2 人机数字孪生系统的协同构建

在数字孪生架构中，信息物理集成、数字孪生和虚拟现实三个子系统之间均存在数据交互，其协同运行可实现安全感知与人机孪生环境的虚实映射。

图 7-23 所示为人机协同的信息物理集成子系统的总体架构。信息物理集成子系统连接着真实场景和虚拟场景且实现两者的数据交互，是实现以实促虚、以虚促实的基础。通过 RGB-D 相机采集人体骨骼信息，通过机器人内置传感器采集关节角度信息，然后将采集的数据传入服务器，由此实现人机协作数字孪生模型的重构。

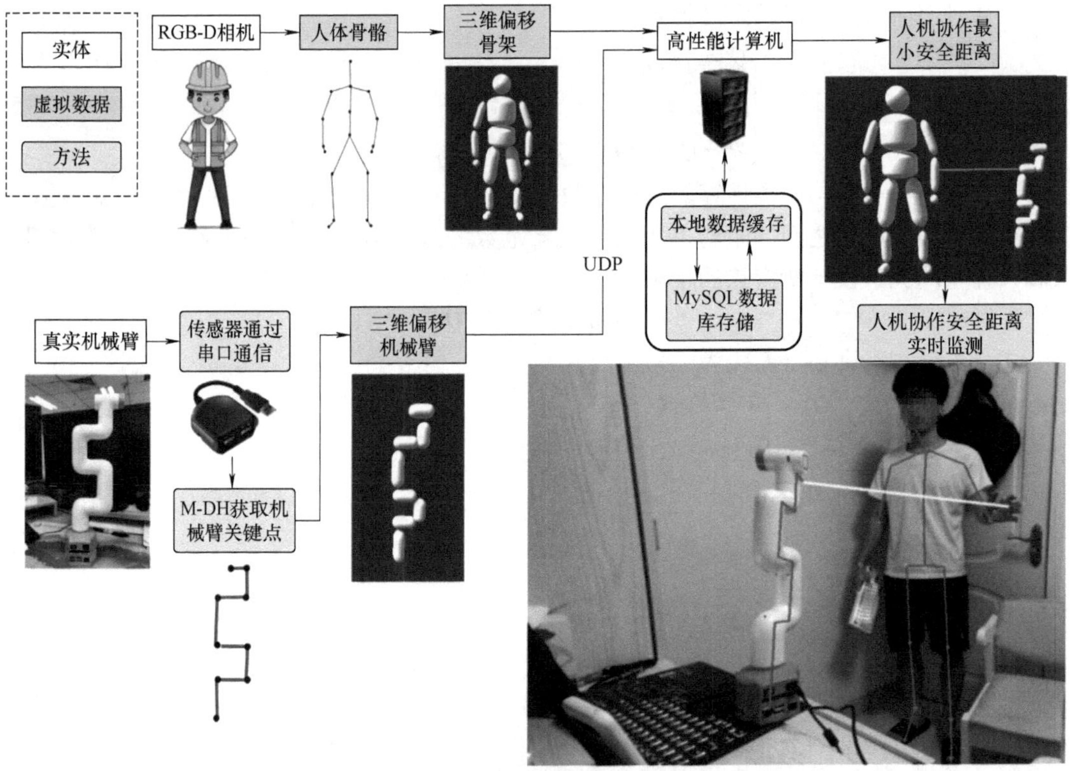

图 7-23　人机协同的信息物理集成子系统的总体架构

图 7-24 所示，人机协同的数字孪生子系统是将真实物理场景下的对象实体通过信息物理集成子系统的数据进行渲染，并在仿真环境中展示。对于人机协作场景，通过读取人体骨

骼关键点和机器人关节转角的数据，使用高性能仿真计算机在 Unity 3D 引擎中进行模型的实时渲染，并将数据通过 MySQL 数据库持久化存储，对近期数据通过 Redis 缓存，保证数据的时间局部性。

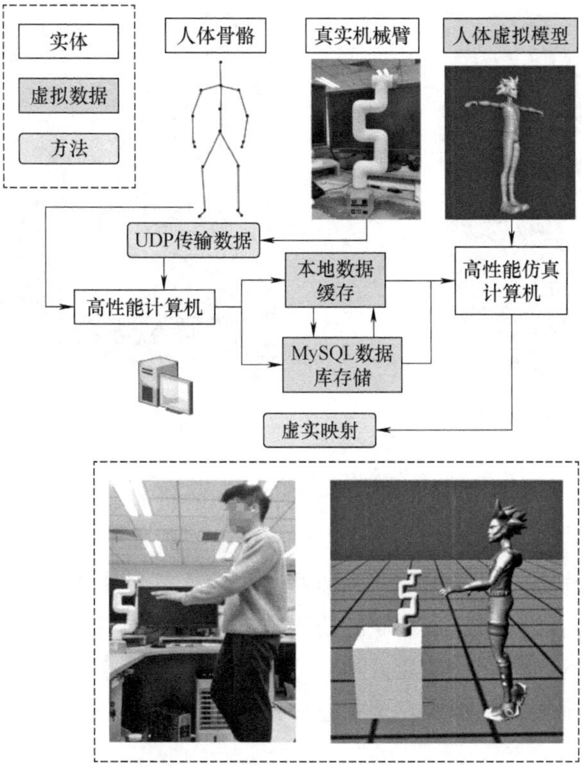

图 7-24　人机协同的数字孪生子系统

图 7-25 所示为机器人的虚实映射，实体的位姿变换与其孪生体实时跟随，机器人数字孪生体的实时渲染速度可达 0.2s/帧。图中序号含义依次为：①实体机器人初始位姿；②虚拟模型初始位姿；③程序控制实体；④虚拟模型跟随。

图 7-26 所示为操作者的虚实映射。在 Unity 3D 中，操作者数字孪生体的实时渲染速度可达 0.03s/帧。

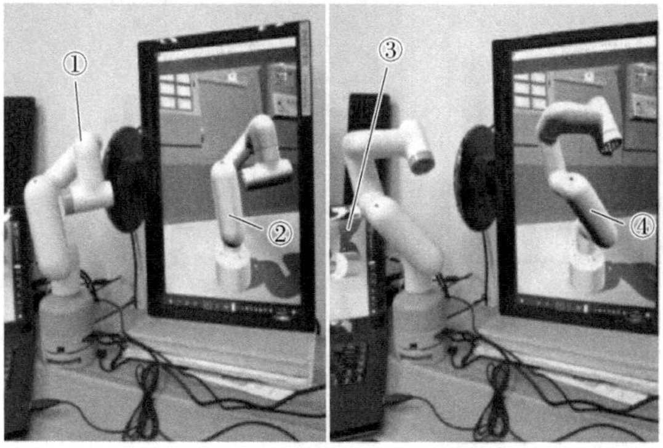

图 7-25　机器人的虚实映射

图 7-26　操作者的虚实映射

根据人机安全距离算法式（7-11）计算出相应的最小安全距离，对应不同级别的安全控制策略，将机器人的运行状态进行实时调整以确保人机协同作业的安全性。图 7-27、图 7-28 所示分别为实时计算人机最小安全距离与发生碰撞监测与预警情况的实例。

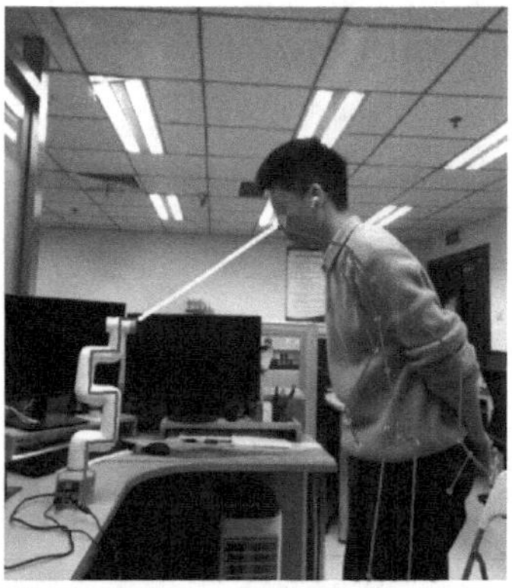

图 7-27　实时计算人机最小安全距离

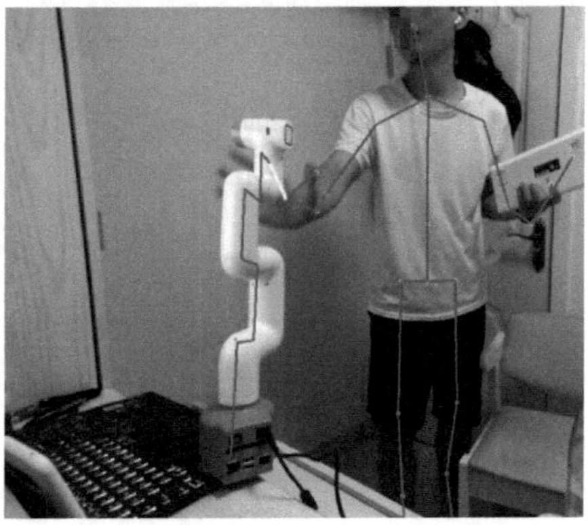

图 7-28　碰撞监测与预警

操作者通过佩戴 VR 眼镜，能对真实场景下不存在的机器人进行模拟预览。图 7-29 所示为人机虚拟协同的作业场景。其中，图 7-29a 所示为虚拟现实子系统，通过在虚拟环境中放置虚拟机器人，能对工作场景进行预览，并监测人机协作的最小安全距离。图 7-29b 所示为虚拟机器人。该子系统可结合数据库存储的历史数据实现动作重现，对车间的故障操作或安全风险等能够提供良好的回访溯源功能，从而方便开发者或操作者对相应的人机协作故障进行排查，实现后续动作调整或机器人安全状态评估等。

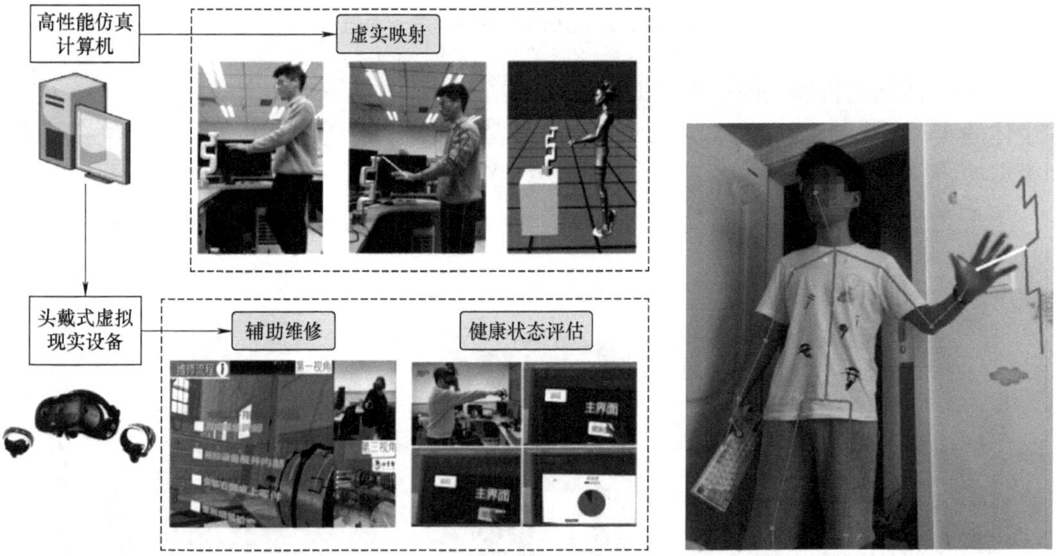

a)　　b)

图 7-29　人机虚拟协同的作业场景

a）虚拟现实子系统　b）虚拟机器人

习题

7-1　在人机协作的安全感知中，有哪些主要问题需要考虑？

7-2　为了解决习题 7-1 中提到的这些主要问题，你有哪些措施？

7-3　请基于人体-机器人骨骼模型设计编写一个能够实现实时测量二者最小安全距离的算法。（提示：利用 Matlab 软件环境，对边界情况做详细分析，避免产生局部最优解。）

参考文献

[1] 臧冀原，刘宇飞，王柏村，等. 面向 2035 的智能制造技术预见和路线图研究［J］. 机械工程学报，2022，58（4）：285-308.

[2] LI H，MA W F，WANG H Q，et al. A framework and method for Human-Robot cooperative safe control based on digital twin［J］. Advanced Engineering Informatics，2022，53：1-14.

[3] SIMÕES A C，PINTO A，SANTOS J，et al. Designing human-robot collaboration（HRC）workspaces in industrial settings：A systematic literature review［J］. Journal of Manufacturing Systems，2022，62：28-43.

[4] 高峰，郭为忠. 中国机器人的发展战略思考［J］. 机械工程学报，2016，52（7）：1-5.

[5] 王田苗，陶永. 我国工业机器人技术现状与产业化发展战略［J］. 机械工程学报，2014，50（9）：1-13.

[6] NIKOLAKIS N，MARATOS V，MAKRIS S. A cyber physical system（CPS）approach for safe human-robot collaboration in a shared workplace［J］. Robotics and Computer-Integrated Manufacturing，2019，56：233-243.

[7] LEE J，BAGHERI B，KAO H A. A cyber-physical systems architecture for industry 4. 0-based manufacturing systems［J］. Manufacturing Letters，2015，3：18-23.

[8] 贾计东，张明路. 人机安全交互技术研究进展及发展趋势［J］. 机械工程学报，2020，56（3）：16-30.

[9] 朱德慰，李志海，吴镇炜. 基于异常行为监测的人机安全协作方法［J/OL］. 计算机集成制造系统，2021［2022-12-01］. https://kns. cnki. net/kcms/detail/11. 5946. TP. 20210329. 1645. 018. html.

[10] 李浩，刘根，文笑雨，等. 面向人机交互的数字孪生系统工业安全控制体系与关键技术［J］. 计算机集成制造系统，2021，27（2）：374-389.

[11] 王春晓. 基于数字孪生的数控机床多领域建模与虚拟调试关键技术研究［D］. 济南：山东大学，2018.

[12] CHOI S H，PARK K B. et al. An integrated mixed reality system for safety-aware human-robot collaboration using deep learning and digital twin generation［J］. Robotics and Computer-Integrated Manufacturing，2022，73：19.

第 8 章 数字孪生系统的故障诊断

为满足智能制造业日益复杂的工艺需求，加工装备的内部零件更加复杂，且各装备间的联动性更强，这些特点加大了机械设备发生故障的概率。如何对机械设备的状态进行准确的监测和预警成为当下的技术研究热点，如何做出准确及时的故障判断和性能退化估计成为关键技术。通过故障判断和性能退化估计，可在事故发生或造成更大损失之前及时预测和发现故障，从而达到及时处理或规避风险的目的。

面对故障诊断领域故障信号多源异构、噪声干扰大、时序特征敏感的技术难点，传统的故障诊断方法已经无法给出更准确和可靠的故障诊断结果。而数字孪生技术基于现实世界构建数字模型，能够通过传感器参数的同步更新、实时传输和数据处理等手段，在虚拟模型中实时映射物理模型，从而进一步反映实际物理设备的实时状态和后续性能退化状态，再结合其虚实映射的特点，能更好地反馈设备运行情况并提供维修指导意见。

轴承作为机械设备传动环节的核心部件，在长期设备运行中易发生损坏，从而导致设备无法正常运转。本章以轴承作为故障诊断和性能退化估计的研究对象，讨论基于特征生成模型的故障诊断方法和基于 SDAE-SVDD 的轴承性能退化评估方法。结合数字孪生和云计算的应用背景，根据轴承故障诊断结果，构建数据互通和虚实融合的数字孪生维修指导系统。

8.1 基于特征生成模型的故障诊断方法

早期的故障诊断方法涉及振动监测技术、油液监测技术、温度趋势分析和无损探伤技术等，这些故障诊断方法主要针对普通单一的机械设备，依赖人员的技术水平和经验积累，且大部分方法都是事后维修，对生产活动已经造成了经济损失，故难以用于复杂设备。随着计算机算力的提升和当下深度学习理论基础越来越完善，结合深度学习的轴承故障诊断方法相较于传统方法能更准确地提供故障诊断和分类效果。

由于故障数据采集困难且故障类别分布不均衡，故障诊断的准确率和精确率不高。本章将介绍一种基于深度学习的故障诊断方法，将条件变分自编码器（conditional variational autoencoder，CVAE）与辅助分类生成式对抗网络（auxiliary classifier generative adversarial networks，ACGAN）相结合，原始故障数据和故障类别通过 CVAE 网络训练得到类别条件约束下的隐含特征，然后将其作为 ACGAN 判别器的真实特征输入，再由 ACGAN 网络的动态对抗学习方式引导其生成器输出类条件特征，最后将原始故障数据和类条件特征同时输入卷积神经网络（convolutional neural network，CNN）进行故障分类训练和验证。

8.1.1 条件变分自编码器

条件变分自编码器是在变分自编码器（VAE）的基础上，对输入数据集增加了类别 C 作为原始数据 X 的约束条件，通过对原始数据 X 和类别 C 进行编码得到隐含特征 Z。由于采样过程中无法直接对 Z 进行求导，引入均值 μ、方差 σ 和噪声 ε 对 Z 进行重参数化，得到 $Z=\mu+\sigma\times\varepsilon$ 的重构式，再用解码的方式将隐含特征 Z 和类别 C 重构回原始数据的空间维度，得出重构后的数据 X' 与原始数据 X 不断逼近，从而获得原始数据 X 的隐含特征 Z。CVAE 模型结构图如图 8-1 所示。

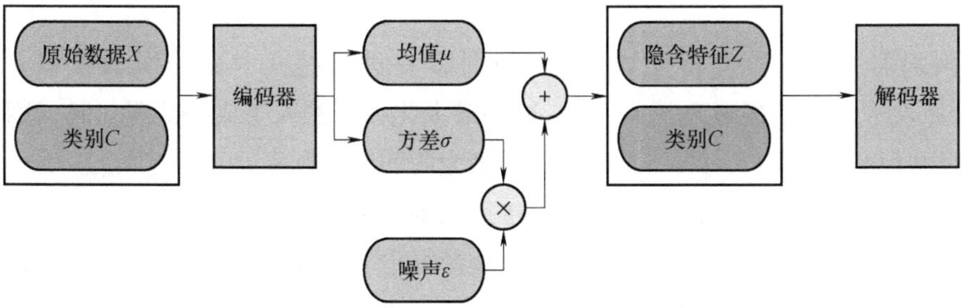

图 8-1 CVAE 模型结构图

将原始故障数据和故障类别通过 CVAE 网络训练，可以得到类别条件约束下的隐含特征，为后续的辅助分类生成式对抗网络提供数据。

8.1.2 辅助分类生成式对抗网络

通过 CVAE 网络训练得到的类别条件约束下的隐含特征，可通过辅助分类生成式对抗网络进一步得到类条件特征。

传统的 GAN 模型主要是通过对生成器 G 输入噪声 Z，生成器 G 的目标是提取真实特征 X_{real} 的分布并输出生成特征 X_{fake}，尽可能让生成特征 X_{fake} 在判别器 D 的判别中与真实特征 X_{real} 一致。通过生成器 G 和判别器 D 的对抗过程完成对模型的训练过程，使得生成特征 X_{fake} 的分布不断逼近真实特征 X_{real} 的分布，最终达到 Nash 均衡。GAN 模型结构图如图 8-2 所示。

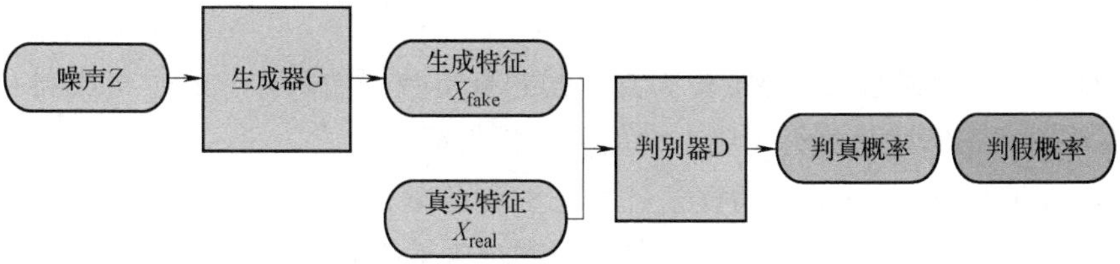

图 8-2 GAN 模型结构图

ACGAN 在 GAN 的理论基础上添加类别属性来约束对抗网络。给生成器 G 输入噪声 Z 和类别 C，判别器 D 既需要对生成特征 X_{fake} 和真实特征 X_{real} 进行真伪判别，又要基于给出的生成特征 X_{fake} 训练对应的类别属性 C，给出属于类别 C 的概率分布。ACGAN 模型结构图如图 8-3 所示。

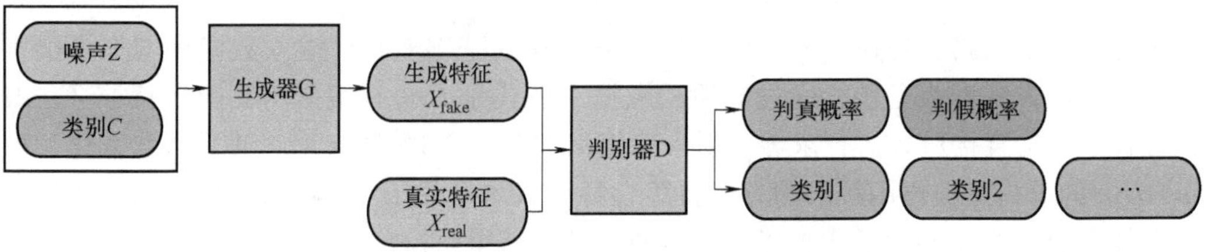

图 8-3　ACGAN 模型结构图

当对判别器 D 输入真实特征 X_{real} 时，判别器 D 进行特征为真的判断概率 $P(S=\text{real}\mid X_{real})$ 和类别为真的判断概率 $P(C=c\mid X_{real})$ 要最大化；当输入生成特征 X_{fake} 时，判别器 D 进行特征为假的判断概率 $P(S=\text{fake}\mid X_{fake})$ 和类别为假的判断概率 $P(C=c\mid X_{fake})$ 最大化。

对于生成器 G 而言，其需要与判别器 D 达到对抗的目的，期望生成特征 X_{fake} 通过判别器 D 判真的概率最大，从而提高生成符合真实特征分布的能力。基于上述分析，目标函数分为两部分：L_s 代表正确样本的似然对数和 L_c 代表正确类别的似然对数：

$$L_s=E(\lg P(S=\text{real}\mid X_{real}))+E(\lg P(S=\text{fake}\mid X_{fake})) \tag{8-1}$$

$$L_c=E(\lg P(C=c\mid X_{real}))+E(\lg P(C=c\mid X_{fake})) \tag{8-2}$$

生成器 G 的训练目标为最大化正确类别似然对数和正确样本似然对数之差 maximize（L_c-L_s），判别器 D 的训练目标为最大化正确类别似然对数和正确样本似然对数之和 maximize（L_c+L_s）。判别器和生成器通过动态抗衡的学习方式，最终达到 Nash 均衡，ACGAN 网络可以借助训练好的生成器生成有效的类条件特征。

8.1.3　CVAE-ACGAN-CNN 故障诊断方法

CVAE-ACGAN-CNN 故障诊断方法的步骤如下：

1）以轴承振动信号作为原始故障数据，自定义故障类别属性，经过数据清洗和切割划分后分为训练集、测试集和验证集。

2）训练集输入 CVAE 网络，通过编码解码的训练方式提取到类别条件约束下的隐含特征。

3）将 CVAE 提取到的隐含特征作为判别器的真实数据输入源，通过生成器和判别器动态对抗的训练方式不断优化最终得到有效的类条件特征。

4）结合 ACGAN 生成器输出的类条件特征和训练集进行拼接，把扩增后的新数据集作为 CNN 网络的训练集，结合分类器的监督学习和梯度下降算法，最小化 CNN 模型的损失函数，完成对 CNN 故障诊断模型的训练。

5）最后，给 CNN 故障诊断模型输入测试集和验证集，使预测类别与真实类别尽可能一致，验证模型分类能力，得到轴承故障诊断结果进行试验对比分析。

具体的实现流程如图 8-4 所示。

结合轴承振动信号强噪声的特点，用试错法得到 CVAE-ACGAN 模型的主要结构参数，见表 8-1。

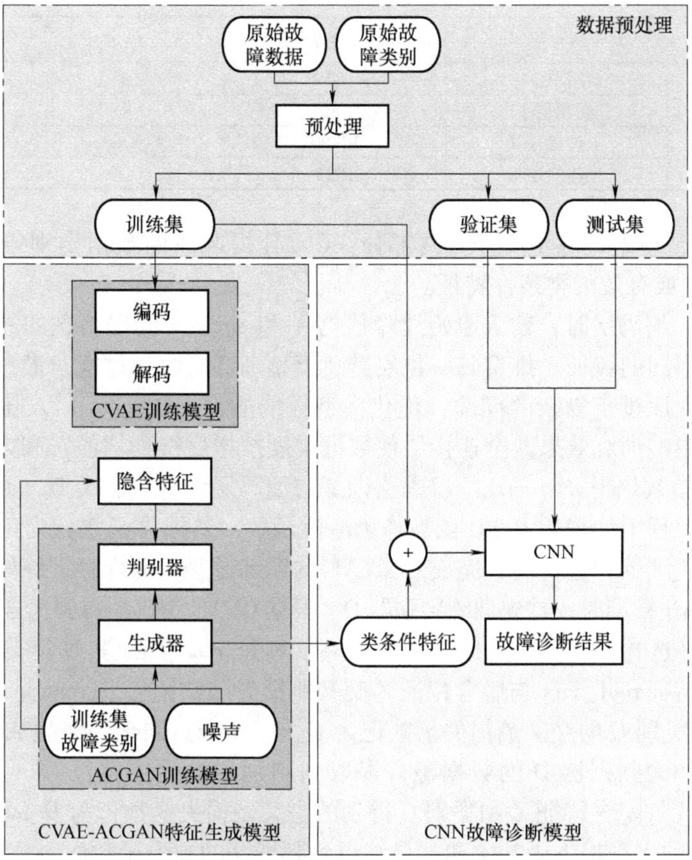

图 8-4　CVAE-ACGAN 故障诊断流程图

表 8-1　CVAE-ACGAN 模型主要结构参数

模块	网络层	通道数	核尺寸	步长
CVAE 编码器	卷积层 1	16	66×1	2
	池化层 1	—	—	2×1
	卷积层 2	32	4×1	2
	池化层 2	—	—	2×1
	全连接层	200	—	—
	反池化层 2	—	—	2×1
	反卷积层 2	32	4×1	2
	反池化层 1	—	—	2×1
	反卷积层 1	16	66×1	2
ACGAN 生成器	全连接层 1	1024	—	—
	全连接层 2	12800	—	—
	反卷积层 1	64	4×1	2
	反卷积层 2	1	4×1	2

（续）

模块	网络层	通道数	核尺寸	步长
ACGAN 判别器	卷积层 1	64	4×1	2
	卷积层 2	256	4×1	2
	全连接层 1	12800	—	—
	全连接层 2	1024	—	—

CVAE-ACGAN 模型训练主要分为两部分：CVAE 提取原始数据类别条件约束下的隐含特征和 ACGAN 生成有效的类条件特征。

在训练 CVAE 编码层时，输入原始故障数据 X 和 one-hot 编码格式的故障类别 C，依次通过卷积层提取不同的特征。批量归一化层避免模型训练时收敛过慢。最大池化层解决数据高维带来的特征提取过于复杂的问题，优化模型提取能力。Dropout 加入随机噪声，避免模型出现过拟合而影响训练效果。全连接层使数据维度扩增后得到均值 μ 和方差 σ，并引入噪声 ε 对 Z 进行重参数化得 $Z=\mu+\sigma\varepsilon$。解码层训练与编码层训练方法类似，通过反卷积过程实现。编码和解码过程中均采用 ReLU 函数作为激活函数，其损失函数分为正则化项和重构误差，经过多次反复训练和迭代后，完成对 CVAE 的训练过程，并保存训练好的模型参数。

在训练 ACGAN 模型时，首先训练判别器 D。根据 CVAE 编码器得到隐含特征 Z 和类别 C，输入判别器 D，经过卷积层和全连接层后得到真实特征 real_data 和真实类别 real_class，并将判别器的真实特征 real_data 与隐含特征 Z 交叉熵损失函数记为 D_real_loss，判别器的真实类别 real_class 与类别 C 的交叉熵损失函数记为 C_real_loss。同理，将生成器 G 输出的类条件特征 gen_data 作为判别器 D 的数据源，提取到判别器的生成特征 fake_data 和生成类别 fake_class，分别代入隐含特征 Z 和类别 C 得到的交叉熵损失函数记为 D_fake_loss 和 C_fake_loss，将以上得到的 4 种损失函数求和，最终得到判别器的损失函数。

生成器 G 的训练中，首先输入随机噪声 Z' 和类别 C，得到类条件特征 gen_data，输入判别器 D 得到生成特征 fake_data 和生成类别 fake_class，记录生成特征 fake_data 和真实特征 real_data 的交叉熵损失函数为 G_data_loss。生成类别 fake_class 和类别 C 的交叉熵损失函数为 G_fake_loss，二者求和记为生成器的损失函数，然后在反向传播中采用自适应矩估计（Adam）来提高训练速度和收敛稳定性。CVAE-ACGAN 网络结构如图 8-5 所示。

8.1.4 CVAE-ACGAN-CNN 试验对比验证

基于 Windows 10 操作系统、Intel(R) Core(TM) i7-7700K 处理器、RTX 5000 显卡和深度学习 Pytorch 框架构建特征生成模型和故障诊断模型，采用凯斯西储大学（CWRU）轴承数据集和都灵理工大学（PoliTO）轴承数据集作为数据源，在同种输入输出的条件下，与其他四种特征生成模型的故障诊断结果进行对比。

1. 凯斯西储大学轴承数据集

凯斯西储大学信号采集试验台由一台电动机、一个功率测试计和传感器组成。传感器信号采集频率主要分为 12kHz 和 48kHz，通过电火花加工的方式为轴承构造人为损伤，其中根据损失直径的不同分为 0.007in、0.014in、0.021in 和 0.028in。

取驱动端加速度样本数据，按照内圈、外圈和滚动球体三种故障位置，每种故障位置又按照损伤直径 0.007in、0.014in 和 0.021in 的顺序排列，再加上设备的健康状态，自定义 10 种故障类别，按照数字 0~9 的方式来标记，将数据集按照 7 : 2 : 1 的比例划分为训练集、测试集和验证集，取每个数据集长度为 1024。CWRU 数据集设置见表 8-2。

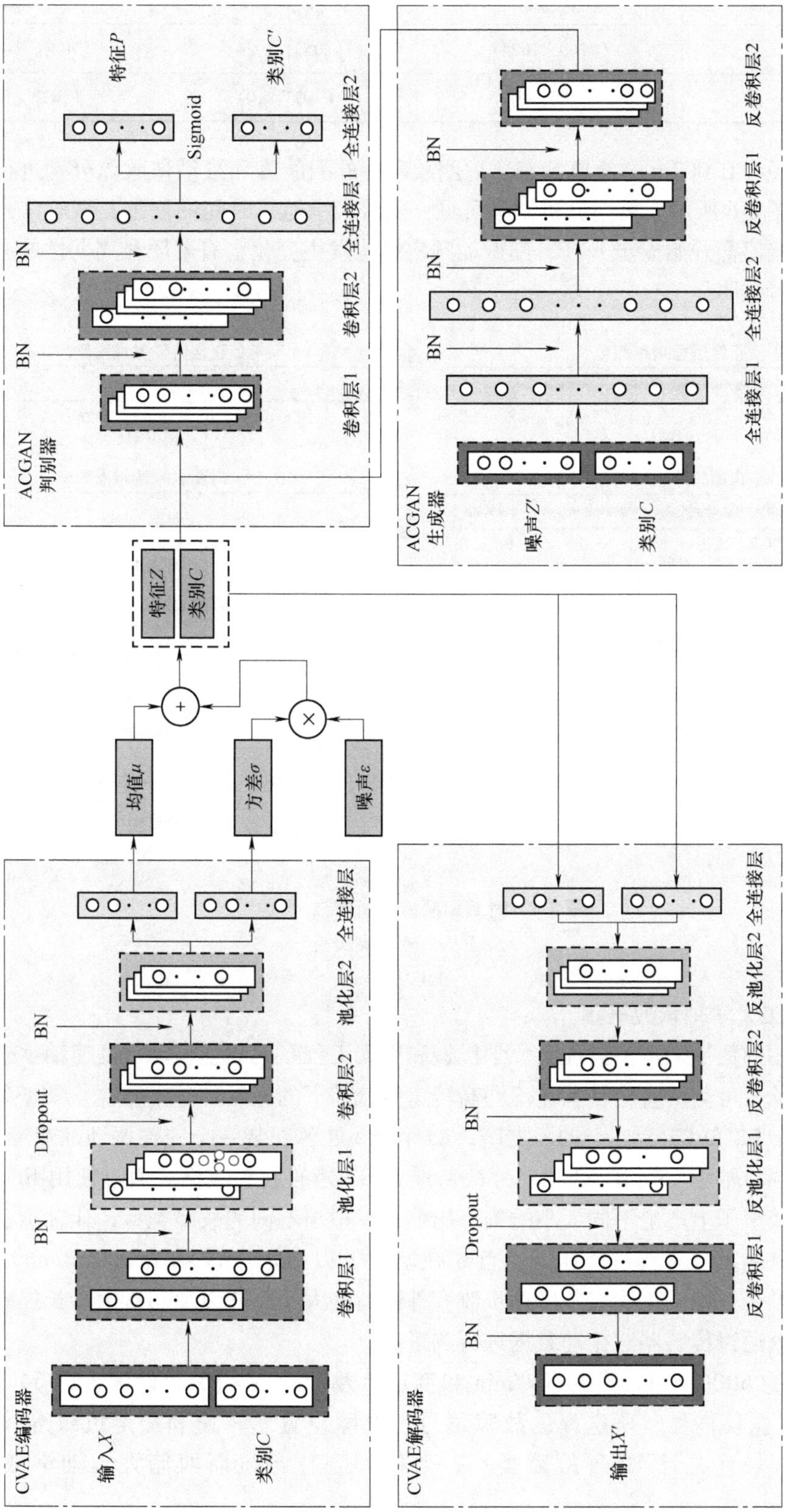

图 8-5　CVAE-ACGAN 网络结构图

表 8-2 CWRU 数据集设置

故障数据/类别	训练集	测试集	验证集
X_data	(7160, 1024)	(2053, 1024)	(1027, 1024)
Y_class	(7160, 10)	(2053, 10)	(1027, 10)

取损伤直径为 0.007in 的健康状态、内圈故障、外圈故障和滚动体故障分别进行时域和频域分析，如图 8-6 所示。根据分析结果可见，随着轴承运行时间的增加，振动信号的时域图和频域图的幅值都开始逐步升高，其振动频率结构发生变化，有着明显周期性的冲击，故障信号的频率特征明显。

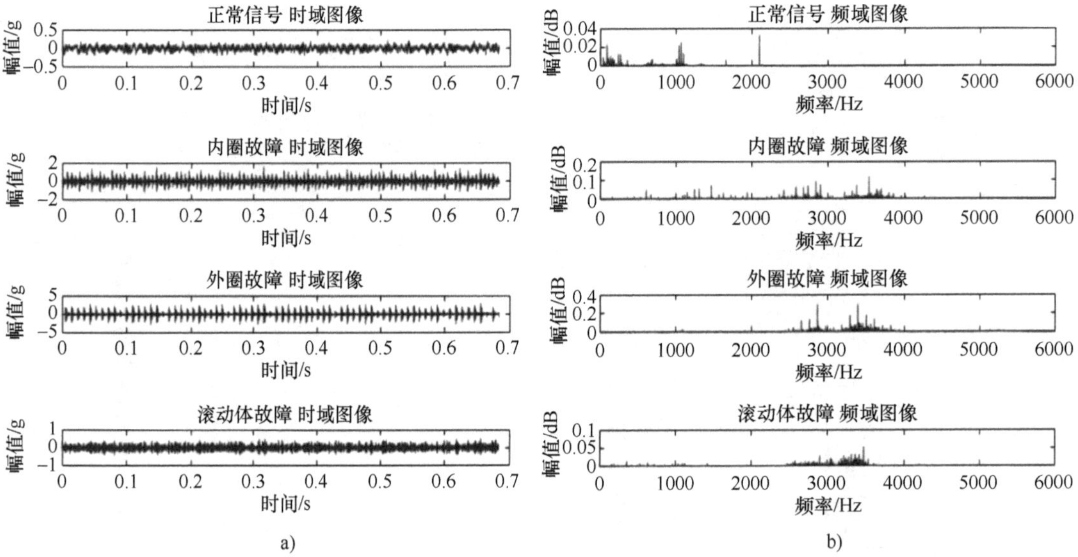

图 8-6 时域和频域分析图（一）

a）时域分析 b）频域分析

2. 都灵理工大学轴承数据集

数据集采用的数据来自都灵理工大学机械和航天工程系的航空发动机高速轴承故障模拟试验台，该试验台可测量航空轴承在不同高转速重载荷下的振动加速度数据。图 8-7 所示为试验平台，B1、B2 和 B3 为三个轴承支座，A1 和 A2 处各安装一个三轴振动加速度传感器，分别用于测量损坏轴承支架 B1 处和受外载荷最大 B2 处的振动数据。通过使用 Rockwell 工具在轴承内圈或滚子上产生不同大小的锥形压痕，模拟出不同的故障类型，让轴承在不同健康状态下工作并测量。测量过程相同：首先在空载下以 100Hz 转频（6000 r/min）短暂运行，检查安装是否正确，正确安装后逐步改变外载荷的大小，并以 100Hz 为步长提高，当轴的转速稳定后就通过传感器对振动数据进行测量。

选择转速为 6000r/min、30000r/min 和额定负载 1000N 的负载设置，以 64kHz 的采样率测量约 4s 振动信号，所选择的故障编号、故障位置、转速和额定负载等故障轴承信息见表 8-3。最终共计 10 种故障类型，数据集划分与凯斯西储大学轴承数据集保持一致。

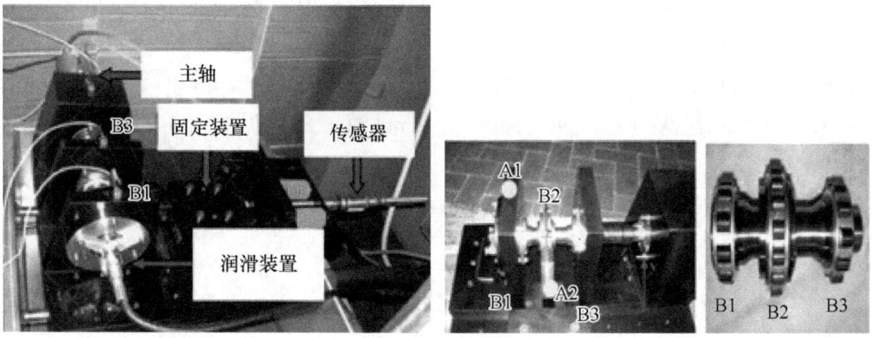

图 8-7　试验平台

表 8-3　故障轴承信息

故障编号	故障位置	转速/(r/min)	额定负载/N
0A	健康状态	6000	1000
0A	健康状态	30000	1000
1A	内圈	6000	1000
1A	内圈	30000	1000
3A	内圈	6000	1000
3A	内圈	30000	1000
4A	滚动体	6000	1000
4A	滚动体	30000	1000
6A	滚动体	6000	1000
6A	滚动体	30000	1000

取转速为 6000r/min 和额定负载为 1000N 的健康状态、内圈和滚动体进行时域和频域分析，如图 8-8 所示。从图中可以看见，相较于正常的状态，内圈和滚动体的振动信号波形图

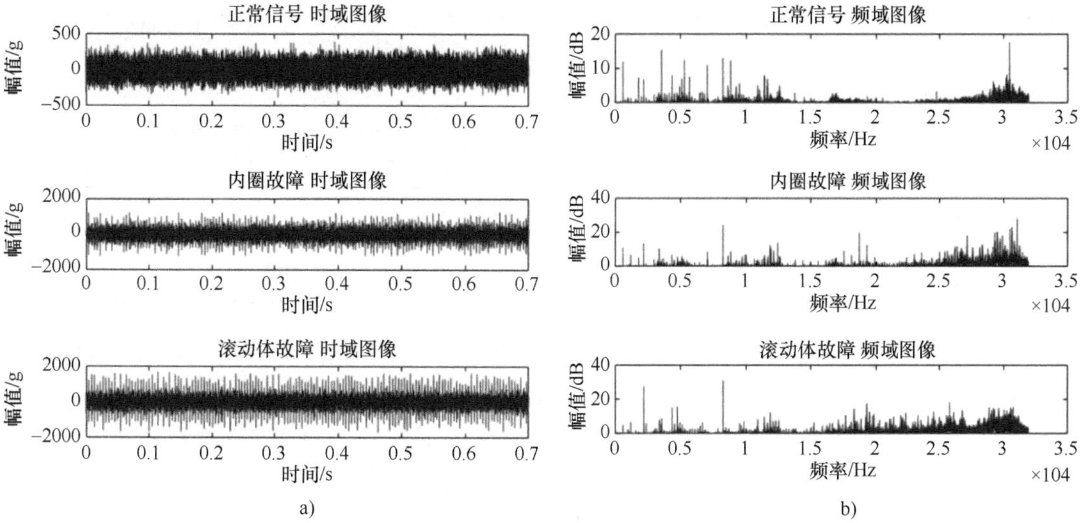

图 8-8　时域和频域分析图（二）

a）时域分析　b）频域分析

在时域和频域分析图中有着明显的波动，但相比于 CWRU 数据集频率结构变化并未表现得十分明显，故障特征信息并不突出。

为了量化提出的方法在故障诊断中的效果，采取准确率（accuracy）、精确率（precision）、召回率（recall）和平均结果（average result）进行计算，分别见式（8-3）~式（8-6）。

$$A_{cc}=\frac{A+D}{A+B+C+D} \tag{8-3}$$

$$P=\frac{A}{A+B} \tag{8-4}$$

$$R=\frac{A}{A+C} \tag{8-5}$$

$$A_{r}=\frac{2PR}{P+R} \tag{8-6}$$

式中，A 为指定类别特征判断正确的数量；B 为非指定类别特征被错认为指定类别特征的数量；C 为指定类别特征判断错误的数量；D 为非指定类别特征判断正确的数量。准确率是衡量特征生成模型识别出故障的指标。精确率和召回率是衡量模型正确分类的指标，前者关注指定类别判断正确的数量在整体预测结果中的比例，后者关注指定类别判断正确的数量在判断出的特定故障类别中的比例。A_r 是召回率和精确率的加权调和平均。

为验证模型在故障诊断中的实际应用情况，以 CNN 作为故障诊断模型。首先向 CNN 故障诊断模型输入故障特征生成模型处理后的故障数据集，然后经过 Softmax 分类器进行 10 种故障分类，最后，通过对 10 种故障类别的分类结果对模型的能力进行验证和对比。CNN 参数设置见表 8-4。

表 8-4　CNN 参数设置

网络层	通道数	核尺寸	步长
卷积层 1	16	3×1	1
卷积层 2	32	4×1	1
卷积层 3	64	4×1	2
池化层 1	—	—	2×1
池化层 2	—	—	2×1
池化层 3	—	—	2×1

为验证模型的准确率和精确率，以 PoliTO 数据集作为数据源，分别选择 CNN 故障诊断模型和经过故障特征生成模型的 CVAE-ACGAN-CNN 故障诊断模型进行对比。在测试集和验证集上各进行 10 次训练，对 10 种故障类别的准确率、精确率、召回率和加权调和平均值进行求和取平均值。PoliTO 数据集的故障诊断结果对比见表 8-5。同时，选取最后一次故障预测结果来反映故障诊断模型实际诊断的情况。CNN 和 CVAE-ACGAN-CNN 混淆矩阵分别如图 8-9和图 8-10 所示。

表 8-5　PoliTO 数据集的故障诊断结果对比

模型	最大值				最小值				平均值			
	A_{cc}	P	R	A_r	A_{cc}	P	R	A_r	A_{cc}	P	R	A_r
CNN	98.96%	96.72%	95.34%	96.03%	98.55%	96.22%	94.08%	95.14%	98.58%	96.44%	94.23%	95.32%
CVAE-ACGAN-CNN	98.95%	98.79%	97.55%	98.17%	98.87%	97.98%	97.02%	97.50%	98.89%	98.50%	97.42%	97.96%

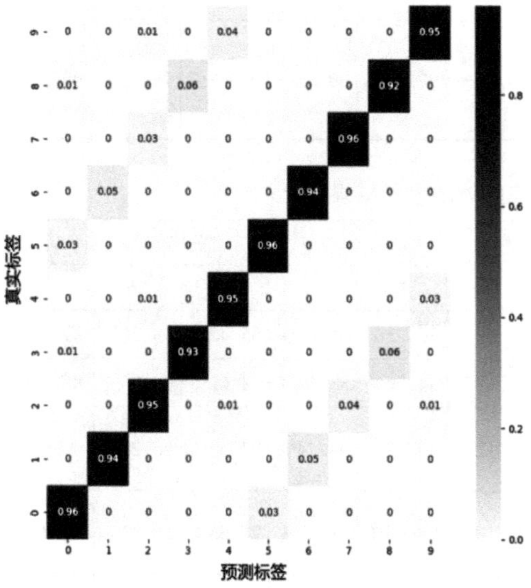

图 8-9　CNN 混淆矩阵

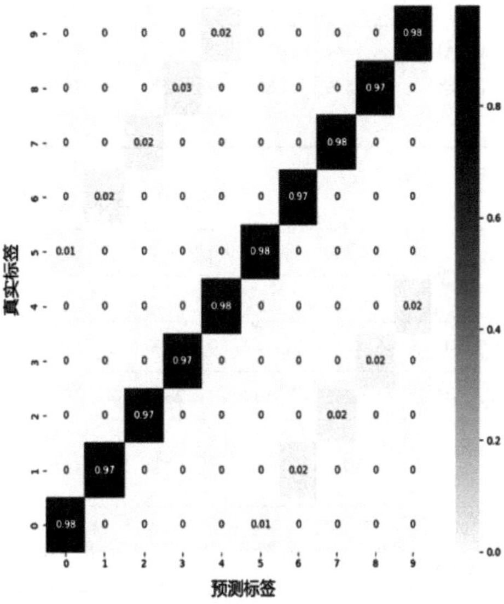

图 8-10　CVAE-ACGAN-CNN 混淆矩阵

根据表 8-5、图 8-9 和图 8-10 分析可得，将故障数据集直接输入 CNN 故障诊断模型时，平均准确率在 98.58%、平均精确率在 96.44%、平均召回率在 94.23%、加权调和平均值在 95.32%。与经过 CVAE-ACGAN-CNN 故障诊断模型相比较，后者平均准确率提高 0.31%、平均精确率提高 2.06%、平均召回率提高 3.19%、加权调和平均值提高 2.64%。

再对比二者的混淆矩阵可以发现，CVAE-ACGAN-CNN 对于 10 种故障类别的预测结果均高于 CNN，而且前者的误判概率低且只出现误判为另一类的情况。而观察后者则可以发现，CNN 模型在针对某一类别的判断误差较大，而且对某一类别可能误判成其他多种类别，对故障诊断的精确率和准确率有着很大的影响。

根据上述结果可知，经过 CVAE-ACGAN 特征生成模型的故障诊断模型能保持较高的精确率和召回率，对于指定类别的故障判断有更加准确、稳定的分类能力。

为验证泛化性能，选择 CWRU 数据集和 PoliTO 数据集作为 CVAE-ACGAN 特征生成模型的数据源，VAE、CVAE、GAN 和 ACGAN 特征生成模型作为比较对象，选择相同的输入和训练步骤，输入同一个 CNN 故障诊断模型记录诊断结果，评估指标保持一致。不同模型在 CWRU 数据集的故障诊断结果对比见表 8-6，不同模型在 PoliTO 数据集的故障诊断结果对比见表 8-7。

表 8-6　不同模型在 CWRU 数据集的故障诊断结果对比

模型	最大值				最小值				平均值			
	A_{cc}	P	R	A_r	A_{cc}	P	R	A_r	A_{cc}	P	R	A_r
GAN-CNN	98.89%	87.22%	92.34%	89.71%	97.57%	83.90%	89.33%	86.53%	97.98%	85.47%	91.33%	88.30%
VAE-CNN	87.05%	87.36%	92.84%	90.02%	82.86%	83.81%	88.50%	86.09%	86.26%	84.98%	89.83%	87.34%
ACGAN-CNN	100%	96.02%	95.83%	95.92%	97.86%	94.61%	92.82%	93.71%	98.97%	95.12%	94.82%	94.97%
CVAE-CNN	87.59%	92.34%	90.32%	91.32%	83.27%	89.78%	87.29%	88.52%	87.38%	91.38%	89.94%	90.65%
CVAE-ACGAN-CNN	99.95%	98.82%	98.32%	98.57%	98.75%	97.42%	97.33%	97.37%	99.56%	98.63%	98.12%	98.37%

表 8-7　不同模型在 PoliTO 数据集的故障诊断结果对比

模型	最大值				最小值				平均值			
	A_{cc}	P	R	A_r	A_{cc}	P	R	A_r	A_{cc}	P	R	A_r
GAN-CNN	96.44%	86.54%	93.33%	89.81%	95.03%	80.90%	92.30%	86.22%	95.07%	85.42%	93.26%	89.17%
VAE-CNN	84.62%	87.46%	91.28%	89.33%	82.63%	79.52%	89.83%	84.36%	83.67%	83.62%	90.86%	87.09%
ACGAN-CNN	99.80%	97.79%	96.76%	97.27%	97.49%	96.54%	95.12%	95.82%	98.74%	97.54%	96.28%	96.91%
CVAE-CNN	85.33%	91.83%	89.82%	90.81%	83.87%	89.78%	88.19%	88.98%	83.49%	90.68%	88.33%	89.49%
CVAE-ACGAN-CNN	99.52%	98.84%	98.35%	98.60%	98.04%	96.57%	95.95%	96.26%	99.36%	98.71%	98.18%	98.44%

为避免试验误差，本次验证方法分别在测试集和验证集各进行 10 次训练，取平均值作为诊断结果。由表 8-6、表 8-7、图 8-11 和图 8-12 可知，从整体来看，CWRU 和 PoliTO 二者都是同样的样本数量，然而由于 CWRU 数据集采用电火花这种较为单一稳定的损伤方式，其故障诊断的整体效果优于 PoliTO。由此可见，公开数据集虽然有着丰富的数据量，但是由于轴承的故障原因和运行条件不一样，其故障诊断效果之间还是存在着差异，在实际故障诊断中有必要结合故障特征生成模型进一步挖掘故障特征，提高故障诊断模型的准确性、精确性和鲁棒性。

进一步对比准确率可以发现：VAE 和 CVAE 由于理论假设的局限性，在输入故障诊断模型时的准确率仅维持在 82%～87%，相比于其他模型诊断效果并不理想；CVAE-ACGAN 在 GAN 和 ACGAN 的基础上比最低值提高 2%左右，在准确率的这一指标中表现较为优异，相比于其他模型能达到接近 99%的准确率。

对比精确率可以发现：对比 CVAE 和 VAE，由于前者加入类别属性，其精确率高于后者 7%左右；对比 ACGAN 和 GAN，前者高于后者将近 10%。从这一结果可以发现，加入类别属性的训练方式对提高故障诊断模型的精确率有着明显的作用，而 CVAE-ACGAN 又相较于 CVAE 和 ACGAN 模型的精确率分别提高 8%和 2%，且 CVAE 和 ACGAN 模型的精确率在不同数据集下上下波动较大，CVAE-ACGAN 在不同的数据集中整体稳定在将近 99%。召回率与精确率情况类似。

最后，选择加权调和平均值都在 90%以上的 ACGAN 和 CVAE-ACGAN 进行对比，发现后者比前者提高了 2%左右。其中，ACGAN 在不同的数据集中分别达到 94. 97%和 96. 91%，表明 ACGAN 受到数据集影响后模型的泛化能力受到干扰，而 CVAE-ACGAN 则稳定在 98. 4%左右。如图 8-11 和图 8-12 所示，对比 CVAE-ACGAN 和 ACGAN 的损失函数曲线可以看出：前者的损失函数在第 12 轮时曲线已经开始收敛，而且后续整体曲线处于平稳的状态；后者的损失函数曲线在将近 28 轮时才开始收敛，而且整个函数曲线抖动较大，处于十分不稳定状态。综合上述分析，CVAE-ACGAN 不仅在传统模型的基础上提高了准确性和精确性，在对模型的收敛速度和鲁棒性上也有所提高，从而提高了故障诊断模型的诊断能力和泛化能力。

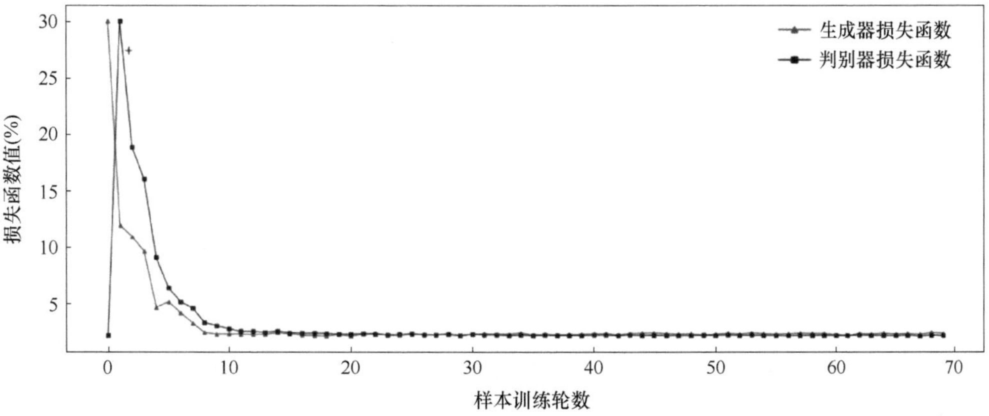

图 8-11 CVAE-ACGAN 损失函数曲线

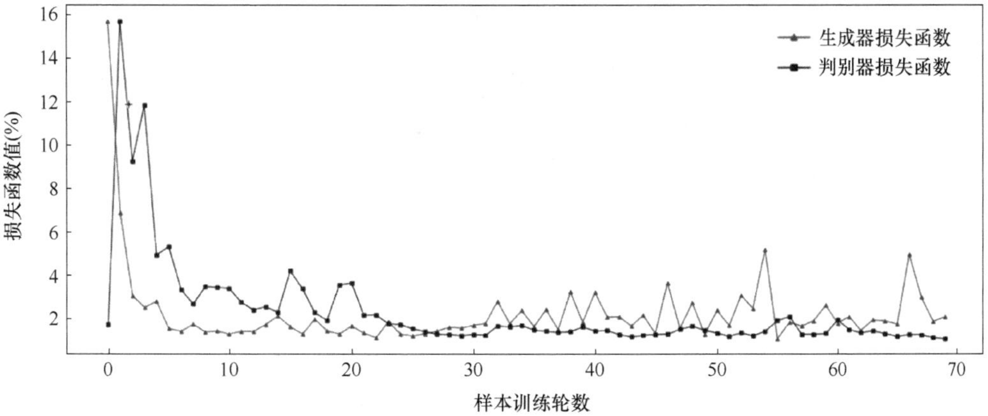

图 8-12 ACGAN 损失函数曲线

为进一步验证 CVAE-ACGAN 特征生成模型的特征提取能力，利用 t-SNE 算法来进行可视化分析。将特征层通过 t-SNE 投影到二维的平面中观察数据特征分布，图内数字 0~9 代表提取到的不同故障特征类型。VAE 和 CVAE 的隐含特征值层、ACGAN 和 CVAE-ACGAN 生成器的输出层、CVAE-ACGAN 模型中 CNN 的输出层分别如图 8-13~图 8-17 所示。

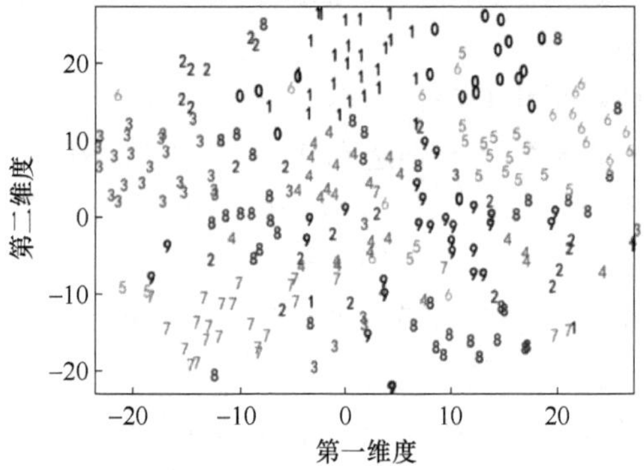

图 8-13　VAE 隐含特征值层

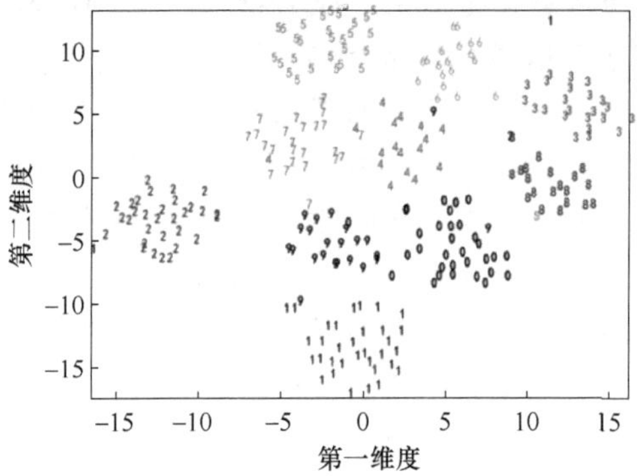

图 8-14　CVAE 的隐含特征值层

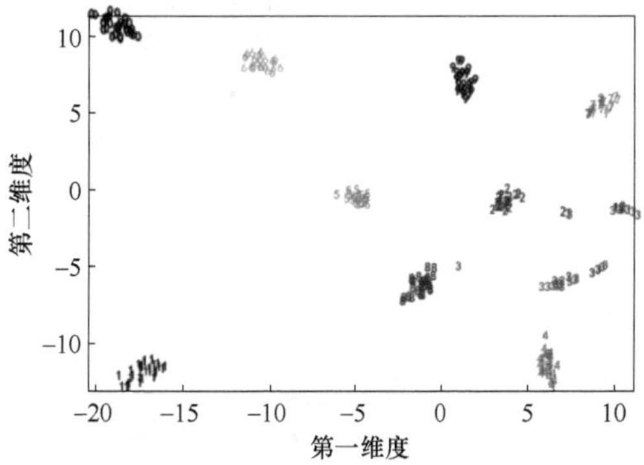

图 8-15　ACGAN 生成器的输出层

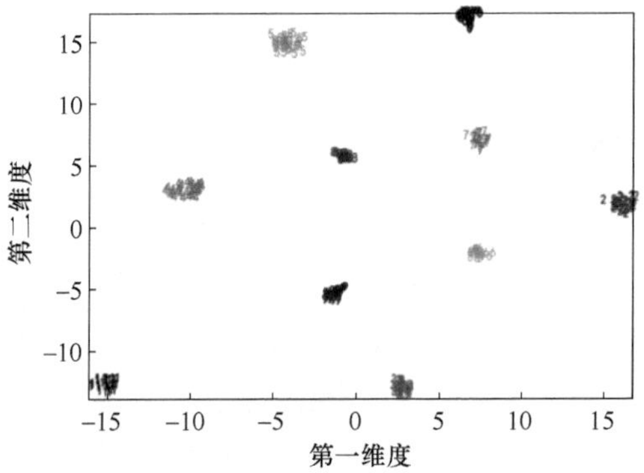

图 8-16　CVAE-ACGAN 生成器的输出层

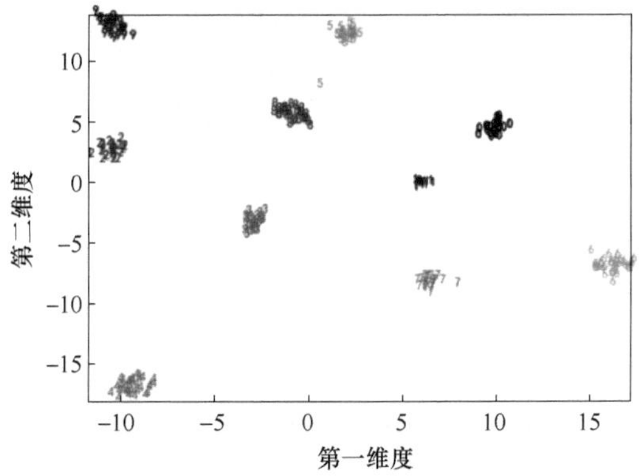

图 8-17　CVAE-ACGAN 模型中 CNN 的输出层

根据图 8-13 和图 8-14 可以看出，VAE 和 CVAE 都能进行故障特征提取，但 CVAE 加入类别属性后能够对提取到的特征进行有效的分类处理，在图中反映出各个类别之间界限更加清晰，符合表 8-6 和表 8-7 中 CVAE 的精确率高于 VAE 的诊断结果。根据图 8-15和图 8-16 可以看出，ACGAN 的生成器输出层相较于 CVAE-ACGAN 的生成器输出层，二者都能对故障类别进行有效的分类且各个类别之间界限分明，但 CVAE-

ACGAN 图中的各个故障类别的特征更加凝聚，离散点比 ACGAN 更少，生成特征的质量更高，符合前述得出的 CVAE-ACGAN 能在提高诊断能力的同时提高泛化能力的结论。根据图 8-17 可知，CNN 在经过 CVAE-ACGAN 特征生成模型后，能够对不同的故障类型达到有效的分类效果，各个类别之间分布足够分散且界限分明，具有较强的抗干扰能力和泛化性能。

8.2　性能退化评估模型

8.2.1　轴承性能退化评估方法

机械设备经过长期运行后，许多零部件会面临性能退化的问题，从而影响设备的运行状态。因此，对机械设备的运行状态进行有效评估是保证生产可持续进行的方法之一。

在机械设备的运行过程中，其零部件状态具有时变性和不确定性特点，故需研究合理的性能退化评估方法，对时序信号进行分析处理并得出实际运行模型与预测模型之间的实际映射，以实现高可靠运行。王冉采用经验模态分解对轴承的全寿命周期数据进行多尺度分解，然后通过比较 IMF 分量选择有效的退化特征进行滑动窗口威布尔分布拟合，将正常状态运行下的退化特征作为退化评估模型的输入源，从而对提出的性能退化评估模型进行分析，证明所提出的方法对设备性能退化过程有着准确的预测能力。性能退化评估流程图如图 8-18 所示。

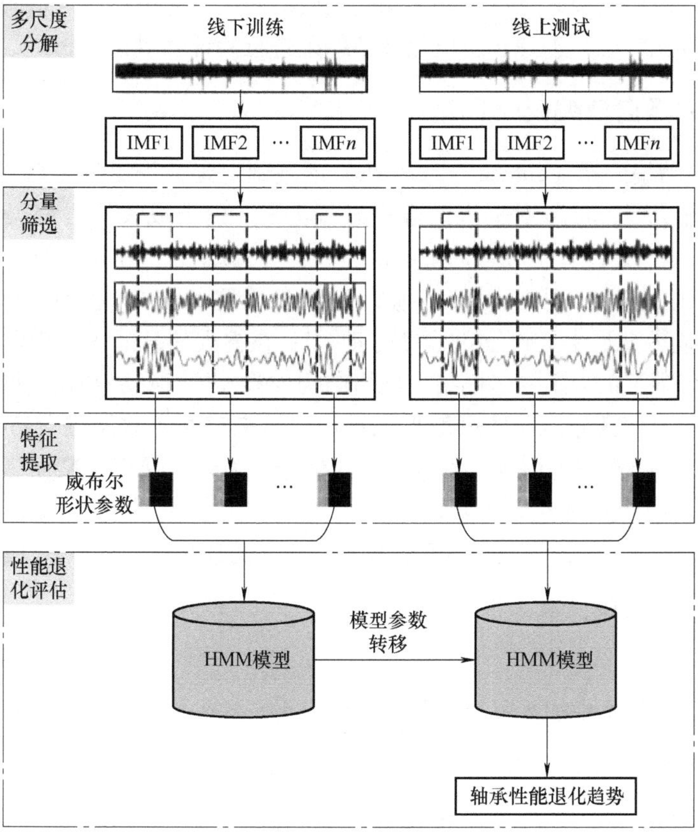

图 8-18　性能退化评估流程图

陈鹏利用全局和局部的领域保持嵌入式（GLNPE）完成性能退化的全局-局部特征提取，构建全局目标函数和全局-局部最大目标函数来完成训练学习，最终在性能退化评估模型中取得有效结果。张龙在对时序信号进行预处理之后，计算基于 Renyi 熵的退化特征，并根据退化评估模型实现对轴承各个退化阶段不同趋势的评估分析。Jain 提出一种新型分布式集成方法，通过分布回归的方式得到时间序列和时间特征作为模型的输入，通过无监督学习和有监督微调的训练方式，提供集成分布式维护计划，能够识别轴承早期的寿命特征，并实现对性能退化的准确评估。

根据上述退化特征提取方法，学者们进一步提出了针对不同特征提取方法的退化评估模型。王斐结合变模态分解（VMD）和支持向量数据描述（SVDD）的退化评估方法，通过正常状态时序信号构建退化评估模型的参数，选择全寿命周期数据集对模型实际评估效果进行试验，最终结果表明该模型可以有效地反映轴承性能退化的全过程。Shen 在 SVDD 的基础上提出模糊支持向量数据退化评估模型，在构建 SVDD 模型时在核函数中加入模糊隶属度函数来反馈此时轴承的性能退化程度，通过试验对比证明该方法能够较为真实地反映实际退化过程。Yu 在传统时域特征的提取和小波降噪的基础上，提出结合流行学习和高斯混合模型的性能退化评估模型。

现在讨论一种基于堆叠去噪自编码器（stacked denoised autoencoder，SDAE）和 SVDD 的性能退化评估模型。SDAE 具有良好的去噪和抗干扰能力，从原始数据集中挖掘出有效的退化特征并结合时序特征分析，划分出正常状态特征和全寿命特征，结合 SVDD 模型抗干扰的特点，对 SVDD 评估模型进行离线训练来确定模型参数，通过在线评估的方法来预测轴承早期故障和其他退化状态，进一步对退化评估结果进行验证和对比分析。

8.2.2 堆叠去噪自动编码

SDAE 是在自动编码器（autoencoder，AE）的基础上延伸提出的模型，由于 AE 模型的泛化能力和抗噪能力弱，可以对输入的数据进行去噪，以形成去噪自编码器（denoised autoencoder，DAE）。DAE 模型有较强的抗噪能力，但在训练和学习的过程中存在收敛速度慢和计算量大的问题。SDAE 则在 DAE 的基础上通过堆叠的方式进行逐层训练，既保留了 DAE 模型的抗噪能力又加快了收敛和学习速度。AE 在输入信息的表征学习中有着广泛的应用，是一种非监督学习的人工神经网络，网络结构为输入层、隐层和输出层，在进行训练时主要分为编码和解码两部分，并通过最小化重构误差来对原始数据进行特征提取。DAE 则是在 AE 中随机加入噪声进行训练，来避免输入信号因为受到噪声污染而影响其鲁棒性和泛化能力。DAE 模型结构如图 8-19 所示。

以样本集 $\{x^n\}_{n=1}^{N}$ 为例，为避免 AE 模型有过拟合的现象发生，DAE 模型首先对原始样本 x^n 加入噪声，获得含噪样本 $\tilde{x}^m$：

$$\tilde{x}^m \sim q_D(\tilde{x}^m \mid x^m) \tag{8-7}$$

式中，q_D 代表在原始样本中加入噪声，可通过随机设置缺失样本的方法来模拟实际工况中的噪声。含噪样本 $\tilde{x}^m$ 经过激活函数编码的方式实现到隐层 $\boldsymbol{h}^m$ 的映射，具体可表达为

$$\boldsymbol{h}^m = f_\theta(\boldsymbol{W}\tilde{x}^m + \boldsymbol{b}) \tag{8-8}$$

式中，$\boldsymbol{W}$ 为编码器权重矩阵；$\boldsymbol{b}$ 为编码器偏移向量。通过编码的方式可实现对原始特征维度

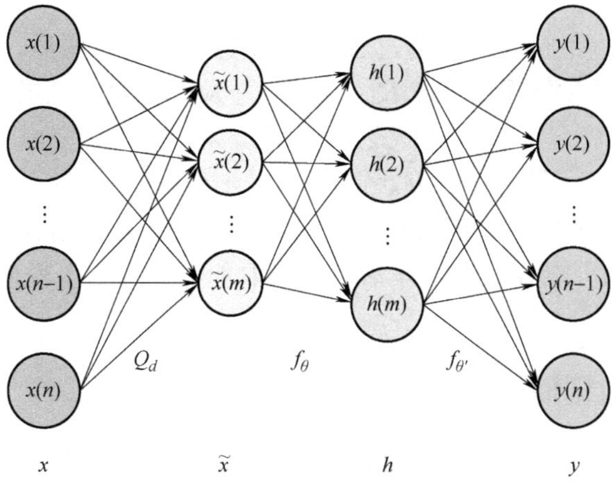

图 8-19 DAE 模型结构

进行降维处理，得到隐层映射 h^m，输入解码层进行重构处理，最终得到输出 y^m：

$$\boldsymbol{y}^m = f_{\theta'}(\boldsymbol{W}'\tilde{x}^m + \boldsymbol{b}') \tag{8-9}$$

式中，$\boldsymbol{W}'$为解码器权重矩阵；$\boldsymbol{b}'$为解码器偏移向量。为保证提取到的特征能保留原始样本中的重要特征，通过最小化重构误差的方式来确定 DAE 模型中各个参数的设定，具体如下：

$$L_{\text{DAE}} = \underset{\boldsymbol{W},\boldsymbol{W}',\boldsymbol{b},\boldsymbol{b}'}{\operatorname{argmin}} \frac{1}{N}\sum_{n=1}^{N} \|\boldsymbol{y}^n - \boldsymbol{x}^n\|^2 \tag{8-10}$$

DAE 模型通过编码解码的方式能提高鲁棒性，但在面对大量样本时存在训练速度慢和提取特征精度不足的问题。SDAE 模型通过堆叠方式将结构分成编码解码的单元，通过预训练的方式将上一单元的隐层作为下一单元的输入层，根据重构误差不断进行调整，可提取更深层次的有效特征。SDAE 模型结构如图 8-20 所示。

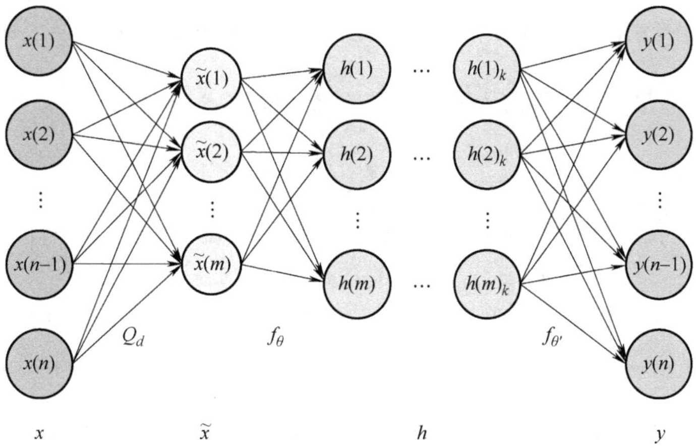

图 8-20 SDAE 模型结构

SDAE 的基本结构与 DAE 类似，但是相比于 DAE 可以通过逐层训练的方式提取更有效的特征。经过随机噪声的原始样本 $\tilde{x}^m$ 作为模型的输入层，经过第一隐层时通过编码解码的方式得到隐含特征 h_1^m，当进入第二隐层时选择第一个隐含特征 h_1^m作为隐层的输入，再次经过编码解码的方式得到另一个隐含特征 h_2^m，如此反复训练和调整，直到得到最终的隐含特征 h_k^m 和每一层的权值，完成预训练的过程。在确定每层的权值后，对原始样本整体输入 SDAE 模型，通过最小化重构误差函数 L_{SDAE} 和梯度下降算法最终完成全局调参的目标：

$$L_{\text{SDAE}}=\mathbf{arg}_{\Theta}\mathbf{min}-\frac{1}{M}\sum_{m=1}^{M}(\boldsymbol{y}^m\ln c^m-(1-\boldsymbol{y}^m)\ln(1-c^m)) \tag{8-11}$$

式中，Θ 是 SDAE 的参数集，且 $\Theta=\{\theta_1,\theta_2,\cdots,\theta_{n+1}\}$。SDAE 模型在 AE 模型的基础上结合 DAE 良好的抗干扰能力，有效地改进样本特征提取能力，提高了性能退化特征提取模型的鲁棒性和有效性。

8.2.3 支持向量数据描述

SVDD 模型最早用来解决单分类问题，将目标样本通过非线性函数映射在不同维度的空间，并在这个空间中通过确定球心和半径两个重要参数来构建一个最小的超球体结构。样本到球心的距离定义为退化指标，选择合适的性能退化阈值将样本点划分为目标样本点和非目标样本点。在进行实际评估的过程中，选取每个样本点到球心的距离与半径进行性能退化阈值比较，其中超球体模型应尽可能将目标样本包含在球体内，其余样本都在超球体之外。此外，通过样本点到球心的距离也可判断样本点的退化程度，离球心越近代表此时设备工作状态越稳定，而离球心越远则代表此时设备故障损坏程度越严重。根据这一特性可以将 SVDD 模型用于轴承性能退化评估，其具体推导过程如下。

为了让超球体模型能更加准确地对目标样本和非目标样本进行划分，定义两个关键参数：超球体的球心 a 和半径 R。考虑到位于球体外的野点对 SVDD 模型的分类能力的干扰因素，同时需要定义松弛因子 ζ_i 和惩罚系数 C，用来决定野点对 SVDD 模型评估能力的影响程度，具体写为

$$\min L=R^2-\sum_{i=1}^{n}a_i(R^2+\zeta_i-\|\varphi(x_i)-a\|^2)-\sum_{i=1}^{n}\zeta_i\mu_i+C\sum_{i=1}^{n}\zeta_i \tag{8-12}$$

考虑到实际计算情况，构建拉格朗日方程，将构建最小化问题转换成对偶问题来求解：

$$\begin{gathered}\max\sum_{i=1}^{n}a_iK(x_i,x_j)-\sum_{i=1}^{n}\sum_{j=1}^{n}a_ia_jK(x_i,x_j)\\ \text{s.t. }0\leqslant a_i\leqslant C,\ \sum_{i=1}^{n}a_i=1\end{gathered} \tag{8-13}$$

式中，$K(x_i,x_j)$ 代表模型的核函数，通常定义为高斯核函数：

$$K(x_i,x_j)=\exp(-\|x_i-x_j\|^2/(2\sigma^2)) \tag{8-14}$$

当样本位于超球体内时，$a_i=0$；当样本位于超球体的球面上时，$0<a_i<C$，也称为支持特征；当样本处在超球体外部时，$a_i=C$。进一步推导可以得出超球体半径 R^2：

$$R^2=K(x_i,x_j)-2\sum_{i=1}^{n}a_iK(x_i,x_k)+\sum_{i=1}^{n}\sum_{j=1}^{n}a_ia_jK(x_i,x_j) \tag{8-15}$$

式中，x 表示支持特征。利用式（8-15）可进一步计算性能退化指标 D^2：

$$D^2=K(Z,Z)-2\sum_{i=1}^{n}a_iK(x_i,Z)+\sum_{i=1}^{n}\sum_{j=1}^{n}a_ia_jK(x_i,x_j) \tag{8-16}$$

根据 D 与半径 R 的大小关系和差值大小，可判断样本的故障状态和性能退化状态。若 $D\leqslant R$，则样本点位于超球体内，此时处于正常状态；反之，则表示样本点位于球体之外，

此时处于故障状态。二者差值的大小对应此时的性能退化程度，差值越大表明退化的趋势更明显，反之，则表明设备此时越稳定。

8.2.4　基于 SDAE-SVDD 的性能退化评估模型

轴承的性能退化过程主要分为正常状态、退化状态和失效状态共三种状态。正常状态是设备从刚开始运行至发生轻微故障的时期，这一期间故障特征在前期没有明显的体现，表示此时的设备处于正常工作状态。退化状态是从设备已经发生故障的时刻开始记录，主要分为轻微退化、中度退化和严重退化三种程度。此时的故障特征相比于正常状态会有明显的抖动，该故障只是表明设备此时已经进入性能退化阶段，随着设备运行时间的增加，故障特征会越来越明显，设备性能退化也越来越严重，但是并未导致设备发生停机等事故。失效状态是从设备的失效故障点开始记录，此时故障特征达到峰值且发生剧烈的抖动，表明设备的状态已经无法满足基本的运行要求，严重时会造成设备停机，导致生产无法继续。综上所述，选取稳定、明显的性能退化指标对评估结果的准确性有着重大的影响。

原始振动信号有着数据量大和噪声强的特点，直接通过性能退化评估模型进行评估会导致模型的训练过程缓慢、评估结果准确率低。SDAE 深度学习网络具备很好的故障特征提取能力和抗干扰能力，在故障特征提取方法中有着广泛的应用背景。SDAE 网络由多个自动编码器叠加建立，可通过编码的方式将原始数据的输入特征映射为低维特征，再经由解码的方式对编码提取的低维特征进行重构，通过梯度下降算法对编码解码网络逐层训练，使得重构误差达到最小化，为性能退化评估模型提供有效的性能退化输入特征，提高性能退化评估结果的准确性。

轴承性能退化数据集反映轴承在某一时间段内从正常到失效的过程，考虑到时间序列数据集的序列性和对离散点的敏感性特点，需要在进行性能退化评估前对其进行时域特征提取。经过试验对比分别以均值、方均根、峰度、偏度、极差、方差、峰值指标、脉冲指标、裕度指标和峭度为时域特征，其编号分布为 T=[T1,T2,…,T10]，共计 10 维。时域特征集见表 8-8。

表 8-8　时域特征集

特征	计算公式	特征	计算公式
T1	$\frac{1}{N}\sum_{n=1}^{N}x(n)$	T6	$\frac{1}{N}\sum_{n=1}^{N}{x_n}^2$
T2	$\sqrt{\frac{1}{N}\sum_{n=1}^{N}x^2(n)}$	T7	$\frac{\text{T3}}{\text{T2}}$
T3	$x_p=\max\lvert x(n)\rvert$	T8	$\frac{\text{T3}}{\bar{x}}$
T4	$S=\frac{\sum_{n=1}^{N}[x(n)-\bar{x}]^3}{N\sigma_x^3}$	T9	$\frac{\text{T3}}{\left(\frac{1}{N}\sum_{n=1}^{N}\sqrt{\lvert x(n)\rvert}\right)^2}$
T5	$\max\lvert x_n\rvert-\min\lvert x_n\rvert$	T10	$\frac{\sum_{n=1}^{N}[x(n)-\bar{x}]^4}{(N-1)\sigma_x^4}$

在对轴承的性能退化进行评估的过程中，SVDD 通过定义一个最小超球面，尽可能将正常运行的样本包含在球内，选择每个样本与超球体球心之间的距离作为性能退化指标 DI，以反映不同时期性能退化的程度。在对 SVDD 性能退化评估模型训练和学习中，需要预先设置核参数 δ 和惩罚因子 C。惩罚因子 C 衡量样本中离散点对整个模型评估能力的影响程度，C 值越大代表模型越重视离散点的影响。核参数 δ 在 SVDD 中决定超球体半径的大小，相较于惩罚因子 C，δ 对模型的分类能力有着重要的影响。核参数的选择受到核函数的影响，经常应用的核函数有以下三种。

（1）线性核函数

$$\boldsymbol{k}(\boldsymbol{x},\boldsymbol{y})=\boldsymbol{x}^{\mathrm{T}}\boldsymbol{y}+\boldsymbol{C} \tag{8-17}$$

线性核函数是最基础的核函数，所包含的可调参数只有常数 C，由于在实际生产中大多数面对非线性问题，线性核函数在实际应用中表现一般。

（2）多项式核函数

$$\boldsymbol{k}(\boldsymbol{x},\boldsymbol{y})=(\alpha\boldsymbol{x}^{\mathrm{T}}\boldsymbol{y}+C)^{d} \tag{8-18}$$

多项式核是非固定内核，可调参数有斜率 α、常数项 C 和多项式 d。多项式核函数适用于已经归一化之后的数据，相较于线性核函数，可对非线性模型进行学习训练，但由于其多项式的形式，导致实际模型在训练时需要消耗大量的算力和时间。

（3）高斯核函数

$$\boldsymbol{k}(\boldsymbol{x},\boldsymbol{y})=\exp[-\|\boldsymbol{x}-\boldsymbol{y}\|^{2}/(2\delta^{2})] \tag{8-19}$$

高斯核函数也称为 RBF 核函数，是在支持向量机分类中最常用的核函数，其本质是通过衡量样本之间的相似度来实现更加准确的分类功能，可调参数只有 δ，相较于之前两种核函数，能够针对非线性问题提供计算量更小、更有效的解决方案，具有较强的实用性。

基于上述分析，本章选取高斯核函数作为 SVDD 模型的核函数类型，通过试验对比的方式确定最终参数值。为了更准确地获得轴承从正常运行到完全失效这一完整的性能退化过程，提出基于 SDAE-SVDD 的滚动轴承性能退化评估流程，如图 8-21 所示，其具体步骤如下：

1）性能退化评估流程主要分为离线训练和在线评估两部分。选择方均根值（RMS）作为性能退化指标对全寿命周期的原始振动信号进行预处理，划分出轴承正常工作和早期轴承故障的开始时刻。

2）SDAE 从轴承全寿命数据中自适应提取轴承性能退化特征，通过重构误差和梯度下降算法提取到有效特征，结合第一步得到的样本划分点，将提取到的特征划分为正常状态特征和全寿命特征。

3）结合时序信号的特点对 SDAE 提取到的正常状态特征和全寿命特征进行时域特征提取，分别划分为离线训练集和在线测试集。

4）利用训练集数据通过离线训练的方式构建 SVDD 性能退化评估模型，选择正常状态样本点到超球体球心的距离作为性能退化指标 DI，构建 SVDD 性能退化评估模型，通过对比和试验最终确定 SVDD 模型的核参数和惩罚因子。

5）最后，选择全寿命测试集。经过上述步骤的特征提取可得到性能退化特征，再输入已训练好的 SVDD 性能退化评估模型，通过在线评估和性能退化指标 DI 绘制性能退化评估曲线，并对预测的退化结果进行验证和对比分析，衡量实际的退化评估能力。

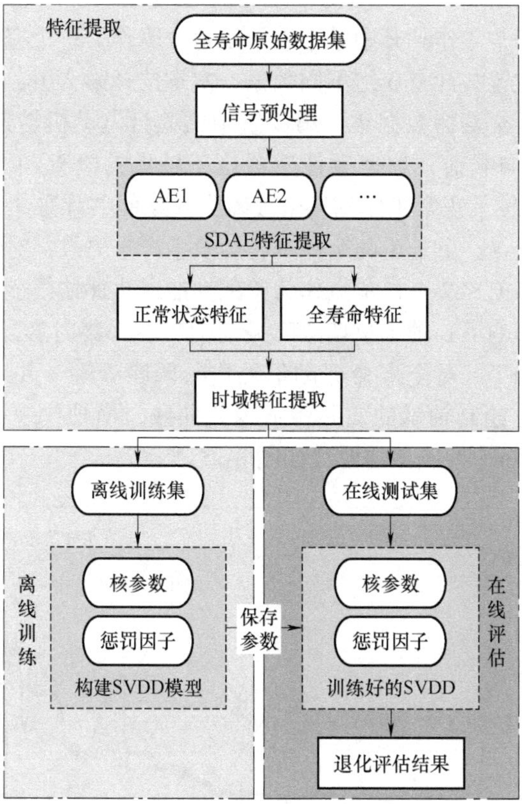

图 8-21 SDAE-SVDD 的性能退化评估流程图

8.2.5 SDAE-SVDD 试验对比验证

1. 辛辛那提大学 IMS 轴承退化数据集

为验证 SDAE-SVDD 性能退化评估模型的有效性，选择辛辛那提大学智能维护中心滚动轴承全寿命疲劳试验数据进行试验分析。图 8-22 所示为 IMS 轴承试验装置简图。

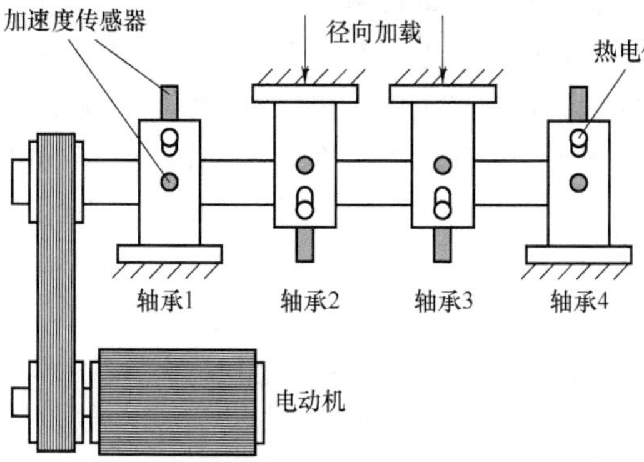

图 8-22 IMS 轴承试验装置简图

整个数据采集平台是在恒定负载的条件下运行的，主要由交流电动机、4 个轴承、加速度传感器、润滑系统和测量系统等组成。试验采用的是 4 个双列滚柱轴承，轴承节径为

7.150cm，滚柱直径为0.841cm，每个轴承的轴承座上都安装了加速度传感器来采集振动信号，试验台从轴承开始正常工作到其中某个轴承发生故障作为一个完整试验周期。根据不同轴承的损坏程度和损坏位置共计有3组不同数据。本章选择第2组，最终以轴承一出现外圈故障失效的试验数据作为全寿命数据集。第2组中试验台电动机转速为2000r/min，4个轴承分别受到2700kg的径向载荷，加速度传感器位于轴承的竖直和水平方向，采样频率为10min进行一次收集，从轴承正常工作到发生故障失效期间共计采集到984个样本点，每个样本点含有20480个数据点。由于后两个样本已经发生严重失效，对性能退化评估没有明显的参考价值，故本章选择前982个样本点作为验证性能退化评估模型的全寿命数据集。

考虑在外界工况的影响下，轴承早期故障振动信号在采集时容易被噪声等因素所掩盖，采用快速傅里叶变换（FFT）对全寿命振动信号进行降噪处理，并对982个样本点都选择RMS作为性能退化指标。绘制轴承的实际性能退化曲线，横轴代表样本的数据组，纵轴代表各个样本点RMS值，RMS性能评估曲线如图8-23所示。

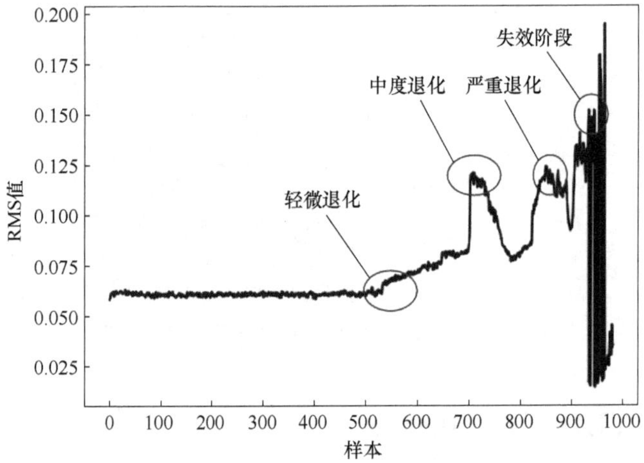

图8-23　RMS性能评估曲线

由图8-23可知，前500组试验数据整体处于稳定状态，此时的设备处于正常工作状态，选择前500组数据作为正常状态下的离线训练集。在［500,600］区间RMS曲线有明显上升的趋势，表明此时轴承进入轻微退化的状态；在［700,800］区间RMS曲线达到第一个峰值点，此时轴承进入中度退化状态；在［800,900］区间RMS曲线从上一区间的下降点开始又上升，达到第二个峰值点，进入严重退化状态；在［900,1000］区间RMS曲线上下幅值落差大并发生剧烈的抖动，此时设备已经进入失效阶段，轴承无法满足基本的工作要求，需要进行维修、更换等操作。

2. 模型构建

SDAE-SVDD性能退化评估模型主要分为SDAE性能退化特征提取模型和SVDD性能退化评估两部分。SDAE性能退化特征提取模型主要受到隐层数和隐层结构影响，选择SDAE网络隐层数为5，网络结构为线性层，在SDAE进行逐层训练，每层创建一个编码解码的单元层作为训练单元，同时选择激活函数ReLU、SGD优化器和均方误差作为损失函数。由于实际机械设备的工作环境具有不确定因素作为干扰项，为模拟这一情况，对每个隐层的特征随机设为Null值，避免模型在过于理想化条件下影响实际性能退化评估结果的准确性。

SDAE 模型主要结构参数见表 8-9。

表 8-9　SDAE 模型主要结构参数

网络层	输入通道	输出通道	批尺寸
全连接层 1	20480	10000	128
全连接层 2	10000	5000	
全连接层 3	5000	2500	
全连接层 4	1250	625	
全连接层 5	625	313	

SVDD 模型性能退化评估的参数设定主要涉及核参数和惩罚因子，选择正常状态训练集作为 SVDD 模型的数据集，以正常样本点到球心的距离作为性能退化指标，理想状态下超球体的半径范围内应包含所有正常样本点。根据这一训练目标，通过反复试验对比性能退化指标的趋势选择最优参数。SVDD 模型主要参数见表 8-10。

表 8-10　SVDD 模型主要参数

核函数	核参数	惩罚因子
高斯核函数	0.6	0.8

3. 试验结果对比分析

本例基于 Windows 10 操作系统、Intel Xeon CPU E5-2682v4 处理器、GeForce RTX 3090 显卡和深度学习 Pytorch 框架和 Matlab R2017a 进行试验对比。

根据离线训练确定 SVDD 的模型参数，对 SDAE-SVDD 模型输入全寿命数据集进行轴承性能退化评估试验，选择 8.2.4 节提到的性能退化指标 DI，描绘出 SDAE-SVDD 性能退化评估曲线，如图 8-24 所示。其中，横轴表示经过特征提取后的退化特征集，对应全寿命数据中 982 个样本点，纵轴表示各个退化特征到球心的距离。

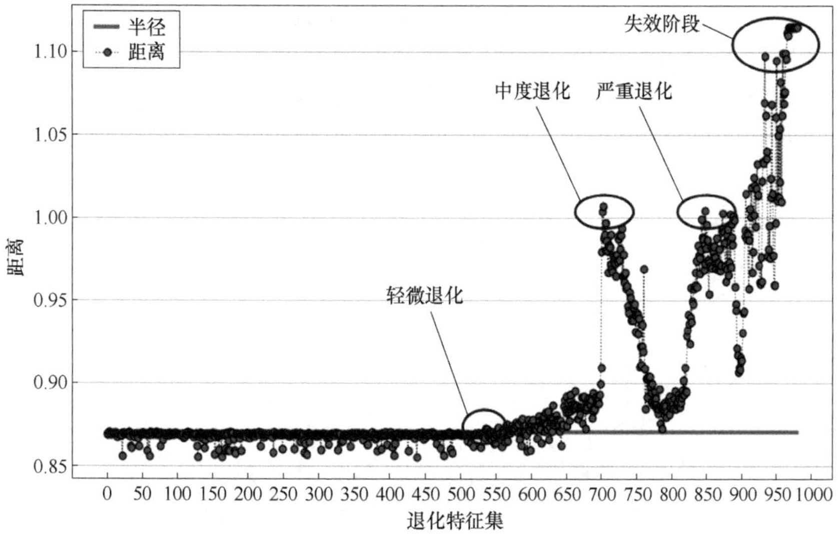

图 8-24　SDAE-SVDD 性能退化评估曲线

由图 8-24 可知，轴承整个性能退化过程中前 500 个样本点退化指标整体趋于平稳，说明轴承此时处于正常工作状态，并无明显的故障特征出现。当位于第 533 个样本点时，性能退化指标开始有明显上升的趋势，说明此时轴承开始出现性能退化的趋势并处于早期故障特征的状态，但并未实际影响轴承的正常工作。当处于第 705 个样本点时，由于轴承随着运行时间增加造成轴承磨损更加严重，发生急剧的退化，在图中反映为退化指标发生急剧上升到达第一个峰值。此后，由于轴承外圈连续磨损的地方变得平滑，性能退化指标发生先降后升的情况，在第 845 个样本点到达第二个峰值。随着轴承运行的故障位置磨损加剧，在第 921 个样本点后轴承达到退化指标峰值，此时轴承已经发生失效的状况，无法进行正常的工作，情况严重会导致机器发生停机等状况。

为验证上述性能退化评估结果的准确性，选择全寿命数据的第 532、533、534 和 705 个样本点进行包络谱分析，如图 8-25 ~ 图 8-28 所示，横轴代表频率，纵轴代表包络谱幅值。包络谱分析相较于传统的频谱分析，对轴承振动信号中受到的冲击信号更为敏感，对于量化冲击频率和强度的分析有很大帮助。本章选择希尔伯特（Hilbert）变换得到以上样本点的包络谱分析图。

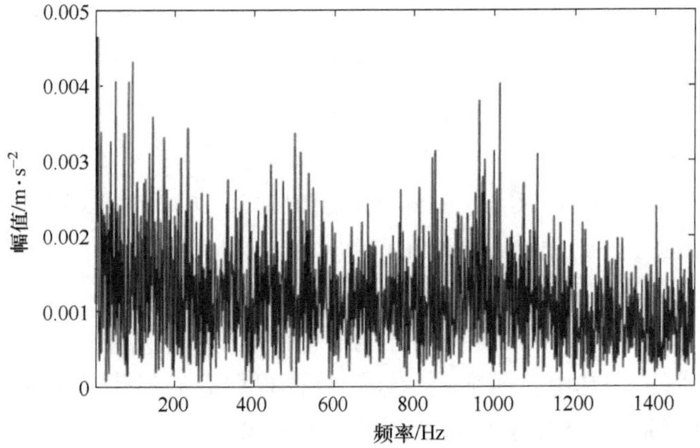

图 8-25　第 532 个样本点的包络谱分析

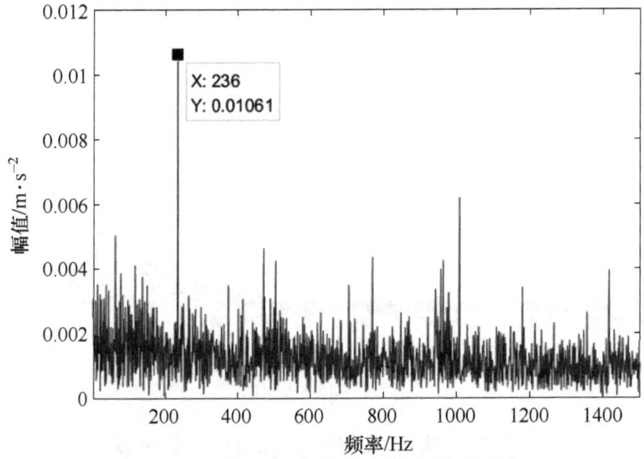

图 8-26　第 533 个样本点的包络谱分析

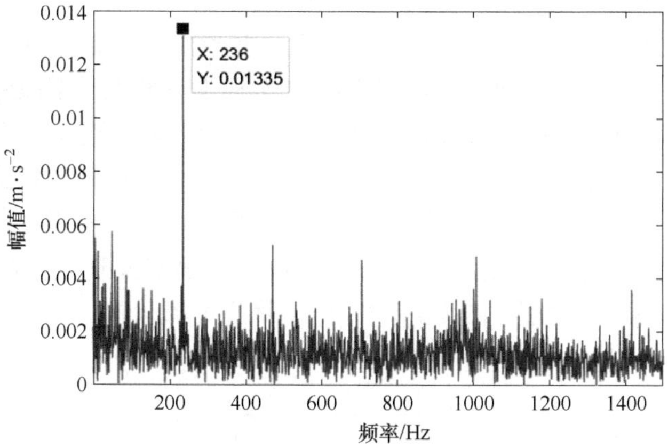

图 8-27　第 534 个样本点的包络谱分析

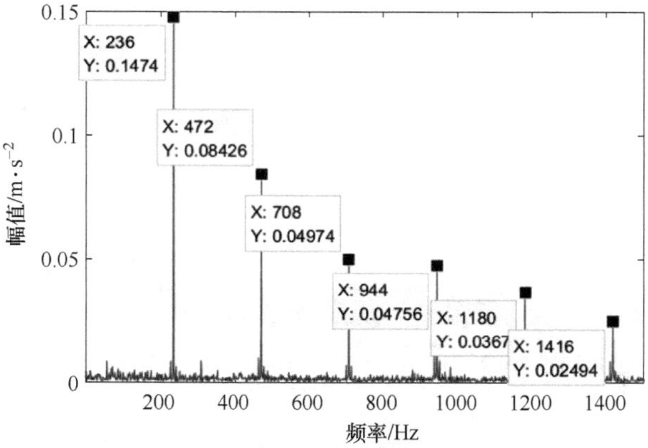

图 8-28　第 705 个样本点的包络谱分析

由图 8-25～图 8-28 可见，第 532 个样本点的包络谱分析图在理论故障特征 236.4Hz 处并未出现频谱峰，无法观察到明显的故障特征频率；第 533 个样本点的包络谱分析图在 236Hz 处出现明显的频谱峰，与理论故障特征接近，说明此时轴承已经进入轻微退化阶段；第 534 个样本点在 236Hz 时频谱峰相较于第 533 个样本点中的有所增加，说明此时轴承随着继续运行开始有了明显的性能退化特征；第 705 个样本点有多处明显清晰的频谱峰，说明此时轴承相较于轻微退化过程已经进入中度退化过程。综上所述，通过对比第 532、533、534 和 705 个样本点的包络谱分析图，可以证明 SDAE-SVDD 性能退化评估模型能够及时发现早期故障并在后期性能退化过程取得了有效的评估结果。

为进一步验证提出方法的有效性，选择未经过 SDAE 特征提取的全寿命数据和主成分分析（PCA）分别输入 SVDD 性能退化评估模型，对辛辛那提大学轴承数据集进行性能退化评估。全寿命数据 SVDD 性能退化评估曲线和 PCA-SVDD 性能退化评估曲线分别如图 8-29 和图 8-30 所示。

由图 8-29 和图 8-30 可知，直接将全寿命数据输入 SVDD 性能退化评估模型，能够对轴承的性能退化过程起到一定的指示作用。最早发现轻微故障时处于第 650 个样本点，与 SDAE-SVDD 模型对比发现结果相差较大。后续的性能退化过程与 SDAE-SVDD 模型基本保持一致，在失效阶段样本点表现的性能退化指标浮动过大，影响模型退化评估的精确度。与直接输入全寿命数据相比较，经过 PCA 对全寿命数据进行主成分分析，能够有效地排除异常点对性能退化评估方法精确度的影响，在第 563 个样本点发现早期故障趋势，后期性能退化指标的幅值相比于 SDAE-SVDD 模型上下浮动小，表示在性能退化评估的过程中性能退化指标表现不明显，容易受到噪声影响从而弱化指标分布。以上两种模型虽然一定程度上都能反映轴承的性能退化过程，但在实际机械设备的生产环境中无法发现早期故障，对于轴承后续的几个性能退化过程表现得并不明显。SDAE-SVDD 模型在发现早期故障特征和反映轴承性能退化过程中有着明显的优势，在机械设备的实际应用场景中，能够提供有效的性能退化评估结果。

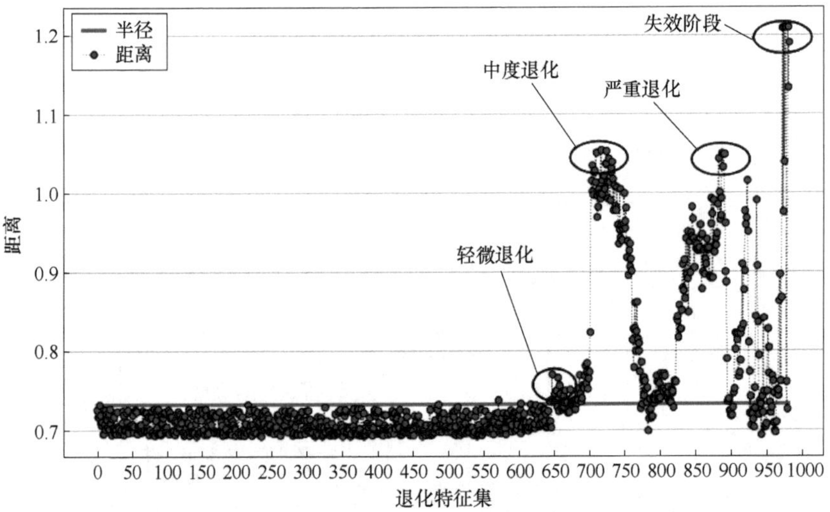

图 8-29　全寿命数据 SVDD 性能退化评估曲线

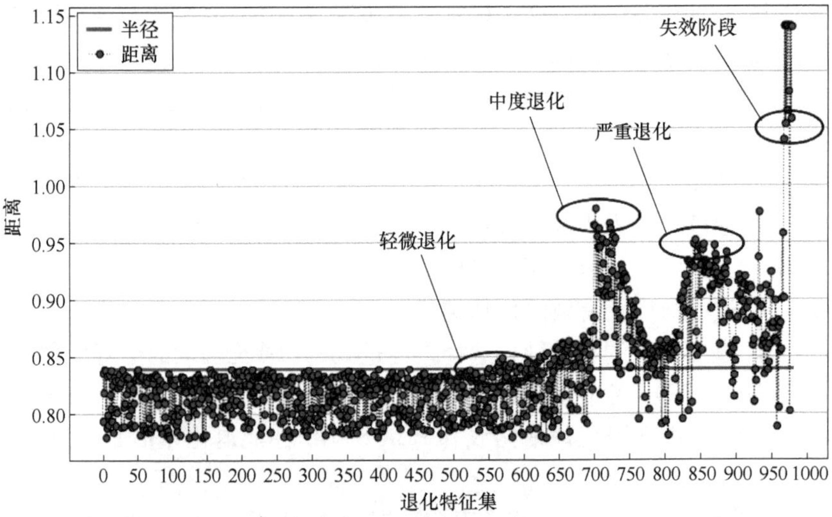

图 8-30　PCA-SVDD 性能退化评估曲线

8.3 融合工业云的数字孪生故障诊断系统

融合工业云和虚拟现实的数字孪生故障诊断系统架构主要分为设备层、边缘层、云服务层与应用层。设备层包含传感器、通信设备和机械设备实体。在边缘层中，通用高效可扩展网络框架突破了网络瓶颈，保障了系统的可靠性，对设备层的数据进行协议转换、函数计算和本地存储等方式为数据高效融合和实时传输创造条件，同时通过设备管理来实时监控设备和数据流的状态，针对特定情况及时做出预警。云服务器层包含云计算模块、网络处理模块及云存储模块。其中结合边云协同计算的云计算模块负责对设备运行过程中收集到的数据进行智能算法的数据分析；网络处理模块在 IoT Hub 控制台负责跨平台设备之间的消息分发、设备认证、MQ 消息队列和设备管理；云存储模块中包括设备运行数据、设备日志、设备状态和数据分析结果。应用层为结合实际设备生产运行环境搭建的虚拟模型和待维修设备的三维感知模型，再结合动作编程指令在虚拟环境中带来人机交互体验。数字孪生故障诊断系统架构如图 8-31 所示。

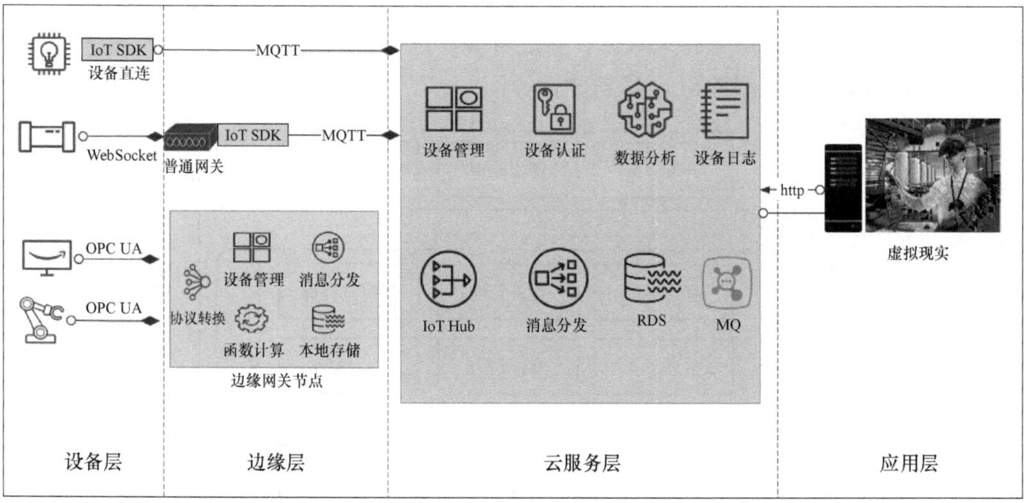

图 8-31 数字孪生故障诊断系统架构

8.3.1 边缘计算

以云计算为中心的数据存储分析由于受到网络环境和带宽的影响，无法保证数据传输的实时性。边缘计算靠近采集设备，现场提供分布式计算、存储和应用等服务，相较以云计算为中心的模式，可以缓解带宽和计算压力，有效提高数据处理稳定性，具有更高的实时性。边云协同计算将云计算能力扩展到边缘设备，将云计算与边缘计算各自优势发挥并结合，进行数据实时稳定传输和跨平台交互存储，实现系统多功能拓展，加快系统服务响应。

边缘计算将在云服务器上的各个功能模块统一在边缘端进行预处理，更容易得到实时的反馈。由边缘计算平台完成设备的信息传递、数据分析和跨平台存储，同时边缘计算可以根据实际业务场景进行不同应用的拓展。云计算平台完成数据的综合处理，对经过边缘设备预处理的数据进行存储和分析计算，通过不同的需求完成不同平台之间的信息传递。

阿里云 Link IoT Edge 软件服务框架给出一种面向物联网设备部署边缘计算服务的解决方案，可部署基于 OPC UA 协议的终端设备接入边缘一体机，并与云端交互的方法。首先，根据传统的轴承故障检测以振动信号为主的特点，搭建 OPC UA Server 加速度传感器来模拟机械设备采集轴承振动信号这一过程，并设定不同位置和频率的振动信号采集方式；然后，借助 UaExpert 工具与 OPC UA Server 建立连接，保证采集到的数据可以进行有效的互通；登录阿里云 IoT 控制台创建基于 OPC UA 协议的设备，完成参数设定；根据边缘计算控制台选择边缘一体机配置的终端设备，分配 OPC UA 到主机并激活数据流统计应用来设置计算单元。

8.3.2 工业云

边缘计算的提出提高了云计算的实时性，但是大部分数据的存储和计算都是位于云计算中。工业云是云计算在工业领域中的应用，通过对工业数据的采集分析处理，得出设备的运行状态和生产过程的各项指标，构建一种高实时性和可塑性强的数据采集分析平台。

工业云在面向工业领域的工业业务环节中涉及设备管理、试验和仿真、故障诊断、数据分析及推理决策等诸多环节，除了利用互联网数据融合的方式获取工业应用功能模块，还需采集设备信号、存储设备运行相关数据、通过智能算法对数据进行分析决策和跨平台实时传输等功能。工业云基本架构如图 8-32 所示。

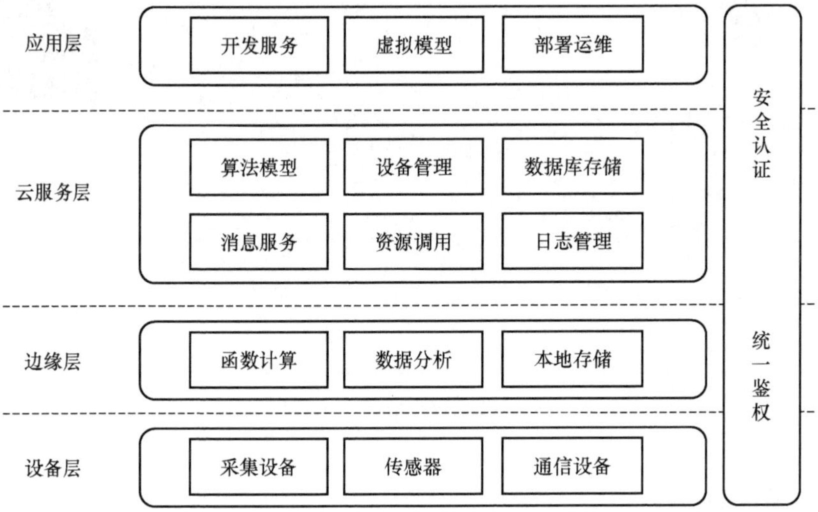

图 8-32 工业云基本架构

为实现边云协同计算的数据处理方式，设计基于阿里云物联网应用开发（IoT Studio）实现可视化开发、业务逻辑开发与物联网数据分析等一系列解决方案，设计搭建加速度传感器振动信号从信号收集、信息存储到数据分析的工业云平台。主要步骤如下：

1）在 IoT Studio 应用开发控制台创建基于 ICA 标准数据格式的设备对象。参考都灵理工大学机械和航天工程系提供的航空发动机高速轴承故障数据集，建立航空发动机高速轴承的 10 种故障类别，每种故障类别的命名规则按照“故障位置_故障编号转速”来命名，如：“正常_0A6”代表轴承处于正常工作状态下，故障编号为 0A，其转速为 6000r/min。IoT Studio 定义设备类型和数据类型分别如图 8-33 和图 8-34 所示。

图 8-33　IoT Studio 定义设备类型

功能类型	功能名称（全部）	标识符	数据类型	数据定义	操作
属性	正常_0A6 自定义	Normal_data	float (单精度浮点型)	取值范围：-120 ~ 120	查看
属性	正常_0A3 自定义	Outer_data_021	float (单精度浮点型)	取值范围：-120 ~ 120	查看
属性	内圈_1A6 自定义	Outer_data_014	float (单精度浮点型)	取值范围：-120 ~ 120	查看
属性	内圈_1A3 自定义	Outer_data_007	float (单精度浮点型)	取值范围：-120 ~ 120	查看
属性	内圈_3A6 自定义	Inner_data_007	float (单精度浮点型)	取值范围：-120 ~ 120	查看
属性	内圈_3A3 自定义	Inner_data_014	float (单精度浮点型)	取值范围：-120 ~ 120	查看
属性	滚动体_4A6 自定义	Inner_data_021	float (单精度浮点型)	取值范围：-120 ~ 120	查看
属性	滚动体_4A3 自定义	Ball_data_021	float (单精度浮点型)	取值范围：-120 ~ 120	查看
属性	滚动体_6A6 自定义	Ball_data_014	float (单精度浮点型)	取值范围：-120 ~ 120	查看
属性	滚动体_6A3 自定义	Ball_data_007	float (单精度浮点型)	取值范围：-120 ~ 120	查看

图 8-34　数据类型

2）构建基于 MQTT 协议的虚拟加速度传感器设备，模拟实际传感器对航空发动机高速轴承的振动信号实时数据采集的过程。对采集到的模拟信号设置取值范围和数据类型，再根据 MQTT 设备连接参数与云服务控制平台建立连接并完成数据上报，同时对虚拟传感器设备进行数据收发的实时监控。虚拟传感器设备参数获取和参数实时监控分别如图 8-35 和图 8-36所示。

3）为保证数据在工业云平台有效传输的同时能够保存和记录，以方便后续数据分析和可视化等系列处理，创建 MySQl 类型的 RDS 云数据库实例，对获取的实时数据根据不同的采集类型进行云存储，并与虚拟传感器的数据类型保持一致。最终建成的 RDS 云数据库数据结构如图 8-37 所示。

4）结合机器学习 PAI 平台完成算法模型在云端部署的功能。为实现数据跨平台之间进行传输，配置 Node. js 节点定义数据库中数据的读取规则。RDS 云数据库数据读取如图 8-38 所示。由 RDS 云数据库提供数据源，根据交互式建模开发（DSW）部署本地训练好的 CVAE-ACGAN-CNN 故障诊断模型，利用模型在线服务（EAS）输出故障诊断结果，并提供对外反馈结果的 API。CVAE-ACGAN-CNN 故障诊断模型云部署如图 8-39 所示。

图 8-35 虚拟传感器设备参数获取

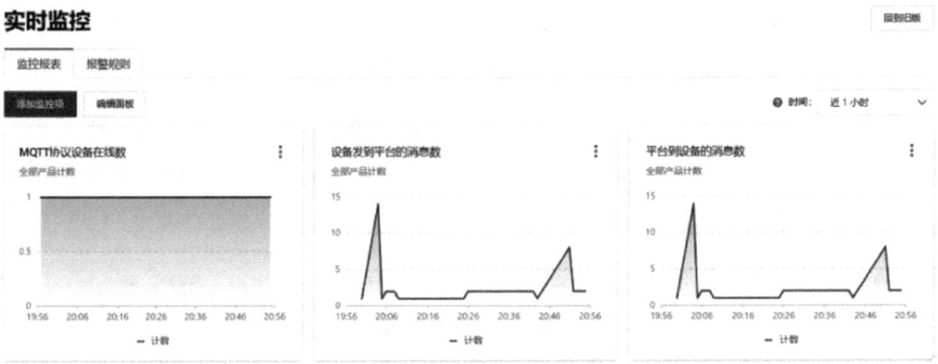

图 8-36 参数实时监控

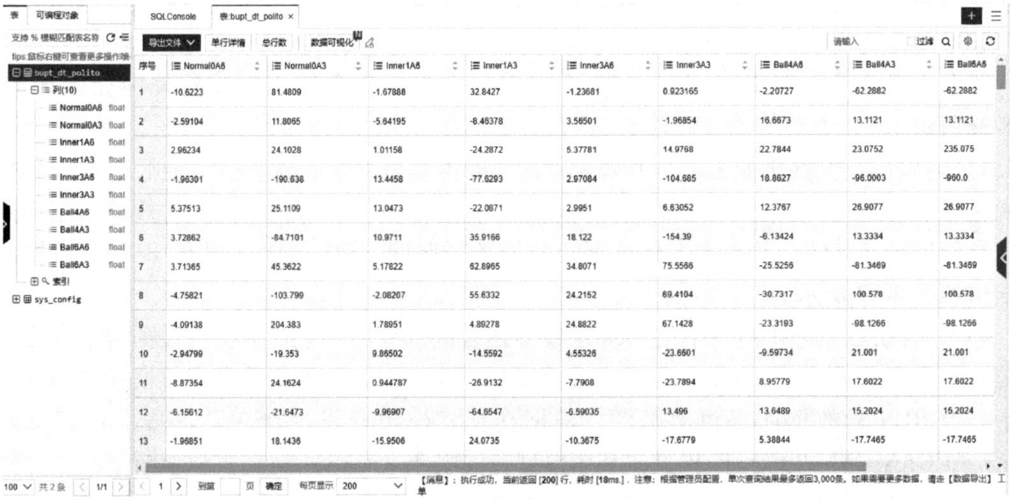

图 8-37 RDS 云数据库数据结构

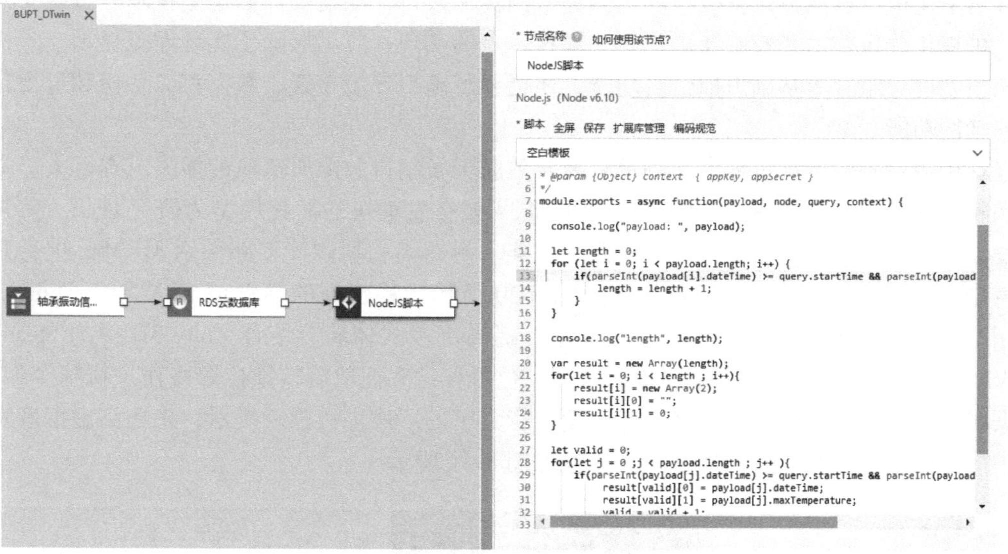

图 8-38　RDS 云数据库数据读取

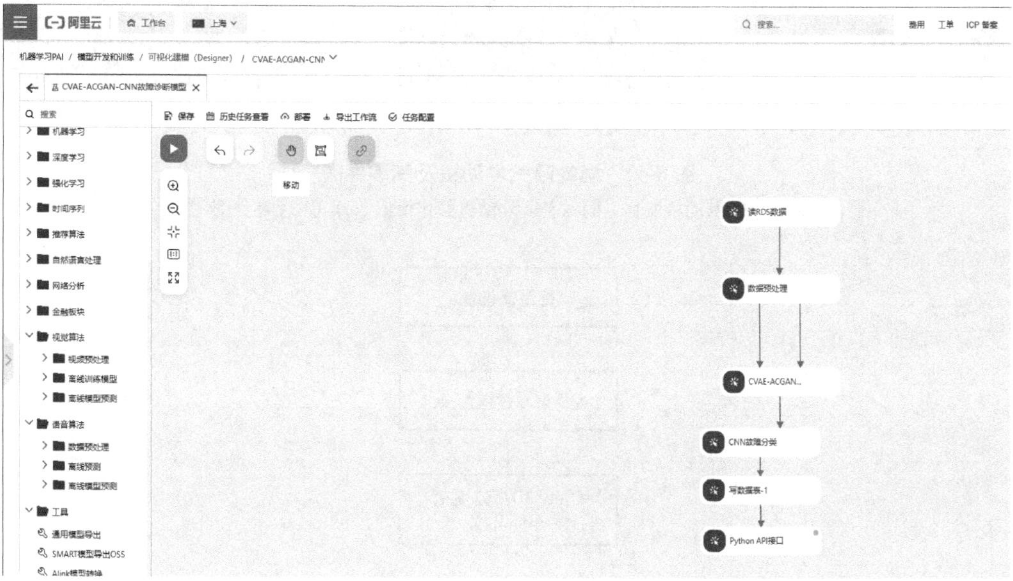

图 8-39　CVAE-ACGAN-CNN 故障诊断模型云部署

8.3.3　虚拟现实

虚拟现实是工业云重要的应用之一，工业云提供高算力的数据分析平台，再通过可视化的方式为用户呈现，以实现人机交互、资源共享和高效利用。VR 技术逐步在智能化建设中占据重要地位，特别是为故障维修指导提供三维可视化解决方案，与传统维修方案相比，能更加直观地给出维修过程的沉浸式体验和可视化方案。

基于 Unity 3D 的虚拟现实建模主要分为三层：硬件层主要针对头戴式虚拟现实设备、运行主机和实体机械设备；接口层是实现人机交互的重要组件，主要包括人机交互接口、三维图像引擎接口、可穿戴设备接口和云服务数据传输接口，涵盖了界面定制技术、自然交互技术、可视化分析技术和控制器操作等关键技术点的实现；应用层除了实现虚拟显示、人机交互和模型拆分组合等基础虚拟仿真功能，还提供了虚拟环境布置、数据存储备份和可视化呈现的辅助功能。

在机械设备的运行过程中，轴承故障导致航天发动机故障所造成的损失成本巨大。本章以涡轮喷气发动机为机械设备模型，选择 CF34 航空发动机的简化模型为研究对象。首先针对发动机核心机身、管道、叶片、格栅、支架、耐燃罐和端体等零部件用 3D Max 进行建模和渲染，涡轮喷气发动机及其零件图如图 8-40 所示。将建好的模型以 FBX 导入 Unity 3D，利用 Unity 3D 建模来搭建工厂厂房的环境，提高沉浸式体验。结合 Unity 3D 中的 SteamVR 和 VRTK 组件，利用 C#语言来对头部跟踪、位置移动和抓取旋转拖拉等操作进行指令编程。根据维修方案，制定相应的维修步骤，用语音文字的形式进行辅助提示，来提高虚拟现实模型中的人机交互体验。虚拟现实建模流程如图 8-41 所示。

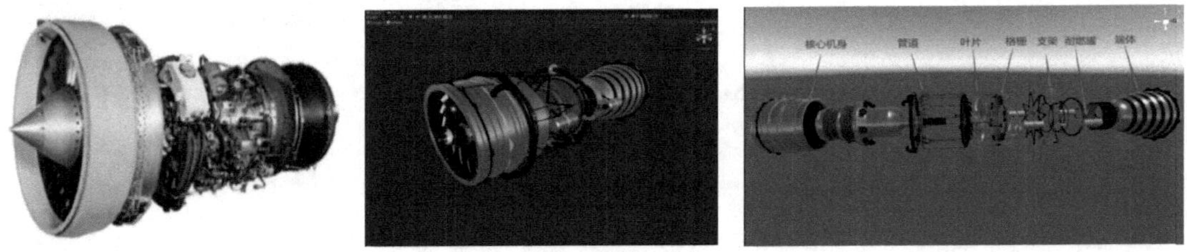

a) b) c)

图 8-40 涡轮喷气发动机及其零件图

a）CF34 发动机实物 b）CF34 发动机简化模型 c）CF34 零件图

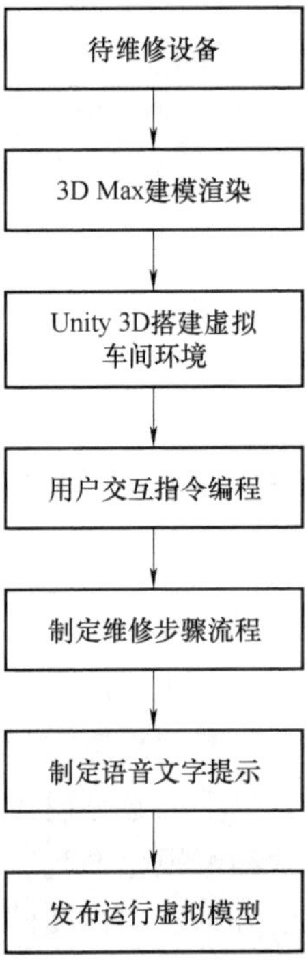

图 8-41 虚拟现实建模流程

8.3.4　数字孪生故障诊断系统验证

本节主要针对航天发动机虚拟现实模型的维修空间沉浸式体验、数据信息融合驱动、人机交互维修指导和安装位置辅助交互四方面进行系统功能验证，具体内容如下：

（1）维修空间沉浸式体验

维修人员佩戴 HTC VIVE 头戴式虚拟现实设备，打开 Unity 3D 虚拟现实模型进入维修操作空间。为更好地获得沉浸式体验，系统对车间维修场景进行建模生成，建立与真实物理设备对应的数字孪生模型、实际车间工作环境和维修平台。头戴式虚拟现实设备和维修空间沉浸式体验效果分别如图 8-42 和图 8-43 所示。

图 8-42　头戴式虚拟现实设备

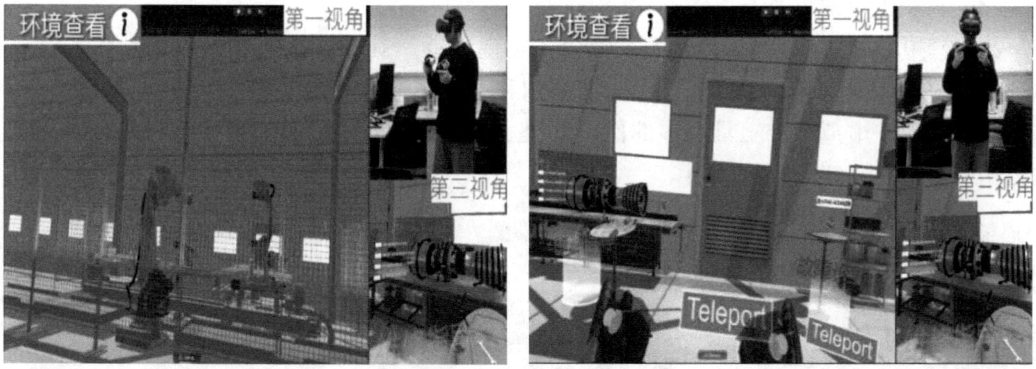

a)　　b)

图 8-43　维修空间沉浸式体验效果

a）车间工作环境　b）维修平台

（2）数据信息融合驱动

通过移动交互逻辑操作获取到工业云端从模拟传感器采集到的轴承振动信号，采集到的信号经过云数据库的存储并输入机器学习 PAI 平台部署的 CVAE-ACGAN-CNN 故障诊断模型，获取到此时轴承对应的故障 4 类型的概率为 48%左右。根据虚拟航空发动机 CF34 简化模型，该轴承故障对应外部耐燃罐连接传动部件的轴承需要替换，通过头部跟踪和点击手势进入故障维修指导模块和对外部耐燃罐进行维修安装指导，根据维修指导列表进行零部件的安装操作。10 种故障类别诊断概率显示和维修流程指导分别如图 8-44 和图 8-45所示。

图 8-44　10 种故障类别诊断概率显示

图 8-45　维修流程指导

（3）人机交互维修指导

数字孪生故障诊断系统用 C#脚本编程，实现移动、旋转、拖拉和抓取等动作定义，为维修指导的拆除螺栓、拖拉设备展开内部结构和更换零部件等指令提供支持。操作人员可结合语音、文字、虚拟维修工具和零部件模型提示，在虚拟现实模型针对实际机械设备进行人机交互维修指导，如图 8-46 所示。

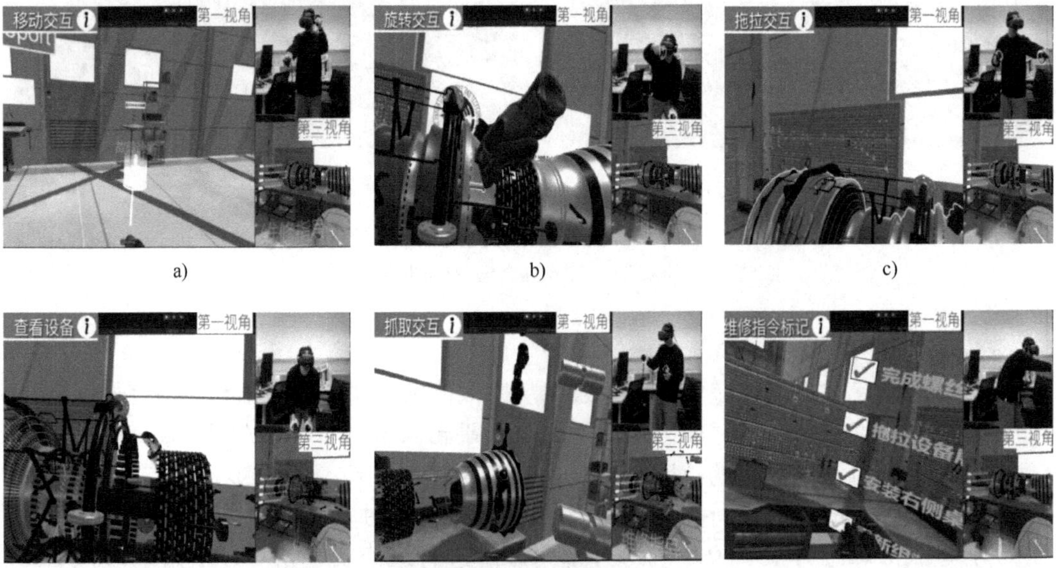

a)　b)　c)　d)　e)　f)

图 8-46　人机交互维修指导

a）移动交互　b）旋转交互　c）拖拉交互　d）查看设备　e）抓取交互　f）维修指令标记

（4）安装位置辅助交互

在安装设备零部件时触发虚实点位融合，将预设虚拟零件定位至实际设备模型的指定位置，实现虚拟模型中实际还原物理设备的点位坐标，为维修人员完成设备零部件安装步骤提供更加直观的体验。安装位置辅助交互如图 8-47 所示。

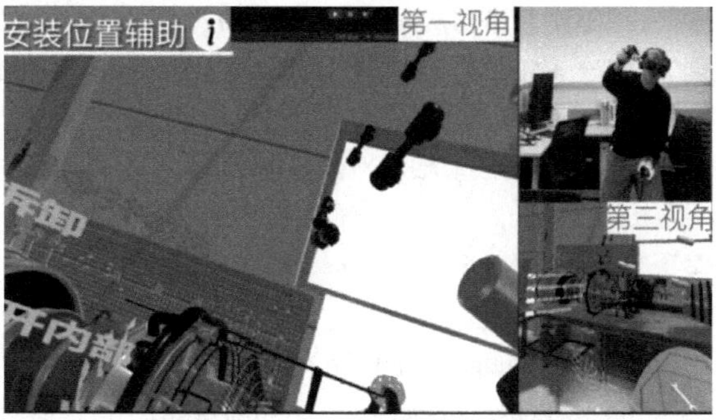

图 8-47　安装位置辅助交互

习题

8-1　简述 CVAE-ACGAN-CNN 故障诊断方法的步骤。

8-2　简述基于 SDAE-SVDD 的滚动轴承性能退化评估流程。

8-3　描述融合工业云和虚拟现实的数字孪生故障诊断系统架构。

参考文献

[1] 姜铁民. 基于数字孪生的火电厂锅炉故障预测方法研究 [D]. 保定：华北电力大学，2021.

[2] 陶飞，刘蔚然，刘检华，等. 数字孪生及其应用探索 [J]. 计算机集成制造系统，2018，24（1）：1-18.

[3] 张超，周光辉，肖佳诚，等. 数字孪生制造单元多维多尺度建模与边—云协同配置 [J]. 计算机集成制造系统，2023，29（2）：355-371.

[4] 中国电子信息产业发展研究院. 数字孪生白皮书 [R/OL].（2019-12-19）[2022-12-22]. http://www.199it.com/archives/988856.html.

[5] JAIN P，POON J，SINGH J P，et al. A digital twin approach for fault diagnosis in distributed photovoltaic systems [J]. IEEE Transactions on Power Electronics，2019，35（1）：940-956.

[6] LUO W C，HU T L，ZHANG C R，et al. Digital twin for CNC machine tool：modeling and using strategy [J]. Journal of Ambient Intelligence and Humanized Computing，2019，10：1129-1140.

[7] 孙曙光，张伟，王景芹，等. 基于动作过程振动检测的低压断路器机械寿命预测 [J]. 仪器仪表学报，2020，41（12）：146-157.

[8] 杨武，王小华，荣命哲，等. 基于红外测温技术的高压电力设备温度在线监测传感器的研究 [J]. 中国电机工程学报，2002（9）：114-118.

[9] 赵俊忠，黄厚宽，贾莲凤. 误差分离理论在微机辅助轴类工件表面缺陷检测中的应用 [J]. 计量学报，2003（1）：14-17.

[10] QIAN Y N，YAN R Q，ROBERT X. A multi-time scale approach to remaining useful life prediction in rolling bearing [J]. Mechanical Systems and Signal Processing，2017，83（6）：549-567.

[11] 佘博，田福庆，梁伟阁. 基于深度卷积变分自编码网络的故障诊断方法［J］. 仪器仪表学报，2018，39（10）：27-35.

[12] JANSSENS O，SLAVKOVIKJ V，VERVISCH B，et al. Convolutional neural network based fault detection for rotating machinery［J］. Journal of Sound and Vibration，2016，377：331-345.

[13] OJAGHI M，YAZDANDOOST N. Oil-whirl fault modeling，simulation，and detection in sleeve bearings of squirrel cage induction motors［J］. IEEE Transactions on Energy Conversion，2015，30（4）：1537-1545.

[14] 王冉，周雁翔，胡雄，等. 基于 EMD 多尺度威布尔分布与 HMM 的轴承性能退化评估方法［J］. 振动与冲击，2022，41（3）：209-215.

[15] 陈鹏，赵小强. 基于 GLNPE-SVDD 的滚动轴承性能退化评估方法［J］. 华中科技大学学报（自然科学版），2021，49（1）：12-16.

[16] 张龙，宋成洋，邹友军，等. 基于 Renyi 熵和 K-medoids 聚类的轴承性能退化评估［J］. 振动与冲击，2020，39（20）：24-31；46.

[17] JAIN A K，LAD B K. Predicting remaining useful life of high speed milling cutters based on artificial neural net-work［R］. Chennai：International Conference on Robotics，Automation，Control and Embedded Systems，2015.

[18] 王斐，房立清，赵玉龙，等. 基于 VMD 和 SVDD 的滚动轴承早期微弱故障检测和性能退化评估研究［J］. 振动与冲击，2019，38（22）：224-230；256.

[19] SHEN Z J，HE Z J，CHEN X F. A monotonic degradation assessment index of rolling bearings using fuzzy support vector data description and running time［J］. Sensors，2012（12）：10109-10135.

[20] YU J B. Bearing performance degradation assessment using locality preserving projections and Gaussian mix［J］. Mechanical Systems and Signal Processing，2011，25（2）：2573-2589.

[21] 王田田. 滚动轴承故障诊断与性能退化评估方法研究［D］. 无锡：江南大学，2020.

第 9 章
数字孪生系统的生命周期管理

数字孪生技术的推广应用使得制造装备向着智能无人、状态自知、生命可测等方向发展。例如：美国通用电气公司于 2012 年提出了“工业互联网”理念，德国汉诺威工业博览会于 2013 年提出了“工业 4. 0”框架，我国于 2015 年部署推进了“中国制造 2025”行动纲领。为实现智能装备的自主保障与自主诊断，故障预测与健康管理（PHM）概念应运而生，它是在视情维修基础上的升级和发展，主要用于资产设备的生命周期管理。PHM 强调状态感知、数据监控分析、预测故障等设备运行趋势和生命状态的管理功能，进而大力提高运维效率，成为未来设备的发展趋势。其中，对于产品剩余寿命的预测是生命周期管理中的重要一环，本章主要讨论剩余寿命预测技术的相关基础理论。

9.1 剩余寿命预测算法

9. 1. 1 剩余寿命预测技术现状

剩余寿命（remaining useful life，RUL）是指在系统或设备运行一段时间后，距离出现潜在故障的时间，即子系统或零部件从当前时刻到发生故障时刻之间的正常持续工作时间。剩余寿命是一个条件随机变量，根据当前机器的使用时长、状况及过去的操作模式，观察分析故障出现之前的剩余时间。用数学语言表达为设备从完好全新状态到失效的总时长与设备从完好全新状态到当前时刻总时长的差值：

$$T-t \mid T>t, Z(t) \tag{9-1}$$

式中，T 为失效时间的随机变量；t 为当前时间；$Z(t)$ 为设备截至当前时间 t 的运行状况。由于 RUL 是一个随机变量，RUL 的分布对于全面理解 RUL 很有意义。“剩余寿命估算”一词具有双重含义。在某些情况下，这意味着找到 RUL 的分布。然而，在其他一些情况下，它只意味着对 RUL 的期望：

$$E[T-t \mid T>t, Z(t)] \tag{9-2}$$

在实际生产环境中，设备或机械构件发生故障的过程是循次而进的，当前的剩余寿命预测方法如图 9-1 所示。

1. 基于模型的预测方法

基于模型对剩余寿命进行预测，不仅需要故障传播过程的知识或数据，还必须具备故障机理的知识或数据，从根本上了解故障的产生原理与故障的生成特征，开展基于故障机理的可靠性设计与分析，建立故障机理模型，并通过试验证明模型的可行性。就工业设备而言，

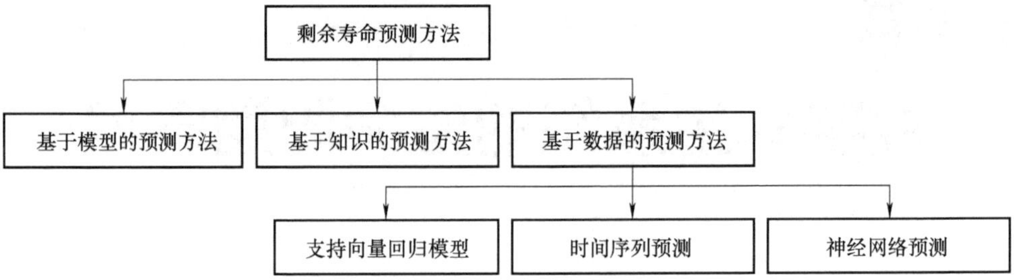

图 9-1　剩余寿命预测方法

其机械结构复杂，运行工况实时变化，且不同设备或构件之间的差异都易引起模型偏差，这为普适模型的建立带来了困难。因此，这类预测方法不具备足够的鲁棒性和普适性，且对技术人员的专业知识水平要求较高，不利于普及应用。

2. 基于知识的预测方法

将知识整理在数据库中并开发较为完备的专家系统，经过比对和判断完成基于知识的剩余寿命预测。在实际应用场景中，先采集机械设备的数据，经一定处理后，通过计算机对专家知识库进行搜索对应，由此诊断及预测设备的状况。随着自然语言处理和搜索推荐等人工智能领域相关技术的发展，该预测方法凭借无须建立精确模型和预测精度较高等优点得到了广泛应用。

基于知识的预测方法大多可以应用于故障类型预测，适合做定性分析，但对于需要定量分析故障的情况，基本无法做出定量衡量。同时，该方法需要对领域知识的整体脉络掌握较为详尽，并且需要完备的知识表示方法，如利用节点和节点关系的描述链接而形成的语义网络知识图解，分解逻辑的谓词逻辑表示法，通过建立特定规则表示领域专家知识的产生式系统知识表示法，通过嵌套连接构建的框架表示法等。此外，领域内的专家知识及相关经验很难找到详尽完备的标准，建立知识库的随机性较大。

3. 基于数据的预测方法

基于数据的预测方法是通过挖掘、分析和计算诸多数据中隐藏和不曾预知的概念、规则、规律和模型等信息，并利用这些信息具有的隐性决策价值和变化趋势，来诊断预测设备未来的运行状况。基于数据的预测方法通常采用大量的训练数据，基于其训练好的模型可预测下一步的状态。

基于模型的预测方法会受到已有知识及实际情况的限制，而基于数据的预测方法在于使用数据提取隐含的模式，这是基于模型的预测方法不具备的优势。数据分析对抗的是不确定性，核心任务是把可量化的流程、操作或行为进行量化，用数据化和科学化的管理代替决策、承诺或事故等误差较大的随意管理。算法对抗的是低效率，核心任务是通过训练模型，把低级、重复和可标准化的操作转移到机器内部完成，释放人力资源，解决人力计算困难的问题。由此可知，基于数据的预测方法用来分析和判断设备故障时，无须构造复杂的知识数据库及繁琐模型，成本大幅度降低，且对定性或定量分析都适用。支持向量回归模型、灰色理论、隐马尔可夫模型、时间序列分析及神经网络预测等都属于该类技术中的主流方法。

（1）支持向量回归模型

Vapnik 和 Cortes 于 1995 年提出了支持向量机方法（support vector machine，SVM），Vapnik-chervonenkis 维数理论与结构风险最小化理论为该模型奠定了理论基础。对于有限数量样本的训练，SVM 方法可以较好地寻求学习效率与算法精度之间的均衡调节，具有较强的普适性。

（2）时间序列预测

时间序列也称动态序列，是指具有同一统计指标的一系列值，根据时间先后次序将其罗列形成的数列。获取运行中机械设备的阶段性数据，将其按等时间间隔排列形成的序列就是设备的状态时间序列。时间序列预测是对研究对象当前和历史信息的时间序列数据进行分析建模，观测数据变化的趋势进行数据预测，然后由预测到的数据特征分析、计算和预测下一阶段设备的发展趋势。处理时序数据的方法有 AR 模型、滑动平均模型（moving average model，MA）、自回归滑动平均模型（autoregressive moving average model，ARMA）以及差分整合移动平均自回归模型（autoregressive integrated moving average model，ARIMA）。

（3）神经网络预测

神经网络是由彼此联结的神经元构建而成的庞大网络或计算系统。神经网络借鉴了人脑神经系统的触发机制，模拟人类思维模式，从而挖掘重要特征与特征间的紧密联系。神经网络凭借梯度下降、反向传播及高效的优化机制而具有高度学习能力、普适与泛化性及容错与稳定性。

综上所述，利用深度学习技术开展 RUL 预测时，特征提取需要庞大的经验知识体系和繁复的信号处理，为了获得趋势性的健康指标（health indicators，HI）曲线，需要引入多种特征融合和人工经验筛选等处理手段，具体问题中又需要差异性处理，故普适性较差。因此，对于轴承信号这类非标准化数据，应充分利用人工特征简单直接且节省算力的优点，再结合深度学习深度特征挖掘的优势，使两者达到某种平衡。同时，轴承的寿命受到运行工况、材料及工艺手段等多种条件的制约，使轴承使用过程具有个体差异性。因此，准确预测算法模型样本之外的同型号轴承状况，也是剩余寿命预测研究中的挑战。

9.1.2 剩余寿命预测算法相关理论与技术

1. 卷积神经网络

卷积神经网络由 Yann Le Cun 提出，其特征提取的高效性、数据格式的简易性和参数数目的少量性令其在语音或人脸识别、运动分析、自然语言处理等方面被广泛应用，其本质可理解为一个多层感知机。

卷积神经网络与普通神经网络相比，相同点为运用多层逻辑回归的方式，通过梯度下降或链式求导法等反向传播算法进行参数优化训练。源于卷积神经网络的计算原理，CNN 有两个显著优势：一个是权值共享，另一个是模型简单，降低过拟合风险。

根据数据特征，卷积神经网络可应用为一维卷积、二维卷积和三维卷积等。一般情况下，一维卷积多用于文本等时间序列数据，只在时间维度上计算；二维卷积用于图像的卷积计算，有宽度和高度两个维度；三维卷积用于视频、3D 图像等领域，需要对三维空间进行卷积计算。

下面以适用于时间序列数据的一维卷积进行举例说明。一维卷积相当于卷积核在输入的一个维度方向滑动做卷积计算并得到输出结果。假设输入数据为 6 个维度的数据，且有 4 个通道，即形如［6,4］的数据。设置核大小（kernel_size）为 2，卷积的步长（stride）为 2，核数量（out_channels）为 1 的卷积。其中卷积核的通道数与输入的通道数相同，均为 4。图 9-2 所示为卷积过程示意图。

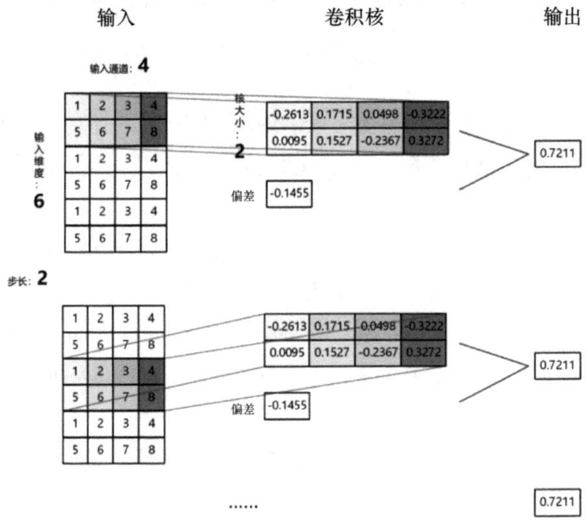

图 9-2　卷积过程示意图

结果输出维度为［1,3］。卷积核与输入通道值默认相等，即卷积核的数量等于输出的第一个维度，示例中卷积核数量为 1，故第一个维度的输出等于 1。第二个维度等于 3，该结果可由公式 $N=W-F+2P/S+1$ 得出。式中的 W 为输入大小，F 为核大小，P(Padding）为填充值，S（Stride）为步长。

2. 长短期记忆人工神经网络

Hopfield 于 20 世纪 80 年代发明了循环神经网络（recurrent neural network，RNN)，其结构图如图 9-3 所示。由于其易发生梯度消失，无法实现长期依赖，因而会遗忘较久远时间段的信息。在 RNN 的基础上，Hochreiter 于 1997 年提出了长短期记忆神经网络（long short-term memory，LSTM)。

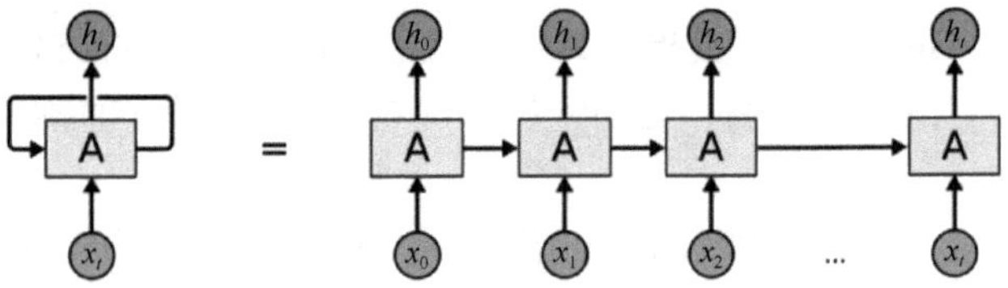

图 9-3　RNN 结构图

对应于每个时间点 t，会有一个记录了之前信息的状态值 C_t，通过输入和遗忘等调节方式对当前 C_t 进行修正，即 C_t 是一个会随着时间边改变边传递的核心要素。sigmoid 函数具有将变量值映射于［0,1］区间的特点，若用 sigmoid 门控制每个输入因素对 C_t 的影响，则可控制从全部不输入到全部都输入的所有情况。

LSTM 有三个重要的门：输入门、遗忘门和输出门。它们对状态产生影响并把这个状态递归下去，从而不忘记遥远重要信息，也不会只关注近距离冗余信息。LSTM 结构、遗忘门、输入门、当前状态值和输出门分别如图 9-4～图 9-8 所示，主要计算公式如式（9-3）～式（9-8）所示。

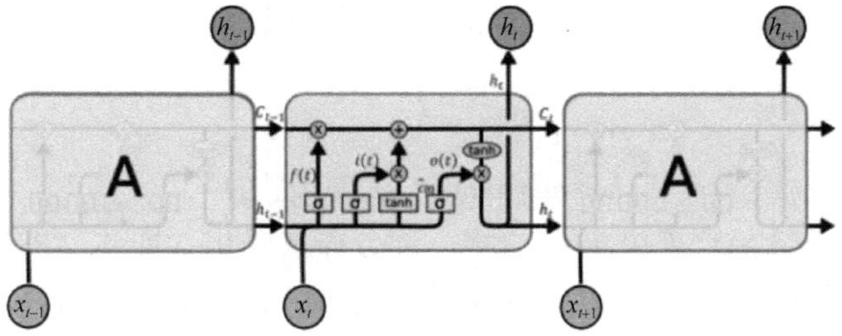

图 9-4　LSTM 结构

（1）遗忘门

$$f_t=\sigma(W_f\cdot[h_{t-1},x_t]+b_f) \tag{9-3}$$

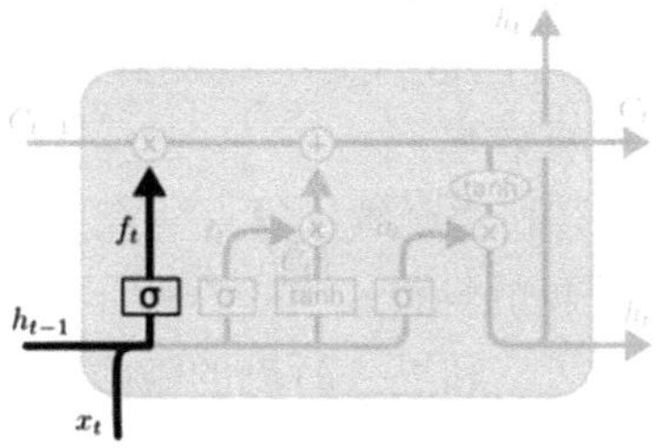

图 9-5　遗忘门

遗忘门可理解为对于上个时刻状态的舍弃情况，即对上个时间点状态遗忘多少。对于 C_{t-1}，会首先注意上一个阶段的输出 h_{t-1} 和这个阶段的输入 x_t，并通过 sigmoid 来确定令 C_{t-1} 忘记多少，sigmoid=1 表示要保存 C_{t-1} 的比重大一些，sigmoid=0 表示完全忘记之前的 C_{t-1}。

（2）输入门

$$i_t=\sigma(W_i\cdot[h_{t-1},x_t]+b_i) \tag{9-4}$$

$$\widetilde{C}_t=\tanh(W_C\cdot[h_{t-1},x_t]+b_C) \tag{9-5}$$

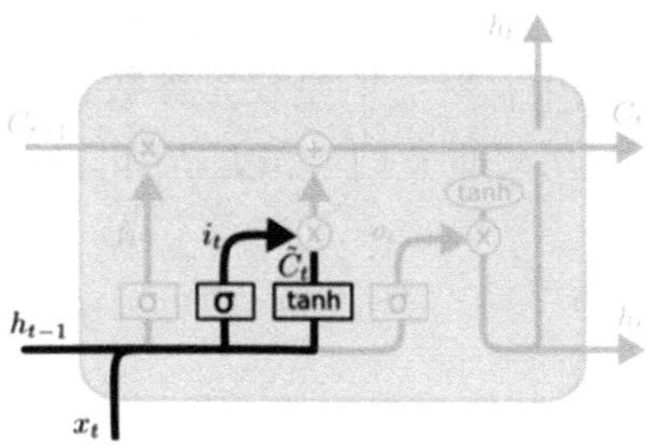

图 9-6　输入门

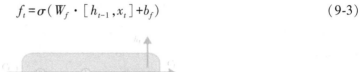

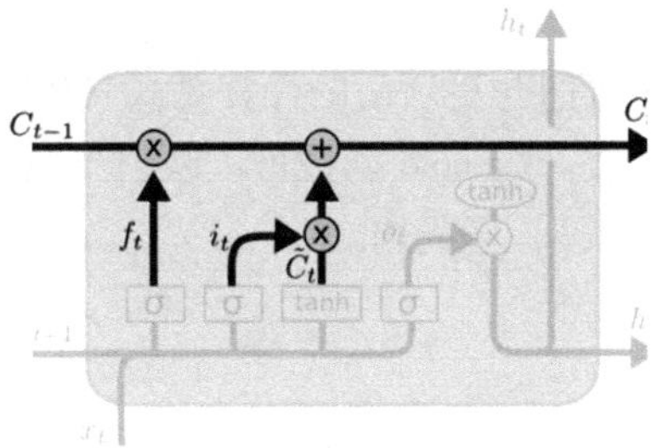

图 9-7　当前状态值

首先会取上一个阶段的输出 h_{t-1} 和当前阶段的输入 x_t，通过 sigmoid 来控制当前要加多少进入当前状态值 C_t，即式（9-4）的含义；然后又会创建一个备选的 $\widetilde{C}_t$，用 tanh 去控制要加入 C_t 的部分是多少。之后通过把两个部分相乘，共同决定了要影响 C_t 的量是多少，加上之前遗忘门的影响，可表示为

$$C_t=f_t*C_{t-1}+i_t*\widetilde{C}_t\text{（长记忆）} \tag{9-6}$$

（3）输出门

$$o_t=\sigma(W_o\cdot[h_{t-1},x_t]+b_o) \tag{9-7}$$

$$h_t=o_t*\tanh(C_t)\text{（短记忆）} \tag{9-8}$$

首先，借助 sigmoid 函数来决定 C_t 的哪一部分需要输出，即式（9-7）的 o_t；然后，把 C_t 放入 tanh 内来决定 C_t 的输出部分，并通过与 o_t 相乘得到最后的输出。

3. 门控循环单元

门控循环神经网络（gated recurrent neural network，GRU）由 Chung 于 2014 年提出，通过对 LSTM 改进和精简，将原来的遗忘门与输入门合成，同时对单元状态和隐藏状态也进行合并及更新，得到更具优势的“更新门”。GRU 因模型轻便快捷的优势而得到广泛应用。通过纳入以上两项创新，GRU 模型存在以下优势：参数总数缩减至原来的 2/3，使模型训练不容易过拟合；dropout 在一些训练中可以进行简缩或刨除；当训练数据量较大时，可以压缩计算历时，提升迭代速度，提高运算效率。

LSTM 网络改善了梯度问题，GRU 也延续了这一优点，它的门结构可以有效地过滤无用信息，在处理序列问题时表现出优越的性能。图 9-9 所示为 GRU 结构图，其重置门和更新门的输入一致，包含当前时刻的输入 x_t 和上一时刻的隐藏状态 h_{t-1}，最后，通过 sigmoid 函数进行全连接层运算并输出结果。

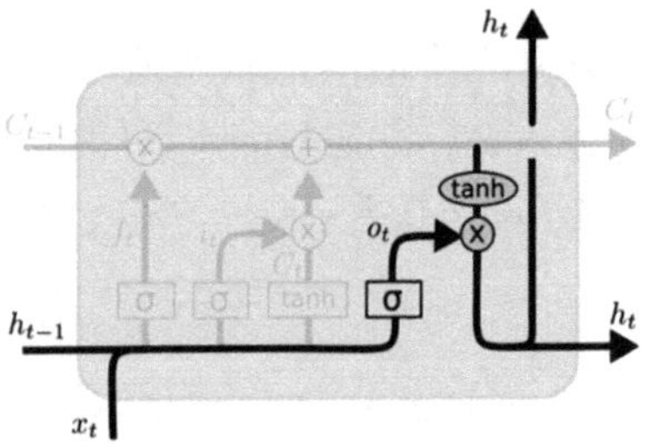

图 9-8　输出门

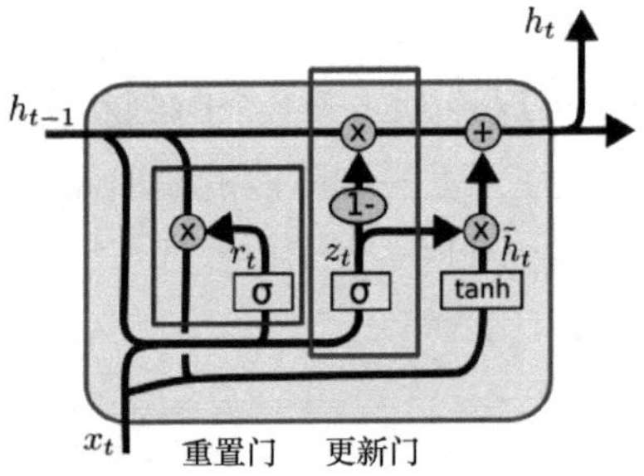

图 9-9　GRU 结构图

重置门与更新门的计算见式（9-9）与式（9-10），式中，W_r、W_z 是权重参数，b_r、b_z 是偏置参数。sigmoid 函数可以映射变量至［0,1］区间，故可将重置门 r_t 和更新门 z_t 的值域映射在［0,1］区间内。

$$r_t=\sigma(W_r\cdot[h_{t-1},x_t]+b_r) \tag{9-9}$$

$$z_t=\sigma(W_z\cdot[h_{t-1},x_t]+b_z) \tag{9-10}$$

为实现稍后时间步隐藏状态的计算，GRU 拥有候选隐藏状态，时间步 t 的候选隐藏状态的计算式为

$$\widetilde{h}_t=\tanh(W\cdot[r_t*h_{t-1},x_t]+b) \tag{9-11}$$

式中，W 是权重参数；b 是偏置参数。由此可得，重置门以上一时刻的隐藏状态进行计算，从而对当前时刻的候选隐藏状态实现操纵。以上个时间步为终点，之前时间序列的所有历史信息都可能被容纳在上个时间步的隐藏状态之中。因此，重置门的功能在于将无用历史信息舍弃。

时间步 t 的隐藏状态 h_t 的计算式为

$$h_t=(1-z_t)*h_{t-1}+z_t*\widetilde{h}_t \tag{9-12}$$

可见，更新门依靠当前时间步的候选隐藏状态来更新当前隐藏状态。

假设时间步长 t'-t 之间（$t'<t$），更新门一直近似等于 1，则说明 t'-t 之间的输入信息进入 t 的隐藏状态 h_t 的比例极小。可理解为以当前时间步 t 作为观测点，之前时间段的隐藏状态 h'_{t-1} 一直被保存并传递过来。这种设计能够规避循环神经网络中存在的梯度衰减问题，提高大步距时序数据的依赖性和捕捉性能。

重置门对捕捉时序信息的短期依赖关系有帮助，更新门对捕捉时序信息的长期依赖关系有帮助。

双向门控循环单元（bidirectional gated recurrent unit，BiGRU）包含两个普通的 GRU，分别为时间正序的正向传递与时间逆序的反向传递。如果输入序列为 x_1，x_2，…，x_T，则在正向传递中，隐层变量 $\overrightarrow{h}_t=f(x_t,\ \overrightarrow{h}_{t-1})$，而反向传递中，隐层变量变为 $\overleftarrow{h}_t=f(x_t,\ \overleftarrow{h}_{t-1})$。当期待正向传递信息与反向传递信息在输入中同时兼具时，可选择 BiGRU。例如：已知输入序列 x_1，x_2，…，x_T，正向传递时，它们在循环神经网络中的隐变量分别对应 $\overrightarrow{h}_1$，$\overrightarrow{h}_2$，…，$\overrightarrow{h}_T$；反向传递时，隐变量分别对应 $\overleftarrow{h}_1$，$\overleftarrow{h}_2$，…，$\overleftarrow{h}_T$。在 BiGRU 中，对应时刻 i 的隐变量为 $\overleftarrow{h}_t$ 与 $\overrightarrow{h}_t$ 两者拼接的结果。

4. 注意力机制

注意力机制出现于 20 世纪 90 年代，Volodymyr 于 2014 年将其应用在计算机视觉领域，为深度学习引入仿生机制，其算法机制可解释为：当一处环境映入人的眼帘时，由于大脑的运作处理，人类不会对每个视点平分注意力，而是习惯于注意周围环境中某几个极其重要的微小部分，以得到有用的信息，从而建立对环境的表达。注意力机制与之同理，以权重来表示关注的程度，得到有利信息。从数学角度理解，可以将它解释成一种加权求和，如图 9-10 所示。

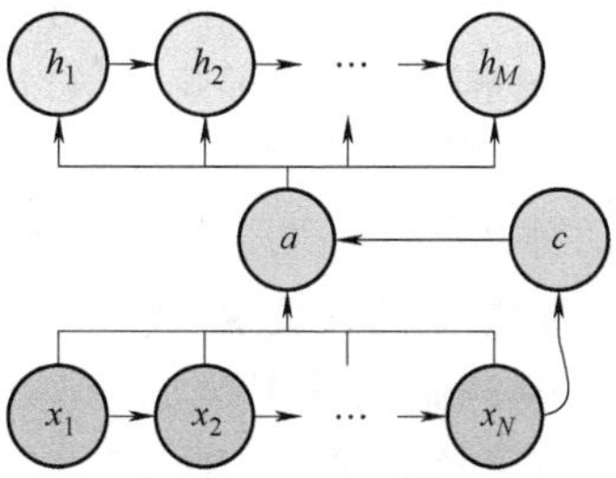

图 9-10　注意力机制

注意力机制的特点如下：

1）输入序列的每个局部，将分配不一样的权重，代表重要性不同。

2）输出序列的局部，由上一段的输出与当前的输入局部组成。

针对序列数据，可为不同的输入通道分配不同的权重值，故模型对输入信息的重视程度被修改，实现了计算资源的高效分配。另一方面，这一方式可通过反向传播算法不断优化权重参数，适用于序列数据的学习任务。

9.1.3　试验数据来源及数据预处理

1. 数据来源和数据分析

本章关于剩余寿命预测的试验演示是基于 IEEE PHM 2012 的轴承数据，由 IEEE 可靠性协会和 FEMTO-ST 研究所组织采集。试验设备为 PRONOSTIA 轴承加速寿命试验台，如图 9-11所示，该平台能够测试和验证与轴承健康评估、诊断和预测相关的方法。PRONOSTIA 平台的轴承可控制为恒速或变速运行，实际工况中对轴承退化过程数据的采集也十分方便。

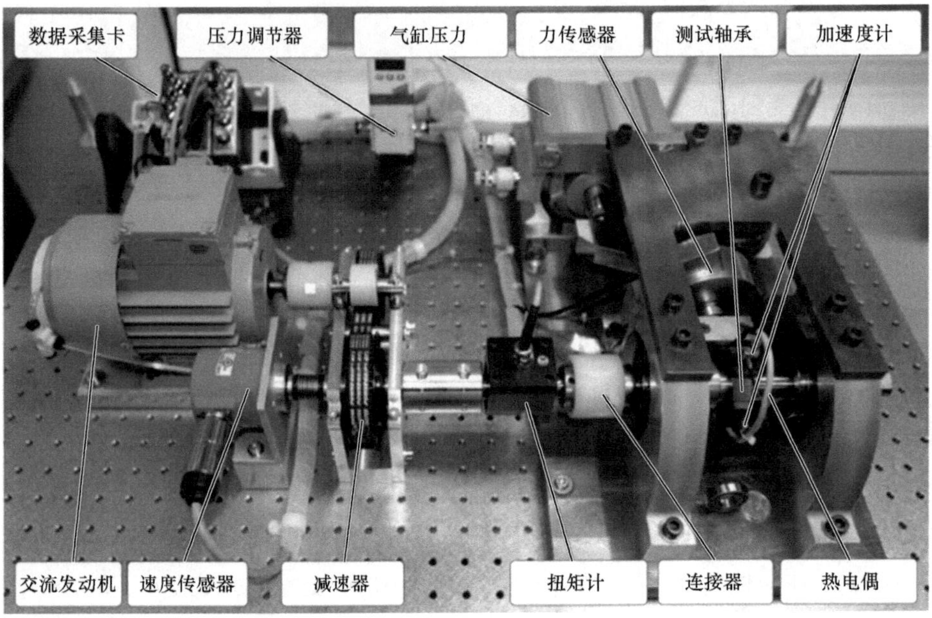

图 9-11　PRONOSTIA 轴承加速寿命试验台

平台主要通过控制轴承转速、轴承被施予的径向力、轴承上瞬间的转矩值来对轴承的运行状况进行改变及影响。平台依靠振动传感器、温度传感器采集的数据来表征轴承退化情况。振动传感器由两个相互成 90°的微型加速度计组成，第一个放置在竖直轴上，第二个放置在水平轴上。两个加速度计径向放置在轴承的外座圈上，采样频率为 25.6kHz。

数据集的负载条件包括三种工况，其主要差异在于转速不同和施加的径向载荷不同。轴承加速寿命试验工况见表 9-1。工况 1：有 7 个滚动轴承，转速为 1800r/min，径向力为 4000N，其中有两个轴承用于算法训练，提供了从运行开始到寿命终止的全部数据，其余作为测试的 5 个轴承只提供了截断的不完整数据。工况 2：同样有 7 个滚动轴承，转速为 1650r/min，径向力为 4200N，数据截断情况同工况一。工况 3：轴承有 3 个，转速为 1500r/min，径向力为 5000N，其中 2 个轴承提供完整数据，1 个做截断处理。数据集分为三种工况的训练集与测试集。轴承工况见表 9-2。表中命名规则：工况 1 第 1 组轴承的数据为 Bearing1_1，工况 2 第 3 组轴承的数据为 Bearing2_3，以此类推。

表 9-1　轴承加速寿命试验工况

工况编号	1	2	3
转速/(r/min)	1800	1650	1500
径向力/N	4000	4200	5000

表 9-2　轴承工况

数据集	运行工况		
	工况 1	工况 2	工况 3
训练集	Bearing1_1 Bearing1_2	Bearing2_1 Bearing2_2	Bearing3_1 Bearing3_2

（续）

数据集	运行工况		
	工况 1	工况 2	工况 3
测试集	Bearing1_3 Bearing1_4 Bearing1_5 Bearing1_6 Bearing1_7	Bearing2_3 Bearing2_4 Bearing2_5 Bearing2_6 Bearing2_7	Bearing3_3

轴承振动信号数据通过振动传感器获得，数据通过间歇方式进行分段获取，每段数据的采集持续时间为 0.1 s，采集间隔为 10 s，选取 25.6 kHz 的采样频率。由此得到，采集数据构成的每一个观察值均包含 2560 点。

选取数据集中 Bearing2_1 振幅数据随时间变化的趋势来解构与探析。由图 9-12 可以看出，Bearing2_1 在开始的 157 单位时间内，振动信号表现比较正常，之后振幅逐渐增大，这说明出现了退化现象，即故障开始出现。

每 0.1s（设为 1 个单位时间）内等距提取 100 个时间点的信号，计算前 N 个单位时间内振动信号的 RMS，即第 1 个单位时间内的 RMS、前 2 个单位时间内的 RMS、前 3 个单位时间内的 RMS……，计算出前 N 个振动信号的 RMS 的均值 μ 和标准差 σ，即第 1 个 RMS 的均值和标准差、前 2 个 RMS 的均值和标准差，前 3 个 RMS 的均值和标准差……，将上阈值设为 $\mu+3\sigma$，只要 RMS 大于这个阈值，则认为开始失效或退化。由此可计算得出，Bearing2_1 从 157 单位时间开始失效。Bearing2_1 振幅随时间变化示意图如图 9-12 所示，Bearing2_1 退化起始关键节点（157 单位时间）如图 9-13 所示。由此可说明由振幅的特征作为评估轴承的状态及剩余寿命的一个切入点是可行的。

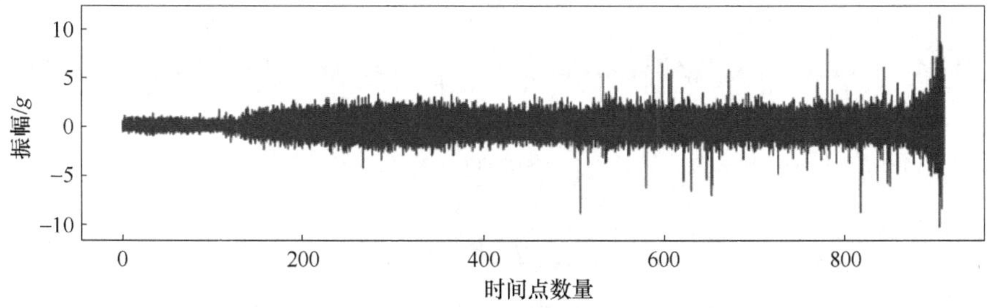

图 9-12　Bearing2_1 振幅随时间变化示意图

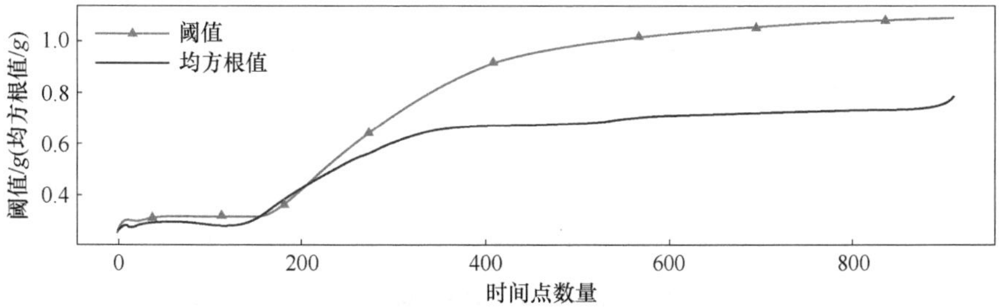

图 9-13　Bearing2_1 退化起始关键节点（157 单位时间）

2. 数据预处理

小波变换阈值去噪方法由 Johnstone 和 Donoho 教授于 1992 年首次提出，它具有实现简单和计算量少的特点。小波去噪通过函数逼近方法和小波母函数的伸缩平移变换，得到对原始信号的近似优化，实现原始信号与噪声的隔离，从而对原始信号进行最优还原。本章通过小波变换阈值去噪方法对数据进行去噪，使信号数据表现更平滑。

使用 Python 中的 pywt. threshold 函数完成小波去噪，选取不同阈值倍数的小波阈值去噪结果示意图如图 9-14 所示。经信噪比、方均根误差等降噪效果的评判指标对比，选择当前常用的具有正交、连续且紧支撑特性的 Daubechies 小波，阈值函数为默认阈值去噪，阈值系数为 0. 2。

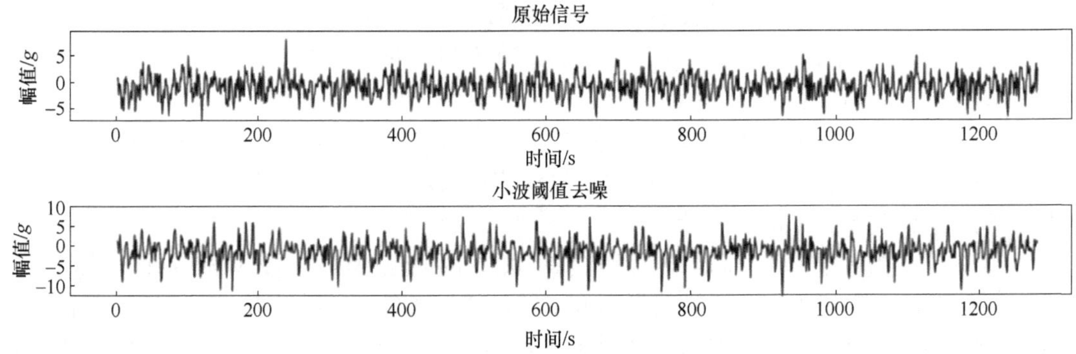

a)

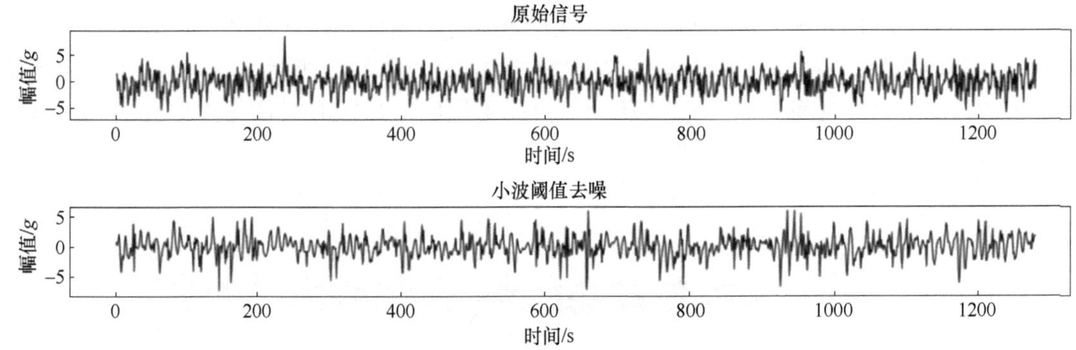

b)

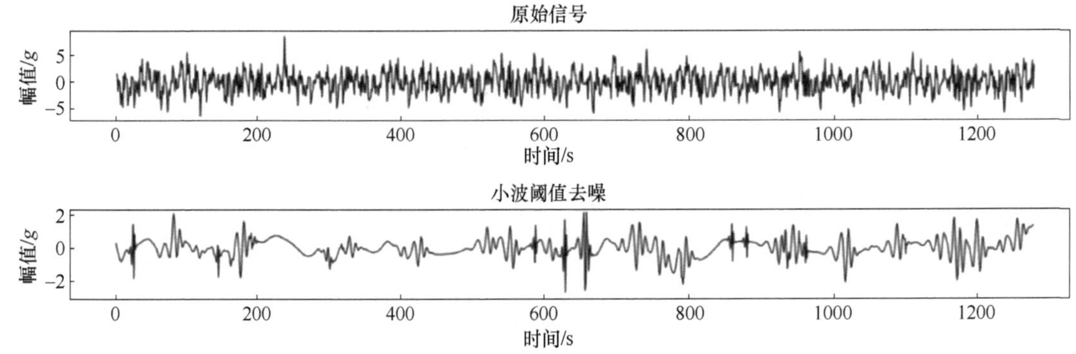

c)

图 9-14　选取不同阈值倍数的小波阈值去噪结果示意图

a）阈值系数 = 0. 01　b）阈值系数 = 0. 2　c）阈值系数 = 0. 6

上述大量的振动信号数据中包含的有效数据很少，需要通过指定的指标计算为数据的简单特征表达提供有效的方法，节省算力成本的同时也为下一步的算法策略提供可解释性。

（1）基于振动信号常用时域指标对时间序列数据的特征计算

振动信号的时域特征是通过统计分析信号的时域参数和计算多个指标而得到的，包括有量纲参数和无量纲参数。振动信号的时域特征见表 9-3，其中序号 1~9 对应的参数为有量纲参数，序号 10~15 对应的参数为无量纲参数。

表 9-3　振动信号的时域特征

序号	参数	序号	参数
1	均值 $\bar{x}=\frac{1}{N}\sum_{n=1}^{N}x(n)$	9	绝对平均值 $\lvert\bar{x}\rvert=\frac{1}{N}\sum_{n=1}^{N}\lvert x(n)\rvert$
2	方差 $\delta=\frac{1}{N}\sum_{n=1}^{N}x(n)^2$	10	标准差 $\sigma_x=\sqrt{\frac{1}{N-1}\sum_{n=1}^{N}[x(n)-\bar{x}]^2}$
3	方根幅值 $x_r=\left(\frac{1}{N}\sum_{n=1}^{N}\sqrt{\lvert x(n)\rvert}\right)^2$	11	方均根值 $x_{rms}=\sqrt{\frac{1}{N}\sum_{n=1}^{N}x^2(n)}$
4	峰值 $x_p=\max\lvert x(n)\rvert$	12	最大值 $x_{max}=\max(x(n))$
5	最小值 $x_{min}=\min(x(n))$	13	波形指标 $W=\frac{x_{rms}}{\bar{x}}$
6	峰值指标 $C=\frac{x_p}{x_{rms}}$	14	脉冲指标 $I=\frac{x_p}{\bar{x}}$
7	裕度指标 $L=\frac{x_p}{x_r}$	15	偏斜度 $S=\frac{\sum_{n=1}^{N}[x(n)-\bar{x}]^3}{(N-1)\sigma_x^3}$
8	峭度 $K=\frac{\sum_{n=1}^{N}[x(n)-\bar{x}]^4}{(N-1)\sigma_x^4}$		

注：表中 $x(n)$ 为信号的时间序列，$n=1, 2, \cdots, N$；N 为样本数。

（2）特征选择初步取舍

为避免所选特征的冗余，进行特征选择时应保留均值特征而剔除绝对平均值，也应保留方差，同时，在保留最大值与最小值的情况下剔除峰值。因此，在以上指标中选取均值、方差、方根幅值、方均根值、最大值、最小值、波形指标、峰值指标、脉冲指标、裕度指标、偏斜度、峭度 12 项作为时序数据进行计算。由于源数据包括水平和竖直 2 个方向的振动信号，故算法模型的初始输入特征共有 24 项。

9.1.4　注意力编码解码网络

1. 网络设计

准确地评估滚动轴承的性能退化趋势并预测其剩余寿命，可为视情维修提供策略依据。在上述开源数据集的基础上，进行剩余寿命预测算法的优化，以解决此类轴承的剩余寿命计算问题。本节讨论一种振动信号时域特征与卷积压缩特征相结合的注意力编码解码网络——TCA-Seq2Seq，其算法结构示意图如图 9-15 所示，网络主体 Seq2Seq 模型基于编码—解码结构。

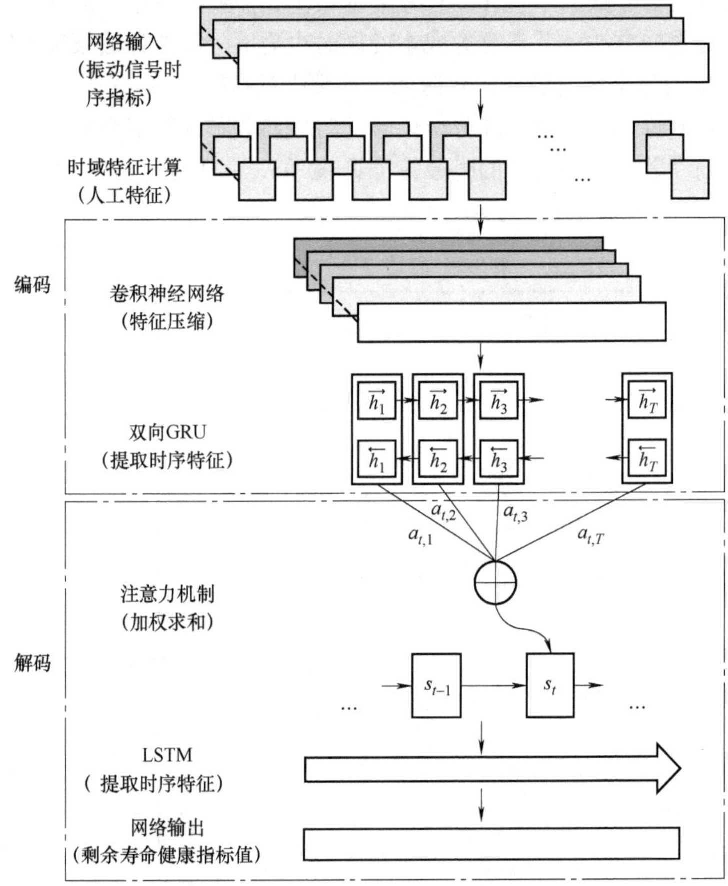

图 9-15　TCA-Seq2Seq 算法结构示意图

首先，卷积层充当特征压缩器，适当调整序列长度，从而减轻循环神经网络中梯度消失或爆炸的影响，即编码过程。其次，通过双向门控循环单元网络实现对时序特征的查看与学习，并输出隐藏状态 h_t。最后，另一个 LSTM 网络充当解码器，逐步预测表示健康指标（HI）的隐层特征值，即解码过程。在每一步中，根据编码器提供的整体信息得到注意力评分，有助于找出最重要的信息。TCA-Seq2Seq 算法网络结构参数见表 9-4。

表 9-4　TCA-Seq2Seq 算法网络结构参数

编码结构	卷积特征压缩	卷积核大小	64
		步长	8
		输入通道数	24
		输出通道数	64
		激活函数	PRelu
	双向 GRU	隐层序列长度	200
		权重初始化	1
解码结构	基于注意力机制的 LSTM	序列长度	200
		注意力机制加入方式	直接拼接

（续）

—	损失函数	均方根误差（root mean square error，RMSE）	—
—	优化器	Adam	学习率 0.005

试验设备及开源框架见表 9-5。

表 9-5　试验设备及开源框架

系统	Windows 10
运行内存	32GB
处理器	Intel(R) Core(TM) i7-7700K CPU @ 4.20GHz
显卡	Quadro RTX 5000
cuda 版本	10.0
Pytorch 版本	3.7

2. 网络主要模块说明及总体流程

（1）卷积特征压缩

较长的时间序列数据在复杂网络中会发生训练参数暴增及扩展性较差等问题，可采用卷积神经网络对输入数据进行特征压缩，适当调整序列长度，从而减轻循环神经网络中梯度消失或爆炸的影响。本例通过卷积神经网络将时序数据长度压缩至原长度的 1/8，特征由输入的 24 通道扩展为 64 通道，在实现深层次特征挖掘的同时，减少了参数的数量。

（2）Seq2Seq 结构

Seq2Seq 是一种常规的 Encoder-Decoder 框架，如图 9-16 所示，在文本摘要提取、自动机器翻译和字幕检测等日常情景中应用广泛。其中，Seq2Seq 的 Decoder 一般是不定长的，即允许与输入序列长度不一致，对于机器翻译的中译英这类场景，中文句子与英文句子的长度是不确定的，就很适合采用 Seq2Seq 这样灵活的框架结构。

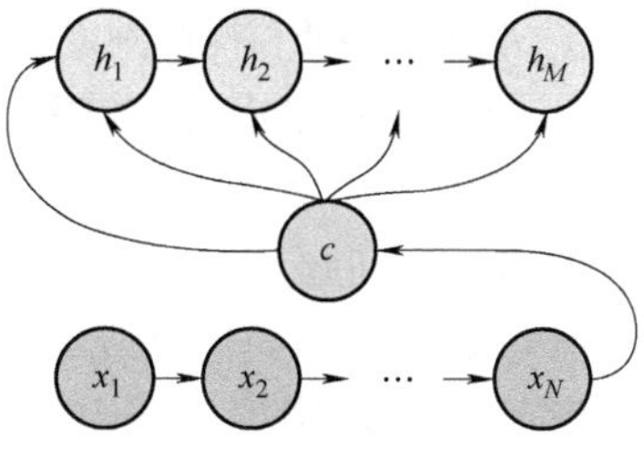

图 9-16　Encoder-Decoder 框架

Encoder 部分起到将输入序列长度标准化的作用，即控制输入序列长度变成指定长度的向量。以机器翻译为例，该向量可视为该序列的语义。语义可以理解为数据映射到现实事物后所体现的意义及意义间的联系，是对应于某领域的解释与逻辑表述。在本例中，这个向量可理解成序列数据在剩余寿命推测过程中的逻辑表示。

Decoder 依据 Encoder 输出的向量进行解码。以机器翻译为例，Decoder 即为生成对应译文的过程。对本例而言，就是生成相应的剩余寿命值。基于 Seq2Seq 构建网络时，Encoder 部分采用 CNN 与双向 GRU，Decoder 部分采用基于注意力机制的 LSTM 网络，将多种模型混合使用，可使用多种模型的参数，提高模型对轴承振动信号这类非标准化数据的特征提取能力。

（3）双向门控循环神经网络

双向门控循环神经网络包括时间正序的正向传递 GRU 与时间逆序的反向传递 GRU。本例要求输入同时包含轴承振动信号时间序列数据的正向传递信息和反向传递信息，故解码部分使用双向门控循环神经网络。在双向门控循环神经网络中，各个时刻的隐层变量将正、反两个方向传递的隐层变量拼接起来。

（4）注意力机制与长短时记忆网络

轴承寿命预测问题中，当前时刻序列的每个部分对于下一时刻序列的影响程度有很大差异，如果引入注意力机制，为序列不同位置分配不同权重，在序列的推进中逐步迭代并分配，使得优势特征得以传递，无用特征得以缩减，有助于剩余寿命预测计算。

编码器采用 GRU 模型，解码器采用 LSTM 模型，编码器结尾的隐藏状态不仅作为输入序列的表示，还作为解码器的初始隐藏状态传递，可记为 c。于是，任意时刻 t 的输出 y_t 由整个输入 $\{x_1, x_2, \cdots, x_T\}$ 和最后一个输出 y_{t-1} 决定，以确保每个 y_t 的准确性和连续性。在处理长序列这类复杂的问题时，虽然 GRU 的最后一个隐藏状态只携带最重要的信息，但在输入序列很长的情况下，最重要的信息仍然不足以挖掘输入序列中的底层信息。因此，引入注意力机制并将其作为一个门功能，在长度为输入隐层的情况下生成更灵活的门状态，以选择每次输入中最重要的部分，而不是直接将编码器最后一个隐藏状态作为传递信息。编码器输出和注意门的点乘法提供了一种更灵活的表示方式，有助于对输出 y_t 的推理。在每一步中，注意门 a_t 由当前目标隐藏状态 h_t 和所有隐藏状态 h_i（$i=1, \cdots, m$）的相关性计算，主要计算过程见式（9-13）~式（9-15）：

$$P(y_t \mid y_{t-1}, y_{t-2}, \cdots, y_1, c) = g(h_t, y_{t-1}, (a_t \cdot \bar{h})) \tag{9-13}$$

$$a_t(s) = \text{align}(h_t, h_s) = \frac{\exp(\text{score}(h_t, \bar{h}_s))}{\sum_{s'} \exp(\text{score}(h_t, \bar{h}_s))} \tag{9-14}$$

$$\text{score}(h_t, h_s) = v^T \tanh(W_s h_{s-1} + W_h h_t) \tag{9-15}$$

式中，v、W_s、W_h 和 Encoder-Decoder 框架中各个模块的权重、偏置及隐层参数等，均为待训练学习的模型参数。

（5）Teacher forcing 机制优化编码失误问题

Seq2Seq 在解码过程中，其输入可能是正确的信息或编码过程预测出来的信息。如果编码过程预测失误较大，会使后面解码过程的错误率受其影响，模型很难收敛。本例使用 Teacher forcing 机制，设置监督参数，使训练过程中的每个时刻有一定概率使用上一时刻的输出作为输入，也有一定概率使用正确的目标值作为输入，可提升模型的拓展性，降低模型评估性能较差的风险。

为了防止监督参数使模型的泛化变得脆弱，本例采用计划性监督模式，即令监督参数在模型的训练优化中动态减小，提升训练效率的同时降低模型的脆弱性。首先，需设置初始监督参数值，在模型训练与调优过程中，将训练误差与一定倍数的调优误差做比较，如果在此限制条件下，训练误差较小的次数大于某阈值，说明解码过程的输出足够可靠，则可以降低监督值，给予模型更大的概率相信解码输出。经优化项参数逐一对比与综合考虑，最终设置初始监督参数为0.5，比较倍数为0.3，比较次数阈值为3。在达到阈值次数情况下，每循环50次需将监督参数降低为之前值的70%，设置监督参数下限为10^{-5}。将［0，1］区间随机值与监督参数进行比较，如果随机值小于监督参数，则使用目标值作为模型下一时刻输入，否则，使用前一时刻的输出作为模型下一时刻的输入。模型测试过程中，采用固定监督参数0.5。关键步骤如下：

```
#监督值越小,is_teacher越有可能为false,则越可能相信output
is_teacher=random.random() < teacher_forcing_ratio
#这样就有概率使用output值,也有概率使用原值
output=Variable(trg.data[t,]if is_teacher else output).cuda()
#动态调整监督参数
if count >=3 or count2>=50:
    seq2seq.teacher_forcing_ratio=max(1e-5,self.gama * seq2seq.teacher_forcing_ratio)
    count-=1
    count2=0
```

（6）训练阶段数据随机截断处理

为得到更好的结果，训练数据应与测试数据相似。而在数据集中，测试数据往往并不到达数据终点处。因此，在训练阶段，不会选取全部训练集中的每组时间序列数据，而是对每组时间序列数据在接近数据终点的某个范围内随机截断，以取到的随机长度数据作为训练序列来模拟测试信号。

（7）剩余寿命预测算法总体流程

设计一种振动信号时域特征与卷积压缩特征相结合的注意力编码解码算法——TCA-Seq2Seq，利用小波阈值方法对原始轴承振动信号进行去噪，通过数据源文件内等距采样和数据源文件间的重叠滑窗处理来构建数据序列。基于时序振动信号常用的时域指标对其进行初始特征计算，划分训练集与测试集，构造一种基于 TCA-Seq2Seq 的剩余寿命预测算法。算法流程如图 9-17 所示。

3. 模型优化及评判

在输入层，先对特征数据进行标准化以加速模型收敛。编码过程中，首先使用卷积层充当特征压缩器，适当调整序列长度，从而减轻循环神经网络中梯度消失或爆炸的影响。通过反向传播，不断学习调整权重和偏置等参数，缩小模型输出与真实标签间的误差。其中，激活函数选择参数整流线性单元（parametric rectified linear unit，PReLU），PReLU 在 ReLU 的基础上增加了参数纠偏，增加参数量极少，不会引起计算量暴增及过拟合等风险。与此同时，不同通道赋予相同激活函数，参数会更少。然后，使用双向门控循环单元网络对特征序列进行查看，并输出隐藏状态 h_t。最后，LSTM 网络充当解码器，逐步预测表示健康指标（HI）的隐层特征值。在每一步中，根据编码器提供的整体信息呈现得到注意力评分，有助于找出最重要的信息。设置 Dropout 率，以调节模型对神经元的依赖程度，防止过拟合并提高模型泛化能力。

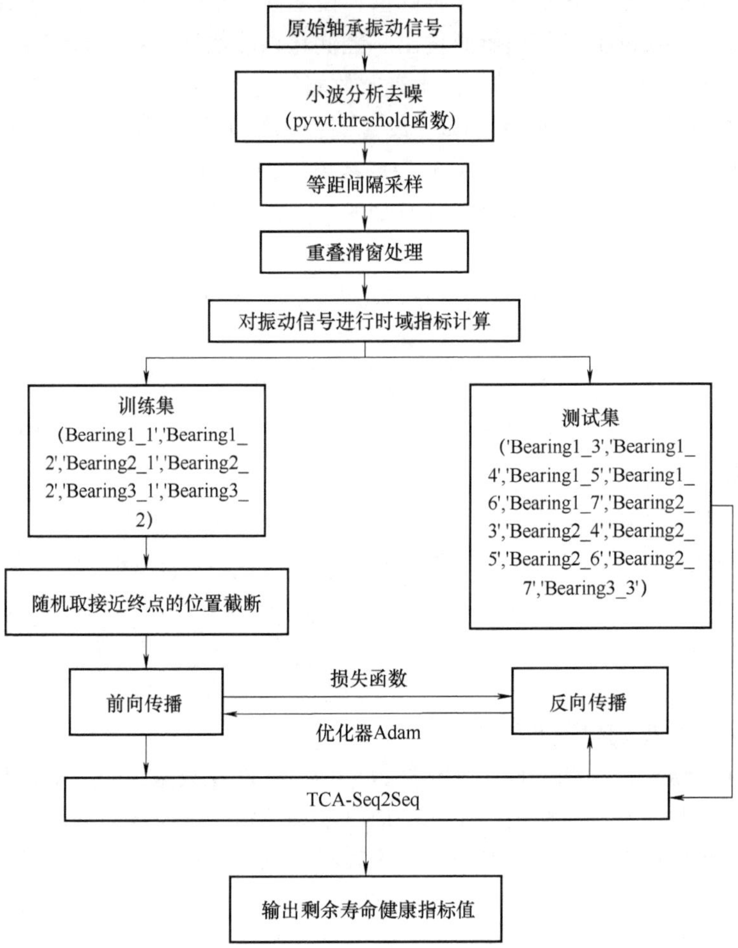

图 9-17　算法流程

本例采用方均根误差（RMSE）来进行迭代训练，方均根误差通常是回归任务的首选性能衡量指标，误差越大，该值越大。训练过程中，以其为评估标准更新模型参数，降低损失。测试过程中，衡量模型的指标为平均绝对误差（MAE），该值随误差的降低而减小。RMSE 和 MAE 的算法分别见式（9-16）和式（9-17）：

$$\mathrm{RMSE}=\sqrt{\frac{1}{n}\sum_{i=1}^{n}(\hat{y}_i-y_i)^2} \tag{9-16}$$

$$\mathrm{MAE}=\frac{1}{n}\sum_{i=1}^{n}|\hat{y}_i-y_i| \tag{9-17}$$

运用 Adam 优化器的自适应矩估计梯度下降法对模型中的权值和偏置进行更新。从数学原理解释，梯度下降最终目的是寻找目标函数最小值或使之趋近于一个最小值，这里的目标函数可以理解为模型中的误差函数，误差函数的参数就是模型中涉及的网络中的参数或其他附加参数。迭代运算时，误差函数会对参数求偏导，以此来寻找能使目标函数趋于最小化的参数更新方向。在梯度下降算法中，可通过学习率灵活调整参数的更新步长，以免发生跃过最优解或学习率过慢等问题。自适应矩估计梯度下降利用一阶和二阶动量来计算梯度与误

差，动态调节学习率，使得参数更新平稳及振动较小，避免模型无法收敛。自适应矩估计梯度下降的表达式为

$$\theta_{t+1}=\theta_t-\frac{\eta}{\sqrt{\hat{v}_t}+\xi}\hat{m}_t \tag{9-18}$$

式中，η 为步长；ξ 为稳定数值的小常数；θ_t 为初始参数；$\hat{m}_t$ 为一阶矩估计；$\hat{v}_t$ 为二阶矩估计。

在 PHM 2012 数据集中还定义了一种评判函数。首先，计算模型预测到的轴承剩余寿命与剩余寿命真实值的误差百分比：

$$E_{ri}=\frac{\text{ActRUL}_i-\text{R}\hat{\text{U}}\text{L}_i}{\text{ActRUL}_i}\times 100\% \tag{9-19}$$

对于预测值大于真实值的情况可被认为是高估，而对于真实值大于预测值的情况则被认为是低估，对于低估和高估两种情况应加以分别考虑。显然，实际工况中，滞后预测相对于提前预测而言是更容易发生危险的。因此，对于高估的情况（即滞后预测，$E_{ri}<0$ 的情况）给予较差的评分，对于低估的情况（即提前预测，$E_{ri}>0$ 的情况）给予较好的评分。评分函数定义见式（9-20），评分函数示意图如图 9-18 所示。最后，将所有试验分数的平均值将作为对剩余寿命预测评判的最终分数，见式（9-21）。

$$A_i=\begin{cases}\exp^{-\ln(0.5)\cdot(E_{ri}/5)}, & \text{if } E_{ri}\leqslant 0\\ \exp^{+\ln(0.5)\cdot(E_{ri}/20)}, & \text{if } E_{ri}>0\end{cases} \tag{9-20}$$

$$\text{Score}=\frac{1}{11}\sum_{i=1}^{11}A_i \tag{9-21}$$

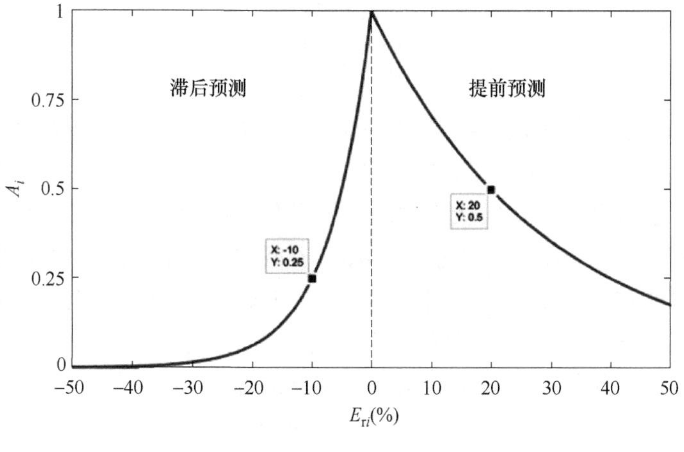

图 9-18　评分函数示意图

9.1.5　剩余寿命预测

由模型输出健康指标（HI）继续求解剩余寿命值时，可采用最小二乘法，将预测值拟合成一条直线。求解过程主要体现为寻找一条直线，使得所有已知的点到该直线的欧式距离总和最小，即所有健康指标样本点到该待求拟合直线的误差平方和最小，其主要作用是从众多相关数据中求解数据的一般性规律。最小二乘法拟合步骤如下：

1）建立截距式直线方程，见式（9-22），其中 k 为斜率，b 为 y 轴截距：

$$y=kx+b \tag{9-22}$$

2）已知点集 $(x_1,y_1)\cdot(x_n,y_n)$，求点到直线的误差的二次方和：

$$f=\sum_{i=1}^{n}(y_i-kx_i-b)^2 \tag{9-23}$$

在驻点 $f'=0$ 处，该值取得极值，即 f 对 k 和 b 求偏导均等于 0 时 k、b 的解，求解过程如下：

$$\begin{cases}\dfrac{\partial f}{\partial k}=\sum\limits_{i=1}^{n}[(y_i-kx_i-b)x_i]=0\\ \dfrac{\partial f}{\partial b}=\sum\limits_{i=1}^{n}(y_i-kx_i-b)=0\end{cases} \tag{9-24}$$

$$\begin{cases}\sum\limits_{i=1}^{n}(x_iy_i)-k\sum\limits_{i=1}^{n}(x_i^2)-b\sum\limits_{i=1}^{n}(x_i)=0\\ \sum\limits_{i=1}^{n}(y_i)-k\sum\limits_{i=1}^{n}(x_i)-nb=0\end{cases} \tag{9-25}$$

令 $A=\sum\limits_{i=1}^{n}(x_i^2)$，$B=\sum\limits_{i=1}^{n}(x_i)$，$C=\sum\limits_{i=1}^{n}(x_iy_i)$，$D=\sum\limits_{i=1}^{n}(y_i)$，解得

$$\begin{cases}Ak+bB=C\\ Bk+nb=D\end{cases} \tag{9-26}$$

$$\begin{cases}k=\dfrac{Cn-BD}{An-BB}\\ b=\dfrac{AD-CB}{An-BB}\end{cases} \tag{9-27}$$

为呈现剩余寿命预测效果，以测试集 Bearing1_4 举例，根据式（9-22）~式（9-27），对剩余寿命求解并绘图，计算预测结果拟合直线方程。剩余寿命求解示意图如图 9-19 所示。直粗实线为真实剩余寿命，弯粗实线为预测剩余寿命，按最小二乘法原理求解拟合点集的直线方程，点集 $\{x_i,\ y_i\}$ 即为 {模型输入集合，模型输出集合}，拟合直线如细实线，直线方程为一次函数表达式。由于所述数据是截断的，因此预测寿命终止单位时间即细实线与 x 轴的交点，实际寿命终止单位时间为直粗实线与 x 轴的交点，以当前单位时间作为参照时间，易得实际剩余寿命单位时间和预测剩余寿命单位时间的示意图。

为验证 TCA-Seq2Seq 算法模型的优势，TCA-Seq2Seq 模型与对照模型的算法结果对照情况见表 9-6。表 9-6 中的 Seq2Seq 表示构建了以 BiGRU 编码和 LSTM 解码的编码解码结构，TC-Seq2Seq 表示在上述 Seq2Seq 基础上增加了振动信号时域特征与卷积压缩特征相结合的特征提取部分，TCA-Seq2Seq 表示基于上述 TC-Seq2Seq，在编码解码过程增加了注意力机制的计算。

表 9-6 的 MAE 列对应算法模型的误差值，可见：与 BiGRU 模型相比，加入 LSTM 解码之后的 Seq2Seq 模型，其误差降低 0.04；增加了振动信号时域特征与卷积压缩特征相结合的特征提取部分的 TC-Seq2Seq 模型相对于 Seq2Seq 模型，其误差降低了 0.05；加入了注意力机制的 TCA-Seq2Seq 相对于 TC-Seq2Seq 模型，其误差降低了 0.04。对照结果表明 TCA-Seq2Seq 算法在剩余寿命预测中呈现了较好的效果，体现了其在剩余寿命预测中的优势。

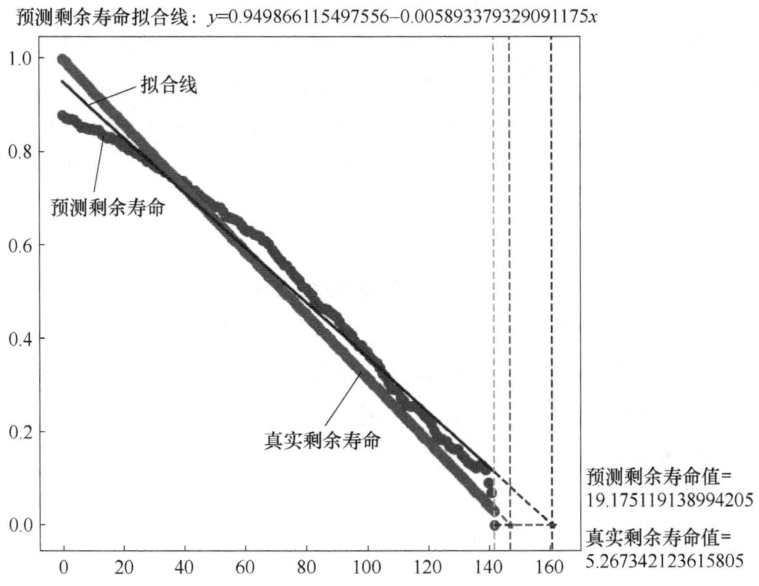

图 9-19　剩余寿命求解示意图

对于算法模型的评分值计算，需要计算真实剩余寿命与预测剩余寿命。以测试集 Bearing1_4 举例，仍如图 9-19 所示，测试集 Bearing1_4 的预测剩余寿命值为 19.175119138994205 单位时间，真实剩余寿命值为 5.267342123615805 单位时间，由于数据集数据采样间隔为 10s，则每个单位时间可认定为 10s，根据式（9-19）计算 $(5.267342123615805 \times 10 - 19.175119138994205 \times 10) / (5.267342123615805 \times 10) \times 100\% = -2.640378522789271$，根据式（9-20）计算，试验误差为 $\exp^{-\ln(0.5) \cdot (-2.640378522789271/5)} = 0.6934790937109746$。同理，分别计算测试集 11 组轴承的试验误差，根据式（9-21）计算平均值得到评分值。多组试验模型的评分值结果见表 9-6 的 Score 列。结果表明 TCA-Seq2Seq 模型具有较高的评分值。

表 9-6　TCA-Seq2Seq 模型与对照模型的算法结果对照情况

模型	MAE	Score
TCA-Seq2Seq	0.0251	0.9285
TC-Seq2Seq	0.0608	0.8193
Seq2Seq	0.1149	0.6697
BiGRU	0.1527	0.6832

9.2　不确定性度量模型

9.2.1　不确定性分析

1. 深度学习不确定性分析

深度学习由于复杂性、不透明性和缺乏可解释性，仍然存在显著的不确定性缺陷，尤其是在数据突变、小数据损坏或其他干扰方面，方法模型的表现会受到影响而表现出脆弱的一面，这些都妨碍了模型的可靠性。考虑到深度学习模型存在奇异受限情况，为确保深度学习的可靠性，需要通过建模的不确定性来识别不熟悉的数据样本。数据样本、传感器特性、模型不确定性、场景覆盖范围及研究领域的不确定性因素都会引起不确定性的发生。在深度神经网络的背景下，前两个因素可采用不确定性估计方法建模，而后三个因素对应于一定程度的数据集转移以及分布外奇异样本。本例重点针对前两个因素进行研究。

2. 不确定性来源与分类

当用于测试与训练的数据不匹配时，就会显露不确定性，通常数据不确定性起因于类别重叠或数据中的噪声。不确定性基本有两个类别：偶然不确定性和认知不确定性。偶然不确定性并不来源于模型，而是来源于数据分布的固有特性，因此是偶然的。认知不确定性是由知识不足引起，也称为知识不确定性。在基于模型的预测中，研究者可以构建模型来学习不同的问题，但对于数据丰富的问题，可能会产生信息质量低的问题。基于人工智能的方法对特征提取的能力有很大优势，但其数据可能存在不完整、噪声大、不匹配或多模态等问题。

偶然不确定性可能会影响在训练或测试期间交付给机器学习模型的样本信息量，因此，这些特性的影响被捕获为获得样本固有的噪声和模糊性，无法完全感知环境的所有细节。在基于模型的预测中，可定义模型来回答不同的问题。对于数据丰富的问题，可能会有大量信息贫乏的数据收集。在这种情况下，基于人工智能的方法可用来定义描述数据涌现特征的有效模型。偶然不确定度可进一步分为同方差不确定度（不同样本保持不变的不确定度）和异方差不确定度（样本之间可能存在不同的不确定度）。

认知不确定性反映了因数据集不代表奇异情况或数据集不够大而对模型的忽视程度，是对模型参数中不确定性的一种解释。在未知情况下，认知不确定性会增加，且可以通过合并更多数据来解释。

综上所述，不确定性的量化对于剩余寿命预测问题是必要的，通过其为 RUL 预测结果提供置信度，从而有利于提高维护决策的可靠性与科学性。不确定性量化有助于提高优化和决策的可靠性，也有助于提高模型的泛化能力。本例采用基于变分推理量化的贝叶斯理论对预测模型进行不确定性度量。

9.2.2 基于贝叶斯推理的模型不确定性度量

1. 贝叶斯推理

贝叶斯方法有助于解决观测误差引起的非唯一解问题，在参数估计问题中也有所应用。目前，参数估计的相关方法有基于封闭解求解模型、似然函数的正态分布、有限元方法等。本例基于贝叶斯推理和变分推断方法进行模型预测，对模型参数的后验概率分布进行初步理论推导，采用蒙特卡洛抽样方法估计模型参数，最后运用数值模拟的方式计算模型的参数估计结果。

贝叶斯定理用来表述两个条件概率间的关系。条件概率是指在一个事件发生的情况下，去判断另一个相关联事件的发生概率，即以事件 B 的发生为前提，判断事件 A 发生的概率，一般以 $P(A|B)$ 表示。贝叶斯公式的推导过程如下：

$$P(A|B)=\frac{P(AB)}{P(B)} \tag{9-28}$$

同理可得

$$P(B|A)=\frac{P(AB)}{P(A)} \tag{9-29}$$

因此存在

$$P(A|B)P(B)=P(B|A)P(A) \tag{9-30}$$

最终得到贝叶斯公式：

$$P(A|B)=\frac{P(B|A)P(A)}{P(B)} \tag{9-31}$$

2. 变分推理量化预测不确定性理论证明

假设网络的 T 个输入为 $X=\{x_t\}_{t-1}^{T}$，网络的 T 个输出为 $O=\{o_t\}_{t-1}^{T}$，ω 代表网络中的所有可训练参数，且服从高斯分布，则 ω 的后验分布为

$$P(\omega|X,O)=\frac{P(O|X,\omega)P(\omega)}{P(O|X)} \tag{9-32}$$

式中，$P(\omega)$ 为可训练参数的先验分布；$P(O|X,\ \omega)$ 为输出的最大似然估计。因 ω 服从高斯分布，故该两项可求出。但 $P(O|X)=\int P(O|X,\ \omega)P(\omega)\mathrm{d}\omega$ 难以求得，若能得到 ω 的后验分布，则当输入一个新的样本 x^* 时，得到的预测值分布为

$$P(o^*|x^*,X,O)=\int P(o^*|x^*,\omega)P(\omega|X,O)\mathrm{d}\omega \tag{9-33}$$

（1）假设变分分布

变分推理的目的是找到参数数族的最佳近似分布，需要定义参数数族分布，再通过优化参数，在确定的误差测量下获得最接近目标的单元。本例采用变分推断的方法来近似 ω 的后验分布，假设一个变分分布 $Q(\omega)$，通过改变其中的权值或偏置参数来使得 $Q(\omega)$ 趋近于真实的后验分布 $p(\omega|X,O)$。

其中，假设 $Q(\omega)$ 所有权重项都服从高斯混合分布，所有偏置项都服从简单高斯分布，W^l 和 b^l 分别表示第 l 层的权值和偏置，$l=1,\ 2,\ \cdots,\ N+L$，$\pi\in[0,1]$，μ_ω、μ_b 和 τ 都是权值和偏置的变分参数，则

$$\begin{cases}Q(W^l)=\pi^l N(\mu_w^l,\tau^{-1}I)+(1-\pi^l)N(0,\tau^{-1}I)\\ Q(b^l)=N(\mu_b^l,\tau^{-1}I)\end{cases} \tag{9-34}$$

（2）最小化 KL 散度

KL 散度（Kullback-Leibler divergence）是为了描述近似后验分布与真实后验分布的逼近程度而引入的。在概率论或信息论领域，KL 散度被称作相对熵（relative entropy），是一种用于衡量两个概率分布之间逼近程度或差异的手段。由于 KL 散度是非对称的，它并不是一种距离度量标准。使用 KL 散度来衡量 Q 和 P 之间的逼近度，KL 散度表示为

$$\mathrm{KL}\ (Q\ ||\ P)=\int Q(Z)\lg\frac{Q(Z)}{P(Z|X)}\mathrm{d}Z \tag{9-35}$$

本例构造 $P(Z|X)$ 的近似分布 $Q(Z)$，对于 $P(Z|X)$ 与 $Q(Z)$ 之间的 KL 散度最小化方法，其推导过程如下：

当数据输入为 X，ω 为网络中服从高斯分布的所有可训练参数时，$P(\omega|X,O)$ 表示后验概率，将其表示成 $P(Z|X)$，需要后验概率 $P(Z|X)=P(X,Z|)/P(X)$。由上文可知 $P(X,Z)$ 易求而 $P(X)$ 难求，因此构造 $P(Z|X)$ 的近似分布 $Q(Z)$，通过不断改变 $Q(Z)$

的隐参数，逼近 $P(Z|X)$ 与 $Q(Z)$ 直至收敛：

$$P(X)=\frac{P(X,Z)}{P(Z|X)} \tag{9-36}$$

$$\begin{aligned}\ln(P(X))&=\ln(P(X,Z))-\ln(P(Z|X))\\&=\ln\left(\frac{P(X,Z)}{Q(Z)}\right)-\ln\left(\frac{P(Z|X)}{Q(Z)}\right)\\&=\ln(P(X,Z))-\ln(Q(Z))+\ln\left(\frac{Q(Z)}{P(Z|X)}\right)\end{aligned} \tag{9-37}$$

两边对 $Q(Z)$ 取期望：

$$\int_Z Q(Z)\ln(P(X))\mathrm{d}Z=\int_Z Q(Z)\ln(P(X,Z))\mathrm{d}Z-\int_Z Q(Z)\ln(Q(Z))\mathrm{d}Z+\int_Z Q(Z)\ln\left(\frac{Q(Z)}{P(Z|X)}\right)\mathrm{d}Z \tag{9-38}$$

$P(X)$ 与 Z 无关，积分结果为 0，$Q(Z)$ 对 Z 的积分结果为 1，得到

$$\begin{aligned}&\ln(P(X))\\&=\int_Z Q(Z)\ln(P(X,Z))\mathrm{d}Z-\int_Z Q(Z)\ln\left(\frac{P(Z|X)}{Q(Z)}\right)\mathrm{d}Z\\&=\underbrace{\int_Z Q(Z)\ln(P(X,Z))\mathrm{d}Z-\int_Z Q(Z)\ln(Q(Z))\mathrm{d}Z}_{\text{ELBO,只与}Q(Z)\text{和}P(X,Z)\text{有关}}+\underbrace{\int_Z Q(Z)\ln\left(\frac{P(Z)}{P(Z|X)}\right)\mathrm{d}Z}_{\mathrm{KL}(Q(Z)||P(Z|X))}\end{aligned} \tag{9-39}$$

可见，欲实现 KL 散度的最小化，只要最大化 ELBO 即可。因此：

$$\begin{aligned}L&=\mathrm{KL}(Q(\omega)||P(\omega|X,O))\\&=\int Q(\omega)\lg\frac{Q(\omega)}{P(\omega|X,O)}\mathrm{d}\omega\\&\propto-\int Q(\omega)\lg P(O|X,\omega)\mathrm{d}\omega+\mathrm{KL}(Q(\omega)||P(\omega))\\&=-\sum_{t=1}^{\mathrm{T}}\int Q(\omega)\lg P(o_t|x_t,\omega)\mathrm{d}\omega+\mathrm{KL}(Q(\omega)||P(\omega))\end{aligned} \tag{9-40}$$

其中，正比例符号后的式子代表-ELBO，原因如下：

$$\begin{aligned}&\mathrm{KL}\ (Q(\omega)||P(\omega))\\&=\int Q(\omega)\lg\frac{Q(\omega)}{P(\omega)}\mathrm{d}\omega\\&\propto-\int Q(\omega)\lg P(O|X,\omega)\mathrm{d}\omega+\mathrm{KL}(Q(\omega)||P(\omega))\\&=\int Q(\omega)\lg\frac{Q(\omega)}{P(O|X)P(\omega|X,O)}\mathrm{d}\omega\\&=\int Q(\omega)\lg\frac{Q(\omega)}{P(\omega,X,O)}\mathrm{d}\omega\\&=-\mathrm{ELBO}\end{aligned} \tag{9-41}$$

（3）将 L 分成两项分别处理

第一项：蒙特卡洛积分。

蒙特卡洛方法由 Monte Carlo 提出，主要通过随机抽样和函数收敛得出贝叶斯后验概率，进而对未知参数进行估计。现在考虑积分表达式的一种变体：

$$I=\int_0^1 \frac{\sin(\pi y)}{y}\mathrm{d}y=\int_0^1 \frac{\sin(\pi y)}{yP(y)}P(y)\mathrm{d}y \tag{9-42}$$

此时，相当于求取函数$\frac{\sin(\pi y)}{yP(y)}$在 $y\sim P(y)$ 分布上的均值：

$$I=\lim_{N\to\inf}\frac{1}{N}\sum_{y\sim P(y)}\frac{\sin(\pi y)}{yP(y)} \tag{9-43}$$

对于 L 中的第一项，可将其看作 $\lg P(o_t \mid x_t,\omega)$ 似然函数关于估计的后验分布 $Q(\omega)$ 的期望，因此得到

$$L=-\sum_{t=1}^{T}\lg P(o_t \mid x_t,\hat{\omega}_t)+\mathrm{KL}(Q(\omega)\,\|\,P(\omega)) \tag{9-44}$$

式中，$\hat{\omega}_t$为从估计的后验分布中采得的样本。

第二项：用 L^2 正则化估计此散度：

$$\mathrm{KL}\,(Q(\omega)\,\|\,P(\omega))=\sum_{l=1}^{N+l}(\frac{\pi^l c^2}{2}\|\mu_w^l\|_2^2+\frac{c^2}{2}\|\mu_b^l\|_2^2) \tag{9-45}$$

最终得到

$$\begin{aligned} L&=-\sum_{t=1}^{T}\lg P(o_t \mid x_t,\ \hat{\omega}_t)+\sum_{l=1}^{N+l}\left(\frac{\pi^l c^2}{2}\|\mu_w^l\|_2^2+\frac{c^2}{2}\|\mu_b^l\|_2^2\right)\\ &\propto \frac{1}{T}\sum_{t=1}^{T}\frac{-\lg P(o_t \mid x_t,\ \hat{\omega}_t)}{\tau}+\sum_{l=1}^{N+l}\left(\frac{\pi^l c^2}{2\tau T}\|\mu_w^l\|_2^2+\frac{c^2}{2\tau T}\|\mu_b^l\|_2^2\right)\\ &\propto \frac{1}{T}\sum_{t=1}^{T}E(o_t,\ \hat{o}(x_t,\ \hat{w}_t))+\\ &\sum_{l=1}^{N+l}\left(\frac{\pi^l c^2}{2\tau T}\|\mu_w^l\|_2^2+\frac{c^2}{2\tau T}\|\mu_b^l\|_2^2\right) \end{aligned} \tag{9-46}$$

式中，E 为损失函数。

9.2.3　模型不确定性度量构建方式

以上针对不确定性的分类进行了阐述，具体可分为偶然不确定性与认知不确定性，可将此两项不确定性定义在算法模型的设计中。前者对应观测数据噪声，通过给模型参数添加正则化的方式处理；后者是由于观测数据有限从而认知受限，无法知晓模型的全貌，可通过对模型参数进行概率采样的方式进行模拟。

1. 偶然不确定性建模

对于主要由噪声等因素引起的偶然不确定性问题，就回归问题来看，可以设想成在目标函数上叠加一个噪声，训练模型的目的就是尽可能地拟合这个带有噪声的目标函数，从而使模型接近真实的数据分布。Gal 推导了偶然不确定性的损失函数，可近似理解成：

$$L(\theta)=\frac{1}{N}\sum_{i=1}^{N}\frac{\|y_i-f(x_i)\|^2}{2\sigma(x_i)^2}+\frac{1}{2}\lg(\sigma(x_i)^2) \tag{9-47}$$

式中，f 表示模型；$\sigma(x_i)^2$用于描述数据 x_i的偶然不确定性；$\{f(x_i),\sigma^2\}$ 表示模型对应的输出预测；y_i表示真实值，即数据所自带的方差，模型通过无监督学习来拟合这个方差。

该损失函数的推导较复杂，但可定性地理解该损失函数。例如，在计算误差$\|y_i-f(x_i)\|^2$时再额外增加一个类似于正则项的$\frac{1}{2}\lg(\sigma(x_i)^2)$来考虑。如果带正则化的网络已经对带噪声的目标函数训练效果良好，即已经可模拟变化趋势，虽然始终有一个很小的误差，但这个误差可被当作噪声。该损失函数通过把$\|y_i-f(x_i)\|^2$与$\sigma(x_i)^2$作商来尝试把噪声造成的损失抵消。之所以增加$\frac{1}{2}\lg(\sigma(x_i)^2)$，是因为如果只把$\|y_i-f(x_i)\|^2$与$\sigma(x_i)^2$作商，训练模型时会使网络倾向把所有的$\sigma^2$都预测成无穷大以最小化损失函数。增加$\frac{1}{2}\lg(\sigma(x_i)^2)$项，网络只在$\|y_i-f(x_i)\|^2$非常大时才去调高$\sigma(x_i)^2$的值。由此可以推导出，通过加入正则化的方式，网络能输出偶然不确定性。

于是，每给定一个数据x，模型就可以输出一个结果和一个代表偶然不确定性的σ^2。同时，σ^2也会应用到认知不确定性的计算中。对于式（9-46）中L的第二项，它实质上等价于给每个权重和偏置添加L_2正则化。L_2正则化计算寻找与其他样本差异较大的输入，将它视为离群样本，缩减对该输入蕴含特征的响应，从而让模型去学习该微小干扰，模拟偶然不确定性。在模型所有层中应用带权重衰减项λ的L_2正则项，可模拟偶然不确定性。引入正则化会使 loss 下降的速度减慢，loss 的浮动降低，也可以理解为误差的方差降低，收敛过程相对平滑。正则化的权重越大，收敛过程越平滑。对使用的 torch 框架，可基于 torch. optim 的优化器 weight_decay 参数指定的权值衰减实现正则化。关键语句如下：

```
optimizer=optim.Adam(model.parameters(),lr=learning_rate,weight_
decay=0.01)
```

2. 认知不确定性建模

在正向传播中，基于样本$\hat{\omega}$的网络输出$\hat{o}(x_t,\hat{\omega}_t)$实质上是对权重矩阵的几行进行了掩码处理，实现 Monte Carlo Dropout 和在每个权重层后加 Dropout 是基本等价的，代码整体开发代价较小，模型效率较高。

现有的 Dropout 是指使用 Dropout 训练模型时，模型的参数可看成服从伯努利分布（例如 Dropout radio=0.5，是指这层神经元中有一半会被 Dropout，即这层的每个神经元都有 0.5 的概率被 Dropout）。但默认情况下，Dropout 层只在训练模型期间才启用。为验证模型的不确定性，需要在测试时仍将 Dropout 打开，为每个层设置 training=True。预测多次，取预测的平均值即是最终的预测值，且通过平均值可以得到方差，以此可模拟偶然不确定性。认知不确定性中的 Dropout 关键语句如下：

```
output=F.dropout(output, p=self.dropout_probability, training=
True)
```

通过这种方式，在每一次数据的输入与输出过程中，参数都是随机禁用的，故输出的结果都是不同的。于是，相同的输入在循环多次地输入模型后，会输出多次迭代的结果。最后，对多次循环迭代的预测结果计算均值和方差，以此来模拟模型的不确定性。模型参数的不同舍弃情况模拟了模型的细微认知改变，模型随之波动性越大，则预测的不确定性就越大。

3. 自定义不确定性度量边界

为验证上述不确定性建模对剩余寿命预测模型的度量情况，将循环测试模型的次数设为 100，不断输入测试集到模型中，并得到每一次的预测结果。计算 100 次预测结果的均值和方差，并基于 3σ 原则计算自定义预测函数，根据循环迭代的预测结果计算输出样本的均值和方差，并计算 0.99 置信度的上界与下界。关键语句如下：

```
n_experiments=100
for i in range(n_experiments):
    experiment_predictions=bayesian_model.predict(x_batch_i)
    test_uncertainty_df['data_{}',format(i)]=experiment_predictions.data.cpu().numpy()
log_data=test_uncertainty_df.filter(like='data_',axis=1)
test_uncertainty_df['mean']=log_data.mean(axis=1)
test_uncertainty_df['std']=log_data.std(axis=1)
test_uncertainty_df=test_uncertainty_df[['time','mean','std']]
test_uncertainty_df['lower_bound']=test_uncertainty_df['mean']-3*test_uncertainty_df['std']
test_uncertainty_df['upper_bound']=test_uncertainty_df['mean']+3*test_uncertainty_df['std']
```

9.2.4　结果及分析

不确定性度量，需要将模型输出以概率分布的形式表征（也称作区间预测），可靠性与清晰度是区间预测问题的两个主要维度。可靠性是指预测结果属于预测区间的概率，该概率越大，预测区间越接近实际真实结果，越能更好地拟合真值，即最终预测的可靠性越强。清晰度是指预测区间的宽度，即区间上下限之间间隔的值，该值越小，预测区间则越窄，实际工况下成本越小。该两个维度落实到具体技术指标上，分别称为区间覆盖率和平均区间宽度。

区间覆盖率（prediction interval coverage probability，PICP）是用于对区间预测可靠性的评价指标，定义为

$$I_{\text{PICP}} = \frac{1}{n}\sum_{i=1}^{n}\text{RUL}_i \tag{9-48}$$

平均区间宽度（mean PI width，MPIW）是区间宽度的量化值，定义见式（9-49），是用于对区间预测清晰度的评价指标，该值越小越好。为表示 MPIW 的百分比，可利用式（9-50）进行计算以得到平均区间宽度的归一化表示，记作 NMPIW。

$$\text{MPIW} = \frac{1}{n}\sum_{i=1}^{n}(H_i - L_i) \tag{9-49}$$

$$\text{NMPIW} = \frac{\text{MPIW}}{\max(\text{RUL}_i) - \min(\text{RUL}_i)} \tag{9-50}$$

根据定义，PICP 与 NMPIW 一般是相互矛盾的，PICP 越高，表示区间预测可靠性越高，但同时会伴随着 NMPIW 越大。通常希望能够拥有较小的 NMPIW 来保证区间预测的清晰度，因此，在实际工程中需要对两者折中考虑，首先确保 PICP 超过一定的覆盖概率，再保证较

小的 NMPIW 值。

为验证上述不确定性建模对剩余寿命预测模型的度量情况，将循环测试模型的次数设为100，不断地输入测试集到模型中，并得到每一次模型输出的剩余寿命评价指标的预测结果，将 100 次输出结果作为一组样本数据，计算该组样本数据的均值和方差。可通过置信区间这种估计方法，将相同输入数据输入不确定性度量后的模型，循环多次后，会输出多次迭代的结果。最后，对多次循环迭代的预测结果计算均值、方差，并计算置信度为 0.99 的置信区间的上界与下界。以 Bearing1_4 举例，100 次采样结果如图 9-20 所示，不确定性度量结果如图 9-21 所示。经计算可得，包含在置信度为 0.99 的置信区间内的分数比例为 0.7133，即区间覆盖率为 71.33%，此时的归一化平均预测区间宽度为 0.6808，表征了模型经过不确定性度量后的可行性。将测试集轴承预测结果进行区间估计指标计算，并与其他对比算法做同样的不确定性度量。多种算法经不确定性度量后区间估计指标对比情况见表 9-7。结果表明：TCA-Seq2Seq 算法相对于其他算法具有相对高的区间覆盖率与相对窄的区间宽度，可认为该算法的可靠性高于其他算法。

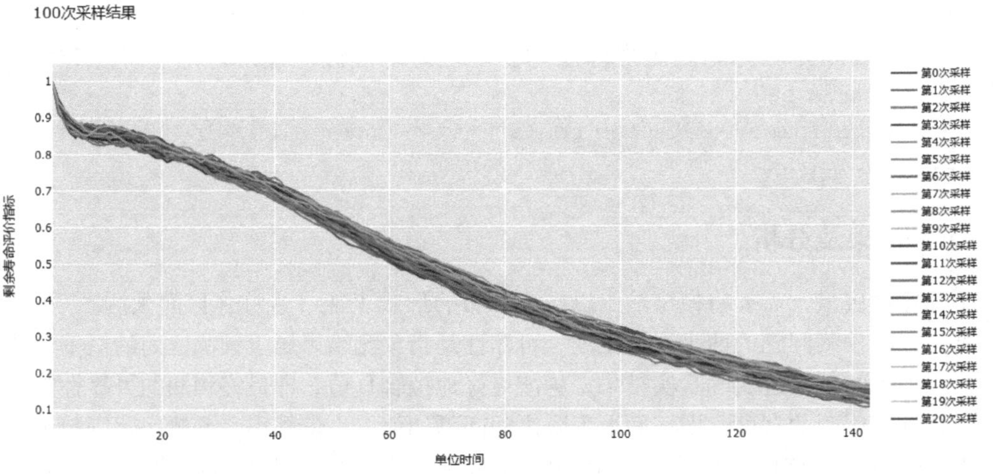

图 9-20　100 次采样结果

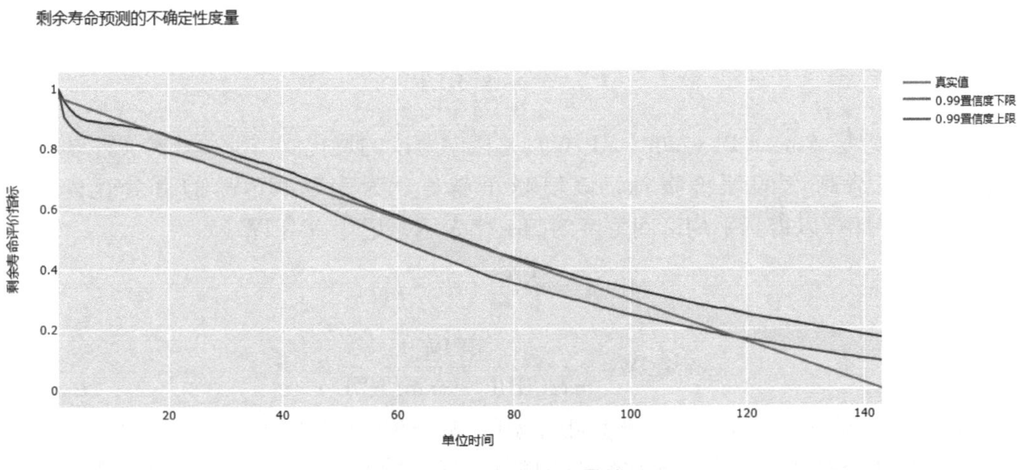

图 9-21　不确定性度量结果

表 9-7 多种算法经不确定性度量后区间估计指标对比情况

不确定性度量后的算法模型	PICP	NMPIW
TCA-Seq2Seq	0.5167	0.7121
TC-Seq2Seq	0.3183	0.7232
Seq2Seq	0.2363	0.7214
BiGRU	0.1852	0.8069

将经不确定性度量后的模型与度量前模型进行对比，继续依照所述的 MAE 与 Score 作为模型评判指标。TCA-Seq2Seq 度量前后的算法结果对比见表 9-8，发现两者具有相近的准确性与评判结果。参照区间覆盖率 PICP 与平均区间宽度 MPIW 等区间估计的指标综合对比，可见该模型具有良好的不确定性应对能力。

表 9-8 TCA-Seq2Seq 度量前后的算法结果对比

模型	MAE	Score
不确定性度量前	0.0251	0.9285
不确定性度量后	0.0226	0.9179

9.3 预测与监测管理

9.3.1 界面可视化功能

为了使剩余寿命预测结果的查看更加直观，本例为轴承剩余寿命预测加入智能分析结果可视化的功能，选择 Unity 3D 平台实现。借助 Unity 3D 平台，将 Python 搭建的算法模型与 Unity 3D进行驱动集成，在 Unity 3D 场景中以交互按钮等方式触发数据及模型加载和结果查看等功能，将剩余寿命预测结果与模型不确定性量化信息以文字或图形化形式呈现，达到分析运算与 Unity 3D 场景相融合的可视化显示效果。预测算法与可视化呈现功能相辅相成，可完成轴承剩余寿命预测与场景可视化界面的协同搭建，实现智能分析结果的可视化。

1. 智能分析结果的可视化

随着智能制造技术的不断更新，基于虚拟现实、动态环境建模、视点视距移动的场景交互功能是未来工业现场的发展趋势。对比主流场景显示工具 Unity 3D 与 UE4 的功能特点可知，Unity 3D 具有更加轻量级、相关 VR 技术配置简便等优点。本例选择 Unity 3D 作为智能分析结果可视化的工具。

本例以持续传输的方式读取上文所使用的数据集文件，模拟构建实时的时间序列数据。通过 Unity 3D 启动外部程序调用上述剩余寿命预测算法模型，将剩余寿命预测的分析结果呈现在 Unity 3D 所构建的场景中，实现剩余寿命预测结果的呈现。Unity 3D 与 Python 算法的集成流程如图 9-22 所示。智能分析结果可视化具体流程如图 9-23 所示。

2. Unity 3D 脚本环境分析

在应用 Unity 3D 时，需配合安装 Visual Studio（VS）。Unity 3D 开发主要支持 C#、UnityScript 与 Boo。C#作为一种运行于 .NET 框架的高级语言，具有面向对象编程、代码效率高、外设接口便捷等优点。Unity 3D 的更新扩展与迭代维护聚焦于 C#，对于文档示例的丰富度、社区支持度和用户参与度，C#均具有显著优势。因此，本例选择 C#作为 Unity 3D 端开发语言。

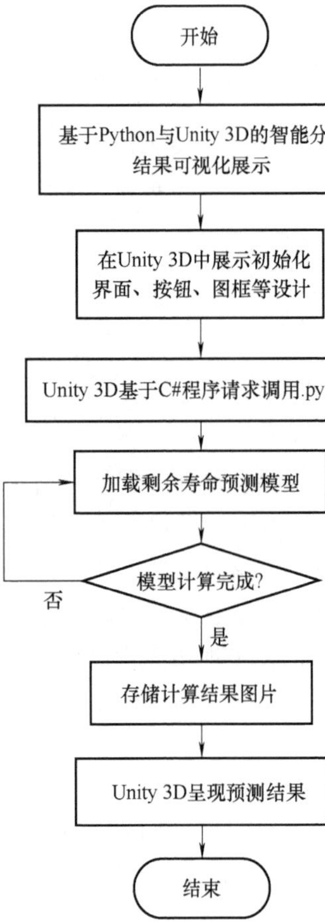

图 9-22　Unity 3D 与 Python 算法的集成流程

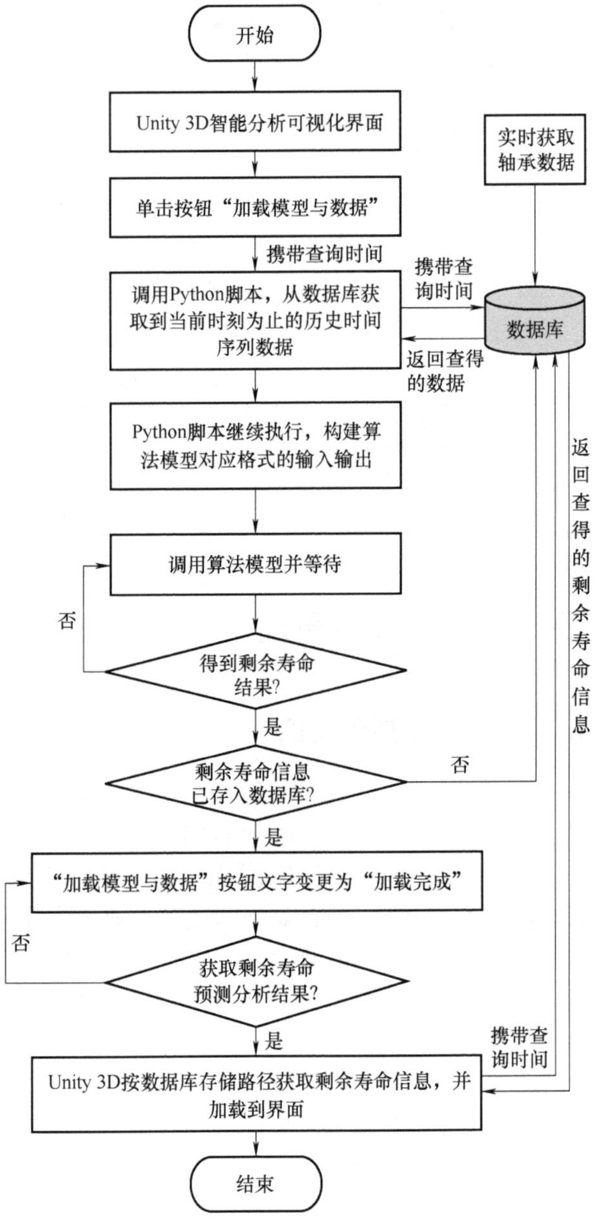

图 9-23　智能分析结果可视化具体流程

3. C#与 Python 的混合编程

对于界面场景 Unity 3D 平台中 C#与 Python 模型之间的调用问题，需要对两者的混合编程进行选择。目前，C#与 Python 的混合编程主要有四种方法。第一种方法是在 Visual Studio 中安装和管理 NuGet 包，进而下载 ironPython 安装包。第二种方法是通过 C++程序实现对 Python 文件的调用，该方法的不足是实现方式复杂，还需要考虑 Python 版本、CPU 数据处理能力、Python 运行环境等因素。第三种方法是 C#脚本调用 Python 的 . exe 文件，使用命令行传递与获取参数，调用时需要对 . exe 文件中 Python 环境进行展开，具有较低的执行速度；同时，命令行传参的数据组织与处理流程及 Python 程序向 . exe 文件的封装打包等流程均具有庞大的工作量。第四种方法是安装 Python 环境，通过 C#命令行直接对 . py 文件实施调用，执行速度快，与 Python 环境中的自我调用相差无几，且集成构件步骤的复杂度显著降低。

本例选择第四种方法实现混合编程。主要流程如下：Unity 3D 端通过按钮绑定触发 C#程序，通过 C#传入参数，然后调用 Python 主程序；Python 主程序根据当前时间查询数据库获取振动信号数据，并构建与模型输入维度相符的张量形式，调用构建好的 *. pth 模型得到输出结果；将剩余寿命预测值与拟合图像的图片等信息记录到数据库中，完成存储后，Unity 3D端从数据库获取剩余寿命预测相关信息加载到 Unity 3D 端。

9. 3. 2　数据库准备与使用

1. 轴承振动信号数据库

MySQL 是一种体积小、查询速度快及容灾性高的数据库，社区与版本维护状态稳定，本例以 MySQL 作为轴承数据存储的平台。首先，建立数据库 rul_data，建立 bearing_dataX_1_X_2 表，如图 9-24 所示。X_1 对应工况，X_2 对应所属工况内的轴承。按照前述所说明的数据集每列含义：时、分、秒、微秒、水平的振动信号、竖直的振动信号，为 bearing_data 表构建对应字段名为时、分、秒、微秒、水平的振动信号、竖直的振动信号。由于轴承数据是间断式采集，对采集的次数进行记录，对应字段为 ac_order_id。为便于数据管理，额外加入主键 id 字段，创建记录时间 create_time 与更新时间 update_time。图 9-25 所示为轴承振动信号表字段设计示意图。

bearing_data1_3
bearing_data1_4
bearing_data1_5
bearing_data1_6
bearing_data1_7
bearing_data2_3
bearing_data2_4
bearing_data2_5
bearing_data2_6
bearing_data2_7
bearing_data3_3

图 9-24　bearing_dataX_1_X_2 表

为保障后端持久化，采用基于 Java 的 Mybatis 框架作为数据存储的开发媒介，根据时间要求实时读取 csv 文件并保存到数据库 MySQL 中，数据采集间隔 10s。存储轴承振动信号的表中数据构建方式为：以 10s 的时间间隔，从 csv 文件中读数据并写入数据库 rul_data 的 bearing_dataX_1_X_2 表中，轴承振动信号数据记录和存储示意图如图 9-26 所示，模拟从传感器采集数据到数据库储存的步骤，从而做好后续剩余寿命预测的数据准备，必要时可从数据库中获取数据，构建成输入维度的张量格式，再进一步调用模型，得到输出结果。

名	类型	长度	小数点	不是 null	虚拟	键
id	bigint	11		☑	☐	1
ac_order_id	int	11		☐	☐	
hour_num	int	2		☐	☐	
minute_num	int	2		☐	☐	
second_num	int	2		☐	☐	
microsecond_num	int	11		☐	☐	
horizontal_vibration_signal	float			☑	☐	
vertical_vibration_signal	float			☑	☐	
create_time	bigint	20		☐	☐	
update_time	bigint	20		☐	☐	

图 9-25　轴承振动信号表字段设计示意图

id	ac_order_id	hour_num	minute_num	second_num	microsecond	horizontal_vi	vertical_vibra	create_tim	update_time
1	1	8	33	1	378000	0.092	0.044	12314000	1112314000
2	1	8	33	1	378000	-0.025	0.432	12314000	1112314000
3	1	8	33	1	378000	-0.104	0.008	12314000	1112314000
4	1	8	33	1	378000	0.056	-0.264	12314000	1112314000
5	1	8	33	1	378000	0.074	-0.195	12314000	1112314000

图 9-26 轴承振动信号数据记录和存储示意图

2. 剩余寿命预测值的保存与记录

在数据库 rul_data 中，建立 rul_result 表与 rul_result_pic 数据表，分别用来存储剩余寿命预测值信息与剩余寿命趋势计算图。在 rul_result 表中，字段名含义如下：主键 id、condition_id 表示当前测试轴承处于何种工况，bearing_id 表示当前工况的轴承编号，pic_id 表示对应 rul_result_pic 数据表的主键值 id，rul 表示剩余寿命预测值，create_time 表示创建时间，update_time 表示最后更新时间。算法结果值存储表字段设计与存储示意图分别如图 9-27 与图 9-28 所示。

名	类型	长度	小数点	不是 null	虚拟	键
id	int	11		☑	☐	1
condition_id	int	11		☐	☐	
bearing_id	int	11		☐	☐	
pic_id	int	11		☐	☐	
rul	varchar	255		☐	☐	
create_time	bigint	20		☐	☐	
update_time	bigint	20		☐	☐	

图 9-27 算法结果值存储表字段设计示意图

id	condition_id	bearing_id	pic_id	rul	create_time	update_time
1	1	4	3	9.182378908269189	1671422252000	1671422252000
2	1	4	5	5.158920395720782	1671422072000	1671422072000

图 9-28 算法结果值存储示意图

为便于 Unity 3D 端 C#脚本对图片数据的加载，在数据库 rul_data 中建立存储图片路径的 rul_result_pic 数据表。算法结果图片表字段设计示意图如图 9-29 所示。算法结果图片存储示例如图 9-30 所示。

名	类型	长度	小数点	不是 null	虚拟	键
id	int	11		☑	☐	1
pic_data	varchar	255		☐	☐	
create_time	bigint	20		☐	☐	
update_time	bigint	20		☑	☐	

图 9-29 算法结果图片表字段设计示意图

id	pic_data	create_time	update_time
1	D:\rul_pic_data\pic0104-1671421892	1671422252000	1671422252000
2	D:\rul_pic_data\pic0104-1671422072	1671422072000	1671422072000

图 9-30 算法结果图片存储示例

9.3.3　Unity 3D 与 Python 脚本实现调用集成

1. Unity 3D 启动 Python 脚本

Unity 3D 启动外部程序时，可通过 C#脚本中直接使用 Process. Start( ) 来实现。具体的实现原理及步骤如下：首先，Process 配置 Python 路径、参数等，实现调用 Python 脚本的功能；其次，Process. StartInfo. Arguments 的值属于“路径+参数”的组合设置，如果不需要参数可不设置；最后，Python 返回结果在 Process. OutputDataReceived 添加委托获取。本质上，相当于在窗口执行 Python 脚本，即相当于调用窗口执行 Python。

Python 脚本的参数传递方法为调用 Python 脚本直接使用 shell 或 bat 命令，如：

```
python xxx/.../xxx/test.python
```

如果需要传递参数，命令调整如下：

```
python xxx/.../xxx/test.python param1 param2...
```

其中，param1、param2 为待传递参数。

若接收参数，代码如下：

```
import sys
param1=sys.argv[1]
param2=sys.argv[2]
```

sys. argv 是将 shell 命令中除去“python”后以空格分割的数组。

2. C#调用 Python 脚本

首先，进行. py 脚本的开发，主要用来实现数据输入输出的构建、调用上文算法模型等功能。其次，在项目当前 Unity 3D 工程中新建 C#脚本，实现调用 . py 文件等相关功能开发，关键步骤如下：

```
    void Start()
    {
        string basePath=@"【python 项目路径】";
        CallPythonGetRul(basePath+"【路径下要调用的 python 文件名】",
time);
    }
    void CallPythonGetRul(string pyScriptPath,string a)
    {
        CallPythonBase(pyScriptPath,a);
    }
    public void CallPythonBase(string pyScriptPath, params string[]
argvs){
      Process process=new Process();
      process.StartInfo.FileName=@"【python 解释执行器路径】";
      if(argvs!=null)
      {
```

```
            foreach(string item in argvs)
            {
                pyScriptPath+=""+item;
            }
        }
        UnityEngine.Debug.Log(pyScriptPath);

        process.StartInfo.UseShellExecute=false;
        process.StartInfo.Arguments=pyScriptPath;.
        process.StartInfo.RedirectStandardError=true;
        process.StartInfo.RedirectStandardInput=true;
        process.StartInfo.RedirectStandardOutput=true;
        process.StartInfo.CreateNoWindow=true;

        process.Start();
        process.BeginOutputReadLine();
        process.OutputDataReceived+=new DataReceivedEventHandler(GetData);
        process.WaitForExit();
  }
      void GetData(object sender,DataReceivedEventArgs e){
            if(string.IsNullOrEmpty(e.Data)==false)
            {
                UnityEngine.Debug.Log(e.Data);
            }
      }
```

最后，在 Unity 3D 中将该代码挂载到 Unity 3D 中的 Button 组件上，单击 Button 组件启动对代码的调用。关键语句如下：

```
void Start()
{
    Button btn=this.GetComponent<Button>();
    btn.onClick.AddListener(hit_test);
}
```

3. Unity 3D 加载模型计算

对比 Unity 3D 加载图片的多种常用途径，相比于 Resource.Load 文件夹无法灵活指定、C#的 Image 类易出现引用异常等问题，WWW 具有加载资源类型丰富的优点。本例中的模型计算完成后，将存储结果图片的路径通过 WWW 加载方式读取该资源地址。关键语句如下：

```
    IEnumerator GetImage()
    {
        string url="file://"+"【图片路径】";
        WWW www=new WWW(url);
        yield return www;
        if(string.IsNullOrEmpty(www.error))
        {
            Texture2D tex=www.texture;
            Sprite temp = Sprite.Create (tex, new Rect (0, 0, tex.width,
tex.height),new Vector2(0, 0)) ;
            myImage.sprite=temp;
        }
    }
```

9.3.4 试验结果及分析

本例目的是实现算法模型与 Unity 3D 平台的集成整合，实现以 Unity 场景交互按钮完成对数据模型加载、模型调用、加载计算结果等功能，实现智能分析结果可视化展示。具体试验流程如下：

启动 Java 数据存储项目与 Unity 3D 场景展示项目，Java 项目启动成功后可从 csv 持续地读入数据到 MySQL 中存储，作为当下剩余寿命预测分析的数据基础。项目启动后，从 csv 文件读取轴承数据存储到 MySQL 的项目日志，如图 9-31 所示。csv 文件数据与 MySQL 数据的对应存储示例如图 9-32 所示。

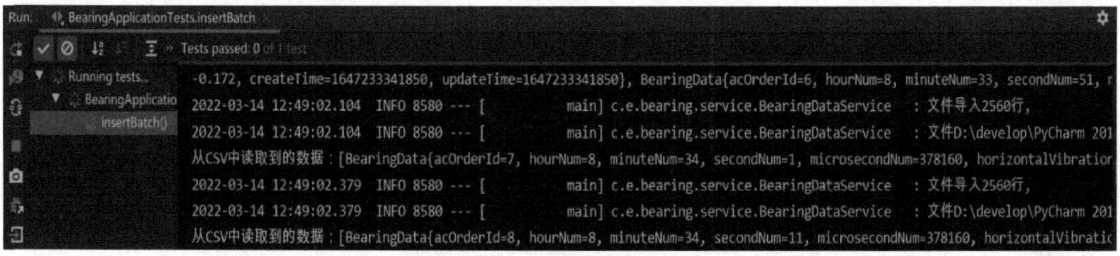

图 9-31　从 csv 文件读取轴承数据存储到 MySQL 的项目日志

当在 Unity 3D 场景中单击“加载模型与数据”按钮时，通过 Unity 3D 的 Process 启动外部程序，从 Unity 3D 的 C#脚本调用外部 Python 脚本，即调用用于加载模型与构建数据的 . py 文件。C#脚本获取当前时刻所对应的毫秒数，作为调用 . py 文件的参数，Python 脚本根据时间参数连接 MySQL，获取 rul_data 库的 bearing_dataX_1_X_2 中当前毫秒数之前的历史时间段数据，根据模型输入的维度，将查得的数据构建成对应的张量。然后，调用模型进行剩余寿命预测的相关分析，将剩余寿命预测分析的结果图片保存到数据库或服务器本地路径。完成以上流程后，Python 脚本返回“done”，在 C#端检验从 Python 端得到的结果，如果已接收“done”，则“加载模型与数据”按钮的文字会呈现为“加载完成”。图 9-33 所示为智能分析结果可视化 Unity 场景展示。Unity 3D 分析场景界面变化如图 9-33a

所示。整个过程的日志信息打印在 Unity 3D 的控制台上，包含启动外部 . py 程序的命令语句、查询结果存储的位置及时间等。Unity 3D 的控制台日志信息如图 9-33b 所示。当在Unity 3D场景中单击“轴承剩余寿命查询”按钮或单击“预测值不确定性度量”按钮时，均可获取上一步骤存储路径下的指定图片呈现在 Unity 3D 场景中。图 9-33c 所示为剩余寿命分析结果展示。

	A	B	C	D	E	F
1	8	33	1	3.78E+05	0.092	0.044
2	8	33	1	3.78E+05	-0.025	0.432
3	8	33	1	3.78E+05	-0.104	0.008
4	8	33	1	3.78E+05	0.056	-0.264
5	8	33	1	3.78E+05	0.074	-0.195
6	8	33	1	3.78E+05	-0.147	-0.373
7	8	33	1	3.78E+05	-0.237	-0.13
8	8	33	1	3.78E+05	-0.114	0.497
9	8	33	1	3.78E+05	-0.252	-0.128
10	8	33	1	3.79E+05	-0.865	0.378
11	8	33	1	3.79E+05	-0.714	0.882
12	8	33	1	3.79E+05	-0.281	-0.818
13	8	33	1	3.79E+05	0.228	-0.62
14	8	33	1	3.79E+05	-0.018	0.745
15	8	33	1	3.79E+05	-0.546	0.246
16	8	33	1	3.79E+05	0.247	-0.857
17	8	33	1	3.79E+05	0.851	-0.139
18	8	33	1	3.79E+05	0.654	0.115
19	8	33	1	3.79E+05	-0.174	-0.063
20	8	33	1	3.79E+05	0.012	0.306

a)

id	ac_order_id	hour_num	minute_num	second_num	microsecor	horizontal_vi	vertical_vibra	create_time	update_time
2571	1	8	33	1	378550	-0.714	0.882	1647233339107	7233339107
2572	1	8	33	1	378590	-0.281	-0.818	1647233339107	7233339107
2573	1	8	33	1	378630	0.228	-0.62	1647233339107	7233339107
2574	1	8	33	1	378670	-0.018	0.745	1647233339107	7233339107
2575	1	8	33	1	378710	-0.546	0.246	1647233339107	7233339107
2576	1	8	33	1	378750	0.247	-0.857	1647233339107	7233339107
2577	1	8	33	1	378790	0.851	-0.139	1647233339107	7233339107
2578	1	8	33	1	378830	0.654	0.115	1647233339107	7233339107
2579	1	8	33	1	378870	-0.174	-0.063	1647233339107	7233339107
2580	1	8	33	1	378910	0.012	0.306	1647233339107	7233339107
2581	1	8	33	1	378940	0.429	0.213	1647233339107	7233339107
2582	1	8	33	1	378980	0.645	-0.404	1647233339107	7233339107
2583	1	8	33	1	379020	0.3	-0.604	1647233339107	7233339107
2584	1	8	33	1	379060	0.138	0.056	1647233339107	7233339107
2585	1	8	33	1	379100	0.03	0.101	1647233339107	7233339107
2586	1	8	33	1	379140	-0.077	0.335	1647233339107	7233339107
2587	1	8	33	1	379180	0.129	-0.236	1647233339107	7233339107
2588	1	8	33	1	379220	-0.545	0.102	1647233339107	7233339107

b)

图 9-32 csv 文件数据与 MySQL 数据的对应存储示例

a）csv 文件数据 b）与 csv 文件数据对应的 MySQL 数据

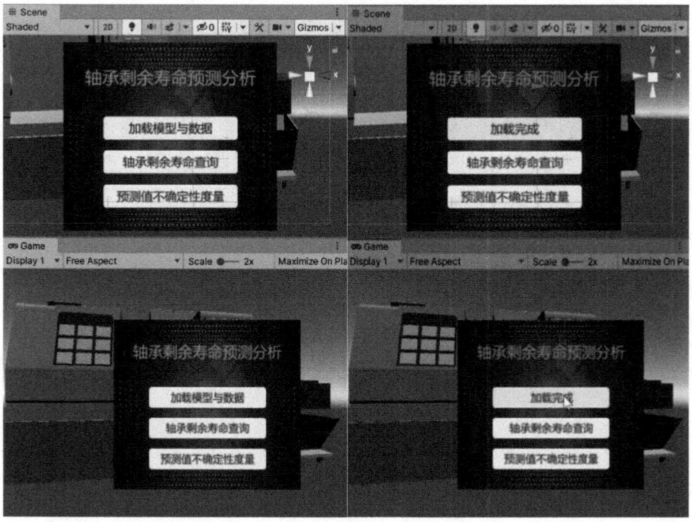

a)

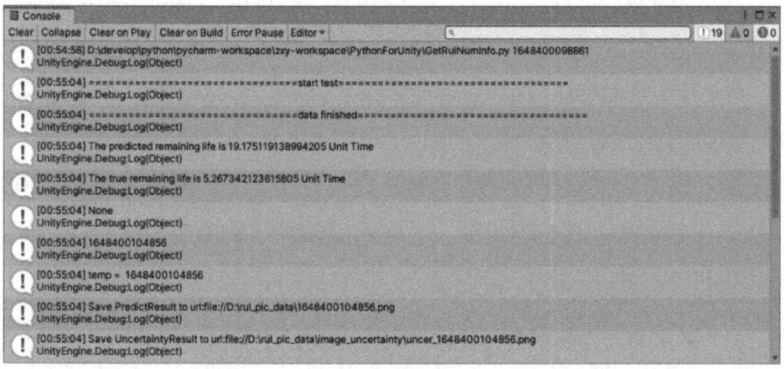

b)

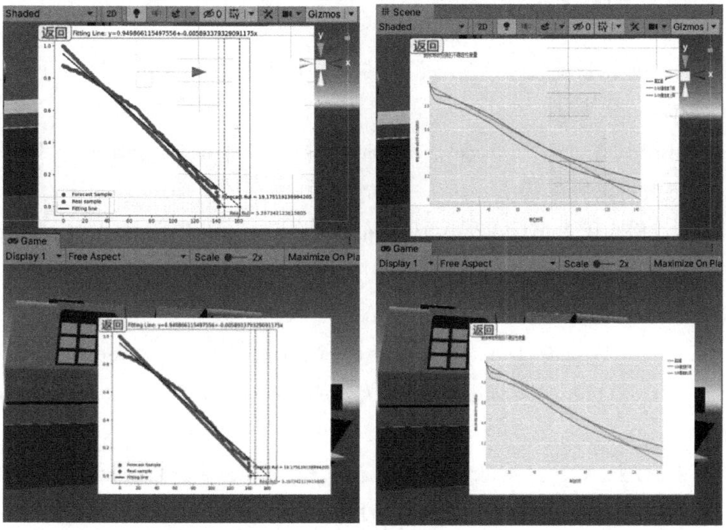

c)

图 9-33　智能分析结果可视化 Unity 场景展示

a）Unity 3D 分析场景界面的变化　b）Unity 3D 的控制台日志信息　c）剩余寿命分析结果展示

习题

9-1 列举剩余寿命预测的代表性方法。

9-2 拟合数据规律时将会用到最小二乘法，其关键步骤是什么？

9-3 试述不确定性的来源和分类。

参考文献

[1] 彭宇，刘大同. 数据驱动故障预测和健康管理综述［J］. 仪器仪表学报，2014，35（3）：481-495.

[2] 孟光，尤明懿. 基于状态监测的设备寿命预测与预防维护规划研究进展［J］. 振动与冲击，2012，30（8）：1-11.

[3] ATAMURADOV V，MEDJAHER K，DERSIN P，et al. Prognostics and health management for maintenance practitioners-review，implementation and tools evaluation［J］. International Journal of Prognostics and Health Management，2017，8（3）：1-31.

[4] ZHANG W，YANG D，WANG H. Data-driven methods for predictive maintenance of industrial equipment：A survey［J］. IEEE Systems Journal，2019，13（3）：2213-2227.

[5] JARDINE A K S，LIN D，BANJEVIC D. A review on machinery diagnostics and prognostics implementing condition-based maintenance［J］. Mechanical Systems and Signal Processing，2006，20（7）：1483-1510.

[6] 张亚洲，石林锁. 滚动轴承局部故障数学模型的建立与应用［J］. 振动与冲击，2010，29（4）：73-76.

[7] 张建军，王仲生，芦玉华，等. 基于非线性动力学的滚动轴承故障工程建模与分析［J］. 振动与冲击，2010，29（11）：30-34.

[8] PATEL V N，TANDON N，PANDEY R K. A dynamic model for vibration studies of deep groove ball bearings considering single and multiple defects in races［J］. Journal of Tribology，2010，132（4）：1-10.

[9] 曹立军，王兴贵，秦俊奇，等. 融合案例与规则推理的故障预测专家系统［J］. 计算机工程，2006，32（1）：208-210.

[10] 章筠，吕楠. 分布式能源系统故障诊断与预测专家知识库软件平台的设计与开发［J］. 上海电气技术，2016（1）：1-4；17.

[11] AAMODT A. Foundational issues，methodological variations，and system approaches［J］. AI Communications，1994，7（1）：39-59.

[12] CORCHADO J M，LEES B. A hybrid case-based model for forecasting［J］. Applied Artificial Intelligence，2001，15（6）：105-127.

[13] 吴今培. 模糊诊断理论及其应用［M］. 北京：科学出版社，1995.

[14] SMYTHE B，KEANE M T. Remembering to forget：a competence-preserving case deletion policy for case-based reasoning systems［C］//14th International Joint Conference on Artificial Intelligence. Montreal：［s. n.］，2019：377-382.

[15] SUN B，XU L D，PEI X M，et al. Scenario-based Knowledge Representation in Case-based Reasoning Systems［J］. Expert Systems，2003，20（2）：92-99.

[16] DAROOGHEH N，BANIAMERIAN A，MESKIN N，et al. Prognosis and health monitoring of nonlinear systems using a hybrid scheme through integration of PFs and neural networks［J］. IEEE Transactions on Systems，Man，and Cybernetics：Systems，2016，47（8）：1990-2004.

[17] WANG S H，CHEN T，XU X L. Research on Data-Based Nonlinear Fault Prediction Methods in Multi-

Transform Domains for Electromechanical Equipment [C]//Engineering Asset Lifecycle Management. London: [s. n.], 2010: 614-619.

[18] YIP C F, NG W L, YAU C Y. A hidden Markov model for earthquake prediction [J]. Stochastic Environmental Research and Risk Assessment, 2018, 32 (5): 1415-1434.

[19] KAYACAN E, ULUTAS B, KAYNAK O. Grey system theory-based models in time series prediction [J]. Expert Systems with Applications, 2010, 37 (2): 1784-1789.

[20] GEVA A B. ScaleNet-multiscale neural-network architecture for time series prediction [J]. IEEE Transactions on Neural Networks, 1998, 9 (6): 1471-1482.

[21] VAPNIK V. SVM method of estimating density, conditional probability, and conditional density [C]//Proceedings of the IEEE 2000 International Symposium on Circuits and Systems. Geneva: IEEE CAS, 2000: 749-752.

[22] 李凌均，张周锁，何正嘉. 支持向量机在机械故障诊断中的应用研究 [J]. 计算机工程与应用，2002，38 (19): 19-21.

[23] 王红军，徐小力. 支持向量机在设备故障诊断方面的应用研究概述 [J]. 机械设计与制造，2005 (9): 157-159.

[24] 别锋锋，刘扬，周国强，等. 基于局域波法和SVM模型的往复机械故障预测方法研究 [J]. 中国机械工程，2011，22 (6): 687-691.

[25] HOU S, LI Y. Short-term fault prediction based on support vector machines with parameter optimization by evolution strategy [J]. Expert Systems with Applications, 2009, 36 (10): 12383-12391.

[26] MARCIO D C M, ZIO E, LINS I D, et al. Failure and reliability prediction by support vector machines regression of time series data [J]. Reliability Engineering & System Safety, 2011, 96 (11): 1527-1534.

[27] QIE X J, ZHANG J, ZHANG J Y. Research of the Machinery Fault Diagnosis and Prediction Based on Support Vector Machine [C]//2015 3rd International Conference on Machinery, Materials and Information Technology Applications. Qingdao: [s. n.], 2015: 635-639.

[28] 李扬. 基于混沌理论的滚动轴承故障诊断及故障趋势预测研究 [D]. 成都：西南交通大学，2018.

[29] 李子奈，叶阿忠. 高等计量经济学 [M]. 北京：清华大学出版社，2000.

[30] DEUTSCH J, HE D W. Using deep learning based approaches for bearing remaining useful life prediction [C]// 2016 Annual Conference of the Prognostics and Health Management Society. Denver: Prognostics and Health Management Society, 2016: 292-298.

[31] REN L, CUI J, SUN Y, et al. Multi-bearing remaining useful life collaborative prediction: A deep learning approach [J]. Journal of Manufacturing Systems, 2017, 43: 248-256.

[32] SATEESH B G, ZHAO P, LI X L. Deep convolutional neural network based regression approach for estimation of remaining useful life [C]// 21st International Conference on Database Systems for Advanced Applications. Dallas: [s. n.], 2016: 214-228.

[33] GUO L, LEI Y G, LI N P, et al. Deep convolution feature learning for health indicator construction of bearings [C]//2017 Prognostics and System Health Management Conference. Harbin: [s. n.], 2017: 318-323.

[34] GUO L, LI N, JIA F, et al. A recurrent neural network based health indicator for remaining useful life prediction of bearings [J]. Neurocomputing, 2017, 240: 98-109.

[35] MALHOTRA P, TV V, RAMAKRISHNAN A, et al. Multi-sensor prognostics using an unsupervised health index based on LSTM encoder-decoder [Z]. 2016.

[36] LECUN Y, BOTTOU L, BENGIO Y, et al. Gradient-based learning applied to document recognition [J]. Proceedings of the IEEE, 1998, 86 (11): 2278-2323.

[37] HOPFIELD J J. Neural networks and physical systems with emergent collective computational abilities [J]. Proceedings of the National Academy of Sciences, 1982, 79 (8): 2554-2558.

[38] HOCHREITER S, SCHMIDHUBER J. Long short-term memory [J]. Neural Computation, 1997, 9 (8): 1735-1780.

[39] CHUNG J, GULCEHRE C, CHO K H, et al. Empirical evaluation of gated recurrent neural networks on sequence modeling [Z]. 2014.

[40] MNIH V, HEESS N, GRAVES A. Recurrent models of visual attention [C]// 28th Annual Conference on Neural Information Processing Systems. Montreal: [s. n.], 2014: 2204-2212.

[41] NECTOUX P, GOURIVEAU R, MEDJAHER K, et al. An experimental platform for bearings accelerated degradation tests [C]//IEEE International Conference on Prognostics and Health Management., New York: IEEE, 2012: 23-25.

[42] DONOHO D L. Nonlinear solution of linear inverse problems via Wavelet-Vaguelette Decomposition [J]. Applied and Computational Harmonic Analysis, 1995, 2 (2): 101-126.

[43] 钱济国. 机械故障诊断的时域指标参数与诊断法 [J]. 煤矿机械, 2006, 27 (9): 192-193.

[44] CZARNECKI K, SALAY R. Towards a framework to manage perceptual uncertainty for safe automated driving [C]//International Conference on Computer Safety, Reliability, and Security. Cham: Springer, 2018: 439-445.

[45] JOAQUIN Q C, MASASHI S, ANTON S, et al. Dataset shift in machine learning [M]. Cambridge: MIT Press, 2008.

[46] MOHSENI S, PITALE M, SINGH V, et al. Practical solutions for machine learning safety in autonomous vehicles [Z]. 2019.

[47] GAL Y. Uncertainty in deep learning [D]. Cambridge: University of Cambridge, 2016.

[48] HÜLLERMEIER E, WAEGEMAN W. Aleatoric and epistemic uncertainty in machine learning: an introduction to concepts and methods [J]. Machine Learning, 2021, 110 (3): 457-506.

[49] KENDALL A, GAL Y. What uncertainties do we need in bayesian deep learning for computer vision? [C]// 31st Annual Conference on Neural Information Processing Systems. Long Beach: [s. n.], 2017: 5575-5585.

[50] LEE K, SAIGOL K, THEODOROU E A. Early failure detection of deep end-to-end control policy by reinforcement learning [C]//2019 International Conference on Robotics and Automation. Montreal: [s. n.], 2019: 8543-8549.

[51] GUSTAFSSON F K, DANELLJAN M, SCHON T B. Evaluating scalable bayesian deep learning methods for robust computer vision [C]// 2020 IEEE/CVF Conference on Computer Vision and Pattern Recognition Workshops. Seattle: [s. n.], 2020: 1289-1298.

[52] MUKHOTI J, GAL Y. Evaluating bayesian deep learning methods for semantic segmentation [EB/OL]. (2018-11-30) [2022-12-01]. https: //arxiv. org/abs/1811. 12709v1.

[53] DROVANDI C C, PETTITT A N, LEE A. Bayesian indirect inference using a parametric auxiliary model [J]. Statistical Science, 2015, 30 (1): 72-95.

[54] ASLETT L J M, COOLEN F P A, WILSON S P. Bayesian inference for reliability of systems and networks using the survival signature [J]. Risk Analysis, 2015, 35 (9): 1640-1651.

[55] LIAO M Y. Markov chain Monte Carlo in Bayesian models for testing gamma and lognormal S-type process qualities [J]. International Journal of Production Research, 2016, 54 (24): 7491-7503.

[56] GILKS W R, SYLVIA R, et al. Markov chain Monte Carlo in practice [M]. London: Chapman and Hall, 1996.

[57] KHOSRAVI A, NAHAVANDI S, CREIGHTON D, et al. Lower upper bound estimation method for construction of neural network-based prediction intervals [J]. IEEE Transactions on Neural Networks, 2010, 22 (3): 337-346.

[58] ZHANG H, ZHOU J, YE L, et al. Lower upper bound estimation method considering symmetry for construction of prediction intervals in flood Forecasting [J]. Water Resources Management, 2015, 29 (15): 5505-5519.

[59] 李小龙. 基于数字孪生的机床加工过程虚拟监控系统研究与实现 [D]. 成都: 电子科技大学, 2020.